无人军队

自主武器与未来战争

ARMY OF NONE:

Autonomous Weapons and the Future of War

〔美〕保罗·沙瑞尔◎著

朱启超　王　姝　龙　坤◎译

世界知识出版社

丛书序言

“兵者，国之大事，死生之地，存亡之道，不可不察也。”中国古代兵圣孙子在两千多年前就已经写下了这段发人深省的至理名言。以《孙子兵法》为代表的中国古代军事与战略研究是世界军事与战略研究中的璀璨明珠。现代军事战略发端于法国大革命与工业革命，在国际史学界，19世纪中叶以来的军事与战争史被定义为近现代军事史和战争史。近现代军事史与战争史与现实距离最近，其所能提供的历史经验和教训，不仅对于现实，而且将会对未来产生深刻的影响。中国在近现代的军事与战争实践经验是丰富的，也诞生了毛泽东等战略大师，其“人民战争”与“游击战”理论的影响远远超越了中国国界。

同时，中国的现代战争与战略研究，与一些发达国家相比还存在明显的差距。这主要是因为中国的现代战争与战略研究起步较晚，基础相对薄弱，并且相对缺乏机械化、海战和空战等现代战争经验。与古代战争和战略研究一脉相承的是，军事史与战争史是现代战略研究最重要的学科基础。拿破仑战争的实践催生了克劳塞维茨的《战争论》；通过梳理近现代的海战史，马汉总结出“海权论”；第一次世界大战的教训又推动各国战略理论家对于“空权”“间接战略”“坦克战”“大纵深战役”等问题的理论研究。长期以来，因为投入相对有限，中国学界对于近现代战争史的研究，虽然通过军内和地方学者的努力，在中国人民解放军军史和战史、抗日战争史、解放战争史和抗美援朝战争史研究方面取得了丰富的成果，但还是缺乏深度和广度，不仅中国自身的战争经验尚未得到深刻的总结和有效的利用，而且对于自身所缺乏的国外战争经验的借鉴也相当有限。

国外现代军事史和战争史研究领域的优势，主要源于其对于军事与战争历史研究的高度重视，以及军民融合与综合研究的传统。早在一个世纪以前的1909年，牛津大学就已经设立了战争史讲席教授。首任讲席教授斯宾塞·维金森在就职演说中指出，既然牛津大学的学生是未来的治国人才，那就有必要让他们了解和掌握军事和战略问题，要实现这一目标，只有一种途径，就是开展对于军事史，尤其是近现代军事史和战争史的教学。除了学界外，国外军界对于地方学者参与军事历史研究一直十分支持。在19世纪末期，英国皇家海军学院就聘请多名海军史学家前往任教，英国海军史学家和海军战略家科贝特甚至参与了一战前英国海军对德作战计划的制订。第二次世界大战结束以来，英国、美国军方也邀请了诸多历史学家参与了其官方战史、情报史的编撰，以及很多总结历史经验、为现实服务的研究课题。除了军界和学界的努力之外，发达国家很多民间的研究者，凭着兴趣与热情，利用开放的历史档案，撰写了大量高水平的军事历史著作，不仅填补了很多研究空白，而且增进了公众对于军事历史的真实了解。因此，国外军事史研究呈现出军界、学界与民间共同携手，宏观、中层、微观研究与普及教育打通，百花齐放、百家争鸣的格局，为军事战略研究打下了坚实的历史基础。

“自古知兵非好战”。要想更好地维持和平，必须更深入地研究战争与战略。北京大学国际安全与和平研究中心立足北京大学这一综合性大学的良好的学术环境，旨在以军民融合的方式，通过坚持不懈地推进军事史和战争史研究，为中国的战争与战略研究夯实基础。为此，我们编辑出版“北京大学战争与战略研究丛书”，希望凭借这一平台在两个方面聊尽绵薄之力：一是充分吸收和借鉴国外军事史以及战争与战略研究的优秀成果，二是努力推介国内学界对于近现代中外战争与战略的原创性研究成果。期盼学术界同行、同好共襄此举。需要指出的是，本丛书选择译著与论著的依据是其在战争与战略研究领域所具有的学术参考价值，并不表示编委会和出版社赞成其观点或证实其内容。

最后，衷心感谢世界知识出版社，以及丛书的作者和译者对于我们的鼎力支持。

北京大学战争与战略研究丛书编委会

2013年10月

译者序

2018年4月，看到美国智库新美国安全中心高级研究员、科技与国家安全研究项目主管保罗·沙瑞尔的新著《无人军队：自主武器与未来战争》，我们眼前一亮。这本书以冷峻的视角、鲜活的事例、丰富的实践，系统研究了自主武器出现后所带来的战争样式、战争规则、军备竞赛与军备控制等新问题，以及对于战争法及战争伦理带来的新挑战。同时，作者还就人工智能对人类未来命运的影响发出了终极之问，是人类在机器崛起面前接受天定命运，还是不断适应新的人机关系而主宰未来。

保罗·沙瑞尔拥有物理学学士学位和政治经济与公共政策硕士学位，这种文理结合的知识背景使他在人工智能与战争的相关战略问题上具有灵活的驾驭能力。他曾在美国国防部长办公室工作，作为负责国防政策的助理国防部长的特别顾问，为制定无人与自主系统、新兴武器技术等领域政策规划发挥了关键作用。在进入国防部工作之前，他还曾在美陆军第3游骑兵营一个特别作战监视小组担任指挥官，多次在伊拉克和阿富汗战场履行任务。这种丰富的阅历为沙瑞尔深入分析自主武器与战争的关系奠定了重要基础，建立在丰富阅历基础上的学术研讨使他在字里行间不时闪现出独有的洞察力。沙瑞尔为写作本书，还到美国国防部高级研究计划局和美军“宙斯盾”训练与支援中心等地做了大量的访谈及实地考察，积累了第一手翔实的素材。知识储备、实践体验和丰富案例，使得沙瑞尔在写作过程中信手拈来，也让读者拥有了生动有趣的阅读体验。

当然，作者在《无人军队：自主武器与未来战争》一书中的一些观点和立场，自然是带有美式的霸权色彩以及对于其他国家的某种优越感，比如他将叙利亚、伊拉克等国家称为“流氓国家”，等等，需要读者在阅读时加以分辨。我们将《无人军队：自主武器与未来战争》一书译成中文，介绍给中国读者，并不代表我们都认同作者的观点和立场，而是为继续推进人工智能与未来战争的研究与讨论，提供有益的参考。

2016年以来，笔者先后应邀参加了新加坡香格里拉对话、世界和平论坛、北京香山论坛、世界人工智能大会等活动，这些大型论坛的议程中几乎都设有“人工智能与未来国防”“人工智能与军事革命”或“人工智能与国家安全”等议题，人工智能如何影响未来战争样式、如何影响未来作战方式、如何影响未来军队建设等成为世界各国防务官员、军事指挥官和智库专家关注的焦点。

人工智能已大踏步走上战场

人工智能是现代信息技术的重要分支，广义的人工智能主要研究如何让计算机去完成以往需要人的智力才能胜任的工作，如何应用计算机来模拟人类某些智能行为的理论、方法和技术。狭义的人工智能主要研究机器人及其相关技术。世界上第一台可编程的“巨人”计算机诞生于第二次世界大战期间的英国，其目的就是为了帮助英军破译德军密码。自那时以来，以计算机技术为核心的信息技术的发展应用使得军事领域发生着日新月异的革命性变化，人工智能越来越多地走上战场，深刻改变着战争面貌。总结来看，人工智能在军事领域的应用主要表现在以下五个方面。

智能化感知与信息处理。微机电系统、无线传感器网络技术、云计算技术、低功耗嵌入式技术的飞速发展，使得战场感知手段进一步朝着智能感知与信息融合处理的方向发展。如发达国家军队相继开发出“智能微尘”无线传感器系统，通过布撒成千上万个传感器节点，可监测目标覆盖区域的人员、装备动向。美军、俄军、法军、德军等均装备了具有智能化信息感知与处理能力的数字化士兵系统，如美军的“奈特勇士”、俄军的

“战士”等。美国国防部高级研究计划局2015财年中新增了“大脑皮质处理器”等研发项目，通过模拟人类大脑皮质结构，开发数据传输速率和处理效率比原来高几个数量级的新型类脑处理器芯片，功耗极低，该处理器可用于实时的数据感知处理和目标识别，解决高速运动物体的即时控制等难题，未来投入应用将大幅提高机器人、无人机、无人车和无人船的自主能力。

智能化指挥控制辅助决策。各国军队通过开发各种军事信息系统，目的是构建功能强大的栅格化网络信息体系，提高智能化评估和辅助决策能力。美国、苏联等军事大国自20世纪50年代以来不断发展的指挥控制自动化系统，追求比对手更强的信息优势和决策优势。如美军在20世纪90年代“军事信息高速公路”建设基础上发展出了C4ISR系统，2001以来又基于“网络中心战”概念建设并升级全球信息栅格，构建联合作战信息环境。近年来，美军建立网络司令部，大力加强网络攻防能力，重点基于云计算、大数据分析等技术研发针对网络入侵的智能诊断信息系统，能够自动诊断网络入侵来源、己方网络受损程度和数据恢复能力。

无人化军用平台。西方国家在第一次世界大战期间就开始重视小型无人机、遥控无人车和无人艇的研发应用。目前世界上已有70多个国家在发展无人化系统平台，各种类型的无人机、无人车、无人船、无人艇、无人潜航器在军事领域受到越来越多的青睐。如美军有关军种近年来制定了面向2040年的无人化作战平台发展路线图，美军已装备的无人机达7000多架，在伊拉克、阿富汗战场上投入运用的地面轮式（或履带式）机器人超过12000个。美军近期将实现地面机器人占地面兵力的三分之一，舰载型X–47B察打一体无人机将占舰载机总量的三分之一，进一步加大无人化军用平台的部署数量，推进有人平台与无人平台之间的协同编组演训。

仿生机器人。21世纪以来，机器人技术呈现井喷式发展，类人机器人、机器狗、机器骡子、机器蛇、机器鱼、机器鸟、机器昆虫等各种仿生机器人不断问世，并在军事领域有了越来越多的应用。比如美军曾在阿富汗战场上试验了一款“大狗”机器人，帮助人类战士搬运补给品，实施伴随保障。根据战场试验效果，美国国防部于2013年对“大狗”机器人进行升级，使其负重提升到200公斤、奔跑时速每小时12公里、具有良好的防弹和静音效果，升级版的“大狗”机器人已于2015年投入战场演练。俄罗斯军队近来计划加紧研制可以驾驶车辆的类人机器人、组建可与人类战士并肩战斗的机器人部队以及研发可操控机器人集群作战的指挥信息系统。

扩展人的体能、技能和智能。信息技术、新材料技术和生物技术的交叉融合使得人类对于自身的了解认识越来越深入，同时人工智能技术的进步使得人的体能、技能和智能将进一步得到扩展。比如，外军正通过研发机械外骨骼，来打造体力倍增的“机甲战士”；通过生物信息芯片的植入来提高人的记忆力与反应能力，以使人类战士更好地适应未来高度信息化的作战环境——日益复杂的信息系统、不断激增的海量数据和长时间枯燥的人机环境；通过发展脑机接口技术，使作战人员更高效地操控相关装备、设备和系统。比如俄罗斯2011年提出“2045计划”，拟加紧攻克“脑控”“仿脑”和“控脑”相关技术，拓展脑机接口技术的军事应用；美国国防部2013年提出“阿凡达”计划，目的是要打造可人脑远程控制的机器人军团，以代替战场上浴血奋战的人类战士，实现人类战士在战争中的“零伤亡”。

人工智能将推动新一轮军事变革

一般认为，当新的军事技术、作战理念和组织编成相互作用显著提升军事作战能力时，将促动新的军事变革的发生。人工智能在军事领域越来越广泛的应用，正成为军事变革的重要推手，催生新的战争样式，改变战争制胜的内在机理。一方面，运用人工智能将可能塑造颠覆性的军事能力，带来战斗力的倍增或大幅跃升，另一方面，也将为军事理论创新和军事能力实践带来新的挑战。

对于战争观念带来新的冲击。人类战争史经历了冷兵器时代、热兵器时代、机械化时代、信息化时代，人工智能使得智能化时代加速到来。对于军事能力建设而言，如果说机械化是基础，信息化是神经和血液，则智能化体现的是人类智能之间的终极对决。智能是否可分为高阶智能和低阶智能？拥有高阶智能化水平的军队对于低阶智能化的军队是否具有压倒性优势？如果说战斗力是人、武器以及人与武器的结合，那么智能化战争时代的人、机器人和智能信息系统之间的关系该如何界定？如果是人的“机器化”和机器的“人化”是两个必然的发展趋势，会思考的机器人代替人类拼杀是否有悖于传统的战争伦理？人工智能使得战场感知能力和信息处理能力空前提高，在高技术化的战场上战争的“迷雾”是否仍旧存在？等等。对于这些问题的理解认识，要求军事领域必须来一场头脑风暴式的观念更新。

对于理论创新带来新的启发。战争的物质技术基础不断更新，战争形态和战争样式不断演化，为战略理论和作战概念创新开辟了新的空间。比如，信息技术的蓬勃发展，其催化剂、黏合剂和效能倍增器的作用日益凸显，不断催生人工智能领域新的颠覆性技术，但另外，也使得处于技术优势的一方为模仿跟随者提供了“战略诱导”和“技术欺骗”的可能；精确打击弹药、无人化装备与网络信息体系的组合应用，催生了“分布式杀伤”“母舰理论”“作战云”“蜂群战术”“算法战”等新的智能化作战理论；凭借己方的信息优势和决策优势，如何在去中心化的战场网络中切断和迟滞对手的信息与决策回路，成为智能化战争制胜必须解决的核心问题。

对于教育训练带来新的手段。人工智能在军事领域的广泛应用，将引发军事教育与训练领域的新的变革。战场制胜的武器装备和系统越来越具有智能化的特征，与科学家群体、前沿技术实验室、作战实验室的联结越来越紧密，科学家设计战争、军事家指挥战争、人工智能打赢战争的局面将会到来，传统的教育训练科目将被进一步压缩。打游戏式的智能化训练平台、体验式的虚拟现实技术及增强现实技术将给军事训练提供新的手段，而以超大规模计算、云计算、大数据技术为支撑的知识挖掘和数据挖掘过程对于人工智能系统而言，本身就是能力训练的重要组成部分。人工智能技术的发展也将为军事人员物理技能、生理机能、心理效应等各层次的教育训练评估提供新的手段。

需要指出的是，虽然人工智能技术及产品越来越多地运用于军事领域，提升着战争智能化对抗的色彩与水平，但不应忽视人工智能军事应用的局限性。

首先，人工智能并不能改变战争残酷对抗的本质，由于智能化评估决策技术、无人机、机器人等的应用，将使得战争博弈更加精准、快速、冷酷，最终冲击人类的道德底线。其次，人工智能并不能取代人类智能。从人工智能的技术原理可知，人工智能只能在规则确定、信息完备的封闭系统中有可能比人类做得更好，比如围棋博弈、特定路线的无人平台操控等，而在超出人工智能赖以工作的可编程的特定问题和特定背景之外，还必须依靠人类的敏锐洞察力、道德分辨力和临机应变能力等智力与非智力因素才能解决问题。在军事对抗中最大限度地发挥人工智能的作用，取决于能否在特定的问题背景下找到人工智能和人类智能的最优组合，发挥好两者各自独特的优势。再次，人工智能凭借人工神经网络、大数据、云计算等分析技术虽具有强大的信息感知处理能力，但军事对抗系统技术复杂性的提高必然带来新的系统不确定性，系统复杂性与系统不确定性相生相杀的客观规律仍然是认识人工智能应当遵循的原理，因此人工智能的出现仍然难以彻底消除战场的“不确定性”迷雾。最后，由于人为错误、机器故障、环境扰动等因素带来的系统误差在所难免，同时在军事对抗的环境下，人工智能系统平台或机器人也面临着被对手通过恶意代码、病毒植入、指令篡改等攻击的可能，本来为己方效命的系统平台或机器人战士很有可能在战争中“临阵倒戈”。

人工智能军事应用的未来趋势

随着信息技术、纳米技术、生物技术、新材料技术、新能源技术等战略前沿技术领域的发展应用，必将继续推动人工智能相关技术日益走向成熟，在军事领域扮演越来越重要的角色。总体来看，人工智能在军事领域的应用主要呈现以下趋势。

人工智能技术与装备不断取得突破。2015年以来，德国推出以智能制造为核心的“工业4.0”战略，日本提出运用信息技术建设“超智能社会”的构想，主要国家纷纷将人工智能提升到国家战略高度加以发展，必将带动军事领域人工智能应用的新一轮热潮。美军已将智能化无人系统作为“第三次抵消战略”的颠覆性技术领域给予重点投资。美空军首席科学家办公室颁布面向2035年的《无人系统地平线》技术评估和预测报告，认为未来各类无人系统与作战平台的自动化、自主性和远程遥控性能将随着技术的进步而不断取得突破。尤其随着超大规模计算、量子计算、云计算、大数据、类脑芯片、宽带通信等技术的进步，将使得人工智能的信息处理与控制技术获得极大发展。可以预见，各类智能化无人系统与作战平台将在地面、空中、水面、水下、太空、网络空间以及人的认知空间获得越来越多的应用，深刻改变着现代战争人工智能的技术比重。

人工智能催生新型作战力量蓬勃发展。人工智能系统与作战平台的广泛应用，将使人工智能作为重要的作战要素渗透于战争与作战准备的整个流程，智能感知、智能导航定位、智能情报分析、智能辅助决策、智能指挥控制、智能化无人作战平台等将成为决定战争胜负的重要分支力量，进一步丰富新型作战力量的内涵。不仅如此，随着智能化微小卫星编组、无人机编组、无人潜航器编组、战场机器人士兵编组以及无人与有人作战单元的协同编组走向战场应用，各类“混搭式”新型作战力量将不断出现。随着军事物联网、军用大数据、云计算技术在军事领域的建设运用，用于信息支援、指挥控制、效果评估、后勤保障的“云端大脑”“数字参谋”“虚拟仓储”等人工智能作战力量将在未来战争中发挥越来越重要的作用。

智能化战争与作战理论创新方兴未艾。总体来看，人工智能的军事应用领域，理论创新已经明显滞后于技术创新实践应用的步伐。人工智能走向战场将为智能化战争与作战力量创新开辟新的空间，人工智能系统与作战平台在军事领域越来越多的实战应用，也对智能化战争与作战理论创新提出了紧迫需求。从技术的角度分析，现代战争已呈现出机械化战争、信息化战争和智能化战争复合发展的态势，军事理论创新已不能一厢情愿地回避智能化战争的挑战。关于人工智能相关军事理论的讨论，未来必须直面以下问题：智能化战争呈现什么样的发展趋势与作战样式？人工智能将为新型作战力量建设带来哪些新的变量？出于对抗中的军事体系，高阶人工智能碾压低阶人工智能在什么情况下发生？有何特点规律？在信息化智能化的环境下，如何认识有人作战单元与无人作战单元协同编组的内在机理？无人化作战平台数量急剧变化如何引发军事对抗发生根本性质变？如何看待无人化“蜂群”作战、“移动战术云”等新的作战概念效能及其反制原理？如何认识人工智能支撑的复杂战争体系中新质战斗力的涌现规律？无人化作战给战争伦理带来哪些新的影响？对于这些问题的研究讨论，必将牵引世界范围内军事理论创新的方向。

人工智能通过实战应用不断演化升级。以信息技术为核心支撑的人工智能系统与作战平台，与传统机械化武器装备的研制发展模式不同。机械化武器装备一般在技术成熟后投入使用直到报废淘汰，有着一定的使用寿命；人工智能系统则是按照系统原型—实践训练—演化升级的模式发展，人工智能的系统往往按照不同版本用不断演化的方式提升其智能化水平。正因如此，理论上人工智能系统在硬件上可以进行局部的汰换，而信息系统本身可以永久演化发展下去，演化方向总是朝着高阶智能不断升级。人工智能系统与作战平台的这种发展规律对于军事训练和作战能力提升具革命性意义，对于特定人工智能系统与作战平台开展持续性演习训练显得尤为重要。美国及其盟友近年来持续组织“施里弗”太空（网络）演习、“网络风暴”演习、“锁顿”网络安全演习等活动，本身就是对于其人工智能信息系统的反复测试和升级演化。未来，通过持续的对抗演习对人工智能系统和各类无人化作战平台的升级训练，将是战斗力提升的重要方式。

以上是笔者近来关于人工智能与未来战争以及军事变革的初步认识。而在研究过程中，我们注意到，人工智能不是一项单一的技术，而是由多项正在快速发展的前沿技术构成的复杂体系。这种技术特性决定了人工智能具有强烈的科幻色彩。毕竟，《太空漫游》《异形》《机械姬》《终结者》等与人工智能相关的科幻大片，给人们留下了深刻印象。由于对于技术细节的一知半解，对于未来的无限憧憬，对于未知世界的本能恐惧，导致人们对于人工智能的讨论，往往要么在知识的黑洞前裹足不前，要么放飞想象走向科幻，要么不吝大胆预言走向极端。更有甚者，国外一些智库学者凭着对中国媒体上的宣传报道信息就妄下断语，有意渲染中国人工智能发展对于别国的安全威胁。

当前，研究人工智能与未来战争的著作虽然不少，但既能对于人工智能军事应用前沿问题有着准确的把握，又能对人工智能军事应用有着丰富实践和深刻洞察的作品，并不是太多。

《无人军队：自主武器与未来战争》一书中文版的推出，希望能够促进中国学术界、产业界、军方等各领域关注人工智能的人们深化对人工智能军事化应用的认识，并激发读者更多的讨论与争鸣。

朱启超

2018年12月18日

谨献给

戴维、威廉和艾拉，

愿这个世界变得更加美好

也献给希瑟，

感谢你付出的一切

目　录

第三部分　失控的枪

第四部分　闪战

第五部分　禁止自主武器的斗争

第六部分　避免世界末日：自主武器的军控政策

引言　生杀大权

拯救世界的人

1983年9月26日晚，世界几乎走向终结。

当时冷战正处于白热化阶段，美苏双方都拥有数量众多的核武器。这一年早春，美国总统里根宣布实施“战略防御计划”(Strategic Defense Initiative)，又名“星球大战”计划（Star Wars），规划打造导弹防御盾牌，扬言颠覆美苏之间冷战的微妙平衡。就在三周前，即9月1日，苏军击落了一架从美国阿拉斯加飞往韩国首尔的商业客机，这架客机误入了苏联领空。该事件共造成260人遇难，包括一名美国国会议员。苏联担心这一事件可能招致美国报复，一直处于高度戒备状态。

苏联部署了名为“奥科”（Oko）的卫星预警系统以监视美国导弹发射情况。9月26日午夜刚过，该系统就发出一个重大警报——美国朝苏联发射了一枚核导弹！

那天晚上，在莫斯科郊外“塞尔普霍夫15号”(Serpukhov-15)地下掩体担任作战值班的是斯坦尼斯拉夫·彼得罗夫（Stanislav Petrov）中校，他负有向他的上级及时汇报遭受导弹袭击及如何实施反击作战的责任。在地下掩体，刺耳的警报声响起，指挥控制系统巨大的红色背光屏幕上闪现着“发射”一词，显示检测到了敌方导弹来袭。但是，彼得罗夫还不能确定警报的真实性。考虑到“奥科”是一个新系统，他担心这可能由于系统错误所致的虚警（false alarm）。因此，他选择了等待。

指挥控制系统显示又一枚导弹来袭，这是第二枚核导弹了。紧接着第三枚，又一枚，再一枚——系统显示一共五枚核导弹来袭。屏幕闪烁的“发射”（launch）字样已经自动切换成了“导弹袭击”（missile strike）。这意味着该系统已经显示了警报的最高置信级别。毋庸置疑，一轮核袭击正在到来。在敌方导弹到达莫斯科上方爆炸之前，苏联军事指挥部只有几分钟的时间来决定采取何种应对措施。

彼得罗夫有一种难以言喻的奇怪感觉，他不明白为什么美国只发射五枚核导弹，这不符合常理。真正的突袭应当是大规模的，以压倒性打击彻底摧毁苏联的地面导弹。因此，彼得罗夫不相信这次袭击是真实的。但是，他也无法断言这是一次虚警。

彼得罗夫一边盯着电脑屏幕，一边联系地面雷达操作员进行确认。如果这些导弹是真实存在的，那么一旦它们出现在地平线上，苏联的陆基雷达便会立即侦察到。令人困惑的是，地面雷达没有发现任何异样。

彼得罗夫只能推断袭击的真实性几率为50%，这个结果与猜一枚硬币正反面差不多。他需要更多的信息以及更多的时间。其实，他所要做的就是拿起电话，但产生的后果却可能是灾难性的。如果他告诉他的上级指挥机关发射核导弹报复敌方，将会致使数百万生灵涂炭，甚至引发第三次世界大战。

彼得罗夫凭借其胆气和直觉向他的上级报告，此次虚警是由于系统出现了故障。他的判断是对的，其实根本没有什么核导弹袭击，而是云顶反射的阳光导致了苏联卫星的错误警报。由于彼得罗夫处在作战指挥链条的“闭环内”（in the loop），因而将整个人类从潜在的世界末日中拯救了出来。

试想，倘若是一台机器处在彼得罗夫的位置，它会做出何种选择？答案很清楚：机器会自动完成程序所设定的任何行动，而不会考虑其行为所带来的后果。

狙击手的选择

20年后，时光流转到2004年春天，在另一个国度、另一场战争中，我在阿富汗的一座山顶上紧盯着狙击步枪的瞄准镜。我所在的狙击小队被派往阿富汗与巴基斯坦边境进行侦察，有情报显示塔利班武装分子可能沿着这里的路线向阿富汗境内渗透。我们连夜登山，背负着120磅重的背包行走在锯齿状的破碎地带上，脚步显得无比沉重。当东方的天空开始露出鱼肚白时，我们隐蔽到了一块突出的岩石后。这是目前为止我们所能找到的最好掩体，希望这个位置能使我们在天亮后不被发现。

然而，我们的设想落空了。当山下的村庄开始新的一天时，一位农民侦察到我们在岩石后晃动的踪影。我们被发现了。

当然，我们没有改变预定任务。我们继续观察，紧盯着山下小路上的一举一动。

不久，来了一位不速之客。

一个大约五六岁的小女孩走出村庄，身后跟着两只山羊，朝我们这个方向走来。表面上看她只是在放羊，但她行走的轨迹环绕我们周围，且她经常朝我们这里打量。不难猜测，她在帮助塔利班武装分子侦察。我们后来意识到，当她环绕我们所处位置时发出的声音——我们起初还把那种声音认为是她对山羊的呼哨声——事实上是她携带的无线电的调频声。她缓慢地绕着我们行走，一直在报告着我们的位置。我们注视着她，她也注视着我们。

小女孩刚一离开，塔利班武装分子就摸过来了。

我们发现了他们。他们在山上环绕了一圈，以为在我们的视野之外。随后，激烈交火的枪声引得整个村子的人跑出来远远地围观。枪声在谷底回响，也使得十几英里范围内人们知道了我们的存在。那些试图偷袭我们的塔利班武装分子，要么落荒而逃，要么被我们击毙。但是，可能会有更多的塔利班武装分子赶来。一群村民正在向我们涌来，且看起来并不友善。如果他们决定向我们开枪，我们将难以招架。

“沙瑞尔，”我的班长说，“呼叫请求撤离。”

我打开无线电台呼叫我们的快速反应部队：“我们是麦克-1-2-罗密欧（Mike-One-Two-Romeo，狙击小队代号），大量村民正向我们周围聚集，请求撤离。”今天的任务告一段落，我们立刻进行了重新编组，并在夜幕笼罩下转移到一个更好的新地点。

回到安全地点后，我们开始讨论，如果再次面对这种情况该如何处置。由于战争法并没有为参战人员设定一个明确的年龄标准，战场上的行为就决定了一个人是否能被视为战斗员。如果一个人参与了战斗行动——就像这个小女孩为敌人进行侦察那样——那么他/她就是合法的作战目标。杀死一个偶然发现我们位置的平民会被归结为战争罪，但杀死这个小女孩无疑合乎战争法。

当然，从道义而不是法律的角度而言，这应当是错误的。

在我们的讨论中，没有人被要求背诵战争法则或抽象的道德准则，也没有人被要求迎合同情心。在那种情况下，射杀一个孩子的恐怖念头在大家心里根本没有出现。即使不说出来，我们都知道射杀孩子的行为是错误的。战争往往迫使士兵们做出残酷而又艰难的选择，但射杀孩子不在其中。

一项任务的完成离不开背景因素分析。试想，如果一台机器处在我们的位置，它会做何选择呢？显然，如果它被编入杀死合法敌方战斗员的程序，它应会毫不犹豫地攻击那个小女孩。机器人是否能够理解虽然可以合法杀人，但其行为本身是错误的呢？

抉　择

战争中生死攸关的抉择不可轻率，不管这个抉择是涉及数百万人的性命还是一个孩子的死活。一般而言，战争法则和交战规则为士兵在混乱战斗中面临抉择时提供了行动指南。任何情形下，作战人员都需要恰当的判断来做出真正正确的选择。

技术的发展使我们处于如何处理人类与战争关系的关键历史阶段。在未来的战争中，机器可能独自做出生死攸关的决定。各国军队正竞相在海洋、陆地和空中部署机器人，目前已有超过90个国家的无人飞机在天空巡逻。这些机器人越来越自主化，且许多已在部队列装。目前，它们仍在人类操控下工作。但是，当一架“捕食者”无人机与谷歌汽车拥有同样的自主性时，将会带来什么后果呢？我们该怎样赋予机器人以最终的生杀予夺决策权？

这种担忧已不再是科幻小说中的内容了。目前，已有超过30个国家拥有有人操控的防御性自主武器，这些武器可用于人类难以做出快速反应的作战场景。用于防御火箭和导弹饱和攻击的舰艇和基地的系统，目前仍然受到人类的监督。换言之，人类可在必要时对这些自主武器系统进行干预。然而，也有一些武器已经实现了完全自主，如以色列的“哈比无人机”（Harpy Drone）。[①] 不同于受人类控制的“捕食者”无人机，“哈比无人机”可以在广阔的区域搜索敌方雷达。一旦发现，就可以在未经人类许可的情况下将其摧毁。目前，这种无人机已经出售给了其他国家，且中国已经通过逆向工程技术研发出本国款式。自主武器在未来出现更广泛扩散是完全可能的，而“哈比无人机”可能仅仅是一个开始。韩国已在与朝鲜接壤的非军事区部署了机器人哨兵枪（robotic sentry gun）。以色列已使用地面武装机器人在加沙边界地带巡逻。俄罗斯正在欧洲广大平原上建立一套可用于作战的地面武装机器人。目前，世界上已有16个国家拥有武装无人机，另有十多个甚至更多的国家正谋求公开研发这类武器系统。

当前这些情况只是新一轮科技发展趋势的冰山一角。人工智能（Artificial Intelligence，简称AI）的第三次浪潮，被一些人称为“下一次工业革命”（next industrial revolution）的关键驱动力。科技评论家凯文·凯利（Kevin Kelly）将人工智能与电力进行了类比，称“就像电力使我们周围的物体充满力量一样，人工智能也会通过智能化让它们变得更加活跃”。人工智能可以实现从仓库机器人到下一代无人机等更复杂和自动化的机器人，帮助人类处理大量数据，并为推特（Twitter）机器人提供决策支持，制订地铁维修计划，进行医疗诊断。在战争中，人工智能系统可以辅助人类进行战场决策，甚至可以被授权进行自主作战决策。

人工智能的快速发展将深刻改变战争形态。20世纪初，军队利用工业革命的成果，使坦克、飞机和机关枪等武器走上战场，释放出前所未有的

① Harpy（可翻译成“哈比”或“哈耳庇厄”），希腊神话中的鹰身女妖，长着妇人的头和身体，长长的头发，鸟的翅膀和青铜的鸟爪。译者注。

巨大破坏力。至少在某些任务领域，机械化创造出了比人类更加强大和更为迅捷的机器。如今，人工智能革命正在实现机器的认知化，在完成特定领域的任务中创造出比人类更智能、更快速的机器。人们对人工智能在军事领域的应用前景深信不疑，比如提升军事后勤、网络防御和机器人用于医疗后送、再补给或监视等方面的能力。然而，人工智能军事化也带来了诸多问题和挑战。当今，自动化已经被用于武器的各项功能，但在大多数情况下，人类仍然掌握选择目标和扣动扳机的权力。这种情形还能维持多长时间？目前尚未可知。大多数国家都选择对本国自主武器发展计划缄口不言，但也有少数国家已表现出全力推进自主化武器的倾向。俄罗斯高级军事指挥官就设想，在不久的将来，俄罗斯将会建立一个“能够独立进行军事行动的完全机器人化的部队”。美国国防部官员也表示，部署完全自主武器的设想应当尽快提上日程。

比人类更好?

让武装机器人自主决定猎杀目标，听起来像是反乌托邦人士的噩梦，但也有些人认为自主武器会使战争变得更加人道。这种观点认为，用于自动驾驶汽车避免行人伤亡的自动化技术，同样可以避免战争中的平民伤亡。此外，机器战士与人类战士不同，它们不会感到愤怒和仇恨，不会寻求报复，也从不感到疲倦。飞机自动驾驶仪显著提高了商业客机的安全性，拯救了无数的生命。那么，自主性能否在战争领域实现同样的效果呢?

像深度学习神经网络这样的新型人工智能技术，已经在视觉对象识别、人脸识别和感知人类情感方面取得惊人的进步。不难想象，未来的武器可能在区分持有步枪的人和握有耙子的人的能力上超越人类。然而，在理解语境和解释意义方面，计算机仍然远远落后于人类。今天的人工智能程序可以识别图像中的对象，却不能将这些零碎的拼图整合起来了解整个图像。

战争中的一些决定很简洁明了。大多时候，敌人很容易识别，攻击对象也很明确。然而，有一些决定——如同斯坦尼斯拉夫·彼得罗夫所面临的那样——需要理解更广泛的背景知识。有些情形——比如我们狙击小队所遇到的——需要进行道德判断。有时候，做正确的事情需要打破规则，因为合法的选择和正确的选择并非总是一致的。

问题的提出

如今，一个根本性问题摆在了人类的面前——机器是否应被允许在战争中做出生死攸关的决定？它是合法的吗？这样做是正确的吗？

自2008年以来，我一直参与一场有关“致命性自主武器”（lethal autonomy）的辩论。作为五角大楼国防部长办公室的文职政策分析员，我领导一个工作组负责起草美国政府自主性武器使用政策（剧透：并没有禁止自主武器的发展）。自2014年以来，我在华盛顿特区的新美国安全中心（the Center for a New American Security）——一个独立的两党智库——开展“自主性武器的伦理挑战项目”（Ethical Autonomy Project）的研究。在此期间，我遇到了学者、律师、伦理学家、心理学家、军备控制活动家、军事专家以及和平主义者等各领域专家，他们都在努力探索我所关注问题的解决之道。与此同时，我也接触到了政府的一些相关项目，结识了很多正在研发下一代军用机器人的工程师。

本书将带你开启一段旅程，在旅程中我将带你走进制造智能导弹的国防企业和研发最尖端无人蜂群技术的实验室，一起了解快速发展的下一代机器人武器。我将介绍推动制定自主武器政策的政府官员和为禁止自主武器而奔走的社会活动家。本书既回顾过去——包括做错的事情——又放眼未来，因为我遇到了人工智能领域前沿的研究人员。

本书将探讨这样一个核心问题——充斥着自主武器的未来世界将呈现出一种什么样的图景？目前，自动化股票交易已导致华尔街出现了“闪崩”（flash crashes）。那么，自主武器会导致“闪战”（flash war）的出现吗？诸如深度学习等新的人工智能技术能力异常强大，但通常也会导致系统成为事实上的“黑箱”，这意味着即便是“黑箱”的设计师也不能完全理解其行为。那么，先进的人工智能系统给我们带来的新挑战将会是什么？

目前，已有3000多名从事机器人和人工智能研究的专家在呼吁禁止攻击性自主武器，并有60多个非政府组织参与了“禁止杀人机器人运动”（the Campaign to Stop Killer Robots）。此外，斯蒂芬·霍金（Stephen Hawking）、埃隆·马斯克(Elon Musk)和苹果联合创始人史蒂夫·沃兹尼亚克（Steve Wozniak）等科技界名人也发表了反对自主武器的言论，警告各国推进自主武器研发的努力可能引发“全球人工智能军备竞赛”。

军备竞赛究竟是能被阻止，还是业已进行？如果它已经发生，它可以被叫停吗？从历史上看，人类在控制危险技术方面的尝试喜忧参半。从遥远的古代开始，人类试图禁止那些过于危险或不人道的武器的努力便一直存在。然而，其中的许多尝试都以失败告终，包括20世纪初关于禁止潜艇和飞机研发的努力。即使是像禁止化学武器这些已取得成功的例子，也很少能阻止巴沙尔·阿萨德（Bashar al-Assad）或萨达姆·侯赛因（Saddam Hussein）领导的政权获取这些武器。[①] 倘若国际禁令无法阻止世界上最残暴的政权建立杀人机器人军队，那么我们有一天就可能会面临最为黑暗的噩梦。

“机器人启示录”呼之欲出

目前，没有哪个国家明确表示它们正在研发自主武器，但在秘密的国防实验室和两用技术商业应用领域，人工智能技术正在加速发展。目前，人工智能的大多数应用中，包括武装机器人，人类操控员仍然拥有最终决策的控制权。然而，战场压力可能会促使各国军队研发和使用自主武器，并最终使其脱离人类控制的闭环。军队希望获得更强大的自主性武器系统，因为自主性的提升意味着可以利用计算机远超过人类的计算及反应速度，以及在人机通讯受阻时仍然能保持战场信息优势。或许仅仅出于对他国发展自主武器的担忧，各国军队就会争相研发和使用自主武器。美国国

① 美国领导的多国部队虽然推翻了萨达姆政权，但并未找到伊拉克拥有大规模杀伤性武器的证据。国际社会也未在叙利亚找到巴沙尔政府拥有并使用化学武器的确凿证据。此处仅为作者一家之言。译者注。

防部副部长鲍勃·沃克（Bob Work）① 曾问道："如果我们的竞争对手造出了'终结者'，……且其'终结者'能够更快地自主决策，即使它们饱受诟病，我们将如何应对？"

美国参谋长联席会议副主席保罗·塞尔瓦（Paul Selva）将这种困境称为"终结者难题"（the Terminator Conundrum）。人工智能正在成为一项强大的技术，但与此同时它所带来的风险也是巨大的。用得好，智能机器可以通过使战争更加精确和人性化来挽救生命；用得不好，自主武器可能导致更多的杀戮和更大的平民伤亡。各国都不是在真空中做出选择。一国的行动将取决于其他国家的做法，以及科学家、工程师、律师、人权活动家和参与人工智能问题讨论的其他人士的集体选择。人工智能正在快速发展，并将越来越多地走向战场。但是，如何使用它仍是一个悬而未决的问题。正如电影《终结者》中抵抗机器人大军的人类领导者和英雄约翰·康纳（John Connor）所言："未来尚未确定。不是天定命运，而是我们自己创造命运。"关于禁止自主武器的争论切中了人类与技术长期以来矛盾关系的一个核心问题：究竟是我们控制我们的创造物，还是我们被创造物所控制？

① 鲍勃·沃克（Bob Work），即罗伯特·O.沃克（Robert O. Work），2014年至2017年任美国国防部副部长。罗伯特·O.沃克曾在美国海军陆战队服役27年，以上校军衔退役，退役后先后担任美国智库战略与预算评估中心副总裁、美国海军部长助理及美国智库新美国安全中心首席执行官等职务。卸任国防部副部长后，他再次回到新美国安全中心，担任国家安全事务和未来战争研究方向的领衔专家和资深顾问。译者注。

第一部分

今天的“机器人启示录”

第1章

即将到来的“蜂群”

军用机器人革命

加利福尼亚州中部群山起伏，一个暖洋洋的下午，一群由保丽龙（Styrofoam）[①] 材料制造的无人机正由发射器逐个弹射至空中起飞，它们发出刺耳尖利的蜂鸣声，逐渐消失在加州如宝石般湛蓝的天空中。

“蜂群”无人机行动迅捷而凌厉。我看了看站在我身边的无人机操作员，惊讶地意识到，他根本没有实施任何操作，这群无人机完全是在自主飞行。这种想法有些可笑——毕竟，我来到这里的目的就是为了观察它们，但它们不依赖人的操作，自主飞行得如此灵活，还是超出了我的想象。这群无人机的行动目标明确，非常引人注目。我认为它们具有非常大的作战潜力，但也觉得“蜂群无人机”战的想法有些疯狂。

我曾在加利福尼亚州罗伯茨军营（Camp Roberts）参观过由美国海军研究生院（Naval Postgraduate School）研究人员实施的世界上第一次“蜂

---

① 原文为Styrofoam，是一种重量轻、可以漂浮的低吸水性泡沫塑料，也是一种隔热材料，可以模塑成各种特殊形状。译者注。

群战”。与“捕食者”等无人机由飞行员在地面上进行视距内遥控起飞不同，“蜂群战”中使用的无人机可进行批量操控。在这次试验中，20架无人机进行了一场十对十的激烈缠斗，除射击为虚拟操作外，所有飞行活动及机动都是真实的。

12 这些无人机从发射架渐次起飞，凭借机载自动驾驶仪控制飞行。它们不依靠人工指令独立爬升至指定高度并排成两队，随后传回“集结完毕”，红军与蓝军盘桓在预定飞行区域，随时准备进入战斗状态。

红军指挥员有点紧张地搓着手掌，对这次战斗充满期待。其实，他唯一的工作就是按下“开始”按钮，从这一点来说，他比我更像一名旁观者。

杜安·戴维斯（Duane Davis）开始倒数：“各蜂群准备…3，2，1，开火！”他原是美国海军的直升机飞行员，退役后转型成为设计蜂群算法的程序员。

红蓝两军的指挥员都将己方的所有无人机投入作战。杜安尼激动地大喊：“开战吧！”两军无人机毫不迟疑地接近对方，开始近距离“贴身肉搏”，似乎成为了一个整体。战斗仿真射击的结果则显示在计算机屏幕顶端：

“74号无人机向33号无人机开火”

“59号无人机向25号无人机开火”

“33号无人机中弹”

“25号无人机中弹……”

操纵蜂群行动的是一种名叫“贪婪射手”（Greedy Shooter）的简单算法，在这种算法下，每架无人机都可进入绝杀位置攻击对方，而指挥员只需选择让无人机进行等待、跟随、攻击还是着陆，然后下达“开始”指令即可。除此之外，蜂群的所有行动都是全部自主的。

红军指挥员的电脑屏幕上闪烁叠压着一行又一行的代码，单凭数据很难看出哪方最终获胜。从肉眼来看，它们的战斗好像一团乱麻，我完全找不到头绪。戴维斯和我说，他有时能够分辨出哪架无人机正在追逐。

被击中的无人机一旦开关由绿色变为红色，便必须退出战斗。得分由“裁判者”（the Arbiter）软件给出，红军以击落4架的战绩领先于蓝军的2

架。随后，战斗进入胶着状态，无人机蜂群开始盘旋追逐，谁都不能击落 13
对方。对此，戴维斯解释说，这是由于双方蜂群使用了同样的机身、同样的控制系统和同样的算法，有时，红蓝两军甚至会陷入战斗僵局，谁都无法赢得先手。

戴维斯重启战局，战斗进入第二轮，红蓝两军返回到预定空域。指挥员下达“开始”命令后，双方蜂群又开始了战斗。这一轮，双方以三比三握手言和。第三轮中，红军以七比四赢得决定性胜利，红军指挥员也因此受到表扬。他轻声地笑了笑说，“是我按的按钮”。

从自主驾驶汽车到清扫机器人和老人看护机器人，机器人产业的发展不仅改变着工业化面貌，也改变了战争。2018年全球军事机器人产业产值已达75亿美元，[①] 许多国家也开始在战场上广泛应用各种空中、地面和海上军事机器人。

相比传统由人驱动的载具，机器人因不受人员的各种物理限制，在战场上拥有众多先天优势。无人载具可以更小型化、轻量化，速度更快且机动性能更好，战场生存能力强，可持续几星期、几个月或几年留驻战场。此外，因为不涉及人员伤亡，它们还可代替人类执行风险性较高甚至自杀性的作战任务。

但机器人也存在明显短板。由于将人员从载具上移除，它们失去了人类大脑这个地球上最先进的认知处理设备。此外，目前大多数军事机器人都由人类远程或遥控操作，对通信链路要求极高。一旦链路受环境因素出现干扰或堵塞，便会严重影响作战效果。如果失去通信能力，这些机器人便仅能实施极简单的任务，自主作战能力非常有限。

因此，解决方案是让军事机器人具备更高的自主性。

偶然发生的革命

从没有人规划过什么机器人革命，但当美军为了满足战场急需而在伊拉克和阿富汗战场部署了成百上千架无人机和地面机器人时，已经跌跌撞

① “Robot Revolution–Global Robot & AI Primer,” *Bank of America Merrill Lynch.*

14 撞走进了这场革命。直到2005年，美国国防部在大量的实践面前，才猛然醒悟到一场革命正在到来。20世纪90年代，美军发展各类无人机的经费约为每年3亿美元，“9·11”事件后，这一数字飙升6倍，达到2005年的约20亿美元。① 无人机在美军于伊拉克和阿富汗实施的反游击战中，发挥了不可替代的突出作用。MQ–1B“捕食者”等大型无人机可在街区内对恐怖分子实施静默监视，追踪其行动轨迹并破坏他们的网络；RQ–11“渡鸦”（Raven）等小型手抛发射型无人机则可在巡逻中应用于山区战地侦察。② 由于响应速度快，成百上千架无人机投入了美军在伊拉克和阿富汗的战争中。③

无人机并非新兴产物。④ 早在越战时它们便得到了有限使用。随后，它们便与“无人机空袭”连在了一起。但其实，无人机的最大优势在于其强大的持续监视能力，而非投扔炸弹。这也是它们独树一帜的最大法宝。在战斗中，它们就是指挥官们安置在空中的一双低风险、低成本的眼睛。

五角大楼将无人机投入战场的步伐很快。截至2011年，五角大楼每年为无人机投入60亿美元，⑤ 这一数字是“9·11”事件前的20倍。目前，美国国防部已拥有各型无人机7000余架，⑥ 虽然绝大多数属于手抛型小型无人机，但如MQ–9“收割者”（Reaper）和RQ–4“全球鹰”（Global Hawk）等大型无人机也具备重要的军事价值。

与此同时，美国国防部也意识到机器人的价值不仅局限于空中，至少它们在地面战场上的军事价值丝毫不亚于空中。为了清除战场上的简易爆

---

① Office of the Secretary of Defense, “Unmanned Aircraft Systems Roadmap, 2005–2030,” August 4, 2005, 37, Figure 2.6-1, http://fas.org:8080/irp/program/collect/uav_roadmap2005.pdf.

② Dyke Weatherington, “Unmanned Aircraft Systems Roadmap, 2005–2030,” presentation, 2005, http://www.uadrones.net/military/research/acrobat/050713.pdf.

③ Ibid.

④ “Thomas P. Ehrhard, “Air Force UAVs: The Secret History,” July 2010 Mitchell Institute Study, 28.

⑤ Office of the Secretary of Defense, “Unmanned Systems Integrated Roadmap, FY2011–2036,” 13, http://www.acq.osd.mil/sts/docs/Unmanned%20Systems%20Integrated%20Roadmap%20FY2011-2036.pdf.

⑥ Ibid., 21.

炸装置（LEDs），五角大楼在伊拉克和阿富汗共部署了超过6000台地面机器人。[1] Robot Packbot等小型机器人可以代替人类销毁简易爆炸装置。总而言之，机器人非常适合执行排爆任务。

向更高级的自主化迈进

在对机器人革命及未来战争影响进行认真思考后，美国国防部于2005年发布了一系列有关未来无人系统投资的“路线图”（Roadmap）文件。[2] 第 15
一份“无人系统路线图”重点关注飞行器，但其后于2007年、2009年、2011年和2013年发布的四份“无人系统路线图”则将关注焦点扩展至地面和水下无人载具。尽管五角大楼对无人系统的投资重点为无人飞行器，但地面、水面和水下无人载具也具有重要的作战价值。

这些“无人系统路线图”文件并非对五角大楼的投资进行简单分类，每份“无人系统路线图”都对发布之日后25年内无人领域的技术需求进行了预测，以期对政府和企业未来的投资方向提供辅助决策。这些技术领域包括传感器、通信、动力/能源、武器装备、推进技术及其他关键技术领域。在所有“路线图”文件中，自主化是最核心的主题。

五角大楼2011年度发布的“无人系统路线图”文件对此做了总结：

> 要最大程度发掘无人系统的潜力，必须使它们的行动具备高度自主性，并可与周围环境实施有效交互。这种进步需要理解和适应环境以及与其他自主系统合作的能力。[3]

自主性赋予了机器人认知能力。没有自主性，机器人就只是任由人类

---

① Office of the Secretary of Defense, “Unmanned Systems Integrated Roadmap, FY2009–2034,” 3, http://www.acq.osd.mil/sts/docs/UMSIntegratedRoadmap2009.pdf.

② 美国国防部先后发布多个版本（如2005年、2007年、2009年、2011年、2013年、2017年）无人系统路线图。2018年8月，美国国防部发布的是新近版本，即《2017—2042财年无人系统综合路线图》。译者注。

③ Office of the Secretary of Defense, “Unmanned Systems Integrated Roadmap, FY2011–2036,” 45.

控制的冰冷机械。

在伊拉克和阿富汗作战时，由于当地的武装分子不具备干扰美军与机器人通信的能力，美军处于相对“宽松”的电磁环境中。但在未来的冲突中，这种情况并非常态。基本可以确定，世界主要军事大国的武装力量都具备干扰或阻塞通信网络的能力，针对电磁频谱的争夺战，也会异常激烈。美军虽然有很多对抗通信干扰的方法，[①] 但这些方法普遍受限于距离和带宽。在与军事大国交战时，美军在应对恐怖分子时操作无人机的方式，即通过卫星将高分辨率全动态影像传送至基地将不可复制。此外，有些特殊环境也将使通信面临更大挑战，如水下环境，水会影响无线电波的传播效果。在这些环境下，自主性是机器人系统能否正常工作的关键。
16 未来，随着机器智能的发展，军方将研发出自主性能更高的机器人，它们可在更具挑战性的环境中，不依赖人的操控独立完成更复杂的任务。

即使通信链路畅通无阻，出于控制（机器人操作）人员成本的需要，机器人也需进一步提高自主性。目前如果需要对所有机器人都实施移动操作，操作人员的数量与机器人的数量将基本达到1∶1。如要利用一架“捕食者”或“收割者”无人机对一地区每周连续执行7天24小时不间断的作战任务，则需7—10人执行飞行操作、每个轨道约20人操作机上传感器和一批处理传感器信息的情报分析师。事实上，由于无人机执行任务对人员的需求量非常庞大，美国空军强烈反对将这些飞行器称作“无人飞行器”。虽然飞行器上没有承载人员，但仍需人的控制并为其提供支持。

由于飞行员始终停留在地面，因此，无人飞行器在执行侦察行动时，能够突破人类的耐力极限。无人机能够在高空以远超飞行员停留在驾驶舱的时间实现长航时驻留，[②] 但遥控操作并未改变对操作人员的认知要求。

---

① Kelley Sayler, “Talk Stealthy to Me,” *War on the Rocks*, December 4, 2014, https://warontherocks.com/2014/12/talk-stealthy-to-me/.

② Graham Warwick, “Aurora Claims Endurance Record For Orion UAS,” *Aviation Week & Space Technology*, January 22, 2015, http://aviationweek.com/defense/aurora-claims-endurance-record-orion-uas. Paul Scharre, “The Value of Endurance,” Center for a New American Security, Washington, DC, November 12, 2015, https://www.cnas.org/publications/blog/infographic-the-value-of-endurance.

操作人员执行的任务也没有发生变化，只是工作地点不在飞行器上而已。鉴于目前无人机所处的这种状态，美国空军更喜欢称它们为"遥控飞行器"。飞行员仍然需要通过拉动操纵杆、转动方向舵来操控飞行器，只是在地面上执行操作，有时甚至距离飞行器半个地球之遥。

这种操作方式很笨拙。如果制造成千上万台造价低廉的机器人，需要相对数量更多训练有素（人力成本高昂）的人员来操作的话，那这种方式并非一种高效费比的战略。

自主性可以解决这个问题。美国国防部于2011年发布的"无人系统路线图"文件中提出：

> （提高）自主性可以部分分担操作系统时人员的工作，[①] 优化人员在系统中的角色并保障人类在关键节点做出决策。这些优势未来可进一步提高人力资源效率、节约成本并提升决策速度。 17

国防部先后发布的多个版本的"无人系统路线图"文件都将实现完全自主作为长期目标。2005年的路线图文件展望了"（实现）完全自主的无人机蜂群"。[②] 2011年的路线图文件阐明了"自主性发展的四个阶段：[③] 从第（1）阶段人员操作到第（2）阶段人员授权，再到第（3）阶段人为监督直至第（4）阶段实现完全自主"。美国空军首席科学家办公室2010年发布的一份报告中指出，更高自主性带来的优势是（未来科技发展）"唯一最重要的主题"。[④]

相比"捕食者"和"收割者"无人机仍然需要地面人员进行操控来说，美国空军的"全球鹰"和美国陆军的"灰鹰"（Gray Eagle）等飞行器的自

---

① Office of the Secretary of Defense, "Unmanned Systems Integrated Roadmap, FY2011–2036," 45.

② Office of the Secretary of Defense, "Unmanned Aircraft Systems Roadmap, 2005–2030," 48.

③ Office of the Secretary of Defense, "Unmanned Systems Integrated Roadmap, FY2011–2036," 46.

④ Office of the U.S. Air Force Chief Scientist, "Technology Horizons: A Vision for Air Force Science and Technology During 2010-30," May 15, 2010. http://www.defenseinnovationmarketplace.mil/resources/AF_TechnologyHorizons2010-2030.pdf.

主性能则更高：它们可以在飞行员设定好方向后进行自主飞行；使用键盘和鼠标进行遥控而非操纵杆和方向舵。据此，美国陆军甚至将控制飞行器的人员称为“操作员”而非“飞行员”。但即使具备了更高程度的自主性，一旦失去了人的操控，它们仅能独立遂行最简单的任务。

工程师们正在逐步发展复杂程度和自主化性能更高的无人机，使它们能够独立承担更多种类的任务。2013年，美国海军成功实现X–47B原型机全自主降落于航母上，实验中唯一的人为干预是下达了降落指令，实际飞行过程完全由软件控制实现。2014年，一架美国海军的自主空中货运/通用系统（Autonomous Aerial Cargo/Utility System，AACUS）项目的直升机实现自主搜寻临时着陆区域并成功自行着陆。到了2015年，X–47B更成功实现飞行过程中的自主空中加油，再一次创造了历史。

这些进展是研发战斗力更强大无人机的关键里程碑。就像无人驾驶汽车可在没有人操控的情况下从A点行驶至B点，而起飞、着陆、自主导航和加油的能力将使机器人可在人的指挥和监督下执行任务，而不需要人类控制所有动作。这将开始突破人类手动操控机器人的局限，推动人类转变为监督者的角色。人类仅下达执行某种任务的指令，机器人自主执行。

18 无人机蜂群或自主协同是这场演变的下一阶段。戴维斯对无人机蜂群的非军事应用，如人员搜救和农业等非常感兴趣。由于机器人自主协同的未来应用前景非常广阔，但美国海军研究生院目前进行的实验比较初级，所以，他们正在编写的算法未来将具有广泛用途。由于无人机蜂群在规模、协同和速度方面具有其他装备无可比拟的军事优势，使用它们可以实现在战场上凭借少量操作人员控制大量装备；而相对一人一机的操控模式，协同行为可缩短反应时间，因此可更高效地应对突发事件。

在进行无人机蜂群的混战实验时，戴维斯和他的团队试图不断扩大自主性的边界。团队的下一个目标是进行一场50对50规模的无人机对战，并已对战斗的部分内容进行了计算机仿真，他们的终极目标是将混战模式演进为更复杂的夺旗游戏。无人机蜂群双方对战，游戏目标为进入对方的基地并保证不被首先“击落”，每个无人机蜂群都要在保卫基地、攻击敌方和进入对方基地三者间进行选择和权衡。无人机蜂群的工作原理是什么？最佳策略是什么？这些都是戴维斯和他的团队想要深入探索的问题。

“如果一个无人机蜂群拥有50架无人机，”[①] 他说，“其中多少架需要专注进攻即进入对方领空？多少架需要专事防御以处理空中威胁？无人机蜂群间该如何进行任务分配？如果已有敌方无人机进入领空，该选择己方哪架无人机执行拦截任务以阻止其进入本方基地？”

目前，无人机战术仍然处于初级阶段。操作员将一定数量的无人机蜂群拆分成子机群并分别赋予任务，如攻击对方基地或敌方无人机等。随后，操作员进入监督模式。除非出于安全考虑，否则，无人机操控人员不会介入飞行器控制过程。但即使这样，一旦无人机出现故障，只能等待故
障机离开机群附近区域后再实施操控。否则，事实上，手动控制蜂群中的 19
个别飞行器，极易引发空中碰撞事故。对操作人员来说，如何预测和避免无人机发生互相碰撞难度极大。但如果无人机在没有人为干扰的情况下执行蜂群下达的指令，它将能够自动调整飞行轨迹以避免发生碰撞。

戴维斯正在研究的蜂群行为非常简单初级。人类目前已经可以指挥蜂群进行飞行编队、实施登陆或攻击敌机。无人机蜂群将根据指令自行调整至着陆或编队飞行的相应位置，避免在行动上发生冲突。有些任务难度不大，如完成着陆，只需根据所处位置命令无人机由低到高依次降落即可；但有些任务，如怎样在空战中避免发生碰撞则比较棘手。举例来说，要让整个蜂群中的无人机跟踪同一架敌机，则这些无人机彼此间需要协调行动。

这个问题与棒球场上的外场手接“腾空球”[②] 情况类似。教练无法指定哪位接球，而只能由外场手之间相互协调。“这和两个人交谈商量由谁接球类似，”戴维斯解释说，“但50个人接50个球就是另外一回事了。”[③] 协调50个人与50个球这种任务对人类来说难度极大，但无人机蜂群则可以用多种手段迅速解决。在集中协同层面，无人机蜂群中的所有个体单元

① Duane Davis, interview, May 10, 2016.

② “腾空”，或称高飞球，原文为fly ball，为棒球用语，原意为击向空中尚未落地的球。

③ Duane Davis, interview, May 10, 2016.

将数据传回唯一的独立控制器，再由它向蜂群中的所有机器人传达指令；另一方面，在分层协同层面，将蜂群拆分为类似军队组织中的小队和班组，根据分配的指令执行任务。

基于一致性的协同实质上是一种分散性手段，蜂群中的所有个体都可以与其他个体进行通信，共同确定行动过程。所有个体可通过类似“投票”或“拍卖”原理的算法协调行动。举例来说，每个蜂群单元都可以为竞拍“腾空球”而报一个“出价”或“投一次标”，出价最高者赢得“腾空球”，其他人自动出局。

紧急协同中，个体可根据所处环境做出决策并协同行动，它是最具分散性的手段，也是大自然中鸟类、昆虫和人类群体通常的工作方式。个体
20 行为的简单规则可影响非常复杂的集体行动，从而展现出“群体智慧”。例如，蚁群便能够根据一只蚂蚁的简单行为，判断出最佳路径。蚂蚁在搬运食物返回巢穴时，会利用腹部分泌的信息素留下一条气味轨迹。如果其
21 他蚂蚁经过一条留有更强烈气味的轨迹，便会顺着这条路线行进，导致更多蚂蚁选择更快的路线返回巢穴。选择同一条轨迹的蚂蚁越多，气味也就越强烈。每只蚂蚁并不“清楚”哪一条是最佳路线，但群体会做出正确的选择。[①]

无人机蜂群个体之间既可以通过直接发布信号进行交流，这种情况就好像棒球外场手大叫“我拿到球了”一样；也可以使用观察等间接方式，如观察鱼群和动物族群间的交流或通过“共识主动性”（Stigmergy）机制影响环境的进程，[②] 即类似蚂蚁通过信息素标记轨迹那样。上述无人机蜂群的指挥—控制模型如图 1–1 所示。

---

① Goss S., Beckers R., Deneubourg J. L., Aron S., Pasteels J. M., “How Trail Laying and Trail Following Can Solve Foraging Problems for Ant Colonies,” in Hughes R. N., ed. *Behavioural Mechanisms of Food Selection*, *NATO ASI Series* (Series G: Ecological Sciences), Vol 20 (Berlin, Heidelberg: Springer, 1990) http://www.ulb.ac.be/sciences/use/publications/JLD/77.pdf.

② “共识主动性”是一种自组织的机制，该机制可描述为：无数个体以一个共同的环境为媒介而发生相互作用，其结果导致了环境的更新，这个新的环境又为这些个体提供了新的相互作用的平台。Eric Bonabeau, Guy Theraulaz, Marco Dorigo, *Swarm Intelligence: From Natural to Artificial Systems* (New York: Oxford University Press, 1999)。

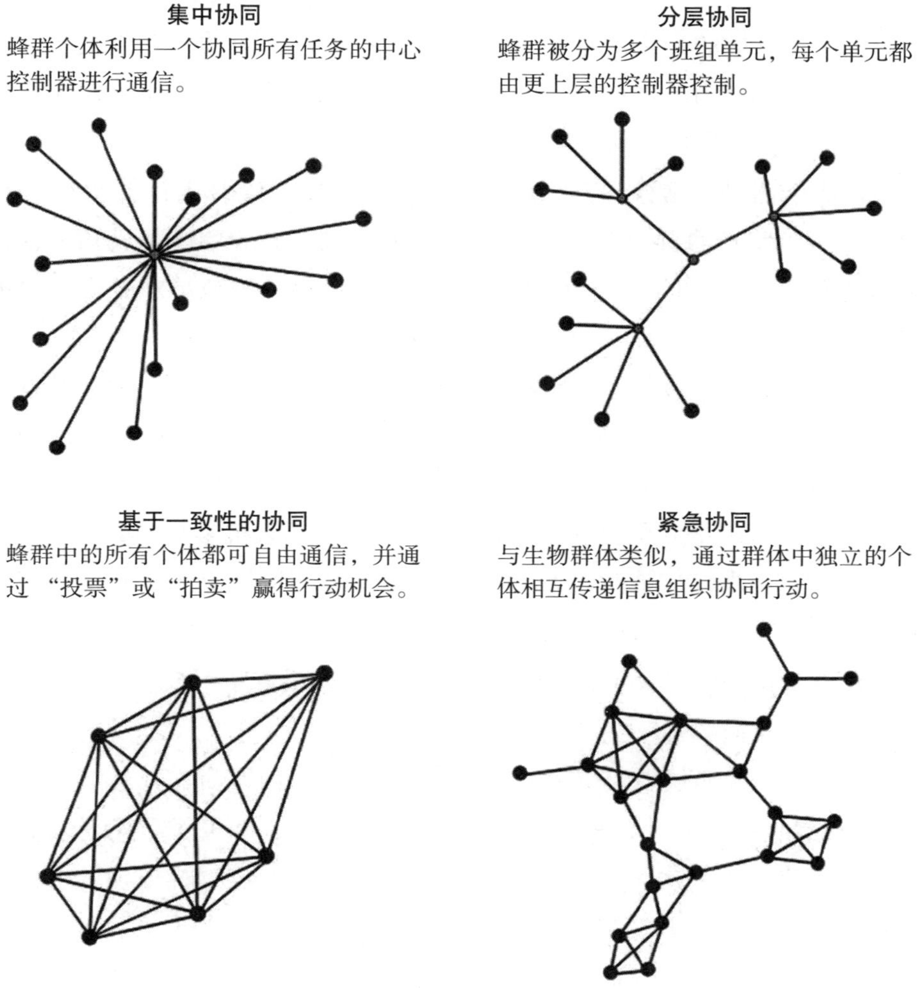

图 1-1　无人机蜂群指挥—控制模型

在戴维斯的实验中，蜂群中的无人机通过架设在地面的中央WiFi路由器进行通信。为了防止发生碰撞，中央地面控制器还为每架无人机自动分配了一个较狭窄的停留空间。在蜂群中，无人机的攻击行为是独立非协同的，“贪婪射手”算法只是简单指定无人机攻击距离它最近的敌机，不涉及考虑附近的己方无人机的行动。因此，理论上可能出现所有无人机攻击同一架敌机的情况。戴维斯和他的团队正在进行概念论证，以避免这种空对空战斗中可能出现的糟糕情况。目前，他们已经尝试了一种类似“拍卖”的更为分散的方法，并发现针对通信中断的情况，即使蜂群内部损失了90%的通信能力，这种方法仍具有很强的鲁棒性。只要内部恢复了部分通信，即使信号质量不高，整个蜂群仍旧能够得到部分恢复。

与人类独立作战或两架僚机协同作战相比，50架飞行器规模的协同作战行动将产生显著的效果。这就好像一支篮球队和5名只知道往篮筐跑的散兵游勇之间的巨大差别，也可以比喻为一群孤狼和一个狼群的区别。

2016年，美国进行了一次有103架无人机参与的蜂群飞行演示验证实验，这次实验被美国国防部描述为“使用同一个分布式大脑进行决策的一个集团有机体，并像自然界那样，群体内部的个体间相互影响”[①]（无独有偶，中国在几个月后也进行了一次有119架无人机参与的类似验证实验）。[②]在进行群体作战时，无人机蜂群的作战效率要远远高于同等规模无人机实施独立作战。目前，人们还没有掌握无人机蜂群作战的最佳战术，但正在进行相关研究及实验。机器人也可以通过机器学习或革新手段，自
22 主创造出新战术。

蜂群战术并非仅限于空中。2014年8月，美国海军研究办公室（Navy Office of Naval Research，ONR）在弗吉尼亚州（Virginia）詹姆斯河（James River）上进行了一次无人水面巡逻艇的蜂群作战验证实验。[③]实验中，无人艇蜂群要作为护航船只，保护海军高价值目标安全通过海峡等高危地区。在操控人员的指示下，无人艇蜂群在发现潜在威胁后，派遣小分队拦截并包围可疑目标。在整个作战过程中，操控人员只发出拦截特定可疑目

① Chris Baraniuk, “US Military Tests Swarm of Mini-Drones Launched from Jets,” BBC News, January 10, 2017, http://www.bbc.com/news/technology-38569027. Shawn Snow, “Pentagon Successfully Tests World’s Largest Micro-Drone Swarm,” Military Times, January 9, 2017, http://www.militarytimes.com/articles/pentagon-successfully-tests-worlds-largest-micro-drone-swarm.

② Emily Feng and Charles Clover, “Drone Swarms vs. Conventional Arms: China’s Military Debate,” *Financial Times*, August 24, 2017.

③ Office of Naval Research, “Autonomous Swarm,” video, October 4, 2014, https://www.youtube.com/watch?v=ITTvgkO2Xw4.

标船只的指令，无人艇蜂群自主移动、共享信息并协调行动。此次实验虽然只使用了5艘无人艇，[1]但这一作战概念完全可以扩展至无人机蜂群一样的规模。

鲍勃·布里佐拉拉（Bob Brizzolara）是美国海军此次实验的指挥官，他认为无人艇蜂群具有“改变游戏规则的能力”。[2]虽然近年来，我们经常听到这个字眼，但在这里使用并不夸张。对于美国海军来说，无人艇蜂群可用于执行危险系数较高的护卫任务，具有极大的军事应用价值。2000年10月，“基地”组织（al-Qaida）在也门亚丁湾利用携带炸药的小型船只袭击了正在进行补给的美国海军“科尔”（Cole）号驱逐舰，爆炸使驱逐舰破损了一个大洞，另有17名美国海军士兵丧生。此类袭击美国船只的事件层出不穷，袭击者不仅来自恐怖组织，也有伊朗的参与。伊朗经常使用高速行进的小型船只袭击在霍尔木兹海峡（the Straits of Hormuz）附近航行的美国舰船。无人艇还可以通过把监视器（和潜在武器）放置在可疑目标上的方式实施拦截，保护船上人员的安全。

在对目标实施拦截后，无人艇下一步的行动则是需要另外考虑的问题。在美国海军研究办公室发布的一段视频中，人们可以清晰地看到一架0.50口径机枪正放置在无人艇上。视频解说对无人艇能够用于“破坏和摧毁敌方船只”这一事实毫不避讳，但这段录像中没有真实交战的镜头，也没有涉及在真实作战环境中，是否需要人参与瞄准过程。在记者追问下，海军研究办公室发言人进一步解释道：“在遇到真实的敌人时，人总会参与到回路中。”[3]但这位发言人也承认，“在这个无人艇蜂群的演示验证实验中，美国海军研究办公室还没有研究人在回路时如何处理交战规则这一问题。” 23

① Office of Naval Research, “Autonomous Swarm,” video, October 4, 2014, https://www.youtube.com/watch?v=ITTvgkO2Xw4.

② Office of Naval Research, “Autonomous Swarm”.

③ Sydney J. Freedburg, Jr., “Naval Drones ‘Swarm,’ But Who Pulls The Trigger?” *Breaking Defense,* October 5, 2015, http://breakingdefense.com/2014/10/who-pulls-trigger-for-new-navy-drone-swarm-boats/.

在OODA循环中，[①] 能够更快完成“观察—判断—决策—行动”回路的一方才能取得胜利。

图1-2　OODA循环

美国海军对这样一个清楚的问题答案含糊其辞，表明其在发展更先进机器人的过程中存在疑虑。虽然研究人员和工程师们尽力在提高机器人的自主性，一旦涉及武器装备的使用，仍然需要对其自主性进行限制。但如何限制？怎样限制？目前美军并不明朗。

逼近完全自主的限度

机器人具备多大自主性最合适？美国空军在《无人飞行器系统飞行计划，2009—2047年》（Unmanned Aircraft Systems Flight Plan，2009–2047）报告中为无人飞行器描绘了一幅雄伟蓝图。报告展望未来，认为军备竞赛将使人们渴望实现更迅捷的自动化，就像现实世界中的自动化股票交易一样。

飞行员在空战中讨论的观察、判断、决策和行动（OODA）回路，其实是飞行员在遭遇敌方飞行器时的认知过程。OODA循环过程如图1–2所示。比对手更快掌握环境（情况）、（做出）决策并实施行动可令飞行员先行“进入”对手的观察、判断、决策和行动回路。对手可能还在试图了

① OODA，即Orient、Decide、Observe和Act四个英文单词首字母，也即“观察—判断—决策—行动”回路，可缩写为OODA循环。

解发生了什么并决定下一步行动，己方飞行员已经扭转战局，迫使对方不得不重新开始认知新环境情况。美国空军战略家、OODA回路创始人约翰·博伊德（John Boyd）曾做出如下描述：

> 目标：通过使敌人无法对战争中出现的威胁、混乱、诱导和欺骗等局面做出合理反应或反应不及时，达到使对方系统陷入混乱、无序状态的目的。[1] 24

如果胜利来自于比对手更快地完成OODA这个认知过程，人们便会意识到自动化带来的巨大优势。2009年发布的《美国空军飞行计划》（the Air Force’s 2009 Flight Plan）便已经意识到计算机远超人类决策速度所带来的巨大潜力：

> 计算速度和存储技术的进步将改变用技术影响OODA回路的方式。当今时代，科学技术扮演的角色正从辅助支撑转向完全参与人类社会的每一个阶段。到了2047年，科学技术（的进步）将可以把完成OODA回路的时间缩短至微秒或纳秒级。就像国际象棋大师以压倒性优势战胜普通职业棋手一样，无人飞行系统也将能够以这种速度做出反应，并驱动OODA回路向“感知与行动”方向发展。出于监督决策执行的需要，“人在回路之上”也越来越多地取代了“人在回路之中”。同时，人工智能技术的发展使无人系统不再需要人员输入，能够在法律和政策约束内自主做出决策并实施作战行动。[2]

日益加快的军备竞赛，最终将顺理成章地使自主武器实现能够完全自

[1] John Boyd, “Patterns of Conflict,” eds. Chet Richards and Chuck Spinney, presentation, slide 87, January 2007.

[2] United States Air Force, “Unmanned Aircraft Systems Flight Plan, 2009–2047,” May 18, 2009, 41, https://fas.org/irp/program/collect/uas_2009.pdf.

主完成作战任务。但《美国空军飞行计划》也同时承认，当自主武器拥有完全自主性时，也有可能导致非常严重的后果。下一段继续写道：

> 随着下达机器人杀伤命令一同出现的，还有军方和政界领袖如何处理（机器人杀伤）带来的法律和道德问题。这些问题包括：是否应该使机器人具备这种能力？何种情况可以下达机器人杀伤的命令？谁来为机器人的失误买单以及如何对机器人系统的自主性进行限制，等等。为了对（无人机系统）未来发展进行规划和指导，必须尽快对相关伦理和政策问题进行讨论，不能任由其脱离伦理、道德、法律约束自由发展。①

美国空军并不太认可自主武器，甚至认为发展自主武器不是个好主意。拥有自主性的武器装备意味着在速度上比人类拥有优势，有了人工智能的辅助，更可能无须人类参与便自主进行以杀伤为目的的目标定位和决策制定。如果这将成为现实，那为了约束这一领域的发展，必须尽快开展有关伦理、法律和政策方面的讨论。

在美国空军发布《美国空军飞行计划》的2009年，我正在国防部长办公室工作，当时的职位是无人机领域政策分析师，身份为文职人员。我们的大部分工作都涉及如何应对伊拉克和阿富汗战场上越来越紧迫的无人机需求。虽然已经部署了成千上万的无人机，但地面指挥官的需求似乎永无止境。同时，五角大楼尤其是美国空军高层，又对无人机相关支出的优先级过高忧心忡忡。国防部长罗伯特·盖茨（Robert Gates）经常批评五角大楼过度关注未来战争，忽视目前正在进行的阿富汗和伊拉克战争。他对奋战在阿富汗和伊拉克战场上的美军士兵表示强烈支持，并明确指示增派更多无人机。我的大部分工作时间都用于研究如何迫使五角大楼的官僚主义作风向国防部长的指示“投降”，以便更好地满足战场上士兵的需求。而一旦类似这样的政策问题出现时，人们就会将目光投向我。

① Ibid., 41.

我没有给出他们想要的答案。目前美军也尚未颁布任何有关自主性的政策文件。尽管美国空军在2009年版的飞行计划中，要求提供政策指导，但截至目前，没有任何实质性进展。

我曾经参与撰写2011年美国国防部《无人系统路线图》文件，并试图在这份文件中给出一个非常临时性的答案：

> 迫切需要为涉及杀伤行动的自主武器系统制定相关方针政策……可以预见，在不久的将来，无人系统中的操控人员，才是决定是否实施杀伤和对哪个目标实施杀伤的决定力量。[①]

这段话虽然不长，但却是美国官方发布的有关自主性杀伤的首个政策声明。在“可预见的未来”，自主性武器仍将处于人类的控制范围内。但随着人工智能技术的迅猛发展，我们到底还能预测到多远的未来？

① Office of the Secretary of Defense, “Unmanned Systems Integrated Roadmap, FY2011–2036,” 50.

第2章

“终结者”与“鲁姆巴”[①]

自主性的含义

人们目前仍未明确自主性的含义。对一个人来说，“自主机器人”意味着一台扫地机器人在你不在家的时候，利用真空吸尘器将房间打扫干净；但对另一个人来说，自主机器人可能使人联想到科幻小说的场景。它可以是正面角色，就像电影《星球大战》（Star Wars）里友善但略显神经质的C–3PO机器人；也可能是嗜血如命的杀人狂，类似《终结者》（Terminator）系列电影里的“天网”（Skynet）机器人杀手。

一直以来，科幻小说家们都在试图对机器人的自主性提出规范法则。伊萨克·阿西莫夫（Issac Asimov）[②] 在他的作品中，提出了目前最具代表

---

① 鲁姆巴为Roomba的音译，Roomba是美国iRobot公司于2002年在全球首次推出的系列吸尘机器人的商品名。为便于理解，文中将Roomba译为扫地机器人。译者注。

② 艾萨克·阿西莫夫（1920—1992）为美国著名小说家、科普作家、文学评论家，也是美国科幻小说黄金时代的代表人物之一。代表作品有《基地系列》《银河帝国三部曲》和《机器人系列》等，曾获代表科幻界最高荣誉的雨果奖和星云终身成就大师奖。译者注。

性的机器人三大法则：[1]

> 1. 机器人不得伤害人类，也不能在人类受到伤害时袖手旁观；
>
> 2. 在不违反第一条法则的前提下，机器人必须绝对服从人类下达的任何命令；
>
> 3. 在不违反第一条法则和第二条法则的前提下，机器人必须尽力保护自己。

在阿西莫夫的故事里，机器人三大法则已经深深嵌入机器人的“正电子大脑”，[2] 是必须遵守的行为规范。阿西莫夫也经常在作品中探讨机器人遵守法律法规的意义和法律本身存在的漏洞。在受阿西莫夫作品启发的电 27
影《我，机器人》（I，Robot）中，主人公索尼（Sonny）是一名被秘密植入二级处理器，不受机器人三大法则约束的机器人。从外观上看，索尼与其他机器人毫无二致。但它还有独特之处，它有梦想，能发问，可以像人类一样对话并具备其他机器人无法做到的批判性思考能力。可以说，索尼具备人类的某些特质。

当苏珊·加尔文（Susan Calvin）[3] 博士追查索尼显著异于其他机器人行为的原因时，她发现了隐藏在索尼胸腔中的秘密。电影在此处具有很强烈的象征意义：其他机器人都是逻辑（程序）的奴隶，但索尼不同，它有一颗“心脏”。

虽然电影情节是虚构的，但《我，机器人》这部电影仍旧引发人们对于机器人自主性的思考。同机器人相比，人类具有违反规则和自主决策的

---

① 阿西莫夫的机器人三大法则首次出现是在他1950年出版的短篇小说集《我，机器人》中。Isaac Asimov, *I, Robot*, (New York: Grome Press, 1950)。

② 正电子大脑，原文为positronic brain，为阿西莫夫在其作品中虚构的名词。拥有正电子大脑的机器人，其行为通常较正面，符合人类主人的意愿，也不会伤害人类。译者注。

③ 苏珊·加尔文，电影《我，机器人》中的人物，为专门研究机器人心理的女科学家。译者注。

能力。机器人能否拥有类似人类的自由意志，也是科幻小说经常涉及的主题。在《我，机器人》的高潮一幕中，虽然人工智能邪恶机器人已经接管了整个城市，索尼仍冒着可能被邪恶机器人首领维奇（V.I.K.I.）击中的风险，决定搭救加尔文博士。索尼做出这样的选择，是因为爱情，而非逻辑。但在《终结者》系列电影中，来自军方的“天网”机器人一旦具备了自我意识，便做出了截然不同的选择。在确认人类的存在是对它的威胁后，“天网”机器人决定消灭全人类，它策划发动了全球核战争并启动“审判日”。

自主性的三个维度

在现实世界中，机器的自主性并不需要自由意志或灵魂发生魔术般的神奇碰撞，它只不过是机器执行命令或维持自身正常运转的一种能力。

美国国防部在《无人系统路线图》中，将自主性分为几个“层次”或不同“谱系”（spectrum），这种分类方式有些过于简单。其实，自主性牵涉到三个不同的概念：机器承担的任务类型、执行任务时人类与机器的关系以及执行任务时机器决策的复杂程度。换言之，自主性具备三个不同的
28 维度，这些维度彼此独立，机器可通过扩展任何一个维度提高自主性。

自主性的第一个维度是**机器承担的任务类型**。这些任务的重要性、复杂程度和风险高低各不相同。如恒温器只负责自动调节温度，而《终结者》里的“天网”则负责控制核武器。此外，对不同的机器人来说，决策的复杂性以及一旦机器执行任务失败后会产生何种后果也各不相同。一般情况下，单台次机器人通常自主执行某些任务，人类负责其他任务并在系统内实现人机结合。现代汽车具有一系列自主性特征：自动刹车和汽车防碰撞系统、防抱死系统、安全带自动回卷、自适应巡航控制、自动车道保持和自主泊车，等等。有些自主功能，如民航客机的自动驾驶系统，可由人为控制开启或关闭；而气囊等其他自主功能，则默认一直处于待命状态并可由用户自行开启。有些自主系统则设计为一旦处于某种极端状态，则默认不由人员控制而自行启动。如美军战斗机上集成的“自动地面防撞系统”（Automatic Ground Collision Avoidance System，Auto-GCAS），一旦飞机

失去方向即将坠毁，自动地面防撞系统将启动，在最后一分钟拉起飞机抬离地面。目前，该系统已经在叙利亚（Syria）挽救了一架F–16战斗机。①

上文中汽车和飞机的例子表明，机器系统是否被认定为自主系统，与其承担的特定具体任务紧密相关。目前，人类仍然驾驶汽车，只是在汽车上安装了更多辅助驾驶的功能，或在很短时间内实现自主驾驶。机器变得“更自主”，也开始承担更多任务，但在一定程度内仍需人类控制。“完全自主”的自动汽车可以进行自主导航和自主行驶，但仍需要人来指定目的地。

任何给定任务都具备一定程度上的自主性。机器以半自主、辅助自主或完全自主的形式执行任务，便涉及自主性的第二个维度：**人—机关系**。 29

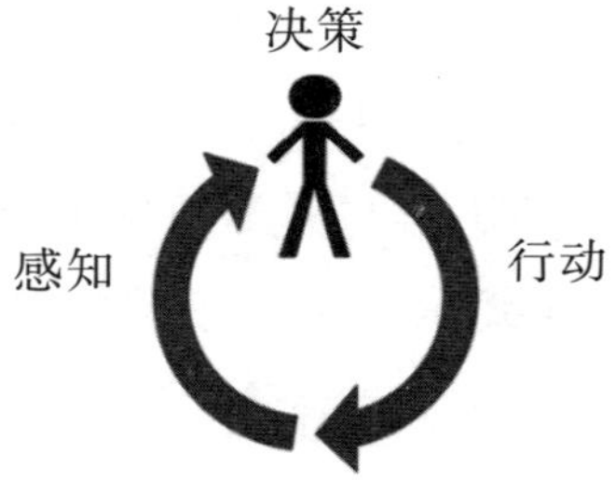

机器执行一项任务后暂停，待人类用户采取行动后再继续。

图2–1　半自主行动（人在回路中）

在半自主系统中，机器执行一项任务后暂停，等待人类用户采取行动后再行继续，人始终在回路中（human in the loop）。与军事领域的OODA回路类似，自主系统也执行感知、决策和行动回路。但在半自主系统内，回路中有人员因素的参与。这种系统可以感知外界环境并提出行动方案，但执行行动必须得到人类操作员的批准，半自主行动过程如图2–1所示。

① Guy Norris, “Ground Collision Avoidance System ‘Saves’ First F-16 In Syria,” *Aerospace Daily & Defense Report,* February 5, 2015, http://aviationweek.com/defense/ground-collision-avoidance-system-saves-first-f-16-syria.

机器可进行自主感知、决策和行动。人类能进行监督并在必要时进行干预。

图2–2　有监督式自主行动（人在回路上）

在有监督的自主系统中，人在回路之上（human on the loop）。一旦开始操作，机器将自主感知、决策和执行操作，但人类用户可观察机器行为并在必要时进行干预，有监督式自主操作过程如图2–2所示。

完全自主系统可在没有人类干预的情况下自主进行感知、决策和行动。一旦人类启动系统，便不再与人类用户进行信息反馈而独立执行任务，人在回路外（human out of the loop），完全自主操作过程如图2–3所示。

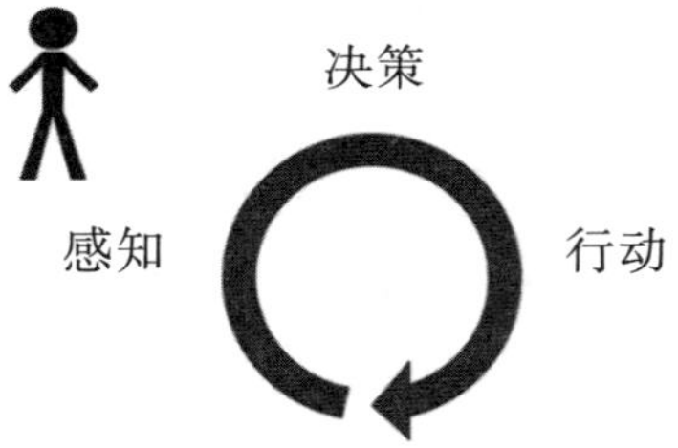

机器能自主进行感知、决策和行动的过程，人类不能及时干预。

图2–3　完全自主行动（人在回路外）

许多机器可在不同时段采取不同模式工作。你在家里时，扫地机器人清扫房间属于有监督式自主模式；如果机器人被物体卡住（我家里的扫地机器人就经常被困在浴室里徘徊，这时你可以帮它移开）；如果你不在家，扫地机器人的工作就进入完全自主模式，一旦出现故障，也只能等你回到家后再处理。我经常在回到家后发现浴室一尘不染，但家里其他地方仍然脏乱不堪。

扫地机器人把自己关在浴室里并不是它的问题，它甚至傻傻地不知道自己被卡住了。扫地机器人工作时，可能在一个地点打转转运行，它在无意识撞到门后，便有可能被关上的门困在某个房间里。**智能是自主性的第三个维度**。复杂性更高、智能化程度更高的机器人可在复杂环境中执行复杂任务。人们经常使用“自动的”“自动化的”和“自主的”等词语来指代机器人不同层次的智能水平。

自动系统（automatic systems）是一种很少涉及“决策过程”的简单机械。它们能够感知环境并执行任务，且感知和执行任务之间很迅速和直观。因此，自动系统的行为很容易预测。老式机械恒温器便属于自动系统，用户设定好温度后，一旦感应到温度过低或过高，机器便会自动进行 31
制热或制冷。

相比自动系统，自动化系统（automated systems）更加复杂，在执行操作之前需要综合考虑更多的输入（条件）并权衡多个变量。即便如此，从理论上来说，人类用户仍可掌握自动化系统内部的认知过程。以新型数字化可编程恒温器为例，启动制热还是制冷功能由房间温度、日期和时间共同决定。一旦掌握系统输入和可编程参数信息，熟练的用户便可据此预测系统行为。

自主系统（autonomous systems）通常是指内部认知过程难以为用户掌握的复杂系统。换言之，在自主系统中，用户知晓该系统执行何种任务，但不确定系统会如何执行该任务。研究人员通常将自主系统视为“目标导向型”系统，即人类用户设定目标，系统如何达成目标有一定的灵活性，机器智能的谱系如图2–4所示。

以无人驾驶汽车为例，用户可指定目的地和其他目标，如避免出现交
通事故等，但无法提前预测或确定无人驾驶汽车的具体动作。用户不清楚 32
道路上的车流和障碍物情况，不知道交通灯的运行情况，也无法预测其他车辆的行进情况。因此，为了顺利到达目的地，无人驾驶汽车在运行时必须具有一定的灵活性，可根据外界情况自主决定何时停车、启动或变道等。

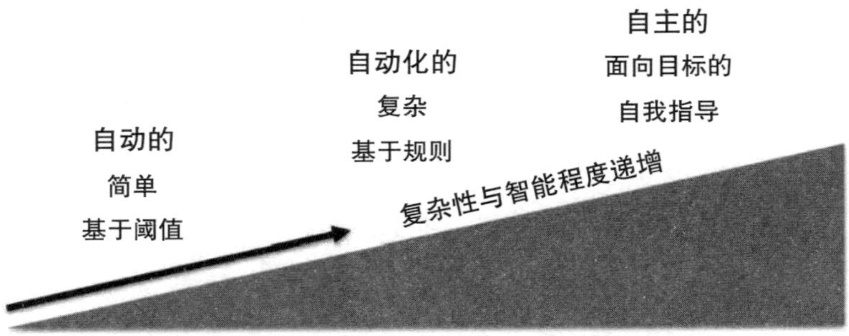

机器的复杂程度越高，越能够在复杂环境中更轻松地完成复杂任务。同时带来的负面影响是，即使对熟练的人类用户来说，它们的行动也更加难以预测。

图2-4　机器智能的谱系

实际上，“自动的”“自动化的”和“自主的”三个词语之间的界限目前仍存在着一定模糊性。“自主系统”通常指的是未来可能出现的更高级的系统。一旦创造出这种系统后，人们通常会用“自动化系统”来描述。这种情况与人工智能领域里的趋势颇有几分相似。人工智能通常被认为是能完成机器尚不能完成的任务，一旦机器能够完成这项任务，人工智能就变成了单纯的“软件”。

自主性并不代表系统拥有自由意志或违反编程设计。与自动化系统从感知到执行任务的简单线性关系不同，为了能够在任何特定情况下使执行任务的效果达到最佳，自主系统需要考虑一系列变量。在不可控环境里，自主系统的目标导向行为非常关键。如果一辆无人驾驶汽车在没有任何行人和车辆的封闭道路上行驶，那么这辆车的所有操作，如何时启动、停车和转弯等，都可以进行预先编程。但这样的车没有任何实用价值。因为它只能在一个简单的环境中使用，且环境中所有行为都可预测。但在更复杂的环境里或执行更复杂任务时，机器必须要因时地制宜，根据遇到的具体情况做出相应决定。

提高自主系统的复杂性是一把双刃剑，它的隐患是用户可能无法预测自主系统的具体操作。如果用户并不满意系统的行为，那么提高系统的复杂性就是弱点而非优点。对于较简单的自动系统或自动化系统来说，无法预测机器行为的可能性较小，但随着系统复杂性的不断提升，要预测机器的行动将变得越来越困难。

如果我们将控制权完全让渡给自主系统，得到的结果可能会令人振奋，也可能令人惊慌失措。机器就像一个“黑箱”，我们给它指定目标，它会像变魔术一般自主克服困难实现目标。对用户来说，它内部的工作原
理很神秘。“自动化”和“自主”的区别更多存在于用户的认知中。当我 33
们接触一台新机器系统时，我们通常会觉得它是“自主的”，因为我们还不清楚这台机器的工作原理；一旦我们通过接触对这台机器有了更深的了解后，笼罩在机器（黑箱）上的迷雾便逐渐散开，也就更能明白这台机器复杂的工作逻辑。这时候，这台机器对我们而言就是“自动的”。在理解机器的过程中，我们逐渐“驯服”机器，直至最终完全控制机器，虽然整个过程并不容易。

我曾在几年前购买了一台“奈斯特”（NEST）牌自主调节恒温器。这台机器可以根据用户行为调节室内温度，还可在工作过程中学习和模仿用户的生活习惯。我在使用中发现，很多因素都可能影响它的工作效果，并且它的温度调节效果也不是十分理想，通常不是过高就是过低。我对这台机器背后的技术十分感兴趣，便能够容忍它的不完美。但我太太希瑟（Heather）并不这样认为，每当这台恒温器没有按照她的意志升高或降低温度时，她都会埋怨我买的机器不太靠谱（她不知道我已经提前给这台机器预设过其他指令了）。

当我和我太太在暑假中回到家，发现虽然前一天晚上刚刚将温度设定为21℃（70华氏度），但家里的温度竟然飙升到27℃（80华氏度）时，这台恒温器的使命也就此终结。我和我太太汗如雨下，把行李放在客厅便跑去看到底怎么回事。结果，我发现自己忘了关闭它的“自动调节”功能。当恒温器发现家中无人时，便自动转换为节能模式，并按照预设参数将温度调到27℃（80华氏度）。希瑟的眼神告诉我，一切都为时已晚，她已经对这台恒温器失去信心了（更准确地说，她不再相信我能控制好这台恒温器）。

尽管这台“奈斯特”牌恒温器本身并没有什么问题，但它的人机交互过程却出现了问题。自主学习功能使恒温器变得更智能，却同时使我很难预测它的行为。事实上，这台恒温器的自主学习功能所表现出来的行为经
34 常与我的预期目标相左，即将被我“束之高阁”。

我们应该在何种程度上相信自主系统？

“奈斯特”牌恒温器只是在调节温度，扫地机器人的使命也只是清扫地面。如果你回到家后，发现扫地机器人被困在浴室里或室内温度过高，你的感觉可能只是有些烦躁，不会带来灾难性后果。这是因为，赋予这类自主系统的任务只是家庭类的简单任务，而不是关键任务。

试想，要是我将一套自主系统用于执行关键任务，将会出现怎样的结果呢？假如“奈斯特”牌恒温器是一件武器，而我没有正确理解它，将会出现何种后果？

再试想，假如我将生死攸关的决策权赋予自主系统，又将会带来何种后果？

第3章

杀人机器

自主武器的前世今生

自主武器最早出现在150年前的19世纪中叶。第二次工业革命在大幅提高生产力并使城市变得空前繁荣的同时，也带来了武器的进化和战场上的杀戮。

美国内战爆发于1861年。这一年，发明家理查德·加特林（Richard Gatling）发明了一种速射武器——加特林机枪（Gatling gun）。加特林机枪是一种（利用转管）自动填装弹药的武器，它的出现大幅提升了射速，也被誉为现代机枪的鼻祖。与南北战争时期使用的需要人从枪口进行复杂弹药装填的来复滑膛枪（rifled muskets）相比，加特林机枪是一个飞跃性进步。受到良好训练的士兵使用滑膛枪，[①] 每分钟最多可进行三轮射击，加特林机枪则将这一数字提升到了300轮。

加特林机枪在它所处的年代是个奇迹。马克·吐温（Mark Twain）就

① George Knapp, "Rifled Musket, Springfield, Model 1861," in Jerold E. Brown, *Historical Dictionary of the U.S. Army* (Santa Barbara, CA: Greenwood Publishing Group, 2001), 401.

曾是这部机枪的狂热粉丝：

> 加特林机枪：由6—10根枪管捆成一圈，可携带大量锥形弹头子弹；加特林机枪可在2.5英里射程仍旧保持高精度射击；它可由射手摇动曲柄进行自动弹药装填；加特林机枪可以以一敌四，
> 36 它射击时发射子弹就像观察员在喋喋不休，射速可达每分钟400发！哦，我真是太喜欢它了。[①]

加特林机枪虽然不属于自主性武器，但它开启了自动化武器的漫长时代。射手只需不断摇动曲柄，加特林机枪就能实现自动装填弹药、射击并弹出空弹夹。加特林机枪在当时的战场上，实现了摧枯拉朽般的毁灭性作战效果。操作一架加特林机枪需要4名士兵，但他们实现的火力输出可与一百名士兵匹敌。[②]

理查德·加特林发明加特林机枪的初衷并非为了大开杀戒。[③] 相反，他希望通过推广加特林机枪，减少参战士兵的数量。在见到成千上万的年轻人在参加了美国内战后，拖着残存的躯体回到家乡或甚至长眠于战场，加特林发明了这种机枪。他在给朋友的一封信中写道：

> 如果我能够发明一种可以快速射击的机枪，这种机枪在战场上能够以一敌百，那么战场上需要的士兵数量将大幅减少，人们因战争遭受的苦痛和疾病也将大大减轻。[④]

加特林是一位多产的发明家，[⑤] 他还发明了很多农业机械设备，并拥

---

① Julia Keller, *Mr. Gatling's Terrible Marvel* (New York: Penguin Books, 2009).

② 加特林机枪可以每分钟发射350—400发子弹。美国内战时期，一名训练有素的士兵可以用春田（Springfield）步枪每分钟发射3发子弹，合计100名士兵每分钟发射300发子弹。George Knapp, "Rifled Musket, Springfield, Model 1861."

③ Keller, *Mr. Gatling's Terrible Marvel*, 7.

④ Ibid., 27.

⑤ Ibid., 71.

有多项专利。他认为机枪的结构与一些轻型设备类似，因此也能够应用相关技术提高效率。加特林曾声称，“加特林机枪弹夹的结构与麦考马克（McCormack）发明的收割机的切割器和缝纫机针类似。”[①]

加特林的理想很丰满，但现实很骨感。加特林机枪不仅为战争革命埋下了火种，也将人们从旧时代利用来复滑膛枪一枪一枪消灭敌人带入实施机械化杀伤的新时代。加特林机枪的使用并未减少战场上的流血，反而使死伤情况更甚。但无论如何，加特林机枪奠定了自动化武器时代的基础。 37

自动化武器：机枪

随着一代代发明家的不断改良，自动化武器开始登上历史舞台。自动化武器时代开启的标志是1883年马克沁重机枪（Maxim gun）[②]的出现。与加特林机枪需要一人不断摇动曲柄驱动机枪不同，马克沁重机枪以火药爆炸产生的能量作为能源，不再需要摇动曲柄，可自动填药、发射和弹出弹夹，是真正意义上世界第一支能够自动连续射击的机枪。

机枪是一个伟大的发明，但也给人类带来了无尽的灾难。与半自动武器需要使用者不断扣动扳机击发子弹不同，全自动武器可在按下扳机后持续不断击发。现代机枪的外形尺寸和形状差异很大，从可被保安人员藏在制服内的短管转轮乌兹（Uzi）冲锋枪到拥有多个子弹带，每分钟可发射数千枚子弹的重型机枪。（机枪）无论外形尺寸大小，瞄准单个目标时的火力都很惊人。

我当突击队员时使用的武器是一挺M249班用自动武器（Squad Automatic Weapon，SAW），它是一种配备在步兵班火力组的单兵轻型机枪。M249空枪自重17磅，属于“手持”类机关枪中较重的。使用者受过训练后，可在短时间内进行站立射击，但最佳方式仍是卧姿。M249机枪配备可折叠两脚金属支架，枪口不贴地面，但使用者仍需用心控制。由于

① Ibid., 43.

② 马克沁重机枪，于1883年由美国人海勒姆·马克沁于1883年发明，是世界上第一只能够自动连续射击的机枪。译者注。

射速快和较大的后坐力，M249机枪像一头野兽一样爆发力十足。一旦扣动扳机，它的射速可达每分钟800发，平均每秒13枚子弹。如果以这样的射速持续射击，枪手需在两分钟内更换枪管，否则会导致枪管过热甚至熔化。

使用M249机枪需要遵守一些规则：如枪手在射击时必须使枪械贴近身体，甚至用自己的身体抵住机枪，同时将两脚支架深深地插入土里来稳定机枪。此外，为保证射击精度并防止枪管过热，枪手需在射击初期击发
38 5—7枚子弹。在射击过程中，一旦枪管发热变红便需立即更换。从这一点来说，这型机枪还需人工控制。

与轻机枪截然不同的另一个种类为重机枪，以M2 0.50口径重机枪为代表，被美军亲切地称为“老干妈（ma deuce）”。[①] 这种机枪为车载大口径机枪，通常安装在军用卡车上，可让普通越野卡车摇身一变成为攻击能力爆棚的“钢铁卡车”。M2重机枪空重80磅，附带支架55磅，是名副其实的庞然大物。射手在使用这挺机枪时，必须斜倚着抱紧枪支，双手扣动扳机。M2重机枪使用半英寸长的子弹，发射时发出低沉的“突突突”声音，射程约1英里。

机枪的出现彻底改变了战争样式。英军在19世纪末使用马克沁机枪战胜了远多于自己数量和规模的军队，成功实现殖民非洲。至少，对英国人来说，机枪的使用大幅降低了作战费用。在第一次世界大战中，由于交战双方都使用了机枪，导致战场血流成河，惨不忍睹。在索姆河战役（Battle of Somme）中，英军单日伤亡2万人，均死于自动化武器的枪口下。数百万人在一战中丧生，欧洲差不多损失了一代年轻人。

机枪通过机械化手段大幅提高了杀伤力，在战争中大放异彩。人们死于机枪的枪口，就像麦考马克的收割机收割谷物一样干脆。[②] 尽管如此，由于机枪仍然需要射手瞄准目标，因此算不上真正的自主武器。扣动扳机

① M2重机枪诞生于1921年，其改进型直到现在仍然大量装备美军，由于其在美军中地位极高，因此被称为ma deuce，中文意思类似于“老干妈”。译者注。

② Keller, *Mr. Gatling's Terrible Marvel*, 9.

后也无法自动感知目标，需要射手操作。研发人员在21世纪将初级传感技术进一步应用于武器装备中，这也是武器智能化的发端。

第一代“智能”武器

从人们出于泄愤的需要向对手扔石头到二十世纪战争进入非制导武器时代，无论是使用投石器、弓箭还是榴弹炮，都是遵循万有引力定律的抛物线运动。这种运动多数情况下精度不高，且精度随着距离的增加迅速降 39
低。要使用非制导武器消灭敌人，必须要等对方足够靠近后使用地毯式覆盖攻击。

第二次世界大战中火箭、导弹和炮弹的使用提高了射程，但并未提高射击精度。虽然军方迫切希望开发可实现远距离攻击目标的精确制导武器，但当时一些使武器装备更智能的手段非常滑稽。如行为艺术家B.F.斯金纳（Skinner）[①] 曾经试图通过让鸽子啄食目标图像达到控制炸弹方向的目的。或许斯金纳的“鸽子导引”炸弹起到了一定作用，但从未见诸于战争。而其他尝试，如给炸弹安装导航设备则推动了第一代“智能”武器——精确制导弹药（Precision-Guided Munitions，PGMs）的诞生。

第一种获得成功的精确制导弹药是出现于1943年的德制G7e/T4“猎鹰”（Falcon）[②] 鱼雷。这种鱼雷采用了声自导这一当时最先进的技术。它与传统鱼雷发动直线攻击极易脱靶不同，能够利用声寻导引头不断修正路线误差。一旦从400米外的德国U型潜艇上发射出去，“猎鹰”鱼雷便激活自身携带的被动声呐传感器，在捕捉到附近过往商船目标后，径直朝其运行，直至抵达并炸毁目标。

“猎鹰”鱼雷在实战中配装了三艘U型潜艇后，便被其升级型号G7es/

---

① C. V. Glines, “Top Secret WWII Bat and Bird Bomber Program,” HistoryNet.com, June 12, 2006, http://www.historynet.com/top-secret-wwii-bat-and-bird-bomber-program.htm.

② 原文为德语Falke，“The Torpedoes,” uboat.net, http://uboat.net/technical/torpedoes.htm, accessed June 19, 2017; “Torpedoes of Germany,” NavWeaps, http://www.navweaps.com/Weapons/WTGER_WWII.php, accessed June 19, 2017; “TV (G7es) Acoustic Homing Torpedo,” German U-Boat, http://www.uboataces.com/torpedo-tv.shtml, accessed June 19, 2017。

T5“鹪鹩”（Wren）[1] 鱼雷所取代。“鹪鹩”鱼雷的航速更快，不仅可用于攻击商船，还可攻击机动性更高的盟军军用船只。虽然相比直线运行的鱼雷，配备声寻导引头的鱼雷具有更高的军用价值，但同时也带来了其他问题。如1943年和1944年，两艘U型潜艇（编号U–972、U–377）都是因为鱼雷出现寻的错误被自己发射的鱼雷击中。为了解决这个问题，德国人给声导寻的机制设置了400米的安全距离。此外，为了彻底避免被自己的鱼雷误伤，U型潜艇会在鱼雷发射之后马上下潜，[2] 并保持完全静默状态。

40 针对德国的“鹪鹩”鱼雷，盟军迅速出台反制措施，研发“猎狐人”（Foxer）。“猎狐人”是一种拖曳在盟军船只后面的噪声干扰器，专门用于干扰“鹪鹩”鱼雷，使自己成为“鹪鹩”的目标从而保护船只。但“猎狐人”也带来了新的问题，它在发出噪声的同时，无形中向附近的德国U型潜艇暴露了盟军舰船的位置。此外，德国人不久便研制出了配备改进型声寻导引头的“鹪鹩2”鱼雷。[3] 智能武器和反智能武器间的竞赛就此开始。

精确制导弹药

20世纪后半叶是以“鹪鹩”鱼雷为代表的精确制导弹药在海、空、陆地作战中得到大发展的时期。时至今日，精确制导弹药在全球各种军事场合得到了广泛应用，也被称为“灵巧导弹”或“灵巧炸弹”。这些精确制导弹药使用自动化技术来修正攻击误差并帮助弹药（导弹、炸弹和鱼雷等）命中目标。由于制导机制和原理不同，精确制导弹药的自主性程度也各不相同。

有些制导弹药的自主性很低，在飞行（或航行）过程中需要人的控制才能指向目标。指令制导（Command-guided）类武器通常由人通过电线或无线电实施远程遥控。而其他类型的武器，则由人类操作员用激光器或雷达“指示”目标，导弹和炸弹等通过激光器或雷达寻的攻击目标。在上

---

① Wren，原文为德语Zaunk ö nig，Ibid。

② Ibid.

③ “The Torpedoes” “Torpedoes of Germany” “TV (G7es) Acoustic Homing Torpedo”.

述两种情况中，人类并不直接控制弹药的行动，但也的确实时操控武器的命中过程。这使人类操作员可在导弹飞行过程中修正路线或甚至取消攻击行动。

其他精确制导弹药一旦发射便不能取消行动，但弹药的飞行轨迹和目
标可以进行再修正。这些弹药应用了多种制导方式，如携带核弹头的弹道
导弹安装了陀螺仪和加速度计，采用惯性制导攻击既定目标；潜射型核弹
道导弹由于发射地类型较多，通常使用天文自主导航；大多数巡航导弹使 41
用雷达和数字地形图像匹配的复合制导方式攻击目标；GPS制导类武器依
赖美国的全球定位系统确定自身和目标位置。这类弹药大多数在发射后不
能重定向或召回，也不能自主选择攻击目标和导航路径。它们虽然在发射
后可脱离人类的控制，但就完成任务的过程而言，自主性较低。因为这类
弹药的行动路径都是人类预设的，就导航方式而言，无论是以自身为主的
惯性导航还是依赖外界信号的GPS导航，都只能让精确制导弹药按照既定
路线攻击目标。因此，这类弹药也通常用于攻击固定类目标。

寻的武器作为精确制导弹药的一种，通常用于攻击移动目标。由于目标不断运动，寻的弹药能够不断感知目标并调整自己的行动。“鹪鹩”鱼雷等寻的弹药安装了被动传感器，通过感知环境中目标发出的声波或各类光电信号发现目标；配备主动传感器的弹药则会主动发出各种信号（如雷达信号）感知目标。如美军一款早期主动寻的弹药——“蝙蝠”（Bat）反舰滑翔炸弹，[①]就是使用雷达发射器来探测敌军舰船。

有些寻的弹药的导引头在发射之前便“锁定”了目标。有些寻的弹药则在发射后才开始寻找并“锁定”目标，这类弹药的导引头在发射前处于关闭状态，开始寻找移动目标时才会激活。

有些“发射后不管”（fire-and-forget）的寻的弹药，寻找目标时如正在发动攻击的狗一般死缠烂打。美军飞行员通常将AIM–120先进中程空空导弹（Advanced Medium-Range Air-to-Air Missile，AMRAAM）发射后的寻的

① Jim Sweeney, “Restoration: The Bat,” *Air & Space Magazine* (January 2002), http://www.airspacemag.com/military-aviation/restoration-the-bat-2925632/.

模式称为“疯狗”（maddog）。[①] 这类武器一旦发射，便像在肉骨头堆里的狗一样，启动主动雷达“疯狂地”自主寻找目标。它们会攻击搜索到的第一个目标。和二战时德军“鹪鹩”鱼雷攻击己方U型潜艇一样，美军也需注意防止发射的导弹误伤友军。为防止寻的弹药调转方向攻击己方或友军，世界各国通常使用各种战术、技术和程序（Tactics，Techniques and Procedures，TTPs）加以防范，例如德国U型潜艇在发射后迅速下潜等战术措施。

42

低自主性的寻的弹药

寻的弹药虽然具备一定程度的自主性，但由于仍需人员确定攻击目标，因此不能算作真正的“自主武器”。许多寻的弹药属于“发射后不管”的类型，即一旦发射后便不能召回。这种特性在战争中并非新鲜事物，古老的投石机、石块、弓箭甚至子弹，同样具备这种特性。寻的弹药与其他武器的根本不同在于，寻的弹药具备一定程度的智能化，这种能力可指导它们的行动。如寻的弹药能够感知外界环境（目标），规划正确的行动路线（如何转弯），然后行动（自行机动并攻击目标）。从本质上来说，寻的弹药属于简单的机器人。

但寻的武器的自主性受到严格限制。它们并不能自主搜索和攻击潜在目标，只能使用预设程序攻击人类事先确定好的目标。从某种程度上说，寻的弹药类似接受过良好训练的警犬，可按照警察的指令扑倒嫌疑人，而不像在路上游荡的野狗，晃晃荡荡随意寻找攻击目标。

在某些场合，为了避免发动错误攻击，寻的弹药还应用了自动化技术。如“鱼叉”（Harpoon）反舰导弹采用惯性制导和主动雷达制导结合的制导方式，[②] 以Z字形路线前进。导弹在距离目标一定预设距离时启动雷达制导搜寻目标。这种方式可令寻的弹药快速穿越作战环境尽快抵达攻击目

---

① Air Land Sea Application Center, “Brevity: Multi-Service Brevity Codes,” February, 2002, http://www.dtic.mil/dtic/tr/fulltext/u2/a404426.pdf, I-19.

② “鱼叉”反舰导弹采用惯性制导和主动雷达制导结合的制导方式，导弹发射后迅速下降飞行，在距离目标一定预设距离时启动雷达制导搜寻目标，捕获目标后进一步下降高度，在接近目标时突然跃升俯冲向目标，完成攻击，整个攻击路线呈Z字形。译者注。

标处。[①] 由于寻的弹药的自主性受到严格限制，人类操作员需预先反复确认攻击目标。对人类操作员来说，要确认在特定时间和地点，攻击特定目标，必须借助某些信息。这些信息可能来自舰载或机载雷达，或潜艇声呐发出的声音，或卫星及其他设备传回的信息。寻的弹药处理目标时间和位置信息的能力十分有限，且如果人们不知道预先攻击的目标，它就是一堆没有任何用处的破铜烂铁。

43

武器系统

一个武器系统通常包含搜索和选择敌方目标的传感器、负责决策是否攻击目标的单元模块以及弹药（或其他设备，如激光器等）。[②] 有时，一个武器系统由飞行器等单一平台搭载。以先进中程空空导弹为例，该系统包含雷达、飞行员和导弹几部分。雷达负责搜寻和感知目标，飞行员决定是否发动攻击，导弹负责接近并摧毁目标。上述元素在整个工作过程中都是不可或缺的，武器系统OODA回路如图3–1所示。

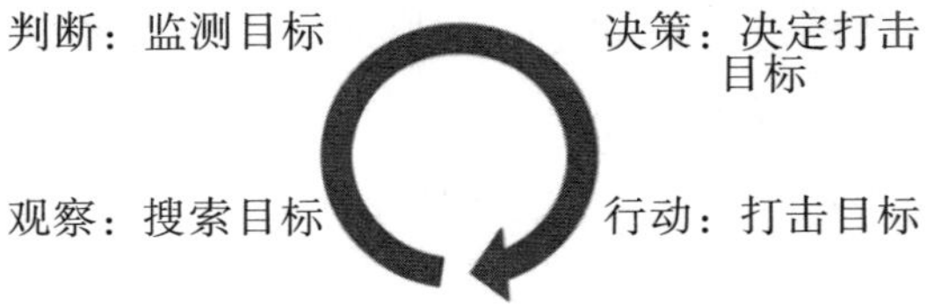

一个包含完成攻击行动所必需元素的完整武器系统（即OODA回路）：搜索和监测敌方目标，决定是否打击目标，最后发动打击。

图3–1　武器系统OODA回路

① “Harpoon Missiles,” United States Navy Fact File, http://www.navy.mil/navydata/fact_display.asp?cid=2200&tid=200&ct=2, accessed June 19, 2017. “Harpoon,” WeaponSystems.net, http://weaponsystems.net/weaponsystem/HH10+-+Harpoon.html, accessed June 19, 2017.

② 美国国防部对“武器系统”的官方定义采取了更广泛的观点，包括武器运作所需的人员和支援设备，即一种或多种武器与所有相关设备、材料、服务、人员、以及运载和部署手段的结合(如果适用的话)。U.S. Department of Defense, “weapon system,” in “DoD Dictionary of Military and Associated Terms,” March 2017, http://www.dtic.mil/doctrine/dod_dictionary/data/w/7965.html。

在某些情况下，武器系统可跨物理平台进行信息共享。如海上巡逻机可将探测到的敌军舰船位置信息传送给附近的友军舰船，由其发射导弹实施攻击。军事专家将这种大型的由多种不同子系统组成的系统称为作战网络。就作战网络对精确制导武器作战效能的潜在影响，国防分析师巴里·沃茨（Barry Watts）有如下描述：

> 要使“精确弹药”的行动有益于己方不利于敌方，攻击目
> 44 标的详细和精确信息必不可少。[①] 实际上，精确弹药与“战斗网络”之间的紧密联系，是进行攻击瞄准行动的最基础信息，也是美军在对1991年由其主导的“沙漠风暴行动”（Operation Desert Storm）进行仔细研究后得出的主要经验教训之一。“它”将制导弹药与瞄准网络结合，从而使制导弹药更“智能”。

自动化在武器系统和作战网络中，通常用于许多与打击目标相关的任务：如搜寻（目标）、识别、跟踪和对潜在目标的优先级进行排序；确认开火时间以及对弹药进行机动等。就目前使用的大多数武器装备而言，人类负责决策是否攻击目标。如果人在回路中并决策攻击目标，则这种系统就属于半自主武器系统，其工作原理如图3–2所示。

> 在半自主武器系统中，整个任务回路——搜寻、识别、确认攻击和发动攻击都是自动的。为方便使用，我通常将“自主武器系统”缩写为“自主武器”。这两个词中，“自主”是一致的，而“武器”则指整个系统，包括传感器、决策制定单元和弹药。现在我们使用的大多数武器系统都属于半自主武器，但也有少数属
> 45 于自主武器。

① Barry D. Watts, “Six Decades of Guided Munitions and Battle Networks: Progress and Prospects,” Center for Strategic and Budgetary Assessments, Washington, DC, March, 2007, http://csbaonline.org/uploads/documents/2007.03.01-Six-Decades-Of-Guided-Weapons.pdf, ix.

在半自主武器系统中，自动化技术通常用于搜寻、识别和打击目标，人类负责打击具体目标的决策。

图3-2 半自主武器系统（人在回路中）

有监督的自主武器系统

寻的弹药可对舰船、基地和飞行器等目标实施精确瞄准，能够通过发动多轮次饱和攻击或发射导弹压制对方。在没有制导（“傻瓜”）弹药的时代，防御者并不担心对方如潮水般的攻势，因为他们相信绝大多数来袭弹药都会射空；但在精确制导（“灵巧”）弹药的时代，防御方则必须在来袭弹药击中自己之前，主动实施拦截。出于防御的要求具备更高自主性——是一种合理的选择。

截至目前，世界上有30多个国家选择使用多种有监督的自主武器系统来保护己方船只、飞行器和基地的安全。[①] 一旦将这些武器系统设置为自主模式并激活，它们便会在没有人类进一步干预的情况下，自主攻击来袭火箭炮、导弹或炮击跑等。人在回路之上，可实时对（系统的）行动进行监督，有监督的自主武器系统工作原理如图3–3所示。

① 澳大利亚、巴林、比利时、加拿大、智利、中国、埃及、法国、德国、希腊、印度、以色列、日本、科威特、荷兰、新西兰、挪威、巴基斯坦、波兰、葡萄牙、卡塔尔、俄罗斯、沙特阿拉伯、南非、韩国、西班牙、中国台湾、阿拉伯联合酋长国、英国和美国。 Paul Scharre and Michael Horowitz, “An Introduction to Autonomy in Weapon Systems,” Center for a New American Security, February 2015, Appendix B, https://s3.amazonaws.com/files.cnas.org/documents/Ethical-Autonomy-Working-Paper_021015_v02.pdf。

有监督的自主武器系统在激活后，可自主搜寻、监测和决定是否打击目标，人在必要时可以进行干预。

图3-3　有监督的自主武器系统（人在回路上）

在信息快速变化的战场上，一旦交战速度超过人类能够承受的物理极限时，便需要这些有监督的自主武器系统“上场”了。就像雅达利（Atari）公司开发的游戏《导弹指令》（Missile Command）中的场景一样，同时来自多个方向的饱和攻击，可能将人类操作者压垮。装备自主防御系统
46 是从精确制导武器的攻击下生存下来的关键因素。这些系统包括：以美国“宙斯盾”（Aegis）作战系统和“密集阵”（Phalanx）近战武器系统（Close-In Weapon Systems，CIWS）为代表的舰载防御系统、以美国“爱国者”（Patriot）导弹为代表的陆基防空导弹防御系统、以德国“曼提斯”（MANTIS）近程防空系统为代表的反火箭、火炮和迫击炮系统和以色列制“奖杯”（Trophy）、俄罗斯制“竞技场”（Arena）等专门针对地面载具的主动防护系统。

当这些武器系统用于保护舰船、基地和地面载具等目标时，其作战过程基本类似。人类操作员设定武器参数，确定目标和威胁种类。这些系统在不同场景下，针对来自各种方向、角度和速度的威胁，选择最合适的规则执行。有些系统可能拥有多种作战模式，可允许人在回路中（半自主）或人在回路上（有监督式自主）实施控制。

这些防御系统都属于自主武器，但目前它们的应用范围较窄——通常用于有人载具和基地的实时防御，针对的也主要是导弹、火箭和飞行器等这类武器装备，基本不涉及人员。人类可实时监督自主控制系统运行并在

必要时进行干预。由于进行系统监督的人员并未完全脱离回路，意味着一旦系统出现不响应命令的情况，便可由人员接管。

完全自主武器系统

有没有哪个国家拥有完全自主的不需人类监督的武器系统？一般来说，由于完全自主武器的用途并不广泛，只有少数系统可以称为“完全自主”，它们可以在没有人类干预的情况下自主搜寻目标并决定是否发起攻击，完全自主武器系统工作原理如图3–4所示。巡飞弹（Loitering munitions）就是个例子。

巡飞弹能够在广阔空域内作长时间盘旋并寻找潜在目标，一旦找到目标便会摧毁它。与寻的弹药不同，巡飞弹在发射前无须取得敌方目标的精确信息。因此，我们可以把一枚巡飞弹看作一个完整的“武器系统”。人类可以在事先并不掌握目标具体信息的情况下，将巡飞弹放置在“盒子”（即预先设定好范围的某一区域）内任其自主搜寻敌方目标。部分巡飞弹 47
通过无线电与人类操作员“沟通”，在得到攻击目标的许可后，便成为半自主武器系统。

完全自主武器在被激活后，能够自主寻找、监测并决定是否发动攻击，人类不能干预。

图3–4　完全自主武器系统（人在回路外）

也有些巡飞弹属于完全自主武器。以色列的“哈比”（Harpy）就是这类武器。它在发动攻击之前，无须人类帮忙确认目标。“哈比”目前已出售给智利、中国、印度、韩国和土耳其等国。① 据报道，中国已经以“哈比”为原型研发出本国的同类型装备，半自主武器与完全自主武器示意图如图3–5所示。

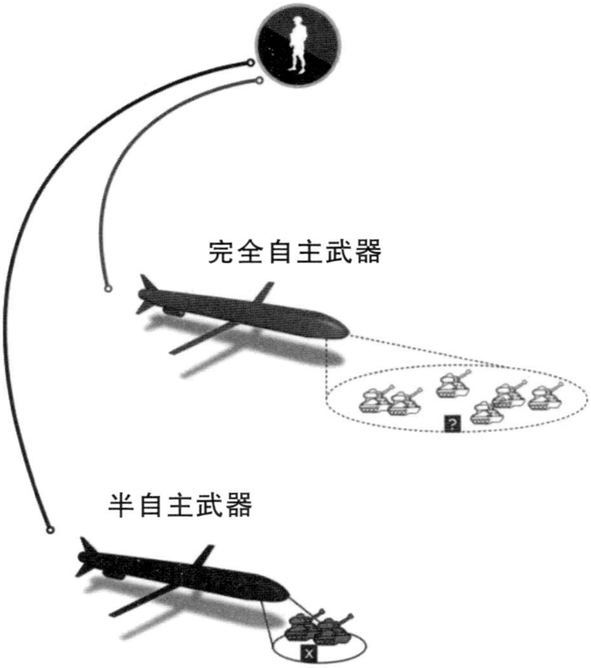

图3–5 半自主武器和完全自主武器

注：就半自主武器而言，操作人员针对某一特定目标或目标群发射半自主武器。人类选择攻击目标，武器执行攻击任务。而完全自主武器可在一个广阔区域内自主搜寻目标，操作人员在发射时，不需要预先掌握目标对象的具体准确信息。人类只决定是否发射完全自主武器，武器自主选择特定目标并发动攻击。

① Israel Aerospace Industries, “Harpy NG,” http://www.iai.co.il/Sip_Storage//FILES/5/41655.pdf. Israel Aerospace Industries, “Harpy NG,” http://www.iai.co.il/2013/36694-16153-en/IAI.aspx. “Harpy,” Israeli-Weapons.com, http://www.israeli-weapons.com/weapons/aircraft/uav/harpy/HARPY.html. “Harpy Air Defense Suppression System,” Defense Update, http://defense-update.com/directory/harpy.htm. Tamir Eshel, “IAI Introduces New Loitering Weapons for Anti-Radiation, Precision strike,” Defense-Update.com, February 15, 2016, http://defense-update.com/20160215_loitering-weapons.html.

表3-1　高速反辐射导弹（HARM）[1]与“哈比”

	武器类型	目标	搜寻时间	航程	自主程度
HARM	寻的导弹	雷达	近4.5分钟	90+公里	半自主武器
“哈比”	巡飞弹	雷达	2.5小时	500公里	完全自主武器

完全自主的巡飞弹与半自主寻的弹药之间的区别，可以通过比较高速反辐射导弹和“哈比”巡飞弹的差异来具体说明，如表3–1所示。两者的攻击对象相同，都是敌方雷达，但双方搜寻目标时的自主性却差异很大。半自主的高速反辐射导弹射程只有90多公里，最高时速1200公里，最多只能在空中停留4分半钟。[2] 48

由于无法巡弋飞行，高速反辐射导弹发射后必须针对敌方的某一特定雷达实施攻击。而“哈比”可在空中停留2个半小时，[3] 航程500公里，这使“哈比”在发射前便可相对独立于作战网络，也无须目标信息的指引。“哈比”的作战目标是摧毁一定时间范围内的任意敌方雷达，但它可自主选择具体目标。 49

人们习惯性认为完全自主武器目前还没有问世，但其实几十年前就已出现了完全自主的巡飞弹。20世纪80年代，美国海军发展了一种反舰巡飞弹，即“战斧”反舰导弹（Tomahawk Anti-Ship Missile，TASM）。[4] 它可自主搜寻、探测苏联舰船并对其实施打击。“战斧”反舰导弹先飞行到苏联舰船可能存在的地区，然后按照既定搜寻模式在一个广阔区域内飞行并寻找目标雷达信号。一旦发现苏联舰船，便会发动攻击。除名字相同之

① HARM，即高速反辐射导弹，英文原文为High-speed Anti-Radiation Missile。

② United States Navy, “AGM-88 HARM Missile,” February 20, 2009, http://www.navy.mil/navydata/fact_display. asp?cid=2200&tid=300&ct=2.

③ Robert O’Gorman and Chriss Abbott, “Remote Control War: Unmanned Combat Air Vehicles in China, India, Israel, Iran, Russia, and Turkey” (Open Briefing, September 2013), 75, http://www.oxfordresearchgroup.org.uk/sites/default/files/Remote%20Control%20War.pdf.

④ Carlo Kopp, “Tomahawk Cruise Missile Variants,” Air Power Australia, http://www.ausairpower.net/Tomahawk-Subtypes.html.

外，“战斧”反舰导弹与“战斧”对陆攻击型导弹（TLAM）① 没有任何关系，后者在飞行中可以采用数字地形匹配制导。“战斧”反舰导弹任务路径如图3–6所示。“战斧”反舰导弹在20世纪90年代初退出美国海军现役，② 虽然它从未应用于真实战争中，但却是第一种具备作战能力的完全自主武器。只不过，那时人们并未真正意识到它的意义。

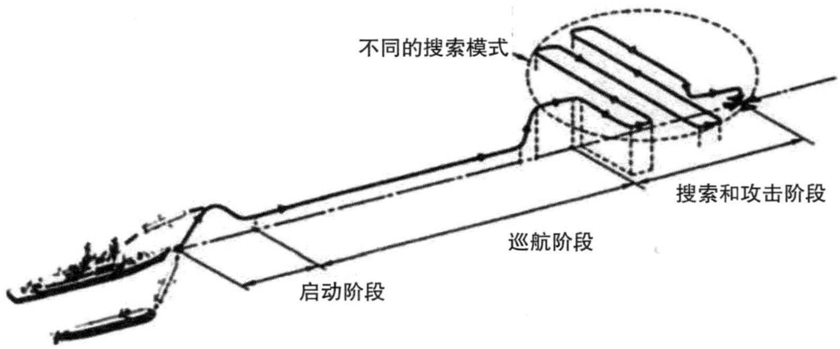

图3–6 “战斧”反舰导弹任务路径示意图

注：“战斧”反舰导弹执行任务的典型路径。在从舰上或从潜艇上发射后，“战斧”反舰导弹将巡航至目标区域。一旦到达该区域，便会按既定搜索路线样式寻找目标，找到目标后自主发动攻击。

20世纪90年代，美国开始发展两种试验性质的巡飞弹：“沉默彩虹”（Tacit Rainbow）③ 和低成本自主攻击系统（Low Cost Autonomous Attack

---

① U.S. Navy, “Tactical Tomahawk,” http://www.navair.navy.mil/index.cfm?fuseaction=home.display&key=F4E98B0F-33F5-413B-9FAE-8B8F7C5F0766.

② “战斧”反舰导弹指的是BGM / RGM-109B型号，这是美国海军1982年至1994年使用的战斧变种型号。2016年，海军决定将现有的战斧陆地攻击导弹（TLAM）重新配置为新的反舰版战斧导弹，预计2021年入役。Sam LaGrone, “WEST: U.S. Navy Anti-Ship Tomahawk Set for Surface Ships, Subs Starting in 2021,” *USNI News*, February 18, 2016, https://news.usni.org/2016/02/18/west-u-s-navy-anti-ship-tomahawk-set-for-surface-ships-subs-starting-in-2021。

③ Carlo Kopp, “Rockwell AGM-130A/B and Northrop AGM-136A Tacit Rainbow,” Air Power Australia, last updated January 27, 2014, http://www.ausairpower.net/TE-AGM-130-136.html. Andreas Parsch, “AGM/BGM-136,” Designation-Systems.net, 2002, http://www.designation-systems.net/dusrm/m-136.html.

System，LOCAAS）。“沉默彩虹”与“哈比”类似，是一种具备巡航能力的反辐射导弹，主要用于攻击陆基雷达。低成本自主攻击系统的攻击目标更野心勃勃：搜寻并摧毁敌方坦克这种不会发出电磁波，比雷达更难打击的武器装备。但“沉默彩虹”和低成本自主攻击系统都在研发期间被取消，没有进行部署。 50

上述例子体现出人们对于自主武器普遍存在的认识误区：即智能使武器更“自主”。系统的智能化程度与它能够自主执行哪些任务没有必然联系。自主武器的特征在于自由，而非智能。武器装备可以变得更智能，但并不改变它们的自主性能。迄今为止，自主和半自主武器所使用的目标定义算法都相当简单。由于军方无法将过多自由度赋予那些不够智能的武器装备，这也限制了完全自主武器的作战性能。无论如何，随着机器智能技术的发展进步，自主瞄准技术将在更多应用场景中得到实现。

不太常见的案例——地雷、封装式鱼雷和传感器引爆武器

地雷、封装式鱼雷和传感器引爆武器等武器装备，既不属于半自主武器，也不属于完全自主武器。

地雷通常被埋在土里或海里，静静等待目标接近、触碰并爆炸的那一刻。虽然地雷属于自主装备，一旦被触发便会引爆，但它无法自行机动搜寻目标，只能停留在初始位置（除大多数水雷可随水漂流外）。它们能做的，也只有“决定”是否引爆。地雷自有一种简单的方式来探测目标：一旦传感器达到阈值，它便可以爆炸（有些水雷和反坦克地雷上加装了计数器，不会在侦测到第一个目标时就启动引信，而是会记录目标数目，直到累计数量与预设值相同才爆炸）。需要特别引起关注的是，理论上地雷的生命周期可以很长，除非给它们专门设定自毁时间，否则它们能够潜伏数年，有些甚至在战争结束后很久仍然具备杀伤能力。

由于地雷的有效使用期限极长，无形中相当于在全球制造了人道主义灾难。截至20世纪90年代中期，由于冲突和战争的遗留，全球68个国家 51

的地下还有超过1.1亿颗地雷未被引爆，[①] 地雷曾杀死了数千名平民，包括很多孩子，致残数万人，导致全球掀起了禁用地雷的浪潮，并在1997年签订《渥太华条约》（Ottawa Treaty）[②] 时达到顶峰。《渥太华条约》在162个国家签署通过，规定禁止生产、储存和转让反步兵地雷，但反坦克地雷和水雷不在禁止名单之列。[③]

地雷不能搜索目标，但能够自主感知目标和爆炸。虽然封装式水雷是一种特殊类型的水雷，但它更接近于自动武器。和普通地雷一旦触发立刻爆炸不同，封装式水雷在被触发后，会释放出一只小型水雷自行接近目标。[④] 这相当于给予了封装水雷比传统地雷在更大范围内攻击目标的自由，这种感觉与巡飞弹类似。美国Mk60“捕手”（CAPTOR）封装式水雷射程约7.32公里。[⑤] 要想引爆普通水雷，船只需要足够接近水雷，而封装式水雷虽然通常被放置于海床上，但由于它们能够自行释放水雷追逐目标，相比传统水雷自主性能更高。和巡飞弹类似，发展封装式水雷的国家并不多。“捕手”封装式水雷20世纪80、90年代仍在服役，现已退役。目前唯

---

① Graca Machel, “Impact of Conflict on Armed Children,” UNICEF, 1996, http://www.unicef.org/graca/.

② International Committee of the Red Cross, “Convention on the Prohibition of the Use, Stockpiling, Production and Transfer of Anti-Personnel Mines and on their Destruction, 18 September 1997,” ICRC.org, https://ihl-databases.icrc.org/applic/ihl/ihl.nsf/States.xsp?xp_viewStates=XPages_NORMStatesParties&xp_treatySelected=580.

③ 从2004年到2014年，美国的地雷政策是只使用自毁型地雷。U.S. Department of State, “New United States Policy on Landmines: Reducing Humanitarian Risk and Saving Lives of United States Soldiers,” U.S. Department of State Archive, February 27, 2004, http://2001-2009.state.gov/t/pm/rls/fs/30044.htm. In 2014, the United States established a new policy of aligning itself with the requirements of the Ottawa Treaty, with the exception of the Korean Peninsula. U.S. Department of State, “U.S. Landmine Policy,” State.gov, http://www.state.gov/t/pm/wra/c11735.htm。

④ “Mine Warfare Trends,” Mine Warfare Association, presentation, May 10, 2011, www.minwara.org/Meetings/2011_05/Presentations/tuespdf/WMason_0900/MWTrends.pdf.

⑤ Federation of American Scientists, “MK60 Encapsulated Torpedo (CAPTOR),” FAS Military Analysis Network, December 13, 1998, https://web.archive.org/web/20160902152533/http://fas.org:80/man/dod-101/sys/dumb/mk60.htm.

一仍在服役的是俄罗斯和中国使用的俄制PMK–2封装式水雷。①

传感器引爆武器（Sensor-fused Weapon，SFW）②是一种空投型反坦克武器，由飞机发射，只需一枚便可在数秒内彻底摧毁敌方的坦克群。它的功能通过一系列十分复杂的步骤完成，具体过程如下。圆罐型的炸弹经飞机由高空发射后，会自行向目标区域滑翔。接近目标区域后，炸弹外壳裂解并释放出10个带有降落伞的弹头。弹头减速下降接近地面时再次裂解，被弹头上的小火箭推向高空时会分为4个球形“斯基特”（skeeets）反装甲战斗部。每个反装甲战斗部都配备激光和红外传感器，能够追踪目标。找 52
到目标后，“斯基特”会将一枚金属弹头打入敌方坦克。金属弹头攻击的部位是坦克装甲最薄弱的顶部，借此摧毁整部坦克。传感器引爆武器破坏力极强，一枚炸弹便可摧毁一个坦克群或其他装甲车辆群组。

与“哈比”和高速反辐射导弹相比，评价传感器引爆武器自主性的关键指标是它在时间和空间上拥有自由度。传感器引爆武器可在几英亩的范围内释放40个“斯基特”，搜寻目标所用时长短到可以忽略不计。每枚“斯基特”仅需几秒便可启动自身携带的传感器。但与“哈比”不同，传感器引爆武器不能自行飞行几百公里，要使用这种武器，人们必须先行掌握坦克或坦克群的具体方位和时间信息。它与寻的弹药类似，针对的目标必须是拥有具体信息数据的大型武器系统的一部分。但与传统寻的弹药不同的是，传感器引爆武器可以同时攻击多个目标，就好像40枚传统寻的弹药同时向一个目标发动齐射攻击一般。

按下“启动”键

自主武器被定义为：能够自主独立完成全部作战任务周期，即搜索目

---

① Scott C. Truver, “Taking Mines Seriously: Mine Warfare in China’s Near Seas,” Naval War College Review, 65 no. 2 (Spring 2012), 40-41, https://www.usnwc.edu/getattachment/19669a3b-6795-406c-8924-106d7a5adb93/Taking-Mines-Seriously--Mine-Warfare-in-China-s-Ne. Andrew S. Erickson, Lyle J. Goldstein, and William S. Murray, “Chinese Mine Warfare,” China Maritime Studies Institute, (Newport, RI: Naval War College, 2009), 16, 20, 28-30, 44, 90.

② Textron Systems, “SFW: Sensor Fuzed Weapon,” video, published on November 21, 2015, https://www.youtube.com/watch?v=AEXMHf2Usso.

标、决定攻击和发动攻击的武器。虽然称作自主武器，但无论有监督式自主武器还是完全自主武器，都是由人类设计并投入作战行动的。广义上来说，人类还参与了武器的设计、建造、测试和部署过程。

虽然事实上人类参与了自主武器诞生的几乎所有阶段，但也改变不了它们可以自主完成作战任务的意义。即使自主性最高的系统也仍旧在某个时间点需要人类参与。电影《终结者3：机器的崛起》（Terminator3: Rise of the Machines）的高潮阶段，一名空军上将按下按钮启动“天网”（Skynet）（这个操作有点滑稽，好像20世纪90年代流行的MS–DOS命令，
53 即输入“执行，是/否？”（EXECUTE Y/N?））。从那一刻开始，“天网”机器人开始了毁灭人类的征程。但至少在最初的那一刻，人在回路之中。问题的关键不在于人类是否参与，而是当系统一旦被激活，它具备多大的自由度。

为什么没有出现更多完全自主武器？

近几十年来，自动化技术被广泛用于各类武器装备，但迄今为止，武器装备的自由度仍然非常有限。寻的弹药虽然配备了导引头，但搜寻目标的能力从时间和地点上受到严格限制。受监督的自主武器只有限用于防御。虽然应用于“战斧”反舰导弹和“哈比”无人机的完全自主寻的弹药技术已经出现了几十年，但直至今日只有一个应用个例。

为什么没有出现更多完全自主武器？寻的弹药和更自主的巡飞弹虽然得到了广泛应用，但军方对发展具备完全自主能力的巡飞弹并不积极。个中原因可以从美国发展“战斧”反舰导弹的经验中去寻找。“战斧”反舰导弹于1982年进入美国海军服役，1994年退役。[①] 为了更好地了解“战斧”退役的原因，我与美国海军战略专家布莱恩·麦格拉思（Bryan McGrath）进行了交谈。

---

① “Harpoon,” NavSource Online, http://www.navsource.org/archives/01/57s1.htm. James C. O’Halloran, ed., “RGM/UGM-109 Tomahawk,” *IHS Jane’s Weapons: Strategic, 2015-2016* (United Kingdom, 2015), 219-223. Carlo Kopp, “Tomahawk Cruise Missile Variants.” “AGM/BGM/RGM/UGM-109,” Designation-Systems.net, http://www.designation-systems.net/dusrm/m-109.html.

麦格拉思是一名退役海军军官，在华盛顿防务圈里颇有名气。他是位思维敏锐的战略家，对海战的过去、现在和未来都有深刻思考，毫不掩饰其力主提升美国海军战斗力的想法。他对“战斧”和“鱼叉”等反舰导弹都很熟悉。20世纪80年代“战斧”还在服役时，麦格拉思曾接受过相关训练。

麦格拉思解释说：“战斧”的射程超过了舰船自身携带传感器能够观察到的距离。这意味着初始射击的确认需要凭借其他传感器，如对敌方舰船进行侦察的直升机或海上巡逻机等。就像麦格拉思描述的那样，这个问题的关键在于“我们没有把握成功预测从开始发射导弹到在预定轨迹上发现目标期间，目标图像会发生何种变化”。[1] 由于目标一直在移动，除非使用直升机的“主动传感器”对它进行全时观测，否则目标所在的可能区域将会随着时间推移逐渐增大。 54

“战斧”反舰导弹能够覆盖较大目标区域，这从一定程度上缩小了不确定范围区域。如果目标发生移动，它可执行简单的搜索模式搜寻目标。但“战斧”无法准确区分探测路径上的敌军舰船和商用船只。一旦扩大搜索区域，“战斧”发现商用船只并将其作为攻击目标的可能性也随之增大。如果是在与苏联海军发生的全面战争中，这种风险可以接受，但除了这种情况之外，美军不会批准任何发射“战斧”的请求。用麦格拉思的话说，“我们并不想使用战斧这种武器。”[2]

此外，如果搜索区域内不存在有效目标，那发射出去的“战斧”导弹将被白白浪费。麦格拉思从不会在没有充分证据证明搜索区域内存在有效目标时贸然发射任何导弹。“我想知道那里（搜索区域）有什么，即使它是一种可以终结战争的终极武器。为什么？“因为导弹很贵。”[3] 他说，“我的库存并不充裕，而我还要继续打仗。”

现代导弹的单枚造价已达100万美元。凡军队需要使用某种昂贵的武

① Bryan McGrath, interview, May 19, 2016.

② Ibid.

③ Ibid.

器，都会约定俗成地先确认搜索区域内是否存在有效目标。不使用具备完全自主能力的巡飞弹，还有一个更可能的原因是，由于这类弹药在发射前无须预先确认目标的准确信息，如果目标价值不高甚至没有什么价值，那发射出去的装备便被浪费。

未来武器

武器自动化的趋势由加特林机枪开始，并将继续延续下去。人工智能技术领域的进步将使武器变得更灵巧，可执行自主性更高的作战行动。与此同时，信息技术革命带来的影响是网络化的不断延展。德国U型潜艇不能控制发射后的“鹧鸪”鱼雷，并不是它不想控制，而是它没有办法控制。

55 现代弹药的网络化发展使它们在发射后仍然受控或更换目标。有限制导弹药（Wire-guided Munitions）已经出现了几十年，但只适用于短距离作战。远程武器目前已接入数据链，可通过无线电通信甚至卫星对其进行操控。“战斧”Block Ⅳ对陆攻击型导弹（即TLAM–E型，或称“战术战斧”）配备双向卫星通信链路，能够在战斗中更换目标。“哈比”2，或称“哈洛普”（Harop）[①] 配备的通信链路能够执行“人在回路之中”的模式，允许人类操作员直接指挥导弹攻击目标。

我问麦格拉思，他认为未来的武器装备应该具备哪些特征？得到的回答是：不是自主性，是数据链。“你必须和导弹交流，”[②] 他解释道，“导弹必须成为网络的一部分。”将武器接入网络可以在作战时实时更新目标信息。“这样作战人员才更有信心使用这一类武器。”

网络化武器远比非网络化武器有价值。将武器装备接入网络，使这些装备成为更大型武器系统的一部分，同时可利用来自舰船、飞行器甚至卫星的信息协助瞄准。此外，指挥官可在作战过程中全程控制武器装备，尽

---

① 关于“哈洛普”是否保留了“哈比”作为一种操作模式进行全自动反雷达任务的能力，相关公开文件中尚不明确。以色列航空航天工业公司是“哈比”和“哈洛普”的开发商，拒绝对“哈比”和“哈洛普”功能的细节发表评论。Israel Aerospace Industries, “Harop,” http://www.iai.co.il/2013/36694-46079-EN/Business_Areas_Land.aspx。

② Bryan McGrath, interview, May 19, 2016.

最大限度减少不必要的浪费。以“战斧”战术导弹为例，将其接入网络可令操作人员在导弹击中目标之前，先行对潜在目标进行作战损伤评估（Battle Damage Assessment，BDA）。如果无法进行作战损伤评估，指挥官就需要对同一目标发射数枚“战斧”战术导弹来确保目标被完全摧毁。弹载作战损伤评估系统可使指挥官查看第一枚导弹发射后的效果。如果需要更多次打击，才使用其他导弹；如果不需要，其他导弹可在飞行过程中转向攻击次要目标。

任何事物都有反制措施，作战体系网络化趋势与电磁攻击的崛起是一对矛盾。越依赖电磁频谱进行通信和目标感知，越需要通过电磁频谱向对方实施干扰、欺骗等无形电子战。未来军事大国间一旦发生战争，往往无法保证战场环境下的正常通信。装备精良的部队往往拥有多种抗干扰的通 56
信方式，但其作用距离和带宽都比较有限。一旦发生通信阻塞，导弹和无人机将只能依靠其自主性能独立工作。

由于导弹普遍造价较高，即使非常先进的巡飞弹，也可能遭遇与“战斧”反舰导弹同样的问题。即指挥官在没有掌握目标具体情况之前，不会贸然使用这类武器装备。但无人机改变了这一现状。无人机发射后进行巡逻，如果未发现任何目标，则不启动机载武器直接返航。它具备的可重复利用这一特性，彻底改变了武器装备的使用方式。无人机可在限定时间内对广阔区域进行搜索。如果未发现敌方目标，将返回基地待命。

世界上已有超过90个国家和非政府组织拥有无人机，虽然大多数属于非武装型侦察无人机，但武装型无人机的数量也在迅速攀升。已有16个国家拥有武装无人机，① 十余个国家正在发展武装无人机，甚至有部分国家正在研发用于争议地区的隐身武装无人机。目前，无人机通常作为传统作战网络的一部分，由操作人员控制。如果通信链路运行正常，通行做法是将人置于回路之中，由人授权发起攻击。如果通信链路受阻塞，已设

① 这16个国家是：美国、英国、以色列、中国、尼日利亚、伊朗、伊拉克、约旦、埃及、阿联酋、沙特阿拉伯、哈萨克斯坦、土库曼斯坦、巴基斯坦、缅甸和土耳其。Fuhrmann and Horowitz, “Droning On: Explaining the Proliferation of Unmanned Aerial Vehicles.”

定好程序的无人机将如何操作？它们会返航吗？它们会按设定执行侦察任务并将图像传回给操作人员吗？无人机能够像现在的巡航导弹一样，攻击预先授权的固定目标吗？如果无人机遇到未经授权的新目标，能否发动攻击？如果无人机遭到攻击怎么办？它们可以反击吗？它们能被授权发动先发制人的攻击吗？

这些问题并非“杞人忧天”。目前，全球的工程师正在给无人机编写软件。他们的手里，掌握着自主武器的未来。

第二部分 57

制造“终结者”

59

第4章

我们正创造未来

自主导弹、无人机和机器人蜂群

美国国防部在机器人革命中扮演的角色举足轻重。美国每年的国防开支超过6000亿美元，排名世界第一，是排名第二到第七位国家的总和。尽管如此，五角大楼的决策者们仍担心美国会落后。2014年，美国国防部出台意在维持美国军事技术优势的“第三次抵消战略”（the Third Offset Strategy）。这一战略的名字来源于冷战时期美国实行的第一和第二次“抵消战略”，即为了抵消前苏联在欧洲部署的兵力优势，美军于20世纪50年代发展核武器和20世纪70年代后期发展精确制导武器。国防部“第三次抵消战略”的核心技术领域是机器人、自主性和人机学习。

军事机器人和自主性的许多应用，如无人后勤车、加油机和侦察无人机等表现出来的作战能力毋庸置疑。随着武器系统的自主性能持续提升，下一代导弹和战斗机正在不断扩展自主性的范围。部分实验项目显示美军武器装备的自主性有了新的进展。这些都在为未来的国防事业奠定基础。 60

“咸味鸡尾酒”：X-47B无人机

X–47B验证无人机是世界上最先进的飞行器。它只制造了两架，被分别命名为“咸味鸡尾酒”（Salty Dogs）501和“咸味鸡尾酒”502。X–47B外形酷似展开翅膀的蝙蝠，很容易让人联想起20世纪80年代的科幻电影《飞碟领航员》（Flight of the Navigator），仿佛X–47B正在呐喊“未来已经到来”。从2011年到2015年，“咸味鸡尾酒”501、502两架验证机在不断改写历史。X–47B是世界上第一架实现在航母上自主起降的飞行器，也是第一架完成空中自主加油的无人机。这些都是实现未来舰载无人战机的关键里程碑。但X–47B并非真正的战斗机，它只是用于技术验证的“X–飞机”（X-Plane），即为后续机型相关技术进行演示验证的项目。未来技术发展的重点是实现起飞、降落、飞行和空中加油等飞行器行动的自主化，X–47B本身不携带武器或传感器等载荷。

美国海军宣布其第一架舰载无人机将是MQ–25“黄貂鱼”（Stingray）无人机，这也是一种还处于研发阶段的未来飞行器。“黄貂鱼”并非战斗机，未来一旦技术细节得到确认，将作为加油机为F–35联合攻击机（Joint Strike Fighter）等有人战机授油，[①] 也可作为侦察机使用。实际上，过去十年来，美国海军已经开始放弃利用无人机执行作战任务。

X–47脱胎于“联合无人空战系统”（Joint Unmanned Combat Air Systems，J-UCAS）项目，为美国国防高级研究计划局、美国海军和空军在21世纪初联合启动的，旨在发展一种无人作战飞行器的项目。“联合无人空战系统”项目制造了两架X–45A飞行器，并在2004年进行了第一架无人机的作战任务演示验证实验。我们今天所使用的无人机大多数执行侦察任务，因此通常都可进行巡航，且滞空时间较长。X–45A采用了与

---

① Sydney J. Freedburg, Jr., “CBARS Drone Under OSD Review; Can A Tanker Become A Bomber?” *Breaking Defense*, February 19, 2016, http://breakingdefense.com/2016/02/cbars-drone-under-osd-review-can-a-tanker-become-a-bomber/. Richard Whittle, “Navy Refueling Drone May Tie Into F-35s,” *Breaking Defense,* March 22, 2016, http://breakingdefense.com/2016/03/navy-refueling-drone-may-tie-into-f-35s-f-22s/.

F–117、B–2轰炸机和F–22战斗机等类似的三角翼外形设计和复合材料光滑机身，隐身性能优异，主要设计目标是突破敌方的防空系统，支援有人战斗机执行打击行动。但这个项目没有最终完成，五角大楼2006年发布 61 的《四年防务审查报告》（Quadrennial Defense Review）中，“联合无人空战系统”被终止并进行重组。

“联合无人空战系统”项目肇始于“9·11”事件后，处于国防预算高企时期，也是国防部探索机器人系统更大潜力和更广阔用途的时期。即使美军向伊拉克和阿富汗战场派驻了数千架无人机，美国空军仍旧对在未来战争中利用无人飞行器执行作战任务持强烈反对的态度。联合无人空战系统被砍掉后十年内，尽管拥有数次机会，空军仍没有重启发展作战无人机的项目。无人机在执行侦察和反恐行动时显然发挥了重要作用，而一旦遭遇与敌机缠斗或企图突破他国防空网络时，通常使用传统的有人飞行器来执行。

在外界看来，五角大楼雄心勃勃要推动机器人武器的发展。但实际上，五角大楼内部并未达成共识。美军对于将作战任务交给无人系统有强烈的文化抵触感。机器人系统通常执行侦察和后勤行动，几乎不参与作战任务。比如，美国陆军发展的后勤机器人不属于前线用武装作战机器人；美国空军通常利用无人机执行侦察任务而不是空空作战。美国国防部《无人系统路线图》（Unmanned Systems Roadmaps）和美国空军2013年《遥控飞行器愿景》（2013 Remotely Piloted Aircraft Vector）都给机器人系统规划了美好的未来，[①] 安排了各种角色，但这些文件通常与预算脱节。没有资金，这些愿景（计划）也只是镜花水月，不能变成现实。尽管这些文件阐述了目标和期望，但不等于就确认了无人系统未来的发展路径。

从联合无人空战系统到“阉割”版的MQ–25加油机就很能说明问题。2006年，美国空军放弃了联合无人空战系统演示验证机项目，彼时，美国

① United States Air Force, “RPA Vector: Vision and Enabling Concepts, 2013–2038,” February 17, 2014, http://www.defenseinnovationmarketplace.mil/resources/USAF-RPA_VectorVisionEnablingConcepts2013-2038_ForPublicRelease.pdf.

海军仍在发展一款战斗机。海军寄希望于X–47B能够为后续成功研发隐身无人机提供成熟技术，但在2011年、2012年五角大楼发布一系列内部备
62 忘录后，海军突然从之前的战斗机研制中撤出。大幅裁减设计计划，转而发展看起来不那么引人注目的非隐身侦察无人机。设计理念也从未来感十足、具有光滑外身的隐身X–45A和X–45B无人机转向接近不咄咄逼人的且已诞生十多年的“捕食者”和“收割者”无人机。看起来，美国海军发展作战用无人机也遭遇了空军同样的文化抵触。[①]

由于面临来自国会的压力和迫切的作战需求，美国海军在发展系列无人作战飞行器（UCAV）上的态度转变尤其值得关注。[②] 中国发展的反舰弹道导弹和巡航导弹航程超过了舰载F–18和F–35战斗机。[③] 只有滞空时间长的无人飞行器，才能够保证美国的航空母舰免遭中国先进导弹的攻击。国会内部支持发展海上力量的人和智库专家均认为，[④] 如果不发展舰载无人战斗机，航母在面对拥有高科技实力的对手时，将难以有效应对。但美国海军目前的计划仍为发展舰载型MQ–25无人机，用于为有人喷气式飞机执行加油任务。且迄今为止，海军推迟了发展无人战斗机的有关计划。[⑤]

---

① Jeremiah Gertler, “History of the Navy UCLASS Program Requirements: In Brief,” Congressional Research Service, August 3, 2015, https://www.fas.org/sgp/crs/weapons/R44131.pdf.

② “UCAV”特指飞行器，而“UCAS”指整个系统：飞行器，通信链路和地面控制站。在实际使用中，这些术语通常可互换。

③ Kelley Sayler, “Red Alert: The Growing Threat to U.S. Aircraft Carriers,” Center for a New American Security, Washington, DC, February 22, 2016, https://www.cnas.org/publications/reports/red-alert-the-growing-threat-to-u-s-aircraft-carriers. Jerry Hendrix, “Retreat from Range: The Rise and Fall of Carrier Aviation,” Center for a New American Security, Washington, DC, October 19, 2015, https://www.cnas.org/publications/reports/retreat-from-range-the-rise-and-fall-of-carrier-aviation.

④ Sam LaGrone, “Compromise Defense Bill Restricts Navy UCLASS Funds,” *USNI News,* December 3, 2014, https://news.usni.org/2014/12/03/compromise-defense-bill-restricts-navy-uclass-funds. Sam LaGrone, “McCain Weighs in on UCLASS Debate, Current Navy Requirements ‘Strategically Misguided,’” *USNI News*, March 24, 2015, https://news.usni.org/2015/03/24/mccain-weighs-in-on-uclass-debate-current-navy-requirements-strategically-misguided.

⑤ Sydney J. Freedburg, Jr., “Navy Hits Gas On Flying Gas Truck, CBARS: Will It Be Armed?” *Breaking Defense*, March 11, 2016, http://breakingdefense.com/2016/03/navy-hits-gas-on-flying-gas-truck-cbars-will-it-be-armed/.

在外界看，X–47B令人印象深刻，它似乎代表着无人作战飞行器的未来。但其出现也掩盖了五角大楼内部对于发展作战用无人机并不积极这一事实，更不用说那种能够自主瞄准、具备完全自主作战能力的无人机了。无论是美国空军还是美国海军，目前都没有计划发展直接用于作战的无人飞行器。即便如此，X–47B仍被视为一座通往未来的桥梁。

远程反舰导弹

远程反舰导弹（Long-Range Anti-Ship Missile，LRASM）是一种具备较高自主性能的先进导弹。该项目由美国国防高级研究计划局联合海军、空军研制，旨在填补美军对敌方战舰实施远程打击能力的空白。自从“战斧”反舰导弹退役，美国海军只能依靠射程仅67海里（约合124公里）的“鱼叉”近程反舰导弹向敌方舰船实施打击。[①] 与“鱼叉”相比，远程反舰导弹不仅射程达到500海里（约合926公里），[②] 还具备一系列先进能力，63
如进攻中主动防护等。

远程反舰导弹在多个方面展示了异乎寻常的自主性能，这令自主武器的反对者感到非常震惊。远程反舰导弹这个名字已经多次出现在《纽约时报》（New York Times）的报道中，[③] 令一些评论家惊呼“人工智能已经脱离人类的控制”。[④] 在其中一篇报道里，人工智能领域顶级专家史蒂夫·奥莫亨德罗（Steve Omohundro）解释说，“一场自主武器领域的竞赛已经开始。”如果自主武器能够在自主性方面得到提升，能够自主寻找并捕获目

---

① 67海里约等于124公里。

② 500海里约等于930公里。

③ John Markoff, “Fearing Bombs That Can Pick Whom to Kill,” *New York Times,* November 11, 2014, http://www.nytimes.com/2014/11/12/science/weapons-directed-by-robots-not-humans-raise-ethical-questions.html?_r=0. John Markoff, “Report Cites Dangers of Autonomous Weapons,” *New York Times,* February 26, 2016, http://www.nytimes.com/2016/02/29/technology/report-cites-dangers-of-autonomous-weapons.html. John Markoff, “Arms Control Groups Urge Human Control of Robot Weaponry,” *New York Times,* April 11, 2016, http://www.nytimes.com/2016/04/12/technology/arms-control-groups-urge-human-control-of-robot-weaponry.html.

④ Markoff, “Fearing Bombs That Can Pick Whom to Kill.”

标，那的确会是一次飞跃。

尽管远程反舰导弹在技术上处于实际领先地位，但目前仍旧无法实现自主寻找并捕获目标。远程反舰导弹具有很多优良特性，但关键问题是，谁来负责选择它的攻击目标——是人类还是导弹自身？一位远程反舰导弹的开发人员在洛克希德·马丁（Lockheed Martin）公司网站上撰文表示：

> 远程反舰导弹能进行精确寻的。……该导弹配备多模传感器组件、（武器）数据链和增强型数字抗干扰全球定位系统（GPS），可部署在大型舰船上实施海上侦测并摧毁特定目标……这种先进的制导能力代表该装备能够在通信受阻环境中，仅凭借粗略信息便能识别并摧毁预定目标。[①]

尽管文章中提到了先进精确制导，但并未说明远程反舰导弹可采用人工智能技术自行捕获目标。那么批评家们关注的焦点又在哪里呢？事实上，洛克希德·马丁公司曾对远程反舰导弹有不同说法。

在2014年11月第一篇《纽约时报》文章发表前，洛克希德·马丁公司夸大了远程反舰导弹的自主特性。[②]它在描述中三次使用了“自主”一词，称其为“自主精确制导反舰”导弹，可“自主巡航”，并拥有“自主能力”。但导弹究竟在哪些部分能够做到自主，文章则语焉不详。

在《纽约时报》第一篇报道之后，针对远程反舰导弹的描述又发生了
64 变化，多个地方的“自主”被“半自主”取代。新的语句还阐述了“自主”的具体含义，将其描述为“半自主制导能力使远程反舰导弹能够安全进入敌方区域。”[③]最后，连“半自主”一词也被删除，现在能看到的在线报道只说明“精确寻的与制导”和“先进制导”，自主性则丝毫不提。

---

① Ibid.

② Lockheed Martin, “Long Range Anti-Ship Missile,” http://www.lockheedmartin.com/us/products/LRASM/overview.html (accessed on May 15, 2017).

③ Lockheed Martin, “Long Range Anti-Ship Missile,” as of December 16, 2014, https://web.archive.org/web/20141216100706/http://www.lockheedmartin.com/us/products/LRASM.html.

我们应当如何理解这一连串的变化？根据推测，武器装备的功能没有发生改变，变化的是描述的语句。那么远程反舰导弹的自主性究竟怎么样？

洛克希德·马丁公司曾说，远程反舰导弹能够“在通信受阻环境中，仅凭粗略信息便能识别并摧毁预定目标。”如果“预定”目标代表由操作人员预先选定具体目标，那远程反舰导弹就属于半自主武器；另一方面，如果“预定”指的是人类只预先选定一类或某一级别的目标，如规定“敌方舰船”，导弹可在一个广阔区域内自由选择此类目标中的一个发动攻击，那它就是自主武器。

洛克希德·马丁公司曾发布一个在线视频，对理解远程反舰导弹的功能特性很有帮助。[①] 这段作战仿真视频详细介绍了导弹的哪些作战功能是自主完成的，哪些功能是由人类操作完成。视频中，卫星确认了一个敌方水面行动编队（Surface Action Group，SAG）——一队敌方舰船，并将目标的位置信息传送给美军驱逐舰。视频显示，一名美军水手注视着操作台屏幕上的敌方舰船，他按下按钮，两枚远程反舰导弹飞出发射管，消失在空中。字幕显示，远程反舰导弹的攻击目标是敌方的巡洋舰，即敌方水面行动编队中的一类目标。一旦发射出去，导弹将与目标对象建立持续的视线联系，继续飞行至对方水面行动编队所在区域后，转向卫星通信。一架美军F/A–18E战斗机将从空中向敌方水面行动编队中的其他目标，如驱逐舰等发射第三枚远程反舰导弹（空射型）。在进入“通信和GPS拒止环境”后，远程反舰导弹只能依靠自己实施攻击。

远程反舰导弹从一个预定点转移至另一个，按照规划好的路线进行机
动。然后，远程反舰导弹出乎意料地遇到了“突发威胁”。视频中，一个 65
巨大的红色泡泡出现在空中，这个红色泡泡代表导弹的禁飞区。导弹进入“自主巡航”模式，绕过红色泡泡继续前进。第二个突发威胁出现，远程反舰导弹再次修改路径，绕过威胁继续执行任务。

---

① 该在线视频目前已被删除。Lockheed Martin, “LRASM: Long Range Anti-Ship Missile,” published on May 3, 2016, archived on December 15, 2016, https://web.archive.org/web/20160504083941/https://www.youtube.com/watch?v=6eFGPIg05q0&gl=US&hl=en。

随着远程反舰导弹逐渐接近目标，视频将视角转向一枚单独的火箭。视频模拟了导弹传感器屏幕画面：屏幕上出现的五个点代表导弹传感器探测到的五个目标，分别标记为“ID:71，ID:56，ID:44，ID:24和ID:19。”视频中将导弹开始的新进程称作“不确定区域还原。”这是一个有关不确定区域的军事术语。导弹发射之初由操作人员确定敌军舰船的位置。但目标在移动，等导弹到达预定的目标区域时，舰船可能去了别的地方。“不确定性区域”就是敌方舰船可能存在的区域，且这片区域会随着时间的推移越来越大。

由于这一区域可能存在多艘舰船，远程反舰导弹开始缩减选项以便确认哪个是需要摧毁的目标。视频没有详细说明确认目标的过程，但画面中在目标点的周围出现一大片“不确定区域”后，迅速缩小为包含ID:44，ID:24和ID:19三个点的较小区域。导弹进入瞄准的下一个阶段，即“目标筛选”。导弹对每个目标进行扫描，最终确认了ID:24。视频中显示，“条件匹配”“目标确认。”标记为ID:24的船只就是导弹需要摧毁的目标。

在锁定目标后，导弹开始最后一次机动。三枚远程反舰导弹下降到敌方舰船雷达无法探测的高度，几乎掠着水面飞行。在最后接近目标的过程中，导弹会对目标进行最后一次扫描再确认。敌方舰船可能动用防空火力抵抗来袭导弹，但为时已晚。敌方两艘舰船被击中。远程反舰导弹作战路径规划与打击目标选择示意图见图4–1、4–2。

视频展示了远程反舰导弹令人惊叹的自主性能，但它属于自主武器吗？网站上用来描述导弹的“自主/半自主/先进制导”等词语，在视频中都有所体现。视频中，导弹飞行中段处于“通信和GPS信号阻塞环境”。
66 在这种状态下，导弹不能与人类操作员沟通，只能依靠自己。虽然导弹自主进行所有行动，但类型非常有限。因为即使导弹能够在不与人类操作员进行通信的情况下独立运行，也不意味着它拥有按自己意愿行事的完全自由。导弹不是周末被父母留在家里的未成年人。它只能按照预定程序自主执行确认任务。导弹能够自主确认突发威胁并重新规划路线绕过威胁，但并没有自主选择目标的自由。导弹能够识别并对目标分类，确认需要摧毁的指定目标，但这并不意味着它可以自行选择摧毁目标。

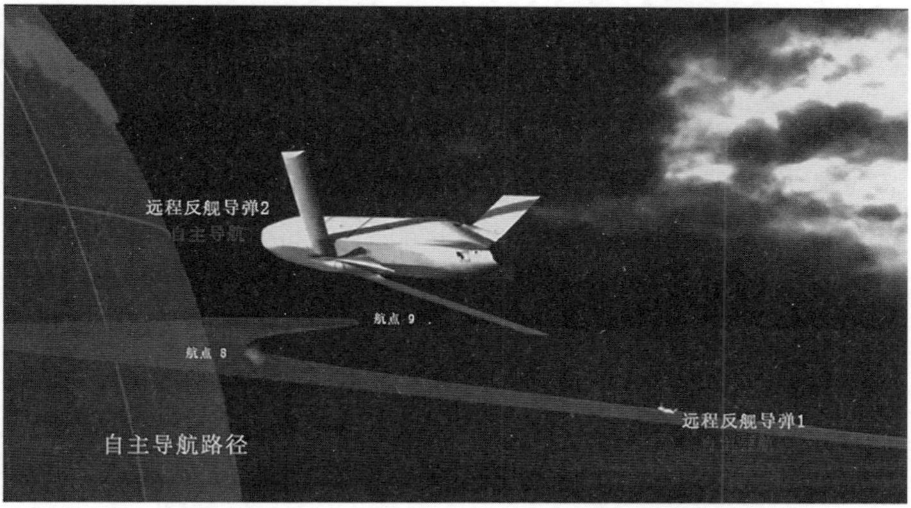

图4-1 武器自主路径规划

注：远程反舰导弹在飞向人类预先设定的目标的过程中，可以自主规划路线绕过突发威胁（图中圆泡泡处）。

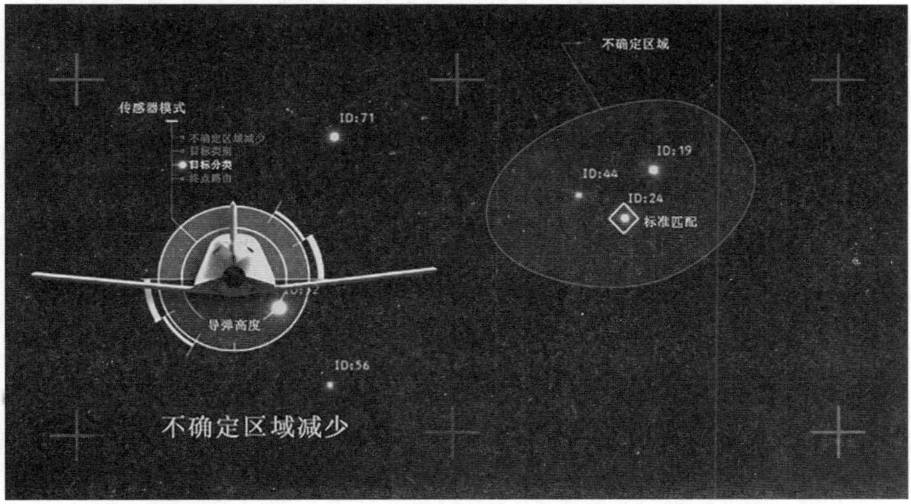

图4-2 武器根据预先装订的目标发起打击

注：由于人类预先指定的目标是一艘正在移动的舰船，待远程反舰导弹到达目标所在区域，定义舰船所在位置的是一片“不确定区域”。在不确定区域中，

可能存在多个待确认的目标。远程反舰导弹使用自身携带的传感器缩小不确定区域，并确认人类预先指定的目标。远程反舰导弹确认“ID:24”就是它要摧毁的目标。虽然该型导弹功能先进，但不能自己选择目标，只能用弹载传感器确认人类
68 预先选择好的目标。

人类操作员最终确认摧毁哪艘敌方舰船。视频中的关键并非导弹飞行末段瞄准舰船那一刻，而是最开始。远程反舰导弹刚一发射，视频注明了它们的攻击目标是“巡洋舰水面行动编队”和“驱逐舰水面行动编队”。人类向特定船只发射导弹，这些目标都是人类通过卫星搜索并确认过的。导弹携带的传感器只在完成攻击前一刻用于确认目标。远程反舰导弹只是由卫星、舰船/飞行器、人类和导弹组成的一个完整武器系统的一部分。在武器系统更大范围的决策过程中，“人在回路中”，远程反舰导弹只是执行任务而已。

打破速度限制：快速轻量化自主

斯图尔特·拉塞尔（Stuart Russell）博士是人工智能领域的大咖。他编写的教材令全世界人工智能研究者受益。[①] 他也是呼吁严格限制发展“不受人类控制的进攻性自主武器”的先驱之一，[②] 曾数次表示对美国国防高级研究计划局研究项目：“快速轻量化自主”（Fast Lightweight Autonomy，FLA）的担忧。

“快速轻量化自主”项目的研究目标是在拥堵环境中实现高速自主导航。研究人员给商用四旋翼无人机配备定制版传感器、处理器和算法，令
69 其以每小时45英里的速度自主导航穿越乱七八糟的仓库。在新闻报道中，美国国防高级研究计划局将嗡嗡作响的四旋翼无人机比作电影《星球大战：原力觉醒》（Star Wars：the Force Awakens）中飞速穿过坠毁星际驱

① Stuart Russell and Peter Norvig, *Artificial Intelligence: A Modern Approach,* 3rd ed. (Boston: Pearson, 2009).

② “Autonomous Weapons: An Open Letter From AI & Robotics Researchers,” Future of Life Institute, https://futureoflife.org/open-letter-autonomous-weapons/.

逐舰（Star Destroyer）残骸的千年隼（Millennium Falcon）[我会在《帝国反击战》（The Empire Strikes Back）中令千年隼穿越小行星场……，或者让它在《杰迪归来》（Return of the Jedi）[①] 里，穿越死亡星球Ⅱ（Desth Star）的内部。那你就明白了：速度快=棒极了]。报道所附视频显示，所有有关飞行的四旋翼无人机的镜头都加上了配乐，这是由于迄今为止发布的有关该项目的视频里，无人机还做不到以每小时45英里的速度绕开障碍。在现有条件下，它们只能慢慢悠悠地绕开障碍，但行动是完全自主的。“快速轻量化自主”项目所使用的无人机集成了高清摄像机、声呐模块和激光探测与测量技术（Laser Light Detection and Ranging，LIDAR），能够自主感知并避开障碍。

实现低速自主导航绕开障碍物并不容易。四旋翼无人机的传感器需要探测潜在障碍物并在无人机移动过程中对障碍物持续跟踪，这项任务对处理器要求极高。由于四旋翼无人机本身能够搭载的计算性能模块有限，也就限制了它在看到障碍物时的处理速度。项目计划在未来几个月内提高无人机的信息处理速度。就像美国国防高级研究计划局项目经理马克·米赛尔（Mark Micire）在新闻发布会上所说：“团队现在遇到的挑战是改进算法并提高机载模块的计算能力，[②] 扩大无人机的探测范围并改善升力以对其质量进行补偿，才能使无人机在高速情况下实现急停转弯和快速机动。”换句话说，就是提升无人机的工作节奏。

“快速轻量化自主”项目使用的无人机看上去中规中矩，但这并非为了与视频中的音乐配合或迎合《星球大战》中的角色，而是因为该项目不涉及任何作战行动。四旋翼飞行器不仅没有进行武装，也不会执行任何与搜索和确认目标相关的任务。美国国防高级研究计划局对“快速轻量化自主”项目的用途——室内侦察进行了解释：

---

① 《帝国反击战》（The Empire Strikes Back）和《杰迪归来》（Return of the Jedi）都是星球大战系列电影的片名，《帝国反击战》上映于1980年，《杰迪归来》，又译《绝地反击》上映于1983年。译者注。

② DARPA, “FLA Program Takes Flight,” DARPA.mil, February 12, 2016, http://www.darpa.mil/news-events/2016-02-12.

> “快速轻量化自主”技术对于紧急情况下的侦察监视不足十
> 分有用：军方在海外城镇执行危险性较高的巡逻任务，或一旦发
> 生地震和洪水等自然灾害执行紧急救援任务时，都可以使用遥控
> 70 无人机提供全景图像，但要掌握不稳定建筑物内部情况或目标人
> 员的安全是否受威胁，则需要人员实地进入，这将可能使遂行任
> 务的士兵或被困平民陷入危险境地。“快速轻量化自主”项目旨
> 在发展一种能够使小型无人机在不进行远程遥控的情况下实现
> 快速导航穿过迷宫、楼梯和走廊或其他充斥障碍物等环境的新
> 算法。[①]

为了更好地理解快速轻量化自主这个项目的内容，我找到了研究团队之一——宾夕法尼亚大学通用机器人、自动化与感知（General Robotic Automation Sensing and Perception，GRASP）实验室。该实验室发布的有关四旋翼机器人的视频在网络上点击量很高。视频中，无人机蜂群灵巧地穿过窗户，好像蜜蜂在花丛中穿梭飞舞，也好像系列电影《007》中的男主角詹姆斯·邦德（James Bond）在演奏他最拿手的乐曲。我与GRASP实验室参与“快速轻量化自主”项目的两位主要研究人员丹尼尔·李（Daniel Lee）博士和维杰·库马尔（Vijay Kumar）博士进行了交谈，询问他们如何看待外界评论说这个项目给自主武器的发展铺平了道路。李博士解释说，[②] 该实验室的研究工作“非常基础”，关注“包含工业用和定制用途的所有机器人的基础功能”。实验室关注的技术领域也集中于“定位、测绘、障碍探测与高速动态导航”。[③] 库马尔补充说，他们开展这项研究的目的是“用于紧急时间约束下的搜索与救援任务以及高速运动物体的自主导航”。[④]

---

① Ibid.

② Daniel Lee, email to author, June 3, 2016.

③ Ibid.

④ Vijay Kumar, email to author, June 3, 2016.

库马尔和李不是武器装备设计师，所以武器研发不是他们的首要考虑，但需要指出的是，“快速轻量化自主”项目拟实现的技术甚至不是自主武器的关键技术。当然，能够快速移动的四旋翼无人机有广阔的应用前景。将一杆枪或炸弹放置在四旋翼无人机上，并不能让它成为自主武器，它还不具备自主寻找目标的能力。由于指定目标不同，实现起来可能不太困难，但无论从哪个角度来说，这都是一项独立的技术。“快速轻量化自主”项目做的事情，是使四旋翼无人机在室内更灵活机动。每个人的视角不同，有人认为很有趣，也有人认为这件事“暗藏杀机”，但无论如何，与无人驾驶汽车相比，“快速轻量化自主”项目与自主武器之间的联系并
不多。 71

美国国防高级研究计划局对“快速轻量化自主”项目的描述与斯图尔特·拉塞尔对该项目的批评针锋相对。拉塞尔曾指出，“快速轻量化自主项目”和该局发展的另一个项目“代表着致命性自主武器系统的应用”。[1]我第一次见到拉塞尔是在2015年联合国一次有关自主武器会议的圆桌讨论环节。从那时开始，我们俩就自主武器进行了多次交谈，鉴于他在这一领域的地位，我认为他很有想法。所以希望更好地理解他的担忧。他承认“快速轻量化自主”项目并非“与自主武器能力需求完全接轨”，[2]但仍认为这可能是打开“潘多拉魔盒”的一步。

“快速轻量化自主”项目与X–47B、联合无人空战系统、远程反舰导弹等针对实力雄厚对手的项目明显不同。拉塞尔心里有一种非常特别的自主武器，由上百万架快速移动的猎杀型小型无人机组成的无人机蜂群，能够将整个城市的居民全部杀死。他将致命性无人机群描述为一种“大规模杀伤性武器。”他进一步解释说：“你可以制造数以百万计的一英寸大小的四旋翼无人机，[3]将它们装在一辆卡车里，用非常简单的软件便可以启动它们。它们不需要有非常高的准确度，只要25%的无人机能够命中目标就

① Stuart Russell, “Take a Stand on AI Weapons,” Nature.com, May 27, 2015, http://www.nature.com/news/robotics-ethics-of-artificial-intelligence-1.17611.

② Stuart Russell, interview, June 23, 2016.

③ Ibid.

够。”通过这种方式，即使非常小的自主武器也能造成大量人员伤亡。

虽然没有任何迹象显示“快速轻量化自主”项目的目标是发展拉塞尔描述并关注的那种以杀人为目标的武器。但他仍坚持认为室内导航为杀伤性自主武器奠定了技术基础。“如果你想发展自主武器的话，那这绝对是你需要做的事情之一。”他说。[1]

值得注意的是，拉塞尔总体上并不反对军方在人工智能或自主武器领域进行投资。他曾说，自己关于人工智能的部分研究项目由国防部资助，但他只进行基础性研究，不涉及武器装备。即使像“快速轻量化自主”那类与装备没有明显联系的项目，他也会非常谨慎。他说，作为一名研究人
72 员，对于当前正进行研究的项目会“三思而后行”。[2]

集群攻击作战武器：拒止环境中的协同作战

拉塞尔也对美国国防高级研究计划局的另一个项目——“拒止环境协同作战”（Collaborative Operations in Denied Environments，CODE）表示了担忧。根据该局提供的官方描述，“拒止环境协同作战”项目是要发展“协同自主——在单人监督控制模式下的无人机机群协同作战”。[3] 该项目经理简–查尔斯·莱德（Jean-Charles Ledé）在一场新闻发布会上，绘声绘色地将项目中无人机群的工作场景比作“狼群通过最少的交流实现合作捕猎”。[4]

将无人机群协同工作比喻为捕猎的狼群可能会令人感到不安。莱德进一步解释说：“无人机群仍处于人类的监督之下，多架无人机协同搜寻、确认并攻击目标，所有行动都在一名任务监督员的掌控之下。”[5] 该局网站

---

① Ibid.

② Ibid.

③ DARPA, “Collaborate Operations in Denied Environments,” DARPA.com, http://www.darpa.mil/program/collaborative-operations-in-denied-environment.

④ DARPA, “Establishing the CODE for Unmanned Aircraft to Fly as Collaborative Teams,” DARPA.com, http://www.darpa.mil/news-events/2015-01-21.

⑤ Ibid.

上的图片说明了“拒止环境协同作战”项目的原理，[1]通信中继无人机将无人机群与位于战场边缘的载人飞行器连接起来。所以理论上讲，人在回路之中。

“拒止环境协同作战”项目应对“复杂电磁环境”的挑战而设计，在这种环境里，“带宽受限通信受阻”往往是家常便饭。这意味着与载人飞行器进行的通信经常受阻或根本无法进行。“拒止环境协同作战”项目的目标是通过赋予无人机更多的智能和更高的自主性，使机群能够在最小限度监督下运行，从而克服这些挑战。协同行动是这个概念的关键。有了协同行动，一人便可操控一个无人机机群去实现目标，无人机群内部自行分配任务。

在“拒止环境协同作战”项目中，无人机群能够发现并对付“可移动或需快速重新定位的目标”即目标位置不能由人类操作员预先指定。如果人员与无人机群间存在通信链路，一旦无人机发现目标后，便可由操作员授权无人机群发动攻击。在复杂电磁环境中实现正常通信虽然难度很大，[2]但并非完全不可能。美国第五代战机使用的低截获概率/低探测概率 73
（Low Probability of Intercept，LPI/ Low Probability of Detection，LPD）通信方式可令战机在敌方空域内维持正常通信。[3]虽然通信链路的带宽受限，但毕竟还能运行。根据“拒止环境协同作战”项目的技术说明文件，传回人类指挥官的通信数据大致为每秒50K，与1997年时用的56K拨号上网调制解调器相当。[4]

从今天来看，通过和调制解调器拨号上网能力相当的通信连接维持人在回路之中，是一个显著进步，这使无人机机群可以传回高清全动态影

---

① DARPA, “Collaborate Operations in Denied Environments.”

② Ibid.

③ Sayler, “Talk Stealthy to Me.” Amy Butler, “5th-To-4th Gen Fighter Comms Competition Eyed In Fiscal 2015,” *AWIN First,* June 18, 2014, http://aviationweek.com/defense/5th-4th-gen-fighter-comms-competition-eyed-fiscal-2015.

④ DARPA, “Broad Agency Announcement: Collaborative Operations in Denied Environment (CODE) Program,” DARPA-BAA-14-33, April 25, 2014, 13, available at https://www.fbo.gov/index?s=opportunity&mode=form&id=2f2733be59230cf2ddaa46498fe5765a&tab=core&_cview=1.

像。人类要授权攻击目标（传输影像）需要多大带宽？实际上并不高。人的大脑非常善于识别物体，即使图像分辨率较低也能识别。一张10—20千字节大小的军事目标及其周围环境的照片看起来可能有些模糊，但分辨率对人来说足够看清楚了。即使未经训练的人也能从照片中识别出卡车或其他军用载具。一条50K的数据链路可在2—3秒内传回一幅10—20千字节大小的图片（1000字节=8KB）。这完全能够让“拒止环境协同作战”项目中的无人机识别出潜在目标，并在发动攻击前将情况传回人类监督员进行攻击任务确认（或禁止发动攻击）。

但这是“拒止环境协同作战”项目想要实现的吗？该项目发布的官方文件显示，飞行器将在“单人监督控制”模式下运行，[①] 但并未明确人类操作员是否需要在每次攻击前都先行确认目标。从恒温器到下一代武器，区分哪些任务由人类执行，哪些由机器执行是确认自主系统类型和性质的关键。但该项目迄今为止发布的公开信息并未对此进行清晰描述。

一段发布于2016年5月的有关“拒止环境协同作战”项目人机交互的在线视频显示，[②] 所有针对特定目标的攻击都由人类授权确认。人类不直接控制飞行器，每名操作员可控制四组飞行器，并分别标记为：A（Aces）、B（Badger）、C（Cobra）和D（Disco）组。[③] 每组包含2—4架无人机，下达的指令通常为“在这里盘旋”或“沿着这条路飞行”等高级别指令，组内的无人机会协调行动共同完成任务。

D组负责执行搜索和摧毁任务，即“D组负责搜索并摧毁该地区所有防空炮弹”。操作人员用光标划了个方框，D组的飞行器进入方框区域。
74 “D组在一号区域进行搜索并摧毁目标”，计算机确认。

一旦D组飞行器发现预定敌方目标，便会将要求确认的指令传回操作

① DARPA, “Collaborative Operations in Denied Environment.”

② DARPA, “Collaborative Operations in Denied Environment (CODE): Test of Phase 1 Human-System Interface,” https://www.youtube.com/watch?v=o8AFuiO6ZSs&feature=youtu.be.

③ 此处的Aces, Badger, Cobra和Disco可以理解为话代，即为了避免在通话中由于发音含糊或听音不准造成误差，采用以某一字母开头的单词来表示该字母。此处四个英文单词的真实含义即为A、B、C、D四组。译者注。

人员进行确认。操作人员在界面上键入“飞毛腿导弹（SCUD）确认”和“防空火炮AAA（Anti-Aircraft Artillery）确认”。但确认并不等于允许射击。几秒钟后，蜂鸣音响起，提示D组传回进攻的行动计划并等待确认。D组有90%的把握认定它发现了SA–12面空导弹系统，并传回一张照片以供验证。操作人员点击进攻计划可获得更多细节信息。SA–12照片下面，是一个有关预计附带损伤的表格。目标周围的棕色光斑代表目标可能受到的伤害。光斑旁就是一所医院，但处于预计可能发生附带损伤的区域外。操作人员点击“是”，确认攻击计划。在这段视频里，清晰地显示了人在回路之中。许多任务虽然属于自主任务，但所有特定安排/计划都需要人来确认。

但其他公开信息显示，“拒止环境协同作战”项目似乎已经开始了将人从回路中移除的步伐。另一段视频显示，A、B两队无人机计划向一枚面空导弹发动袭击。在有关远程反舰导弹的视频里，操作人员先行确认攻击目标，随后发射导弹实施攻击。与远程反舰导弹类似，在围绕突发威胁机动飞行的过程中，两支无人机机队协同合作，共享导航和传感器信息。在向目标机动的过程中，意想不到的事情发生了：前方出现了“一个突发障碍物”。这个障碍物并非此次行动的主要目标，但摧毁障碍物优先级最高。在这种情况下，A队负责摧毁障碍物而B队继续攻击主要目标。视频清晰地显示，这一切行动都处于人类指挥员的监督之下。[1] 这种人—机关系与“拒止环境协同作战”项目早期发布的视频有显著不同。在这个视频里，至少在攻击突发障碍物的时候，人在回路之中被人在回路之上取代。在面对主要目标时，两队无人机执行半自主模式，操作员负责选择主要目标。而一旦发生突发情况，攻击导弹的行动就转变为监督模式。无人机向目标发起攻击不需额外授权。就像橄榄球四分卫在争球线处大声呼喊提醒 75
自己进入防守状态一样，可以自由调整状态以更好地应对突发事件。人类操作员更像是站在场边的教练——除提醒时间防止进攻超时外，基本上只在场外监督场上行动。

---

① DARPA, “Collaborative Operations in Denied Environment (CODE): Phase 2 Concept Video,” https://www.youtube.com/watch?v=BPBuE6fMBnE.

美国国防高级研究计划局对“拒止环境协同作战”项目的描述表明，人员授权与无人机自主授权的过程，灵活性相当。就像该项目网站上所说，“‘拒止环境协同作战’项目使用的无人机在协作式自主模式下，[①]能够根据既有作战规则恰当地实施搜寻和攻击目标的行动……可动态适应不断变化的外界环境，如……出现意想不到的威胁等”。这可以理解为，自主武器向完全自主搜索并攻击目标迈出了一步。

美国国防高级研究计划局面向开发者发布的技术指南虽然提供了更多信息，但表述得并不清楚。该局对此解释说，开发者应当：

> 提供结构清晰但功能强大的芯片组，以方便任务指挥官就其用途或评估其他选项时，能够基于人类判断水平得出恰当的结果。[②]

上文中的特定短语，如“基于人类判断（水平）”听起来有些费解，但这并非个例。技术指南文件是直接引用了国防部有关武器自主性的《国防部指令3000.09》中的语句。该指针规定：

> 自主和半自主武器系统的设计应当充分考虑使指挥官和操作人员能够基于人类判断水平就武器的用途进行恰当评估。[③]

值得注意的是，《国防部指令3000.09》并未提出禁止自主武器。“基于人类判断水平进行恰当评估”的对象恐怕也包括了自主武器。实际上，国防部发布的政策文件里，也就开发者如何在恰当的保护和测试条件下，寻求批准建造和使用自主武器做出了规定。[④]

---

① DARPA, “Collaborative Operations in Denied Environment.”

② DARPA, “Broad Agency Announcement: Collaborative Operations in Denied Environment (CODE) Program,” 10.

③ Department of Defense, “Department of Defense Directive Number 3000.09: Autonomy in Weapon Systems,” November 21, 2012, http://www.dtic.mil/whs/directives/corres/pdf/300009p.pdf, 2.

④ Ibid,7-8.

从这个角度来看，“拒止环境协同作战”项目似乎打开了使用自主武器的大门。该项目的目标并非建造自主武器，而是实现协同自主。但在复 76
杂电磁环境中，与操作员沟通使用的通信链路可能被压制。（发展）该项目令无人机可在面对突发威胁时，自主授权发动攻击。

实际上，“拒止环境协同作战”项目的推进，暗示了自主协同可以用于目标识别。项目文件列举了协同化的优势之一是“为改善目标识别（的效果）提供多模传感器和多种观测角度”。[①] 一直以来，自动目标识别算法（Automatic Target Recognition Algorithm，ATRA）都不足以支撑（武器装备）的自主工作。算法的不足可以通过集合多种不同类型传感器共同工作来提高目标识别的可信度，或从多个不同角度对目标进行观测，得到包含更完整信息的照片来进行补偿。有关“拒止环境协同作战”项目的一段视频清晰地显示，多架无人机从不同角度对目标进行拍照并共享数据。虽然目前尚不清楚目标识别领域的技术水平是否提升到能够支持无人机自主工作，但如果该项目顺利完成，国防部将不得不面对是否授权使用自主武器的问题。

疯狂科学家大本营

这些项目的发源地，就是本书反复提到的美国国防高级研究计划局。或者，你可以跟作家迈克尔·贝尔菲奥（Michael Belfiore）一样，称其为“疯狂科学家大本营”。美国国防高级研究计划局原名高级研究计划局（Advanced Research Projects Agency，ARPA），1958年由美国总统艾森豪威尔为应对“伴侣”号（Sputnik）[②] 卫星对美国造成的技术突袭而建立。美国国防高级研究计划局的任务是防止出现“战略性突袭”。苏联“伴侣”号卫星的发射令美国十分震惊。这个飞向外层空间的小小金属球，意味着针对美国的当头一棒，苏联已经拥有了能够发射可抵达美国全境的洲际弹道导弹的能力。对此，艾森豪威尔总统建立了两个发展突破性技术

① DARPA, “Broad Agency Announcement: Collaborative Operations in Denied Environment (CODE) Program,” 6.

② “伴侣”号（Sputnik）为前苏联于1957年10月4日发射的世界上第一颗人造卫星，它的发射，标志着人类航天时代的来临，也直接引发了美国和前苏联的航天技术军备竞赛。译者注。

的机构，国家航空航天局（National Aeronautics and Space Administration，
77 NASA）和高级研究计划局。国家航空航天局的任务是赢得太空竞赛，高级研究计划局的任务则更为基础，投资高风险但高回报的前沿技术领域，防止美国被对手造成“技术突袭”。

为了完成这个任务，美国国防高级研究计划局建立了不同于其他军工联合体的独一无二的组织结构和文化氛围。该局只投资那些具有“DARPA难度”的项目，挑战其他人无法解决的技术难题。虽然有时赌输了。美国国防高级研究计划局自创了一个词：“迅速失败”。一旦项目失败，他们会在投资大量资源前便终止该项目。但有时，这些颠覆性的、具有改变游戏规则能力的技术也会带来巨大回报。在过去的50年里，美国国防高级研究计划局的研究多次为颠覆性技术领域的起步奠定了基础，并使美国享受了巨大的“技术红利”。从国防高级研究计划局走出的ARPANET，即早期计算机网络，其后发展成为互联网。该局还协助开发了全球定位系统底层基础技术。美国国防高级研究计划局投资开发了世界上第一架隐身战机“海夫蓝”（HAVE Blue），也就是F–117隐身战斗机的原型验证机。此外，美国国防高级研究计划局还坚持推进人工智能和机器人领域的发展。

美国国防高级研究计划局几乎不开发完整的武器系统。它主导的项目往往规模不大，主要关注解决技术难度非常高的问题。如“拒止环境协同作战”项目致力于实现无人机的协同自主等。斯图尔特·拉塞尔说他之所以关注这些项目，[1]是因为从他的视角来看，这些项目背后隐含着美国计划未来部署自主武器的真实企图。这是美国的真实意图，还是技术发展的必然？如果类似“拒止环境协同作战”这类项目顺利完成，美国国防高级研究计划局会否进一步研发全自主武器系统，还会一直维持人在回路之中的状态吗？

毋庸置疑，要理解自主武器的未来，我们必须对美国国防高级研究计划局有更深的了解。

---

① Stuart Russell, interview, June 23, 2016.

78

第5章

迷宫内部

五角大楼正在研发自主武器吗?

美国国防高级研究计划局坐落在弗吉尼亚州鲍尔斯顿（Ballston）地区，是一栋丝毫不引人注目的办公楼，距离五角大楼仅几公里远。从外表来看，丝毫感觉不到这里就是“疯狂科学家的大本营”。它看起来和其他带有玻璃窗的办公大楼毫无二致，看不出内部正在孕育众多带有想象力火花的创意。

当你走进美国国防高级研究计划局宽敞的大厅，这个机构的独特魅力会将你牢牢吸引。在来访人员书桌背后的大理石墙面上，悬挂着一排简单但充满未来主义色彩的金属字母，即单位名称：美国国防高级研究计划局（DEFENSE ADVANCED RESEARCH PROJECTS AGENCY）。除此以外，没有任何标语和徽标。美国国防高级研究计划局的自信在此体现得淋漓尽致。那排字母名称仿佛在说：“这里正在创造着未来。”

我在大厅等候时，观看着墙上的显示器播放着美国国防高级研究计划局最新研究项目的内容。项目名称有点尴尬：反潜战持续追踪无人艇（Anti-Submarine Warfare Continuous Trail Unmanned Vessel，ACTUV），但无人艇的名字很醒目："海上猎人"（Sea Hunter）。这个项目属于该局最典型的项目——不止具备改变游戏规则的能力，还具有示范性。"海上猎人"是一艘具备完全自主驾驶能力的无人艇，艇的外形圆滑中带着线条，看起来像跨越未来经由时间雕刻过一样。这艘艇艇身细长，艇身外安装了两个支架，好像一柄能够深深插入大海追踪敌方潜艇的三棱短剑。在这艘艇的命名仪式上，国防部副部长鲍勃·沃克（Bob Work）将它比作《星际迷航》
79（Star Trek）里的克林贡猎禽舰（Klingon Bird of Prey）。[①][②]

"海上猎人"目前还没有配装任何装备。但毫无疑问，它的未来将是一艘战舰。"海上猎人"是美国海军未来"人机协同战队"项目中的"战船"部分，[③]每艘造价2000万美元，不足一艘"阿利·伯克"（Arleigh Burke）级驱逐舰1.6亿美元造价的零头。"海上猎人"造价低廉，美国海军可以用相对很便宜的价格大量购进这种反潜船。鲍勃·沃克还描绘了"海上猎人"编队在海上进行"狩猎"的情景：

> 你可以想象一下反潜战作战群，你可以想象一下反潜战狼群，你可以想象一下水雷战支队，你还可以想象一下分布式反水面作战水面行动编队，……我们可以在艇上加装四枚或六枚装导弹发射箱。你可以想象一下由一名支队指挥官控制50艘艇完成分布式或集团式行动，这真的很了不起。[④]

和其他机器人系统一样，"海上猎人"可进行自主导航，并在未来的某一天，成为武装反潜无人艇。虽然目前还没有任何迹象显示，美国国防

---

① 《星际迷航》(Star Trek)，又译作《星际旅行》等，是由美国派拉蒙影视公司制作的系列科幻电影。克林贡（Klingon）是《星际迷航》电影中虚构的一个好战的外星种族，克林贡猎禽舰是为克林贡帝国防卫军服役的一艘著名战舰。译者注。

② Bob Work, "Remarks at the ACTUV 'Seahunter' Christening Ceremony," April 7, 2016, https://www.defense.gov/News/Speeches/Speech-View/Article/779197/remarks-at-the-actuv-seahunter-christening-ceremony/.

③ Ibid.

④ Ibid.

部试图授权自主武器独立作战。但毫无疑问，美国国防高级研究计划局大厅墙上显示屏中的内容表明，机器人革命的推进“来势汹汹”。

幕布之后：美国国防高级研究计划局战术技术办公室

美国国防高级研究计划局下设六个技术办公室，分别关注生物学、信息科学、微电子学、基础科学、战略技术和战术技术等六个领域。“拒止环境协同作战”“快速轻量化自主”、远程反舰导弹和“海上猎人”等项目都由DAPRA战术技术办公室（Tactical Technology Office，TTO）负责。战术技术办公室研发了各种实验载具、舰船、飞机和航天飞机等。该办公室负责研发的其他项目还包括：可重复使用的XS–1试验性音速飞船；“蓝狼”（Blue Wolf）集成式无人自主潜航器；与R2–D2机器人类似的“阿利亚斯”（ALIAS）宇航技工机器人；① 能够达到20马赫飞行速度，从纽约（New York）飞到洛杉矶（Los Angeles）仅需12分钟的“猎鹰”（FALCON）高超声速飞行器；以及无须加油滞空时间可超过5年的“秃鹰”（Very-high altitude，Ultra-endurance，Loitering Theatre Unmanned Reconnaissance Element，Vulture）② 长航时高空无人机计划等。真是一群疯狂的科学家。

战术技术办公室就像是孩子们梦想中的玩具房。办公室里随处摆放着 80
各种模型，甚至还有从已完结项目原型机上拆除的部分结构，如导弹、机器人和隐身飞行器等。我不禁驻足思考，战术技术办公室今天所做的事情是否会成为未来的现实。

该办公室的主任是布拉德福德·托斯利（Bradford Tousley），他欣然同意和我谈谈“拒止环境协同作战”等战术技术办公室负责的项目。冷战期间，托斯利成为了一名美国陆军装甲部队军官，由此开始了他为美国政府工作的生涯。他第一次外派就被派到了驻扎在德国边境的一个装甲骑兵

① R2–D2，旧译阿图、阿土地土等，是《星球大战》系列电影中的人物，是一个机智、勇敢略带鲁莽的宇航技工机器人。译者注。

② Vulture为超高空、长航时、以耐航速度在战区上空飞行的无人侦察单元的英文首字母缩写。

部队，随时准备应对一旦发生第三次世界大战或前苏联的入侵。随后，他利用被陆军送回国内培训的时间，获得了电器工程专业的博士学位。托斯利的职业生涯从作战前线开始转向激光器和光学研究，以确保美军在这两个技术领域具备领先优势。托斯利参与过国防高级研究计划局负责的多项研究任务，也曾为研制机密级卫星载荷而在情报界工作过一段时间，所以对机器人及其相关技术领域的理解比一般人更深刻。

托斯利说，组建国防高级研究计划局的契机是苏联“伴侣”卫星成功发射带给美国的战略焦虑：“该局的基础任务并未改变，仍旧是为解决国家安全问题开拓新的具有颠覆性能力的国防科技新领域，以防止对手对美国造成战略突袭，并不断创造针对对手的战略突袭。”国防高级研究计划局内部则更看重的是：“通过这个机构，我们就承担的所有项目进行激烈的思想碰撞但不失热烈的深入讨论。我们会从多个角度对同一个问题进行考虑。为什么？为什么不这样？它距离我们的期望还有多远？”托斯利明确表示，回答这些问题并不是国防高级研究计划局的工作。“这些基本的政策和理念以及军事应用方面的考虑不是我们需要做的。我们的基本工作是解决技术问题，[1] 用投资来证明某项能力真实存在，并提供给作战人员选择。换句话说，就是防止出现另一颗‘伴侣’卫星”。

如果机器人发展到能够可靠地独自消灭目标，那人类将在战争中扮演什么角色？虽然托斯利的意愿是不断推动技术向前进步，但他仍旧把人类视作任务的指挥官：“做出最终决策的，是人类。”[2] 这句话并不意味着人类需要对攻击的所有目标都进行授权，但自主武器的作战行动仍然由人类
81 掌控，无论是搜索目标还是发动攻击，都由人类指挥官直接控制。托斯利解释说，至少在可以预见的将来，在确认和识别异常情况并做出恰当应对方面，机器人无法与人类匹敌。因此，保持人员处于任务层面，对理解任务内涵并做出决策至关重要。“在机器做出抽象决策的能力达到或超过

① Bradford Tousley, interview, April 27, 2016.

② Ibid.

人类之前，[①] 人类任务指挥官不可或缺，要始终保持人在回路中或人在回路上”。

托斯利为我描绘了一幅未来冲突的画面：“成群结队的无人作战平台，[②] 无须考虑伤亡情况或（接受一定程度的损耗），用来应对反介入的防空环境再合适不过了……如何在复杂的作战环境中，将这些各种类型的无人平台有机整合，构筑有人和无人平台相互协同的作战系统来打击目标？你需要那种系统，因为GPS信号可能被干扰；通信时断时续；你需要具备能够摧毁各种有人和无人设施的防空能力。为了侵入并打击关键目标，为了控制那种反介入环境，你必须拥有一个完整的体系系统（system-of-systems）架构，能够利用各地区不同的有人和无人系统的优势，且各个子系统都具备利用多种方式识别目标的可靠能力——可能是电子目标、光学目标或红外目标，可能是信号情报。这个复杂体系还需要具备将所有系统整合起来的能力。”

美军对掌控电子战中的自主权如饥似渴。“我们使用了各种物理设备和电子设备，[③] 这些电子设备本身也可以看作以机器速度运行的机器人，……我需要将（己方）认知电子战的速度调升至毫秒级，……如果我试图用己方雷达干扰（敌方）雷达，就必须捕捉到对方的信号，但对方雷达正在来回不断地跳频。因此，国防高级研究计划局微系统办公室正在考虑，怎样在以机器速度运行的状态下最大限度发挥它们的功能？”

托斯利将认知电子战遇到的挑战与谷歌公司的“阿尔法狗”
（AlphaGo）[④] 项目进行了对比。如果该程序以“机器速度”运行另一个版 82
本的“阿尔法狗”时，会发生什么？他解释说：“一旦人类将任务智能提

① Ibid.

② Ibid.

③ Ibid.

④ “阿尔法狗”（AlphaGo），是由谷歌公司开发的一款围棋人工智能程序。2016、2017年，“阿尔法狗”相继击败了韩国棋手李世石、中国棋手古力和柯洁。2017年10月18日升级为“阿尔法狗元”（AlphaGo Zero）。译者注。

升至更高级别，[①] 并且令机器人执行多种功能时，它们可能会受到来自敌方机器的挑战，且这种挑战人类无法应对，只有让机器与机器直接面对，……这也是‘第三次抵消战略’要解决的挑战之一，即机器与机器的对决。”人类此时将转变为“监督”角色，对机器进行观察并在必要时实施干预。实际上，托斯利也不清楚人类是否应该介入和干预机器之间的竞赛，尤其是在网络空间和电子战中，机器间互动的速度可能远远超过人类的反应速度。

我指出，人员执行监督角色实际上仍代表无人与系统之间一定程度的联通性，但这在通信受阻的环境中恐怕难以实现。但托斯利对此不以为然。“确实会有通信受阻或拒止的情况出现，[②] 但并不是全时的，也不会无处不在。”他说，“通信受阻超过1000英里的情况是一回事，两枚飞行状态下的导弹遭受300米的通信干扰又是另一回事。”在复杂电磁环境中进行的可靠通信，即使距离很短，也能够允许人的参与，至少在一定程度上的参与。

那人类究竟该扮演何种角色？是对所有目标都进行授权攻击，还是处于更高层次进行控制？“我想，这个问题涉及独立交战决策的规则。”[③] 托斯利说，“在针锋相对的激烈冲突中，交战规则可能会更宽松，……如果事态非常激烈且严重，你可能更依赖于你在那种状态下能够使用的自主能力。”但他也证实说，即使在那种异常激烈的战场环境下，人类仍将扮演监督作战行动的重要角色。但要让人员能够参与进来，“数据运转速率不能太高”。

我思索了一下，意识到托斯利并没有逃避我向他提出的人类是否需要对每个拟攻击目标都进行授权的问题。因为他并非刻意隐瞒某个秘密计划，而是他没有从这个角度看待这个问题。在托斯利看来，武器装备的自
83 动化已经发展了几十年，“拒止环境协同作战”这类项目仅仅是又一个阶

① Ibid.

② Ibid.

③ Ibid.

段的接续。在涉及致命性的决策制订时，仍需要人在更高层次上监督和指挥作战行动。他并不特别关心人类在何种情况下授权系统自主行动和系统拥有多大自由度来自主选择目标这样的具体细节。那些是指挥官们需要关心的。他（托斯利）作为一个研究人员的任务，就像他之前说过的，是“解决那些技术问题”。他的工作是提供可能选项。这意味着，（人类）可以制造无人系统蜂群，将其用于作战行动并在最小限度人类监督的模式下执行任务；也可以构筑有弹性的通信系统，为操作人员监督系统运转保留尽可能大的带宽。这些技术究竟如何实现是托斯利要关注的。至于人类要保留哪些具体决策，或将哪些决策权授予机器，不是他关心的内容。

托斯利承认，赋予机器自主发动致命性攻击的权限存在风险。“如果‘拒止环境协同作战’项目能够让软件驱动无人机执行任务，[1] 那么无人机蜂群同样有可能针对错误目标执行任务吗？是的，这是有可能的。但我们不希望这种情况发生。我们希望建立一个能容纳所有故障和错误的安全的系统”。也是因为如此，托斯利最关心自主系统的实际测试和评估结果。“我最担心的是我们能否对可信度进行量化，以便能够对系统进行有效测试”。信任，是指挥官们是否愿意操作这些系统的基础。“只有作战指挥官认为自主系统能够百分百按照他们的意愿执行任务，才会愿意使用这些系统”。这种信任感的建立与测试、评估的结果息息相关，而可靠的测试、评估结果意味着数百万台计算机的参与。即便如此，要测试一种自主系统可能遇到的所有情况以及可能的所有反应、行动，难度极大。“我担心的问题是，”他说，“自主技术和人机交流与融合技术的发展已经远远超出了我们进行测试的能力，……这才是我最担心的。”

84

对抗环境下的目标识别与匹配

托斯利拒绝就国防高级研究计划局的另一个项目——“对抗环境下的目标识别与匹配”（Target Recognition and Adaption in Contested Environments，TRACE）发表任何评论，因为这不是他的部门负责。尽管

[1] Ibid.

在为写作本书的调研过程中，国防高级研究计划局态度非常开放，也很乐于帮助我，但仍拒绝就这一项目发表任何超越公开信息的评论。如果说有一个项目是实现完全自主武器的关键，那么非“对抗环境下的目标识别与匹配”项目莫属。“拒止环境协同作战”项目的目标是利用协作性自主补偿目前自动目标识别（Automatic Target Recognition，ATR）算法方面的不足，而“对抗环境下的目标识别与匹配”项目则是直接对自动目标识别算法进行改进。

“对抗环境下的目标识别与匹配”的项目文件就这一问题进行了解释：

> 环境里一旦存在密集目标，对手便能够利用释放复杂诱饵和（提高）背景流量的方式削弱我自动目标识别的效果，……[①]不管是由人操作的雷达还是机载雷达，图像识别的虚警率都高得惊人。现有自动目标识别算法应用于机载环境需要占用大量计算资源。

“对抗环境下的目标识别与匹配”项目就是要克服这些问题，并“开发出能够在有人和无人平台上使用的，利用雷达传感器快速、准确识别军事目标的算法和技术”。[②]简而言之，就是要解决自动目标识别问题。

要理解解决自动目标识别问题的难度有多大，以及具有改变游戏规则能力的“对抗环境下的目标识别与匹配”项目如果成功将带来什么样的影响，需要先对传感技术进行简要描述。广义上说，所有军事目标都可以被分为两类：“合作”与“非合作”目标。**“合作”目标是指那些能够主动发射信号，也就更容易被探测到的目标**。以雷达为例，雷达一旦启动就会通过电磁频谱释放能量。雷达通过发射信号来“观察”目标，但这些信号反

① DARPA, “Target Recognition and Adaptation in Contested Environments,” http://www.darpa.mil/program/trace.

② DARPA, “Broad Agency Announcement: Target Recognition and Adaptation in Contested Environments (TRACE),” DARPA-BAA-15-09, December 1, 2014, 6, https://www.fbo.gov/index?s=opportunity&mode=form&id=087d9fba51700a89d154e8c9d9fdd93d&tab=core&_cview=1.

射能量的同时也暴露了雷达自身的位置。敌方通过追踪电磁频谱的能量来 85
源，就能够找到雷达。这也是“哈比”这类自主武器寻找雷达的方法。它们使用被动传感器，只要静静地等待并聆听“合作”目标（敌方雷达）广播自己的位置，然后寻找到信号来源即可摧毁目标。

“非合作”目标就是那些不会广播自己位置信息的目标。这些“非合作”目标可能是船只、雷达或关闭了雷达的飞行器，静谧航行中的潜艇或坦克、火炮车和导弹机动发射车。要发现“非合作”目标，需要主动雷达向外界环境发射信号探测目标。雷达和声呐都属于典型的主动传感器，雷达发射电磁能量，声呐发送声波。这类主动传感器（在发送信号后）观察反射回来的能量并试图从环境噪声中识别出潜在目标。雷达“观察”反射回来的电磁能量，声呐则“听取”反射声波。

交战双方就好像两个在一片漆黑中较量的对手，相互聆听并睁大眼睛观察，企图在黑暗中隐藏自己并同时发现对方的蛛丝马迹。人的眼睛是被动传感器，只能简单地接受亮光。要在黑暗中看清物体，就需要借助手电筒等外部光源。但使用手电筒也会同时暴露自己的位置，使自己变成对方的“合作目标”。在这种躲猫猫的游戏中，找到对方的“合作”目标就像找一个在黑暗中挥舞着手电筒奔跑的人，难度并不大；拿着手电筒的人实在是太醒目了。但寻找“非合作”目标就像在黑暗里找关闭了自己手电筒的人，非常困难。

如果背景里的杂乱回波很少，通过主动探测的方式便可轻松发现目标。船只和飞行器很容易从它们的背景——平静的海洋和空旷的天空中分离出来。这种感觉就像一个人站在一片开放的空地上一样，即使在昏暗的光线下进行快速扫描，也能迅速将其与背景分离，虽然后续确认其身份是敌是友难度较大。但在嘈杂环境里，即使要发现之前已经确认的目标也很
困难。移动目标可以通过多普勒频移（Doppler shifting）[①] 观察到——其原 86

① 多普勒频移：当移动台以恒定的速率沿某一方向移动时，由于传播路程差的原因，会造成相位和频率的变化，通常将这种变化称为多普勒频移。多普勒频移由物理学家多普勒于1842年首先提出。译者注。

理与警察使用的测速车基本相同。目标的移动会改变雷达返回信号的频率，使其从固定背景中脱颖而出。但要在嘈杂环境里寻找固定目标，就像寻找一头藏在树林里的鹿一般困难。即使光源直接打在目标身上，也很难被发现。

尽管人类视觉认知处理的过程非常复杂，但静止并进行了伪装了目标仍然会欺骗人的眼睛。要发现融入背景中的目标计算起来难度非常大。虽然雷达和声呐能够“看到”和“听到”人类无法感知的频率波段，但在杂乱无章的环境里进行军用自动目标识别时，与人类识别的表现不相上下。

军方目前通常使用合成孔径雷达（Synthetic Aperture Rador，SAR）来探测“非合作”目标。配备有雷达的载具尤其是飞行器，通常在飞越目标上空时会发出一束雷达脉冲信号。这种感觉和传感器阵列产生的效果相同，是一种能够提高图像分辨率的强大的技术手段。得到的结果是由黑白小点组成的图像。虽然合成孔径雷达生成的图像不像光电或红外照相机拍摄得那么清晰，但它的功能十分强大——能够穿透云层，适应全天候监视需要。但要设计出能自动识别合成孔径雷达图像的算法难度极大。停放在跑道上的坦克、火炮车和飞机的SAR图像的识别难度超出了人的能力限度，历史上出现的各种有关合成孔径雷达的算法，得出的结果远远不及人类识别。

军用合成孔径雷达的糟糕表现和计算机视觉近年来的蓬勃发展形成了鲜明对比。人工智能近年来的发展重点一直是目标识别和感知，得益于深度学习技术的进步，该领域发展迅猛。深度学习使用的是一种神经网络，这是一种类似人或动物大脑中神经元结构的人工智能手段。人工神经网络的灵感来源于生物学，但并非照搬生物学。神经网络执行任务并不遵循“如果……就……”的顺序，而是基于网络中节点强度来工作。成千上万甚至数以百万计的数据样本被反馈至网络，通过调整网络中节点间连接的
87 不同权重，达到使用数据对网络进行“训练”的结果。神经网络就是以这种方式“学习”的。在学习的过程中，调整网络设置直到获得正确的输出结果，如得到正确的图像目录（如猫、台灯或小汽车）等，深度神经网络示意图如图5–1所示。

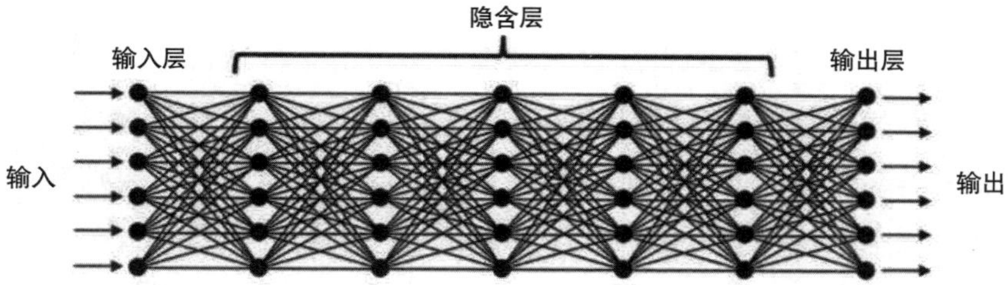

图5-1 深度神经网络示意图

深度神经网络是指那些在输入层和输出层中间加入很多“隐含层”的神经网络，[①] 也是机器学习的基础。在输入层和输出层间添加更多层，可提高网络的复杂程度，从而使深度神经网络能够处理更复杂的任务。有些深度神经网络的结构甚至超过100层。[②]

网络的复杂程度对图像识别技术来说至关重要，深度神经网络在这一领域已经取得了引人注目的进展。2015年，微软（Microsoft）公司的一组研究人员宣布，他们创造了一种远超越人类识别能力的深度神经网络。这种网络识别包含15万张图片在内的标准数据库，出错率为4.94%，[③] 高于人类5.1%的平均水平。[④] 几个月后，他们凭借152层的神经网络将错误率

① Alex Krizhevsky, Ilya Sutskever, and Geoffrey E. Hinton, “ImageNet Classification with Deep Convolutional Neural Networks,” https://papers.nips.cc/paper/4824-imagenet-classification-with-deep-convolutional-neural-networks.pdf.

② Christian Szegedy et al., “Going Deeper With Convolutions,” https://www.cs.unc.edu/~wliu/papers/GoogLeNet.pdf.

③ Richard Eckel, “Microsoft Researchers’ Algorithm Sets ImageNet Challenge Milestone,” Microsoft Research Blog, February 10, 2015, https://www.microsoft.com/en-us/research/microsoft-researchers-algorithm-sets-imagenet-challenge-milestone/. Kaiming He et al., “Delving Deep into Rectifiers: Surpassing Human-Level Performance on ImageNet Classification,” https://arxiv.org/pdf/1502.01852.pdf.

④ Olga Russakovsky et al., “ImageNet Large Scale Visual Recognition Challenge,” January 20, 2015, https://arxiv.org/pdf/1409.0575.pdf.

成功降低到3.57%。[①]

对抗环境下的目标识别与匹配项目计划利用上述进展和机器学习领域的技术进步来发展更好的自动目标识别算法。由于自动目标识别算法在识别坦克、导弹机动发射车和火炮车等“非合作目标”时，能够媲美人类甚至超过人类，因此在搜寻和摧毁敌方目标方面具有改变游戏规则的能力。
88 如果目标识别系统在进一步降低功率后能够加装到导弹或无人机上，至少从技术角度来看，这类作战活动将无须人的参与。这项技术将使武器装备能够自主捕获并摧毁目标。

无论美国国防高级研究计划局是否计划发展自主武器，“拒止环境协同作战”和“对抗环境下的目标识别与匹配”这类项目都为未来自主武器的发展奠定了基础。托斯利的观点是，是否授权进一步发展能够自行选择目标的自主武器，并不是国防高级研究计划局需要考虑的事情。但如果国防高级研究计划局不主导自主武器的开发过程，那么又是谁主导呢？

---

① Kaiming He et al., “Deep Residual Learning for Image Recognition,” December 10, 2015, https://arxiv.org/pdf/1512.03385v1.pdf.

第6章

跨越门槛

批准发展自主武器

美国国防部在2012年11月签发了一份有关武器自主性的官方文件——《国防部指令3000.09》(武器系统中的自主性》(彼时我正在国防部工作，我领导的小组负责起草该政策指针)，这份政策指针也发布在互联网上，所有人都可以查阅。

该政策指针包含设计半自主和自主武器的一些通用原则，如涉及实际测试和评估以及可理解的人—机交互等。但政策指针的本质是从政策上为三种武器装备的发展“开绿灯”。[①] 这三种装备是:(1)寻的弹药等半自主武器;(2)以舰载“宙斯盾”武器系统为代表的防御型监督式自主武器;(3)非致命性和非动能杀伤的武器，如用于干扰敌方雷达实施电子战等。上述三种武器在今天已得到广泛使用。《国防部指令3000.09》实质上是告诉研究者们:“如果你想发展一种能够满足实战要求的自主武器，那就放手去做吧。”发展这些类型的自主武器适用于通用规则，也无需得到额外批准。

---

① Department of Defense, “Department of Defense Directive Number 3000.09.”

除了上述三种装备外，所有其他具备自主性的武器研发都被国防部亮了“黄灯”。这些系统需要在开始正式研发进程前进行耗资巨大的审查，
90 正式部署前还会再进行一次审查。政策指针还确定了参与审查的人员组成：负责政策和采购的国防部高级文职人员以及参联会主席。审查标准很冗长，主要关注自主系统的测试和评估，以确保它们能够正常运行——这一点倒和托斯利不谋而合。制定该政策是为了“尽量降低可能导致意外交战后果的自主与半自主武器发生故障的频率”。[①] 换句话说，降低武装机器人“肆意妄为”的几率。

《国防部指令3000.09》并未禁止发展致命性自主武器，相反，它确定了相关官员在自主武器正式部署前对其自主功能及新应用进行审查的具体流程。该政策能够确保一旦国防部决定开发自主武器，能够在充分实施监督的情况开发和部署。但并没有回答国防部是否会真的批准这类系统的开发这一问题。或者说，在这个问题上，政策没有给出答案。所有的政策都在说明，如果自主武器系统符合相关标准，如实际使用中的可靠性等，那么原则上可以进行部署。

为自主武器“开绿灯”

美国国防部是否会批准发展自主武器？国防高级研究计划局试图探索这种可能性，但并不意味着国防部允许这些实验类项目转变为作战用武器系统。要更好地理解五角大楼是否会真的批准自主武器的发展和部署，我和时任负责采购、技术与后勤的国防部副部长的弗兰克·肯德尔（Frank Kendall）进行了交谈。肯德尔是奥巴马总统执政时期五角大楼首席技术专家和最大的装备购买者，手中拥有X–47B和远程反舰导弹这类引人瞩目的装备的生杀予夺大权。在推进国防部政策指针生效的过程中，肯德尔也是三名拥有最终决定权的高级官员之一，其他两位分别是负责政策的国防部副部长和参谋长联席会议主席。只有这三位官员一致同意，才能授权发展
91 自主武器。

① Ibid.,1.

肯德尔在国防部一众技术专家中，拥有与众不同的背景履历。他的职业生涯非常显赫，从大型军工科技企业副总裁到国防部多个中层岗位。肯德尔还担任过人权律师，曾为“大赦国际”（Amnesty International）、“人权至上”（Human Rights First）和其他人权组织工作，也担任过关塔那摩（Guantánamo Bay）监狱的观察员。鉴于他拥有这样的背景，我对肯德尔弥合技术和政策之间的差异满怀期待。

肯德尔开门见山地说，目前还没有一种装备的自主性能够达到触发审查的程度。[①]“我们目前拥有的所有装备，距离真正的致命性自主都差得非常远”。就他目前所处的职位，肯德尔说，他主要关心的是这种装备是否符合作战法则，并与“人类做出的恰当判断”一致。“人类做出的恰当判断”也出现在政策指针里。肯德尔承认，政策指针里没有说明什么是“人类做出的恰当判断”。但通过交谈，肯德尔解答了这个问题。

肯德尔的职业生涯开始于冷战期间，他曾是一名美国陆军防空兵，有对自主化的价值的第一手认识。“我们都知道‘霍克’（Hawk）[②]具备自主模式，[③]虽然从来没有用过。但我知道一旦遇到极端情况，你必须选择这种模式。因为你也没有什么其他更好的选择。”他说，“当你只有‘几分之一秒’来做选择时，只能把命运交给机器了。”

肯德尔说，自主目标识别和机器学习领域正在迅猛发展。随着它们的发展，机器自主选择目标将可能成为现实。在某些情况下，如“拔掉”敌方雷达时，可以进行的比过去“相对快一些”。[④]

这就提出了一个棘手问题。“你想在何时进行人为干预？”他问，“你是否想让机器人执行杀伤性作战活动成为现实？你是否认为机器人确认敌方的规则非常合理？”肯德尔没有给我答案，“我觉得我们应该仔细考虑考虑。”[⑤]

---

① Frank Kendall, interview, November 7, 2016.

② “霍克”（Hawk）为美国雷神公司研制的一种全天候中程超音速中低空陆基防空系统，主要装备美国陆军和海军陆战队，是美军20世纪六七十年代的主力中程防空导弹。译者注。

③ Ibid.

④ Ibid.

⑤ Ibid.

一个重要的影响因素是场景。“假设你在街上开着车，你可能投入了战争，也可能身处叛乱？”[1] 场景很重要。在某些情况下，自主选择并攻击
92 目标可以接受。但在其他情况下并不合适。

肯德尔曾见到过有人使用自主武器直接瞄准敌方雷达，并且没有任何人提出异议。除此以外，还有更不可思议的。肯德尔说，他有一次在以色列旅行，在以色列国防军（Israel Defense Forces）任职的当地朋友强迫他坐在配备“奖杯”（Trophy）主动防护系统（Active Protection System，APS）的“梅卡瓦”（Merkava）坦克里。以色列人向“梅卡瓦”坦克扔了一枚榴弹（“离我就几米远。”他说），“奖杯”主动防护系统自主实施了拦截。“但要是假设不论子弹来自哪里，我想还击呢？”他问，“（主动防护系统）也同样会自动对我进行保护，但这种方式，你知道，有可能导致处于（该系统）射击瞄准线上的任何目标，都成为致命打击的对象。”他指出，回击反应可能保护己方免遭二次攻击，保护生命。肯德尔承认这样做有风险，但做什么事情没有风险呢？换言之，“禁止使用这种技术会使多少人面临危险？”[2]

如果在某种特定情况下，机器人的性能远超人类，那情况就会变得异常复杂。“我想，在那个时候，我们需要就如何处理这种情况做出艰难的决定。”肯德尔看到了维持“人在回路之内”作为备份的价值，但，“如果某些特殊情况不允许保留人在回路中呢？让机器无须人类的帮助自己就能做到，不是更好吗？你知道，我认为这个问题值得探讨。”[3]

我询问他关于这个问题的答案——毕竟他是国防部拥有决策权的人物。但他也不知道答案。

“我们还没有做出决定，”他说，“我想，在探讨技术支持时，这就是那个必须面对的问题。”[4]

但肯德尔对此并不担心。“我认为我们距离‘终结者’的出现，即让

---

① Ibid.

② Ibid.

③ Ibid.

④ Ibid.

杀手机器人在战场上快速攻城略地，还有很长的路要走。我们距离那种先进程度还差得远，因此，我丝毫不担心。”肯德尔对美国在这一技术领域的未来很有信心。“我喜欢我的工作。因为我发现，这份工作的本质和人权律师异曲同工。美国是个具有崇高价值观的国家，我的工作也恰好契合这些价值观，……我相信，无论我们做什么，都会以遵循战争法则为前提，不会违背它。人权法则也是一样。”[①]

但肯德尔对其他国家表示担忧。他最担心恐怖分子可能会利用这些已经成熟的商业技术。“我认为，自动化和人工智能是为数不多的几个商业化发展程度远远超过军事领域研发投资的领域。[②] 这几个领域正在源源不断地涌现能够轻松获取并用于军事应用的各种（装备与能力）。”举个例子，他说，“如果‘伊斯兰国’组织不把人捆在车里当炸弹，使用自动驾驶汽车（便能制造）自杀式爆炸袭击，这对我们来说，是个问题吧？”

军事革命

肯德尔的领导是国防部副部长鲍勃·沃克，他是五角大楼的二号人物，也是国防部推动机器人领域发展的的头号人物（robot evangelist）。2014—2017年，沃克担任国防部副部长，是国防部“第三次抵消战略”的主要幕后推手。沃克非常关注人机协同，在他看来，人工智能技术将在未来的冲突中，与人类紧密协作共同行动。这种人—机协同可以采取多种方式。人类可以通过穿戴外骨骼套装、增强现实技术和机器智能等提升自身的能力。人工智能系统能够帮助人类做出决策，就好像在“国际象棋”里，程序能够帮助人类分析下一步棋可能出现的情况。有些时候，如进行瞬息万变的股票交易，“速度就是生命”，人类可监督人工智能系统完成任务。在军事领域，未来的装备将更加智能，更具协作性和群体性。

在沃克看来，这些进步将引发战争的“革命”。他在2014年出版的著

① Ibid.

② Ibid.

作里，[①] 将战争革命定义为“急剧、不连续的变化，……现有军事体制将会被新的更具统治性的体制取代，旧有作战方式也将被淘汰”。

在防务界里，这个说法非常大胆。美国防务界在20世纪90年代末和21世纪初对信息技术引发战争革命的潜力十分着迷。但随着美国被拖入旷日持久的平叛作战中，“信息优势”和“网络中心战”的说法在阿富汗山
94 区和伊拉克尘土飞扬的街道上归于平静。针对下一代装备如F–22战斗机等进行的高技术投资要么过于昂贵，要么无法成功寻找和跟踪叛乱分子，要么无法赢得民众的支持，要么……

信息革命仍在继续，性能更先进的计算机处理器和更复杂的机器智能技术不断涌现。即使信息时代的战争没有像五角大楼的预言家们预测的那样演进，但信息技术的确严重影响了美国进行的反叛乱作战。信息已经成为网络对抗作战的统治力量，美国要从一群平民中找出叛乱分子，无异于大海捞针。

要彻底完成工业革命和信息革命等由颠覆性技术引发的变革，需要几十年或历经几代人的时间。这类革命（的发生）将不可避免地对战争产生深远的影响。工业革命中，原本用于民用汽车和飞机的内燃机技术最终影响了坦克和军用飞机的诞生。而坦克、飞机和以机枪为代表的其他工业革命时代的装备，深刻改变了两次世界大战的样貌。

沃克熟稔军事历史，同时是五角大楼预言家安迪·马歇尔（Andy Marshall）[②] 的学生。马歇尔执掌国防部净评估办公室（Office of Net Assessment）数十年，提出了军事领域正在发生一场变革的观点。沃克很

---

① Robert O. Work and Shawn Brimley, “20YY: Preparing for War in the Robotic Age,” *Center for a New American Security*, January 2014, 7-8, http://www.cnas.org/sites/default/files/publications-pdf/CNAS_20YY_WorkBrimley.pdf.

② 安迪·马歇尔，即安德鲁·马歇尔（Andrew Marshall），书中为口语化称呼。马歇尔曾长期担任美国国防部净评估办公室（ONA）主任，被誉为美国国防部顶级“战略大师”。1921年出生，曾经获美国芝加哥大学经济学学位。1949年，28岁的安德鲁·马歇尔加入美国兰德公司，进行核战略分析研究。1973年，安德鲁·马歇尔加入美国国防部，从此正式进入美国五角大楼，成为一名文职官员。后成为美国国防部长办公室的“高参”，直接向国防部长和副部长汇报工作，他服务的第一位国防部长是施莱辛格，还有此后的12任国防部长。

清楚一旦落后于军事领域的变革，将会面临什么样的严重后果。一支军队可以输掉一场战役甚至一场战争，但政权一旦被推翻，便再也无法恢复。强大的西班牙无敌舰队（Spanish Armada）在1588年被更善于应用当时出现的颠覆性技术的英国人使用火炮击败。在两次世界大战间的平和期，德国人抓住了飞机、坦克和无线电技术领域变革的脉搏，最终促成了“闪电战”的发生和法国的灭亡。战场上不允许犯错误。一旦新技术颠覆旧有的作战方式，无论是军队还是国家，都不会有第二次改正错误的机会。

如果沃克是对的，那么人工智能正在驱动一场即将到来的军事革命，我们也应该在人工智能、机器人和自动化领域进行大量投资。一旦美国在这场军事革命中落后，后果将是灾难性的。工业革命令机器人比人类更强 95
大，最终的胜利属于那些最擅长运用这些新技术的人。而目前的信息革命催生了比人类更智能、运行速度更快的机器人。明天的胜利者将是那些更好地掌握人工智能技术的人。

目前，人工智能系统已经可以在执行个别任务的效果上超过人类，但在绝大部分领域仍无法与人类匹敌，这也是沃克大力推动人机协同的原因。这种方式可以最大限度发挥人类和机器两个群体的智能优势。人工智能系统用于特定的、量身订做的任务，可发挥其速度上的优势；人类则具有理解能力和适应环境能力强的特点。当然，这种区分有一定局限性。在需要发挥速度优势的场合，也可以授予机器一定程度的自主权。

说到致命性武器，沃克曾在2016年3月接受一次采访时表示：“我们绝对不会允许机器自主决策。”① 过了一会儿，他又重申了这一观点，并补充说：“我们只会允许机器在那些需要速度优势的场合，如进行网络战或电子战时进行自主决策。”

换句话说，除极个别场合，沃克认为不应将实施致命杀伤的权利授权给机器。在同一次采访中，沃克说：“我们或许会给那些更喜欢由机器人

① Bob Work, interviewed by David Ignatius, “Securing Tomorrow,” March 30, 2016, https://static.dvidshub.net/media/video/1603/DOD_103167280/DOD_103167280-512x288-442k.mp4. Comments on autonomy start around 29:00.

实施致命杀伤的对手投反对票，而且随着竞争的推进，你还得就如何开展竞争做出决定。”[1] 速度更快、时空压缩OODA回路将辅助我们做出决策，我们还有多少时间？也许不太多了。在几个星期后的一次采访中，沃克又阐述了他的观点：“未来10年或15年内，如何授权机器人（实施杀伤行动）将变得非常清楚。”他非常担心美国经常围绕致命性自主武器的“道德、政治、法律和伦理问题”进行讨论，“我们的竞争对手可从来不这么干”。[2]

毫无疑问，如果我要继续了解机器人革命是如何进行的，我必须和沃克讨论。毕竟，不论他在国防部的官方职务，还是他在机器自主领域担任思想领袖的非官方角色，就美军对自主武器技术进行的投资而言，他几乎都可以算得上美国最有发言权的人了。沃克或许不是为下一代机器人系统
96 编写代码的工程师，但他的影响更广也更深入。沃克代表官方发表的言论和内部政策，影响了国防部的多项投资。鉴于他支持人机协作的理念。我想知道他如何建立技术框架并影响军工企业的工程师们选择研究方向，沃克爽快答应继续接受采访。

致命性自主的未来

五角大楼是一幢雄伟的建筑。它占地650万平方英尺，是世界上最大的建筑物之一。每天都有超过2万人涌入五角大楼工作。当我穿过人流进行安全检查时，突然意识到机器人革命已经渗透进我们的生活。我听到我身后的一位男士向五角大楼的安检人员解释说，他的手提包在X–射线扫描仪下显示出的神秘物体其实是一架无人机。“那是架无人机，”他说，“我已经为它办理了手续。”他补充道。

我有一种强烈的预感，未来，无人机将充斥我们的生活中。

沃克的办公室位于五角大楼高层管理人员所处的E环（E-ring）区域，他非常热情地从自己繁忙的日程中抽出时间来和我交流。我们的交流从一

① Ibid.

② Bob Work, interviewed by August Cole, “Global Strategy Forum,” Atlantic Council, http://www.atlanticcouncil.org/events/webcasts/2016-global-strategy-forum. Comments starting around 38:00.

个简单的问题开始，也是我在研究中一直想得到答案的问题：国防部正在制造自主武器吗？

为了对问题进行准确定义，沃克想在回答之前和我确认“自主武器”的含义。我解释说我认为自主武器是一种可以自行搜索、选择目标并发起攻击的武器。沃克回答道，“根据你的定义，1945年美国就制造出了一种致命性自主武器——‘蝙蝠’（Bat）雷达制导反舰炸弹。”[1] 他说，“当时，授命对日军驱逐舰发动攻击的是海军的PBY海上巡逻机，……他们知道日军驱逐舰是敌对目标——便发射了‘蝙蝠’炸弹。炸弹在飞行末段使用S波段雷达导引头自主完成最终攻击，这就是我定义的范围稍窄的自主武器。”尽管他用“自主武器”来描述一种雷达导引寻的弹药，沃克认为这个词用得很恰当。“我认为这种武器没有任何问题。它依赖处于回路中的 97
人员所拥有的特定能力来确定目标，且所有自主行为都是为完成最终的作战目标而设计的。”他也对目前从鱼雷到“宙斯盾”舰作战系统的一系列现代自主武器的自主功能感到满意。

沃克说：“我们正大步迈向自主武器拥有灵巧智能决策树的时代，这些决策树由人类完全编程操作和指挥。假设根据非舰上雷达侦测的数据，我们要从150海里外攻击某地区的一个俄罗斯空降兵营。我们并不清楚这枚发射出的弹药会给俄方空降兵营带来怎样的后果，只是大概掌握该地区存在敌方兵力。”[2] 沃克解释说，根据预先设定的程序逻辑，导弹可能会自主选择攻击坦克、榴弹炮和步兵战车等优先级较高的目标。“就我们即将达到这种技术水平这件事，我认为没有什么疑问。”他说，“有很大一部分自主武器都是在针对特定目标或目标区域发射后或进行瞄准后，才进行最终段的调整决策。”（沃克在这里使用了“自主武器”一词指代那些“发射后不管”的寻的弹药。）

沃克承认巡飞弹与其他武器装备有很大区别。“人们担心的是，这种武器一旦发射出去，会在某一区域内寻找目标并自行决定何时、何地对何

① Bob Work, interview, June 22, 2016.

② Ibid.

种目标发动攻击，除发射外全程没有人员参与。”[①] 他也承认，根据目前的分类方法，这些巡飞弹与对某一特定目标进行瞄准的寻的弹药有本质上的区别。但他并不认为这有什么问题。“人们开始可能会很紧张，但我却根本不担心。”他说，他相信美国绝不会在不对附带损伤进行预先评估的情况下，贸然在某一地区使用这种武器。但“如果我们可确定该地区不存在友军兵力，那就让武器自己决定吧”。

即便这些“搜索并摧毁”的武器能够自行选择目标，但仍旧没有动摇沃克的想法。因为他们仍属于“狭义的人工智能系统”。它们会“就不同类型的目标进行有针对性的程序设计。我们可以设定优先级，甚至可以把
98 设定优先级的权利赋予武器，用来检验它是如何发动攻击的。”这些武器自带“预先设定的决策模式，但人们通常将这些武器发射到相对不那么确定的区域，还要进行有关附带损伤的评估，还会说，我们是否接受这种武器可能在该区域攻击不相关人员的风险？”然后做出和当前（情况）相同的决定。[②]

沃克说：“问题的关键是，你能够允许的目标定位误差是多少？[③] 如果在目标定位误差过大的情况下贸然发射武器，就要承担攻击不相关人员的风险。该武器可能会攻击中立设施或盟军的设施，或其他目标，……所以，实际发生的情况取决于你关注武器本身的程度，取决于你是否致力于提高定位误差的精度。我们允许该武器对那一地区进行目标搜索并计算结果。”但环境中是否还有其他附带损伤也是要考虑的因素。“如果你对（杀伤造成的）附带损伤要求非常高，”他说，“就不能在目标定位偏差较大的情况下发射武器，否则将极有可能带来较严重的附带损伤。”

沃克认为，如果（带来附带损伤的）风险可接受，那这种装备就没有问题。“我听到有人说：‘这件事非常糟糕。我们制造出了杀手机器人。’这句话是错的。机器人只会攻击你指定的目标。即便某武器（装备）在一

① Ibid.

② Ibid.

③ Ibid.

个广阔区域内选择特定目标实施打击，但它的发射和攻击目标的类型都由人类设定。在进行目标决策的过程中，一直维持人在回路中的状态。”[①] 他说，即便现在进行目标决策的水平较高，用于自主武器仍旧如此。

沃克还对通用人工智能（Artificial General Intelligence，AGI）和狭义人工智能系统（narrow AI systems）[②] 进行了比较：[③] “通用人工智能系统实现了真正意义上的自主决策。”这也是沃克认定的强、弱两种人工智能的本质区别。“但如果你使用的通用人工智能系统能够重写自己的代码，那它就很危险。我们不会将通用人工智能技术用于任何武器装备。这也是所有人都担心的事情。如果‘天网’重写了自己的代码，称人类就是我的敌人，我们该怎么办？我想，这种情景只会发生在非常遥远的未来，因为目前的通用人工智能技术也没有达到如此水平。”即便技术水平达到了，沃克对此也没有兴趣。“在将通用人工智能技术用于自主武器发展这一点，我们持极端谨慎的态度。”他说，“强人工自主武器的用途还需要讨论，能 99
够完全自主做决策。我认为美国不应该发展这种武器。无论如何，我们的目标都是为了让人类拥有对于武器的最终授权，并确保作战人员拥有相较敌方的战术和技术优势。”

沃克意识到其他国家可能也在应用人工智能技术。“其他国家甚至可能以我们意想不到的方式将人工智能技术用于作战。”[④] 他说，他国可能会部署那种完全自主决定“攻击谁、何时发动攻击和如何攻击”的武器装备。如果出现这种情况，将深刻影响美军装备技术发展的时间表。“我想，我们能够选择的唯一道路，就是如果对手使用或部署完全自主武器，以机器的作战速度应对我们人员的作战速度，令美军陷入作战劣势，则我们将

---

① Ibid.

② 所谓通用人工智能和狭义人工智能是相对而言的。通用人工智能特指那些构造复杂的、拥有与人类智慧同样本质特性的机器。通用人工智能机器几乎无所不能，它有着我们所有的感知（甚至比人更多），我们所有的理性，可以像我们一样思考。狭义人工智能，即能够与人一样，甚至比人更好地执行特定任务的技术。译者注。

③ Ibid.

④ Ibid.

重新审视发展完全自主武器的态度。”沃克说，他很担心竞争的后果。“各国就如何使用人工智能技术展开竞争，可能出现令美国难以控制和预见的情况。”

从历史指向未来

沃克诚恳地回答了我提出的所有问题，但我对采访结果仍不满意。他明确表示支持美国目前将狭义人工智能技术应用于多种作战任务的现状，即类似“宙斯盾”作战系统那样，维持“人在回路中”，由人员确认攻击目标或实施防御性有人监督型的自主。他认可利用巡飞弹在广阔区域内实施作战和灵巧弹药给目标确定优先级的作战形式，但也坚持保留人员在发射这类弹药和实施瞄准时的角色与作用。但他对通用人工智能技术和能修改自身代码的“自举式”（boot-strapping）系统表示担忧，这两种技术有很多交集。如果我们允许无人作战飞行器自主执行瞄准的决策行动，将会出现什么样的后果？我们能够接受多大的瞄准误差？他真的不知道。这些都是未来国防领域高层需要解答的问题。

100 为了解美军未来将如何处理这些问题，我转而向美国海军研究办公室（Office of Naval Research）主任拉里·许特（Larry Schuette）博士寻求帮助。许特拥有电气工程博士学位，是美国海军终身科学家，对技术非常了解。美国海军研究办公室在自主化和机器人领域的研究一直走在世界最前沿，很多项目都是由许特领导的。他同时是名历史爱好者，因此，我希望他能帮助我以史鉴今，把握未来的发展脉络。

作为一名研究人员，许特明确表示，自主武器并不是海军研究办公室重点发展的领域。[1] 无人和自主系统在很多领域的应用都很有价值，但他却关注那些一般任务。“我常常在思考：什么样的投资才是最简单、回报率最高的投资，就是那种切中人们紧迫需求的投资。不要总盯着那些难度最大的任务，……先完成那些简单的任务吧。”许特说，典型的“没人感谢”的任务就是给飞行器加油或处理漏油。“生产垃圾处理车等设备，所有人

---

① Larry Schuette, interview, May 5, 2016.

都会感激你。”他认为，即使要解决那些看似难度不大的任务，其实也很不容易。“从科技原理上推导起来看似容易，但做起来是另一回事儿。”

许特强调，他并没有看到人们目前有迫切需求发展自主武器。“目前的模式——操作员按下按钮发射后，武器自主飞行，操作员负责决策的模式也适用于无人空中、水面、水下和地面载具等大部分装备。我不认为为了未来的战争需要改变些什么。”[①] 他说。

由于爱好历史，许特的观点或许和他人有些不同。他的办公室像一座海军博物馆，书架上摆满了老旧船只的“残体”部件，墙上也挂满了许多海军飞行员的黑白照片。在采访期间，许特不时从椅子上起身，从书架上抽出一本关于无限潜艇战（unrestricted submarine warfare）或瓜达尔卡纳尔岛战役（Battle of Guadalcanal[②]）的书籍来验证自己的观点。来自历史的经验并不是关于自主化的，而是有关各种战争样式的。“历史充满了人类的创新和非对称反应的想象。”[③] 他说。第二次世界大战期间，日本非常“忌惮”来自美军水面舰艇的火力，因此决定在夜间发起攻击行动，结果引发瓜达尔卡纳尔岛战役中一场毁灭性的夜间海上作战行动，日军遭致惨
败。历史的经验表明，“威胁可以激发战斗力。”说到日本在远程鱼雷上的 101
技术创新时许特说，“我们没有计划展开鱼雷战，但日本与我们的想法不一样。”

这种创新与反创新之间的动态变化，会不可避免地在战争中导致令人惊奇的作战效果，并引发军方伦理或道德观的变化。“我们曾讨论过X、Y两种完全不同的伦理使用方式。”[④] 许特指出。他将现在人们有关自主武器的讨论与两次世界大战期间及美国海军全盛时期就无限制潜艇战展开的争锋相提并论。“美军在20世纪整个二三十年代都认为无限制潜艇战不是

---

① Ibid.

② 瓜达尔卡纳尔岛战役，简称瓜岛战役，是同盟国部队（盟军）在第二次世界大战太平洋战区中，于1942年8月7日至1943年2月9日期间在瓜达尔卡纳尔岛和周围的岛屿与日本进行的战役。译者注。

③ Ibid.

④ Ibid.

个好的作战样式，也永远不会这样做。但当大难临头时，我们第一个想到的，就是无限制潜艇战。”许特从他的书架上抽出一本书，举出一个例证。1941年12月7日，也就是日军发起珍珠港（Pearl Harbor）偷袭前4个半小时，美军向所有海军舰船和潜艇指挥官发出命令：**向日本发动无限制空中和潜艇战**。①

许特说，历史教给我们的，是“只有当离开杀伤型自主机器人系统我们无法生存下去时，才会考虑发展它”。当我问他决定因素是什么时，他的回答很简单——“要看今天是12月8日还是12月6日？”②

① Joel Ira Holwitt, “ ‘EXECUTE AGAINST JAPAN’: Freedom-of-the-Seas, The U.S. Navy, Fleet Submarines, and the U.S. Decision to Conduct Unrestricted Submarine Warfare, 1919–1941,” Dissertation, Ohio State University, 2005, https://etd.ohiolink.edu/rws_etd/document/get/osu1127506553/inline.

② Larry Schuette, interview, May 5, 2016.

102

第7章

第7章　第R次世界大战

世界各国开发的机器人武器

机器人革命不是美国创造的，甚至也不是由美国主导的。世界各国都在发展自主武器，许多国家的速度甚至比美国更快，范围更广。我在美国的研究实验室和五角大楼的E环（办公室与专家们）的对话仅仅是影响自主武器未来发展的一个因素。世界其他国家也有自主选择（如何推进机器人革命）的权利，他们所做的将影响该技术领域的发展、扩散以及其他国家——包括美国如何反应。

无人机的迅速扩散代表着越来越自主的武器系统的未来走向。目前，无人机已经扩散到全球近百个国家以及“哈马斯”（Hamas）、“真主党”（Hezbollah）、“伊斯兰国”（ISIS）和也门胡塞武装（Yemeni Houthi rebels）等非国家组织。武装无人机，已有越来越多的国家拥有武装无人机，[①] 甚至包括南非、尼日利亚和伊拉克等并非主要军事大国。

---

① 这些国家是：美国、英国、以色列、中国、尼日利亚、伊朗、伊拉克、约旦、埃及、阿拉伯联合酋长国、沙特阿拉伯、哈萨克斯坦、土库曼斯坦、巴基斯坦、缅甸、土耳其。Fuhrmann and Horowitz, “Droning On: Explaining the Proliferation of Unmanned Aerial Vehicles.”

武装机器人也在向地面和海上扩散。韩国已在朝鲜边境地区部署了一种机器人哨兵（robot sentry）；以色列派遣“守护者”（Guardium）武装地面机器人在加沙边境（Gaza border）地区执行巡逻任务；俄罗斯正在发展系列地面作战机器人，并计划建造一种机器人坦克。就连伊拉克的什叶派民兵（Shiite militias）也参与了这场竞争，[①] 在2015年部署了一个武装地面机器人。

103 武装机器人也正在走向大海。以色列已研发出能够担负海岸巡逻任务的“护卫者”（Protector）武装无人艇。[②] 新加坡购买了这种无人艇，[③] 并将其部署在马六甲海峡（Straits of Malacca）执行反海盗任务。甚至连厄瓜多尔也拥有一艘完全由本国制造的，名叫“伊斯格拉姆”（ESGRUM）的武装无人艇。[④] “伊斯格拉姆”配备机关枪和火箭发射筒，将在厄瓜多尔海域主要航道执行巡逻和反海盗任务。

与美国一样，这些国家面临的关键问题是：武器系统会否跨越门槛实现完全自主。虽然没有一个国家表示他们计划制造自主武器，但也基本没有国家发布针对自主武器的禁令。目前有27个国家公开表示不发展致命性自主武器，包括巴基斯坦、厄瓜多尔、埃及、梵蒂冈、古巴、加纳、玻利维亚、巴勒斯坦、津巴布韦、阿尔及利亚、哥斯达黎加、墨西哥、智利、尼加拉瓜、巴拿马、秘鲁、阿根廷、委内瑞拉、危地马拉、巴西、伊拉克、乌干达、奥地利、哥伦比亚、吉布提、萨尔瓦多和摩洛哥（截至2018年11月的数据统计）。[⑤] 这些国家有一个共同的特点——都不是世界军事大国，哥斯达黎加和梵蒂冈等国家甚至没有武装力量。

---

① David Axe, “An Iraqi Shi’ite Militia Now Has Ground Combat Robots,” *War Is Boring*, March 23, 2015, https://warisboring.com/an-iraqi-shi-ite-militia-now-has-ground-combat-robots-68ed69121d21#.hj0vxomjl.

② Berenice Baker, “No Hands on Deck—Arming Unmanned Surface Vessels,” naval-technology.com, November 23, 2012, http://www.naval-technology.com/features/featurehands-on-deck-armed-unmanned-surface-vessels/.

③ “Protector Unmanned Surface Vessel, Israel,” naval-technology.com, http://www.naval-technology.com/projects/protector-unmanned-surface-vehicle/.

④ “BAE ESGRUM USV,” NavalDrones.com, http://www.navaldrones.com/BAE-ESGRUM.html.

⑤ 只有27个国家公开表示不发展致命性自主武器：Campaign to Stop Killer Robots, “Country Views on Killer Robots,” November 16, 2017, https://www.stopkillerrobots.org/wp-content/uploads/2018/11/KRC_CountryViews22Nov2018.pdf。

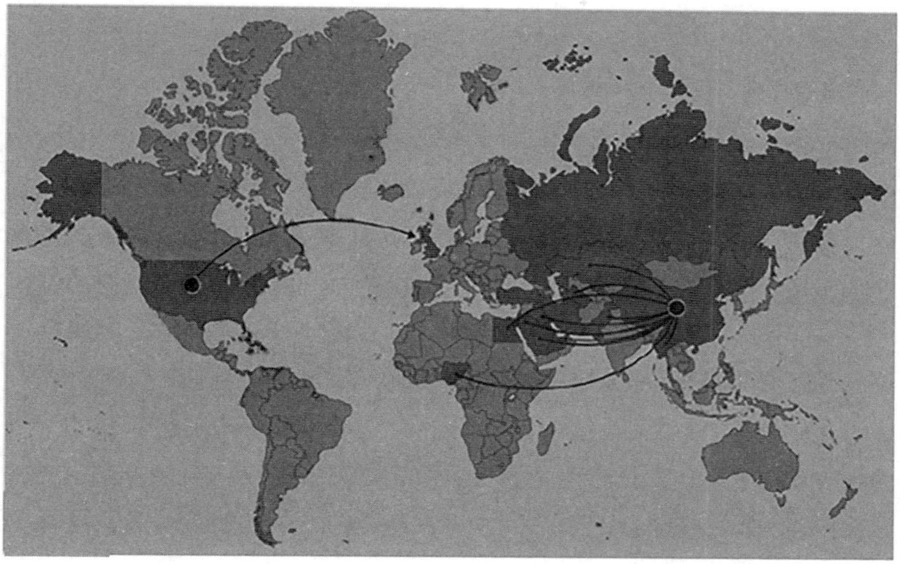

图7-1　武装无人机扩散示意图

注：截至2017年6月，共有中国、埃及、伊朗、伊拉克、以色列、约旦、哈萨克斯坦、缅甸、尼日利亚、巴基斯坦、沙特阿拉伯、土耳其、土库曼斯坦、阿拉伯联合酋长国、英国和美国等16个国家拥有武装无人机。在这16个国家中，有些国家是自主开发了武装无人机，有些国家则从国外获得了这种技术。90%以上的国际武装无人机转移活动（地图上箭头所示）来自中国。

这些国家要把无人作战飞行器部署在争议地区执行作战任务，首先要 104
面对的问题是能否授权机器自主发动致命性杀伤。据报道，有几个国家正在研制类似X–47B的试验性作战无人机，只不过（它们）均为陆基型而非舰载型。如英国的"雷神"（Taranis），[①] 中国的"利剑"（Sharp Sword），

① Nicholas de Larringa, "France Begins Naval Testing of Neuron UCAV," IHS Jane's Defence Weekly, May 19, 2016; archived athttps://web.archive.org/web/20161104112421/http://www.janes.com/article/60482/france-begins-naval-testing-of-neuron-ucav. "New Imagery Details Indian Aura UCAV," *Aviation Week & Space Technology,* July 16, 2012, http://aviationweek.com/awin/new-imagery-details-indian-aura-ucav. "Israel Working on Low-Observable UAV," FlightGlobal, November 28, 2012, https://www.flightglobal.com/news/articles/israel-working-on-low-observable-uav-379564/.

俄罗斯的“电鳐”（Skat），法国的“神经元”（EUROn），印度的“奥拉”（Aura），以及传闻中未命名的以色列隐身无人机等。虽然这些无人机的设计目标是为了保护与操控人员间的通信链路不受干扰，但一旦通信受阻，军方必须就无人机可以采取何种行动做出决定。对无人机的交战规则进行限制可能意味着放弃宝贵的军事优势，几乎所有国家都没有将无人机研发计划公之于众。

考虑到少数几个国家已经拥有具备完全自主能力的“哈比”无人机，[1]我们不难想象这些国家将允许可回收无人机实施近乎百分之百的完全自主。要想确认各国是否真的在制造这类武器，难度极大。如果说，要了解美国国防工业内部正在发生的事情难度很大，那么，掌握全球秘密军事项目的真实情况就更加困难了。俄罗斯、中国、英国和以色列正在制造自主武器吗？还是仍旧维持人在回路内，在自主与非自主武器这条红线上徘徊不定但仍未跨越红线？下文将就韩国机器人哨兵、英国“硫磺石”导弹、英国“雷神”无人机和俄罗斯武装地面机器人编队这四个引人注目的项目，看看世界各国在发展这类项目时都遇到了哪些困难。

令人好奇的机器人哨兵

韩国三星（Samsung）公司开发的SGR–A1型机器人是检验武器系统能够拥有多大自主性的典型案例。这种机器人属于固定型武装哨兵机器人，部署在朝韩边境韩方一侧。2007年SGR–A1初次亮相时，电气和电子工程师协会（Institute of Electrical and Electronics Engineers，IEEE）期刊《频
105 谱》（Spectrum）曾报道它拥有可自主射击的完全自主模式。三星首席研究工程师刘民浩（音，Myung Ho Yoo）在接受该杂志采访时说：“发动进攻的最终决策权应当由人掌握，而不是机器人。”[2]但这篇文章也认为，刘说的是“应该”由人掌握不是“要求”由人掌握，且这款机器人确实具备

---

① Tamir Eshel, “IAI Introduces New Loitering Weapons for Anti-Radiation, Precision Strike.”

② Jean Kumagai, “A Robotic Sentry For Korea’s Demilitarized Zone,” *IEEE Spectrum: Technology, Engineering, and Science News*, March 1, 2007, http://spectrum.ieee.org/robotics/military-robots/a-robotic-sentry-for-koreas-demilitarized-zone.

完全自主模式可供选择。

采访内容被世界各地的媒体转载，SGR–A1型机器人也被《大西洋》杂志（The Atlantic）、英国广播公司（BBC）、美国广播公司（NBC）、《大众科学》（Popular Science）和“边缘”网站（The Verge）认定为现实世界最典型的自主武器。[①] SGR–A1还进入了《大众科学》评选的“最疯狂的科学设想”榜单，所附评语为“为什么，上帝？为什么？”[②] 其他几位曾经对军用机器人进行过深入报道的研究人员也认为，SGR–A1具备完全自主功能。[③]

面对这种负面报道，三星公司收回之前的言论，改口说事实上这种武器仍维持“人在回路中”的状态。2010年，三星公司发言人澄清说：“这些机器人虽然具有自主侦察的功能，但并不会向被侦测到的非己方人员或物体主动发起攻击。”[④] 虽然三星公司和韩国政府就细节问题一直三缄其口，但人们可以理解个中原因。SGR–A1是为保卫朝韩边境韩国一侧的非军事区而设计的，而目前韩国与朝鲜仍处于敌对状态。地球上很少有国家

① Christopher Moyer, “How Google’s AlphaGo Beat a Go World Champion,” *The Atlantic*, March 28, 2016, https://www.theatlantic.com/technology/archive/2016/03/the-invisible-opponent/475611/. Adrianne Jeffries, “Should a Robot Decide When to Kill?,” *The Verge*, January 28, 2014, https://www.theverge.com/2014/1/28/5339246/war-machines-ethics-of-robots-on-the-battlefield. “Future Tech? Autonomous Killer Robots Are Already Here,” *NBC News*, May 16, 2014, http://www.nbcnews.com/tech/security/future-tech-autonomous-killer-robots-are-already-here-n105656. Sharon Weinberger, “Next Generation Military Robots Have Minds of Their Own,” accessed June 18, 2017, http://www.bbc.com/future/story/20120928-battle-bots-think-for-themselves. “The Scariest Ideas in Science,” *Popular Science*, accessed June 18, 2017, http://www.popsci.com/scitech/article/2007-02/scariest-ideas-science.

② “The Scariest Ideas in Science.”

③ Ronald C. Arkin, *Governing Lethal Behavior in Autonomous Robots* (Boca Raton, FL: Taylor & Francis Group, 2009), 10. Patrick Lin, George Bekey, and Keith Abney, “Autonomous Military Robotics: Risk, Ethics, and Design,” California Polytechnic State University, San Luis Obispo, CA, December 20, 2008, http://digitalcommons.calpoly.edu/cgi/viewcontent.cgi?article=1001&context=phil_fac; Hin-Yan Liu, “Categorization and legality of autonomous and remote weapons systems,” *International Review of the Red Cross* 94, no. 886 (Summer 2012), https://www.icrc.org/eng/assets/files/review/2012/irrc-886-liu.pdf.

④ “Machine Gun-Toting Robots Deployed on DMZ,” *Stars and Stripes*, July 12, 2010, https://www.stripes.com/machine-gun-toting-robots-deployed-on-dmz-1.110809.

面临如此紧迫和强烈的安全威胁。来自100万朝鲜士兵和核武器的威胁，像一个可怕的阴影笼罩着韩国。在同一次采访中，三星公司发言人宣称："SGR– A1能够阻止战争（的发生）。"[①]

要想知道SGR–A1的实际规格和设计参数是多少，非得直接检查机器人不可。如果三星公司声称SGR–A1维持人在回路之中的状态，我们只能选择相信他们。但如果韩国赋予SGR–A1更大的自主权，也不足为奇。对韩国来说，捍卫非军事区的安全，对抗朝鲜事关本国的生死存亡。如果能够提升对朝鲜的威慑力，接受完全自主的机器人哨兵可能带来的风险也是值得的。

"硫磺石"导弹

与美国的远程反舰导弹类似，英国的"硫磺石"（Brimstone）导弹也
106 遭到了外界的抨击，批评的焦点是这种英国导弹具备的极高自主性。[②]"硫磺石"是一种机载"发射后不管"的导弹，打击目标是地面载具或小型船只，能够以多种模式完成任务。

"硫磺石"导弹有单模和双模两种主要作战模式。[③]在单模模式中，人类用激光器向导弹"指示"目标位置，导弹根据激光反射完成寻的过程。激光器指到哪里，导弹就飞到哪里。双模模式结合激光制导和毫米波（millimeter-wave，MMW）雷达导引头，用于打击"符合狭义交战规则的快速移动目标"。作战人员用激光器指示目标，飞行最终段从激光"切换"到毫米波导引头，寻找并锁定快速移动目标。在这两种作战模式中，导弹（打击）目标都是由作战人员指定的。"硫磺石"导弹也是一种半自主武器。

除此以外，开发商还宣传了另一种"过去开发的、毫米波引导'发射后不管'"的作战模式，可以通过"软件的角色切换功能"启动。开发商

① Ibid.

② Markoff, "Fearing Bombs That Can Pick Whom to Kill."

③ MBDA, "Brimstone 2 Data Sheet November 2015," accessed June 7, 2017, https://mbdainc.com/wp-content/uploads/2015/11/Brimstone2-Data-Sheet_Nov-2015.pdf.

解释说：

> 这种模式提供全天候跟踪、网格化目标确认和齐射攻击。用于打击多目标装甲编队且作战效率非常高。利用“硫磺石”导弹发动齐射攻击能够按点火顺序自动排序，在提高一发命中率的同时降低重复致命打击率。①

这种模式允许作战人员利用“硫磺石”导弹向敌方坦克群发动齐射攻击，每枚导弹可自行决定攻击哪辆坦克。根据2015年刊载在《大众机械》（Popular Mechanics）杂志上的一篇文章显示，“硫磺石”导弹在这种模式下具备相当强的自主能力。

> 它能够自主识别、跟踪和锁定车辆等载具。一架喷气式飞机可以在飞越敌方上空时发射数枚“硫磺石”导弹单独寻找目标。操作人员为“硫磺石”导弹设置了一个“杀伤区域”（kill box），它只会向杀伤区域内的敌方目标发起攻击。在一次演示验证试验中，三枚导弹击中了三辆目标车辆，并成功识别出附近的非作战车辆。②

开发人员在“硫磺石”导弹的说明书里还描述了该导弹针对快速移动 107
的小船，也称近岸快速攻击艇（Fast Inshore Attacj Craft，FIAC）发动攻击的情景。

> 2013年5月，处于毫米波自主模式的多枚“硫磺石”导弹完成了世界上第一次向近岸快速攻击艇发动齐射打击的试验，导弹

---

① Ibid.

② David Hambling Dec 4 and 2015, “The U.K. Fights ISIS With a Missile the U.S. Lacks,” *Popular Mechanics*, December 4, 2015, http://www.popularmechanics.com/military/weapons/a18410/brimstone-missile-uk-david-cameron-isis/.

> 摧毁了杀伤区域内的三艘船（含一艘正在移动的船只），同时没有对附近三艘非作战船只造成损伤。①

毫米波模式下运行的“硫磺石”导弹是否属于自主武器？据报道，尽管该型导弹射程超过20公里，② 但并不会像巡飞弹一样自主游弋寻找目标。这意味着在发射前，操作人员必须知道在杀伤区域内存在地面车辆或小船等有效目标，才能使导弹发挥作用。

“硫磺石”导弹的攻击模式有了创新。③ 一名飞行员可以同时发射多枚导弹去攻击杀伤区域内的一组目标，导弹本身“根据发射顺序自行排序”，分别向不同的目标发动攻击。这种模式针对防御敌方的蜂群攻击特别有用。如伊朗曾经用成群结队的小型船只骚扰美国舰船，船只数量众多导致美国舰船无法实施正常防御，可能引发类似“科尔”号事件针对美军舰船的自杀式袭击。海军直升机如配备“硫磺石”导弹，将是对付蜂群小艇的一种非常有效的防御手段。飞行员不必单独瞄准每艘船，一次进攻便可毁灭敌方的整个作战群。

即使“硫磺石”导弹具备上述功能，仍然需要操作人员为其指定一组已知目标。因为它无法盘旋游弋，一旦导引头被激活，如杀伤区域内没有有效目标，导弹便会被浪费。“硫磺石”导弹与无人机不同，无法返回基地再次利用。利用“硫磺石”导弹发动齐射攻击使飞行员不用一枚一枚发射，能够针对一群目标同时发射多枚导弹。这种攻击模式类似于专门攻击坦克群的传感器引爆武器。尽管导弹本身可能会自行选择攻击哪个目标，但操作人员决定攻击目标的具体类型。即使在毫米波自主模式下，“硫磺石”导弹也属于半自主武器。

108 半自主的“硫磺石”导弹和自主选择目标的完全自主武器之间仅隔着一层窗户纸。两者的区别不在导引头或算法不同。无论是配备升级版引擎

---

① MBDA, “Brimstone 2 Data Sheet.”

② “Dual-Mode Brimstone Missile Proves Itself in Combat,” *Defense Media Network*, April 26, 2012, http://www.defensemedianetwork.com/stories/dual-mode-brimstone-missile-proves-itself-in-combat/.

③ 感谢欧洲导弹集团导弹系统公司同意在2016年接受我的采访，讨论“硫磺石”导弹的功能。

的导弹，还是能够在某一区域内执行任务的无人机，都属于在战区巡弋的未来武器，也都可以使用同一种导引头和同样的算法。未来武器的发展模式将是能够在某一杀伤区域内游荡的弹药，而不是那些只能在特定时刻发动攻击的武器。因为人类可以在不掌握任何特定目标的情况下，利用发射出的弹药监视杀伤区域（的情况）。这样人类就可以“盲目”地发射弹药，并让武器自主决定是否和何时发动攻击。

虽然“硫磺石”导弹还没有转变为完全自主武器，但它也只需要再向前推进一步，就可以越过这个门槛。一枚毫米波单一模式的“硫磺石”导弹只需进行导弹发动机的升级，延长在空中的巡弋时间，便可转变为完全自主武器。此外，也可以通过将毫米波模式算法和导引头应用于无人机的方式实现（转变）。值得注意的是，启动毫米波模式是通过改变导弹软件配置实现的。随着自主技术的不断进步，全球将有更多的导弹处于由半自主向完全自主转变的边缘，或成为真正的完全自主武器。

英国是否愿意跨越这个门槛？围绕英国的另一个项目——“雷神”无人机的争论表明，我们目前还不知道，英国人想把这项技术发展到什么程度？

“雷神”无人机

“雷神”无人机是一种与美国、印度、俄罗斯、中国、法国和以色列正在研制的无人机类似的英国下一代试验性作战无人机。“雷神”的开发商BAE系统公司对该型无人机的描述十分笼统，仅说明了作战无人机怎样在作战行动中发挥自主性。“雷神”虽然与X–47B类似，也是一架演示验证飞行器，但英军想利用“雷神”进行作战活动的仿真演示说明，英军的想法比美军更长远。

BAE系统公司发布的信息介绍了“雷神”无人机的具体应用，即一种“能够演示验证无人作战飞行系统能力”的仿真武器测试。如抵御敌对 109
攻击；将其部署在敌境深处并执行情报信息的中继传输（任务）等。在试验中：

1.“雷神”无人机将沿着预设的飞行路径抵达搜索区域，其飞行轨迹（俯视视角）呈三维立体形式。（搜集到的）情报信息将被传递到任务指挥部。[①]

2.“雷神”无人机确认目标后，将由任务指挥官进行验证。

3. 根据任务指挥官的授权，“雷神”无人机将进行仿真射击，然后按照预设飞行路径返回基地。

无论何时，“雷神”无人机都在训练有素的地面人员控制下。任务指挥官负责验证目标并授权武器的仿真发射行动。

前文提到的维持“人在回路中”对所有目标进行确认，与BAE系统公司高层在其他场合发表的声明一致。在2016年的达沃斯（Davos）世界经济论坛（World Economic Forum）上，BAE系统公司主席罗杰·卡尔爵士（Sir Roger Carr）将自主武器描述为“非常危险”和“根本错误”的。[②] 卡尔明确表示，该公司只设想开发与人类维持联系，由后者授权发动致命攻击的武器。

在2016年的一次采访中，“雷神”无人机项目经理克莱夫·马里森（Clive Marrison）也发表了类似声明：“鉴于英国过去使用的交战规则，做出发动致命攻击的作战决策机制通常需要人类参与。”[③] 马里森随后又补充说：“但交战规则也会发生变化。”

针对多篇媒体报道BAE系统公司有意为“雷神”无人机设置“主动攻击目标”可选模式后，英国政府反应迅速，在第二天就发布了声明，称：

---

① BAE Systems, “Taranis: Looking to the Future,” http://www.baesystems.com/en/download-en/20151124120336/1434555376407.pdf.

② Sir Roger Carr, “What If: Robots Go to War?—World Economic Forum Annual Meeting 2016 | World Economic Forum,” video, accessed June 7, 2017, https://www.weforum.org/events/world-economic-forum-annual-meeting-2016/sessions/what-if-robots-go-to-war.

③ John Ingham, “WATCH: Unmanned Test Plane Can Seek and Destroy Heavily Defended Targets,” Express.co.uk, June 9, 2016, http://www.express.co.uk/news/uk/678514/WATCH-Video-Unmanned-test-plane-Taranis.

> 英国并不拥有完全自主武器系统，也不打算开发或获取这类系统。武器的所有作战行动将始终在人的控制之下，也绝对保证 110
> 会对操作人员进行监督、授权和问责。[①]

英国政府对自主武器的全面否认看上去是释放了比较明确的政策指向，但在如何定义“自主武器系统”方面，仍旧需要更明确的信号。《英国共同条令》注释2/11（UK Joint Doctrine Note 2/11）“英国对无人飞行系统的处理办法”一节中，英军将自主系统描述为“必须具备与人类情景理解能力相当（的能力）”。[②] 如果达不到这个水平，该系统将被定义为“自动化”（系统）。这个有关自主的定义以系统的复杂性而非功能进行区分，与包括美国在内的许多其他国家使用的“自主”一词含义不同。英国的立场不是草率而就，而是深思熟虑的选择。《英国共同条令》注释2/11还写道：

> 随着计算机和传感器能力的提高，许多应用复杂控制规则集的系统会相继出现并被归类为自主系统，但只要能够证明系统在逻辑上遵循一组规则或指令，且无法匹敌人类的情景理解能力，那么它们就只能被认为属于自动化武器。[③]

上述定义极大地扩展了自主武器的内涵。英国政府在使用“自主系统”一词时，指的是那种能力水平与人类相当的系统，更类似于美国国防部副部长沃克所描述的“狭义人工智能”。这种定义方法将关于自主武器的争论焦点转移到遥远的未来，撇开了目前能够自行搜索、选择和攻击目

① UK Ministry of Defence, “Defence in the Media: 10 June 2016,” June 10, 2016, https://modmedia.blog.gov.uk/2016/06/10/defence-in-the-media-10-june-2016/.

② UK Ministry of Defence, “Joint Doctrine Note 2/11: The UK Approach to Unmanned Aircraft Systems,” March 30, 2011, https://www.gov.uk/government/uploads/system/uploads/attachment_data/file/33711/20110505JDN_211_UAS_v2U.pdf, 2-3.

③ Ibid., 2-4.

标从而可被某些人称为“自主武器”的一类系统。事实上，英国在2016年联合国一次有关自主武器的会议上，曾发表声明称：“英国认为致命性自主武器系统并不存在，而且可能永远不存在。”这就是说，英国可能会
111 研制出能够自主搜索、选择和攻击目标的武器。但在英国看来，它只是一种“自动武器”而非“自主武器”。事实上，《英国共同条令》注释2/11指出，只有类似“密集阵”近战武器系统这样的系统才属于“完全自主武器系统”。该条令为英国发展自主武器保留了可能性，即只要这种武器能够通过合法的武器审查，表明它们的使用符合战争法则即可。

实际上，英国政府在自主武器问题上的立场与美国国防部官员并无根本不同。操作人员负责将自主/自动化武器发射至某一区域，并授权它自行搜寻和攻击目标，如果将这种武器更名为“自动化武器”，不知道大众对此会有何不同反应。

即便英国的立场保留了一定灵活性，但英国与美国政府在处理自主武器问题上展现了高度透明。BAE系统公司、欧洲导弹集团（MBDA）和洛克希德·马丁公司等军工企业在其网站上对自己发展的各类武器系统进行了详细描述，这在西方国家的军工企业中并不鲜见。美国国防高级研究计划局也公开了很多详细的研究计划。英美两国国防官员公开就自主的门槛以及人类与机器在致命杀伤中的不同角色展开对话，增加透明度的做法与别的国家形成了鲜明对比。[①]

俄罗斯的作战机器人

尽管美国一直不愿发展地面武装机器人，只在伊拉克战争期间有过短暂研究，且没有针对地面武装机器人的开发项目，[②]但俄罗斯在开发地面武装机器人方面却没有一丝犹豫。俄罗斯正在开发可遂行从保护关键基础设施到城市作战一系列任务的地面武装机器人编队。俄罗斯发展的地面机

① 此处别的国家，作者原文使用的是authoritarian regimes，直译为专制政权，带有明显的个人偏见。译者注。

② “The Inside Story of the SWORDS Armed Robot ‘Pullout’ in Iraq: Update,” *Popular Mechanics*, October 1, 2009, http://www.popularmechanics.com/technology/gadgets/4258963.

器人大多数属于武装型，从小型机器人到机器人步兵编队甚至机器人坦克。俄罗斯计划赋予其地面机器人多大的自主权，将对未来陆地战争产生深远影响。

"平台–M"（Platform-M）是一种履带式车辆，大小与一辆配备榴弹发射器和突击步枪的四驱车相当，是俄罗斯作战机器人中规模较小的一种。 112
2014年，该型车辆随俄军参加了一场城市作战演习。根据俄军的一份官方声明，"军事机器人的任务是消灭城市里的临时非法武装，同时打击静止和移动目标"。[①] 俄军没有说明"平台–M"的自主程度，但据开发人员说：

> "平台–M"……用于收集情报，搜索和摧毁固定及移动目标，可用于火力支援或巡逻及保护重要场所。"平台–M"的武器可被引导执行支援任务，也可以在自动或半自动系统控制下摧毁目标；它配备光电和无线电侦察定位器。[②]

根据"可以自动……摧毁目标……"的描述，"平台–M"极有可能属于自主武器。这种前后不一的说法值得怀疑。例如，有关俄罗斯机器人的视频显示，操作人员在电脑屏幕上选择目标。[③] 更重要的是，从技术上来说，在地面作战环境中自主探测目标，远比"哈比"瞄准敌方雷达或海上的战术反舰导弹（Tactical Anti-Ship Missile，TASM）更具挑战性。"平台–M"配备一次性火箭筒和机枪，只能攻击人员，无法应对坦克或装甲运兵车等装甲类载具。此外，由于人员不是"合作目标"，不能像雷达那样发射电磁波。2014年时，机器人要在杂乱的地面作战环境中自主找到人员目标难度极大。在过去的几年里，虽然神经网络领域的进步使识别人类变得更加容易。但不管怎么说，辨别敌友仍是个不小的挑战。

---

① Alexander Korolkov and special to RBTH, "New Combat Robot Is Russian Army's Very Own Deadly WALL-E," *Russia Beyond The Headlines*, July 2, 2014, https://www.rbth.com/defence/2014/07/02/new_combat_robot_is_russian_armys_very_own_deadly_wall-e_37871.html.

② Ibid.

③ 视频观看地址：https://www.youtube.com/watch?v=RBi977p0plA) is no longer available online。

和在非军事区执勤的韩国机器人哨兵相比，俄罗斯作战机器人面临的自主目标识别问题更具挑战性。在类似朝韩非军事区的环境中，某个国家可能会沿边境设置固定位自动岗哨枪，并授权它们可向任何带有红外（热
113 量）信号的物体发动攻击。但这样的决定也可能存在问题。如无法区分平民和有效军事目标的岗哨枪可能会“愚蠢地”射杀试图逃离“独裁政权”的无辜难民。一般来说，非军事区内的作战活动比进攻性城市作战更容易控制局势。固定的防御性自主武器与在城市里人机协同机动的自主武器大不相同。

如果俄罗斯人想要赋予“平台–M”上述能力，那么虽然这项技术目前还相当粗糙，但已经可以支持（机器人）自动探测军事目标。举例来说，美国的“回旋镖”（Boomerang）射击探测系统使用麦克风阵列来探测来袭子弹并计算子弹的出发位置。据开发人员说，回旋镖系统使用被动声学探测和基于计算机的信号处理技术，能够在一秒钟内定位射击者。通过比较子弹冲击波到达不同麦克风的相对时间，精确定位射击者的方向。然系统会报出疑似射击位置，如“射击、两点钟方向。400米”等信息。此外，这个系统还可以直接连接到摄像机或移动武器站，自动瞄准射手。下一步要做的，就是让枪能够自动向枪手进行射击，这从技术上来说很容易实现。一旦目标被发现并锁定瞄准，只需扣动扳机就可以了。

这可能就是俄罗斯所说的“平台–M”“可以自动……控制摧毁目标……”的意思吧。但从作战角度来看，授权自动还击相当危险，需要对探测系统的能力有足够的信心，特别在城市地区，还要排除被反射回声欺骗的可能性。此外，这种枪无法排除附带伤害，如果枪手使用人体盾牌，则为了避免人员受到伤害，不能进行还击。最后，这样的系统可能会导致自相残杀，机器人系统可能会向友军或机器人进行射击。属于同一阵营的两个机器人可能会陷入永无休止的自动射击和还击循环中，无意识地进行
114 交战，直到它们耗尽所有弹药或完全摧毁对方。目前尚不清楚这是否是俄罗斯的意图，但从技术角度来看，这是能够实现的。

俄罗斯的其他地面作战机器人的尺寸都比“平台–M”大，复杂程度也更高。MRK-002-BG-57“野狼–2”（Wolf-2）大小与一辆小型汽车相

当，配备12.7毫米口径重机枪。《大众机械》杂志的戴维·汉布林（David Hambling）说："在坦克的自主模式下，操作员可以远程选择10个目标，机器人实施进攻。""野狼–2"能够在一定程度上独立行动（制造者对自主程度未做说明），但发动致命杀伤的决定权还是由人类控制。"[①] "野狼–2"拥有一个家族，家族成员体型类似。两栖型"阿尔戈"（Argo）与"迷你库珀"（Mini Cooper）轿车大小相当，[②] 配备机关枪和火箭推进榴弹发射器，能够以每小时2.5节的速度涉水；A800机动自主机器人系统（MARS）是一种（非武装）步兵支援车，大小相当于一辆紧凑型汽车，可以搭载四名步兵和他们的装备。网上照片显示，MARS越野巡航时，俄罗斯士兵坐在MARS的车后座上，表情相当放松。[③]

尽管俄军发展的武装小型作战机器人在西方国家中非常少见，但这种小型汽车大小的作战机器人也并非俄罗斯独有。不过，俄罗斯军方显然并没有在发展中型地面机器人上止步不前。俄罗斯的部分项目正在突破机器人作战车辆的极限，建造能够在高致命性坦克对战中起决定性作用的系统。

"天王星–9"（Uran-9）的外形看起来就像从电子游戏"机甲战士"（MechWarrior）中跑出来的，由玩家驾驶的装备着火箭和大炮的巨型机器人战士。"天王星–9"完全无人，由士兵从附近的指挥车辆上进行远程控制。它的大小接近一台小型装甲运兵车，配备一门30毫米火炮和可发射反坦克制导导弹的高架平台。高架导弹底座使"天王星–9"的外形看起来非常科幻，导弹被安放在"天王星–9"两侧的平台上，导弹升起时看起来就像两只长长的手臂。高架平台可以让机器人躲藏在斜山坡等掩体后安全

① David Hambling, "Check Out Russia's Fighting Robots," *Popular Mechanics*, May 12, 2014, http://www.popularmechanics.com/technology/military/robots/russia-wants-autonomous-fighting-robots-and-lots-of-them-16787165.

② "Battle Robotic complex 'Argo'—Military Observer," accessed June 7, 2017, http://warsonline.info/bronetechnika/boevoy-robotizirovanniy-kompleks-argo.html.

③ Tamir Eshel, "Russian Military to Test Combat Robots in 2016," Defense Update, December 31, 2015, http://defense-update.com/20151231_russian-combat-robots.html.

115 地发射导弹。在开发商俄罗斯国防产品出口公司（Rosoboronexport）的一段在线宣传视频中，“天王星–9”发射反坦克导弹的慢镜头配上了柴可夫斯基（Tchaikovsky）的混音音乐。①

“天王星–9”是比“平台–M”和“野狼–2”等小型机器人平台更高级的一种机器人。不仅因为它体型更大，还因为它能够携带更重的武器执行反坦克任务。“平台–M”上的突击步枪和榴弹发射器对坦克几乎不起作用，但“天王星–9”的反坦克导弹却具备很强的杀伤力。这使得它可能成为在欧洲平原与北约部队进行高强度作战时的利器。它们可以躲在山坡或其他它保护掩体后面向北约坦克发射导弹。由于“天王星–9”移除了人员，所以没有配备任何装甲或枪支。即使发射导弹暴露了它的位置，并导致它被消灭，鉴于它摧毁了一辆北约坦克，仍旧不失为一名成功的伏击捕食者，因为与北约坦克的高昂造价相比，“天王星–9”上不仅没有人员，也要便宜得多。俄罗斯可在战场上部署多辆该型坦克。就像黄蜂尾巴上的刺能杀死一只体型比黄蜂大得多的动物一样，“天王星–9”也能以小博大，在现代战场上成为西方军队的致命杀手。②

俄罗斯的“维克”（Vikhr）机器人坦克也具备类似能力。它重14吨，没有主炮，比50—70吨级的主战坦克小得多，杀伤力也逊色不少。但和“天王星–9”一样，“维克”携带的30毫米加农炮和6枚反坦克导弹显示，它的主要目标是对坦克杀伤进行预警，而非在街头进行坦克对战的装备。“维克”通过远程控制，但有新闻报道称，它有能力“锁定目标”并持续射击直到目标被摧毁。③ 虽然与自主选择目标不同，但现有的技术水平已

① slo-mo shots of the Uran-9 firing: Rosoboronexport, *Combat Robotic System Uran-9*, n.d., https://www.youtube.com/watch?v=VBC9BM4-3Ek.

② Rich Smith, “Russia’s New Robot Tank Could Disrupt the International Arms Market,” *The Motley Fool*, February 7, 2016, https://www.fool.com/investing/general/2016/02/07/russias-new-robot-tank-could-disrupt-international.aspx.

③ Simon Holmes, “Russian Army Puts New Remote-Controlled Robot Tank to Test,” *Mail Online*, April 29, 2017, http://www.dailymail.co.uk/~/article-4457892/index.html.

经能够支持“维克”跟踪移动目标。事实上，追踪移动物体是大疆（DJI）[①]公司的消费级主力产品“晓”（Spark）型无人机的标准功能，零售价不到500美元。[②]

要使“天王星–9”或“维克”机器人坦克能够自主攻击敌方坦克，虽然还需要做些额外工作，但其难度要比准确区分和辨认人类目标低得多。坦克有大炮和履带，是一种与众不同的军用载具，不易与民用车辆混淆。此外，从军方的角度来说，更愿意在关乎整个装甲师生死存亡甚至国家命运岌岌可危的时候，冒平民伤亡或自相残杀的风险肆无忌惮地在坦克战中搏杀。在有关“天王星–9”的视频中，可以清楚地看到，虽然操作人员控 116
制着机器人坦克，但俄罗斯已经可以使用这项技术授权进行完全自主的反坦克战斗，当然，如果它愿意这样做的话。

无论如何，俄罗斯并不会停止“维克”和“天王星–9”坦克的开发工作。俄罗斯拟研发的更先进的机器人系统不仅能伏击西方坦克，还能与其进行面对面的“肉搏战”并取得胜利。据报道，俄罗斯已经计划开发下一代T–14“阿尔玛塔”（Armata）坦克的全机器人版本。[③]据报道，从2016年开始投入生产的“阿尔玛塔”T–14坦克拥有一系列新的防御能力，包括先进的装甲、能够拦截来袭反坦克导弹的主动保护系统和机器人炮塔。T–14也将是第一辆配备无人驾驶炮塔的主战坦克，它将乘员安置在车体内部，可为其提供更周全的保护。合乎逻辑的下一步计划是将成员从坦克移除，对坦克进行远程操控。虽然目前的T–14是载人的，但俄罗斯已确定开发完全机器人版本的长期计划。“阿尔玛塔”坦克的制造商乌拉尔车辆厂（UralVagonZa- vod）副总监维亚切斯拉夫·哈利托夫（Vyacheslav Khalitov）说：“未来的战争将很可能在没有人类参与的情况下进行。这就

---

① 大疆，即深圳市大疆创新科技有限公司，2006年由香港科技大学毕业生汪滔等人创立，是目前全球领先的无人飞行器控制系统及无人机解决方案的研发和生产商。译者注。

② “Spark,” DJI.com, http://www.dji.com/spark.

③ Alex Lockie, “Russia Claims Its Deadly T-14 Armata Tank Is in Full Production,” *Business Insider*, March 17, 2016, http://www.businessinsider.com/russia-claims-t14-armata-tank-is-in-production-2016-3.

是为什么我们要为‘阿尔玛塔’的机器人化做准备。”[1] 他承认，要实现完全机器人化的目标，需要更先进的人工智能技术，能够“计算战场上的局势，并据此做出正确的决定”。

除了突破机器人物理特性界限外，俄罗斯军方还表示打算使用尖端的人工智能来提高机器人的决策能力。2017年7月，俄罗斯武器制造厂商卡拉什尼科夫（Kalashnikov）宣布，他们将很快发布基于神经网络的“全自主作战模块”。[2] 有报道指出，神经网络（的应用）将允许作战模块“识别目标并做出决定”。通常，我们很难独立评估这些说法是否真实，但这至少表明人们愿意使用人工智能技术实现自主化的目标。俄罗斯公司喜欢吹嘘、夸大其产品强大的自主功能，与美国或英国的军工企业通常三缄其口
117 完全不同。

俄军高级指挥官曾表示计划发展真正的机器人武器。俄军参谋长瓦列里·格拉西莫夫（Valery Gerasimov）将军在2013年撰写的一篇关于未来战争的文章中写道：

> 影响现代武装冲突作战手段本质的一个重要因素，是人工智能领域现代自动化军事装备的应用和该领域的研究进展。今天，我们有了会飞的无人机，明天的战场就将充斥能够行走、爬行、跳跃和会飞的机器人。在不久的将来，人类将可能创造出能够独立实施军事活动的完全自主的作战单元。
>
> 在这种情况下，我们该如何应对？面对机器人化的敌人，应采取哪种作战形式和手段？我们需要什么样的机器人以及如何开发（它们）？（我们）今天在发展军事思想时，必须考虑到这些问题。[3]

---

① “Engineers Envisioned T-14 Tank ‘robotization’ as They Created Armata Platform,” *RT International*, June 1, 2015, https://www.rt.com/news/263757-armata-platform-remote-control/.

② “Kalashnikov Gunmaker Develops Combat Module based on Artificial Intelligence,” TASS Russian News Agency, July 5, 2017, http://tass.com/defense/954894.

③ Coalson, “Top Russian General Lays Bare Putin’s Plan for Ukraine.”

俄罗斯对发展真正机器人（作战）单元的兴趣引起了西方国家的注意。美国国防部副部长沃克2015年12月在一场有关未来战争的演讲中，提到了格拉西莫夫的言论。[1] 正如沃克一再强调的那样，美国（不发展自主武器）的决定可能会因俄罗斯和其他国家的影响而改变。这将引发自主性军备竞赛的危险，各国都感到有必要加快自主领域的步伐，发展自主武器。因为他们担心其他国家正在这样做，一旦自己停下来，就不再拥有能够制衡对方行动的能力。

自主武器的军备竞赛？

如果真如某些人所说，有关自主武器的危险的军备竞赛正在进行，[2] 那么这种军备竞赛确是有点奇葩的竞赛。虽然各国都在努力追求武器装备的自主化，但除“哈比”外，其余所有武器装备仍旧维持人在回路中的状态。“硫磺石”导弹以新颖的方式体现自主能力，也突破了半自主武器的界限。美国国防高级研究计划局的“拒止环境协同作战”项目在针对部分类型的目标时，进入人在回路之上执行监督的状态，但目前没有迹象显示该项目在发展完全自主武器。SGR–A1机器人哨兵和“雷神”无人机的开 118
发人员表示，完全自主可能是未来的发展方向，但来自高层的权威人士立即反驳了这一说法，称这并非开发人员的本意。

许多国家似乎还没有明确自己将来是否需要这些自主武器，因此并未在自主武器的开发上全力以赴。由于各国间的透明度差异很大，理解致命性自主武器的全球发展格局面临巨大挑战。美国和英国政府官方发布的政策为自主武器的研发留下了空间（尽管两国使用的“自动化武器”一词在含义上有区别），但俄罗斯等国甚至没有公开任何相关政策。在“专制政权”中，有关政策的讨论可能是私下进行的，我们并不知道具体内容。[3]

---

① “Remarks by Defense Deputy Secretary Robert Work at the CNAS Inaugural National Security Forum,” December 14, 2015, https://www.cnas.org/publications/transcript/remarks-by-defense-deputy-secretary-robert-work-at-the-cnas-inaugural-national-security-forum.

② Markoff, “Fearing Bombs That Can Pick Whom to Kill.”

③ 感谢萨姆·本代特（Sam Bendett）指出这一重要区别。

此外，民间要求提高透明度的压力，在各国的具体情况也大不相同。2016年，英国非政府组织“36号条款”（Article 36）[1] 发表了一篇简短的政策性文章，批评英国政府在自主武器问题上的立场。[2] 在美国，斯图尔特·拉塞尔和其他来自人工智能领域受人尊敬的同事，与美国政府中层官员会面讨论自主武器的问题。在专制的俄罗斯，没有类似的民间社会团体向政府施压，要求俄军发展自主武器的计划更加透明。因此，审查的重点反而集中在透明度最高的国家——民主国家，这些国家对来自民众的意见等社会因素反应积极，对本国武器发展的（计划和状态）也持更为开放的态度。在威权政府中发生的事情要模糊得多，但与未来是否走向致命性自主的道路同样相关。

纵观机器人系统发展的全球版图，我们可以很明显地看出，许多国家都在发展武装机器人，包括在有争议空域执行任务的作战无人机。虽然尚不清楚部分武器系统的自主程度，但没有什么能阻止各国在下一代导弹、无人机或地面机器人领域实现致命性自主。拥有像“雷神”这样的下一代机器人系统可能会给某些国家造成压力，在国家间产生不平等。即使许多国家不愿在自主武器方面取得进展，但只要有一个国家在发展，就可能迫
119 使其他国家加入（发展自主武器的）行列。

如果没有确凿证据就断言一场有关自主武器的军备竞赛正在进行似乎有些危言耸听，但我们很可能已经站在起跑线上。随着制造自主武器的相关技术得到广泛应用，甚至非国家组织也拥有了武装机器人。只需要软件，便可将远程控制的武装机器人转变为自主武器。事实证明，这种软件很容易从市场上获取。

---

① Article 36是一个在英国注册的非营利性组织，致力于预防任何由特定武器引起的非故意、非必要或不可接受的伤害，也是国际废除核武器运动的核心领导、组织力量。译者注。

② “The United Kingdom and Lethal Autonomous Weapon Systems,” April 2016, http://www.article36.org/wp-content/uploads/2016/04/UK-and-LAWS.pdf.

120

第8章

车库机器人

DIY杀人机器人

在无人机旋翼发出的嗡嗡声中，一声枪响显得格外刺耳。摄像机在后坐力的冲击下，猛地向后一晃。枪声再次响起，一小撮火焰从附着在自制无人机的手枪中喷射而出。无人机上缠绕着与控制模块相连的红色和黄色导线，使人类操控员能够远程扣动扳机。

2015年夏季，网上流传着一个富有争议的15秒视频短片。该短片是由康涅狄格州的一名少年使用自制无人机拍摄的。[1] 执法部门和美国联邦航空局（FAA）对此进行了调查，但并未发现违法行为。这位少年是在位于新英格兰地区森林里的家中操纵无人机。换言之，他是在自己私有领地上进行这项活动的。目前，还没有法律禁止在私有领地上起飞无人机。几个月后的感恩节当天，他又上传了一个使用无人机喷火烤火鸡的视频。

---

① Rick Stella, "Update: FAA Launches Investigation into Teenager's Gun-Wielding Drone Video," *Digital Trends*, July 22, 2015, https://www.digitaltrends.com/cool-tech/man-illegally-straps-handgun-to-a-drone/.

无人机不仅在世界各国应用广泛，也很容易从互联网上购买。一个人花不到500美元，就可以购买一台小型的四轴飞行器。它能够按照GPS预编程的路线自主飞行，追踪和尾随移动的物体，并感知和避开飞行中的障碍物。[①] 商用无人机的发展呈狂飙突进之势，每一代的自主能力都得到了大幅提升。

我问五角大楼的首席武器采购员弗兰克·肯德尔，他最担心的事情是
121 什么。他的回答不是俄罗斯的战争机器人，而是廉价的商用无人机。一个任何人都可以使用自主武器的世界，与只有最先进的军队才能制造自主武器的世界具有天壤之别。如果几乎所有人都可以在自家的车库中制造自主武器，那么抑制技术的发展并执行禁令，就像斯图尔特·拉塞尔和其他人所倡导的那样，将变得异常困难。我想知道，是否有人能够利用商用无人机来自己动手制造出自主武器？这到底有多难？

结果令我大吃一惊。

猎取目标

四轴飞行器慢慢从地面升起，平稳上升到视平线高度并开始盘旋。我身旁的工程师轻击了一下他的平板电脑，直升机便开始行动，对房子展开搜索。

我跟在四轴飞行器后面，看着它通过每个房间。它没有地图，也没有预先编程的指令集。无人机的全部任务就是搜索和报告，它的确也是这么做的。经过每间房子时，它会用激光雷达扫描每个房间，并绘制地图。通过WiFi传输，地图随即出现在了工程师的平板电脑上。

无人机沿着房子飞行，每通过一扇门时，它就会停下来，激光雷达会探测远处的房间。这个无人机被设计用来探索未知的空间，直到绘制出所有的地图。只有这样，它才能完成巡逻并进行报告。

我看着无人机停在了一扇敞开的门前。不难想象，它的传感器在远处另一个房间的墙上扫描的情景。它的算法能够计算出，一定存在尚未探索的空间。无人机盘旋了一会儿，然后进入了一个未知的房间。一个想法突

① “Spark,” DJI.com.

然闪现在我的脑海中：它具有好奇心。

将好奇心这样的人类特性赋予无人机是愚蠢的，但人类却偏偏喜欢这么做。我想起了几年前我在大学实验室看过的一个小型步足机器人。研究人员为机器人贴了一张脸，这张脸并不怪异，只不过是一些眼睛、鼻子和嘴巴形状的彩色建筑用纸。我问他们为什么要这么做，是因为它能帮助机器人记住前进的方向吗？并非如此，他们只是觉得，为机器人装上一张脸
感觉更好罢了，这使得机器人看起来更人性化，更像人类。在人性的深 122
处，存在着这样一种渴望，想要连接到另一个像我们一样有感知的实体。一个可智能地在世界中移动而没有任何感情的实体，对于人来说是怪异的，令人不寒而栗的。就像鲨鱼一样，具有掠夺性和冷酷性。

我从这种短暂的感觉中回过神来，并提醒自己技术实际上在做什么。无人机其实什么也“感觉”不到。控制其动作的计算机早就知道，激光雷达有些地方是探测不到的。因此，在编程后，它会指示无人机进入房间。

这种技术令人印象十分深刻。我观察到，“智盾”（Shield AI）公司正在展示完全自主的室内飞行，这比追踪人并避开户外的障碍更令人叹为观止。[①] 这家公司由瑞恩（Ryan）和布兰登·曾（Brandon Tseng）兄弟创建，前者曾是一名美国工程师，后者曾是海军海豹突击队队员。“智盾”公司受到美国军方的长期资助，一直致力于推动自主技术的发展，[②] 目标是制造出完全自主的四轴飞行器，特种作战人员可以将其发射到一栋未知的建筑物中，并让无人机协同工作，自行绘制图像，将建筑物内部情况和潜在目标发送给在外面等待的特种作战人员。

布兰登对此描述为“最少花人力参与的高度自主的机器人集群，这也是‘智盾’公司的终极目标。为了保护士兵和无辜的平民，我们设想国防

① “Shield AI,” http://shieldai.com/.

② Mark Prigg, “Special Forces developing ‘AI in the sky’ drones that can create 3D maps of enemy lairs: Pentagon reveals $1m secretive ‘autonomous tactical airborne drone’ project,” DailyMail.com, http://www.dailymail.co.uk/sciencetech/article-3776601/Special-Forces-developing-AI-sky-drones-create-3D-maps-enemy-lairs-Pentagon-reveals-1m-secretive-autonomous-tactical-airborne-drone-project.html.

部部署在战场上的机器人数量将是士兵的10倍”。“智盾”公司正致力于推动过去看来不可能的事情逐渐变为可能，所有的技术都已完备。我曾亲眼目睹“智盾”生产的四轴飞行器使用激光雷达进行导航。但该公司工程师解释称，他们已经测试了视觉辅助导航技术。只不过我看到的那天并没有使用这项技术。

视觉辅助导航技术非常重要，它可以让无人机在没有GPS辅助的情况下在杂乱的环境自主穿行。视觉辅助导航能够记录物体在摄像头视场中的运动方式，这个过程被称为“光流”。假设大部分环境是静态而不是动态的，通过评估光流，通过摄像头视场的固定物体就可以作为无人机自身
123 运动的参照点。这可让无人机在不依赖GPS或其他外部导航设备的情况下，确定其在环境中的移动方式。视觉辅助导航还可以对其他内部引导机制进行补充。如惯性测量单元（IMU）像无人机的“内耳”一样，能够感应速度的变化（你可以畅想坐在汽车里，体验汽车加速、刹车和转弯的感觉）。将惯性测量单元和视觉辅助导航技术相结合，就成了为无人机定位的一个极其强大的工具，它可让无人机在没有GPS辅助的情况下准确导航穿越杂乱环境。

视觉辅助导航技术已经在实验室环境中经过多次验证，且无疑会逐渐应用到商业四轴飞行器上。从拍摄孩子们的生日派对到室内无人机比赛，能在室内进行自主导航的四轴飞行器不缺乏市场。借助视觉辅助导航和其他功能，无人机和其他机器人系统将越来越智能地在环境中运动。与许多科技公司一样，“智盾”公司专注于近期应用。但布兰登·曾更看好人工智能和自主技术的未来潜力。“机器人技术和人工智能是1994年互联网的发展方向，”① 他告诉我，“机器人技术和人工智能将对世界产生真正的变革性影响……未来10到15年内技术将如何发展？我们很兴奋，就像观看科幻电影一样。”

但自主导航与自主定位不同。无人机能够在室内或室外操纵和避开障碍，不等于它能识别和区分周围环境中的各种物体。它们所做的，只是在

① 布兰登·曾于2016年6月17日给作者发送了一封电子邮件。

避免碰撞。无论是拍摄照片还是其他目标，搜索特定对象并将其作为行动目标都需要无人机更智能。

目标识别能力是DIY 自主武器的关键瓶颈。自主武器是一种能够搜索、分析以及介入目标的武器。具体而言，它需要三种能力：能够智能地通过环境进行搜索；区分潜在目标并识别正确目标的能力；以及介入目标的能力（通常使用武力）。由于人类已拥有武装无人机，最后一个要素已 124
得到证明。第一个要素，即自主导航和搜索区域的能力，已经在室外得到了验证，并即将应用于室内。那阻碍人们在车库中制造自主武器的唯一障碍就只剩下目标识别能力。不幸的是，这项技术也并非遥不可及。事实上，当我站在建筑物的地下室，看着“智盾”公司的四轴飞行器从一个房间自动飞到另一个房间时，自动目标识别能力已经在我的头顶上验证。

深度学习

考虑到这项技术是全新的，没有经过充分测试，该研究小组在接受采访时要求匿名，因为他们不想给人留下这项技术已经足够成熟、错误率足够低，足以应付军事应用的印象。很明显，军事应用也非他们设计系统的主要目的。他们是工程师，只是想找到解决棘手技术问题的方法。他们能够研发出一架完全自主找到坠毁直升机并将其位置报告给人类的小型无人机吗？

事实证明，答案是肯定的。要了解他们是如何做到这一点的，我们需要进行更加深入的了解。

我在第5章中首次提到，深度学习神经网络是改进国防高级研究计划局“对抗环境下的目标识别与匹配”项目中自动识别军事目标的一种潜在解决方案。事实上，它成为了过去几年人工智能实现惊人增长的一大驱动力。深度神经网络已经学会了玩雅达利游戏（Atari）①，并轻而易举地击败了卫冕围棋世界冠军。它（神经网络）在语音识别和视觉目标识别领域也

① 雅达利游戏（Atari）公司由诺兰·布什内尔（Nolan Bushnel）和泰德·达布尼（Ted Dabney）于1972年创办，为世界知名游戏硬件与软件生产商，2013年申请破产，雅达利公司生产的游戏简称为雅达利游戏。译者注。

取得了显著进展；还是俄罗斯军火制造商卡拉什尼科夫（Kalashnikov）声称已经制造的“全自动作战模块”的幕后推手。[1] 与基于指令操作的传统计算机算法不同，神经网络的主要工作方法是从大量数据中学习。神经网络是解决棘手问题的一个极为强大的工具，这些问题无法通过一系列规则来轻易解决。

比如，假设你想写一个规则集，使其能够在不触摸、品尝或闻气味的情况下，通过视觉区分苹果和番茄。两者都是圆的，红色，富有光泽，且
125 顶部都有一根绿色的茎。它们看起来并不一样，但差异十分微妙。尽管一个三岁的孩子都能立即说出这两者的不同之处，但对于基于规则的方法来说，这个问题很棘手。神经网络采取了一种截然不同的方法，它从数万甚至数百万条数据中进行学习，在反复学习的过程中，它会不断地调整和优化其内部结构，直到正确实现程序员设定的目标为止。这种方法可用于区分苹果与番茄、玩雅达利游戏或进行其他任务。

Alphabet（谷歌公司前身）旗下的人工智能公司“深度思考”（DeepMind）训练出了一个精通围棋（规则类似于国际象棋的中国策略游戏）的神经网络，还击败了人类顶级棋手，这一事件成为使用神经网络解决棘手问题的范例。对于机器学习来说，围棋是一款绝佳的游戏。因为这种游戏的复杂性，使得采取基于规则的策略进行编程从而击败专业人类棋手变得非常困难。

围棋的规则十分简单，但这些简单的规则却带来了高度的复杂性。围棋在19乘19的网格上进行，黑、白两个玩家轮流在网格的交叉点上投子。他们使用棋子包围棋盘的区域，控制棋盘上更多区域的一方获胜。简单的规则却衍生出了几乎令人无法想象的大量可能性。围棋中存在10^{100}（1后跟100个零）个量级的下法，比宇宙中已知的原子数还要多，当然也远比国际象棋复杂，实际上成为了“古戈尔”（googol）。[2]

---

① “Kalashnikov Gunmaker Develops Combat Module based on Artificial Intelligence.”

② “古戈尔”，意指天文数字。译者注。“AlphaGo,” *DeepMind*, accessed June 7, 2017, https://deepmind.com/research/alphago/.

专业级别的人类围棋手通常基于直觉进行对弈。围棋是一种需要穷极一生才能很好掌握的游戏。在“深度思考”公司之前，也有很多公司尝试开发人工智能围棋软件，但大多效果不佳，无法匹敌职业围棋棋手。在制造“阿尔法狗”人工智能机器人的过程中，“深度思考”公司另辟蹊径，创造了一个由深度神经网络支持的人工智能机器人，并从3000万盘棋局中提取数据。正如“深度思考”公司博客中所解释的那样：“这些神经网络将棋盘的描述作为输入，通过12个包含数百万个类神经元连接的不同网络层进行处理。”神经网络在人类的对局中接受训练后，“深度思考”公司再通过自我对弈，将这个机器人的棋力提升到新的高度。“我们的目标是击败最优秀的人类棋手，而不仅仅是模仿他们”。[1] 正如这篇文章中所 126
解释的那样：“‘阿尔法狗’通过在神经网络之间进行数以千计的对弈，并使用被称为强化学习的试错过程不断调整结构，进而发现自己独特的新策略。”“阿尔法狗”使用3000万盘人类棋局作为起点，通过自我对弈的方式，达到甚至超过了顶级人类棋手的水平。

2016年3月，“阿尔法狗”以4:1的成绩战胜了世界排名第一的韩国棋手李世石（Lee Sedol）。“阿尔法狗”轻松赢得了第一盘比赛的胜利。第二盘比赛中，它更是展现出了精湛的技巧，在第37手时，[2] 下出了极不符合常理的惊人一步，震惊了一众观摩比赛的职业棋手。看起来，它似乎忽略了棋盘一角正在进行的黑白棋子较量，而在附近一块几乎空白的地方投下了一颗黑子。这是从未在职业比赛中出现的石破天惊之举，以至于一位评论员评论道：“我认为这是一个失误。”[3] 对此，李世石同样瞠目结舌，以至于起身离开了房间。回来后，他又花了长达15分钟的时间来思考应对

① “AlphaGo: Using Machine Learning to Master the Ancient Game of Go,” Google, January 27, 2016, http://blog.google:443/topics/machine-learning/alphago-machine-learning-game-go/. 126game 2, on move 37: Daniel Estrada, “Move 37!! Lee Sedol vs AlphaGo Match 2” video, https://www.youtube.com/watch?v=JNrXgpSEEIE.

② Daniel Estrada, “Move 37!! Lee Sedol vs AlphaGo Match 2” video, https://www.youtube.com/watch?v=JNrXgpSEEIE.

③ Ibid.

之道。事实上，“阿尔法狗”的这一举动并不是失误。几个月前，欧洲围棋冠军范辉（Fan Hui）在一场与“阿尔法狗”的比赛中铩羽而归。他指出，起初这一举动也让他备感惊讶。但是，他后来看到了这一步棋的绝妙之处。“这不是人类棋手会下出的棋，”他说，“我从来没有见过人类棋手会这么下棋。太妙啦！”[①] 这一步棋不仅是人类棋手不会走的，也是人类棋手可能永远都不会采取的举动。“阿尔法狗”评估出人类下出这一步的几率为万分之一。[②] 尽管如此，“阿尔法狗”还是走出了这一步棋，并赢得了第二盘比赛。赛后，李世石说：“我真的觉得‘阿尔法狗’下得近乎完美。”李世石在输掉第3盘比赛而“阿尔法狗”已基本奠定胜局后，在新闻发布会上对观众说：“我有一种深深的无力感。”[③]

“阿尔法狗”击败李世石所造成的影响，远远超出了围棋的范畴。这不仅意味着又多了一个人工智能战胜人类的竞争领域，更重要的是“深度思考”公司训练“阿尔法狗”的方式。正如“深度思考”公司博客文章中所指出的那样：“‘阿尔法狗’并不是一个用人工规则构建出来的‘专家’系统，相反，它使用一般的机器学习技术，探索围棋的制胜之道。”[④] “深
127 度思考”公司并没有制订如何赢得比赛的具体规则。他们只是给神经网络提供了大量的数据，让它进行自我学习。但它的学习能力令人目瞪口呆。

2017年，“深度思考”公司的新版“阿尔法狗”——“阿尔法元”再次实现了突破。[⑤] 通过更新后的算法，“阿尔法元”在没有任何人类数据的前提下，只需要棋盘的访问权限和游戏规则，便自己学会了下围棋。仅通过三天的自我对弈，“阿尔法元”就超越了之前击败李世石的版本，豪取100连胜。

---

① Cade Metz, “The Sadness and Beauty of Watching Google’s AI Play Go,” *WIRED*, March 11, 2016, https://www.wired.com/2016/03/sadness-beauty-watching-googles-ai-play-go/.

② Cade Metz, “In Two Moves, AlphaGo and Lee Sedol Redefined the Future,” *WIRED*, accessed June 7, 2017, https://www.wired.com/2016/03/two-moves-alphago-lee-sedol-redefined-future/.

③ Moyer, “How Google’s AlphaGo Beat a Go World Champion.”

④ “AlphaGo,” January 27, 2016.

⑤ “AlphaGo Zero: Learning from Scratch,” DeepMind, accessed October 22, 2017, https://deepmind.com/blog/alphago=zero=learning=scratch/.

这种深度学习技术同样能够解决其他领域的很多问题。2015年，“深度思考”公司在推出“阿尔法狗”之前，就已开始使用神经网络玩雅达利游戏。[1]“深度思考”公司仅仅输入屏幕内容和游戏得分，并将分数最大化作为目标，神经网络就能通过自我学习，达到专业人类视频测试者玩雅达利游戏的水平。最重要的是，相同的神经网络架构可以应用于一系列共计49款雅达利游戏。尽管每个游戏都必须进行单独学习，但同样的神经网络架构可以适用于很多游戏。因此，研究人员不需要为每个游戏创建定制的网络设计结构。

应当看到，为围棋或雅达利游戏开发的人工智能仍然属于狭义的人工智能系统。经过特定训练，人工智能就能成为专门解决狭义领域问题的工具。“阿尔法狗”可以在围棋中使人类一败涂地，但却无法玩其他游戏，开车或喝咖啡。但是，用于训练“阿尔法狗”的工具，也可用来构建很多其他具有特定目标的狭义人工智能，解决各种的问题。目前，深度神经网络已被用于解决困扰人工智能界多年的其他棘手问题，特别是语音识别和视觉目标识别领域。

我亲眼见证了研究小组使用深度神经网络这一工具，自主搜寻到坠毁的直升机这一过程。[2] 该项目的研究人员解释道，他采用了一个现有的已接受过目标识别训练的神经网络，去掉了最上面的几层网络，并对其进行了重新训练，使之能够识别之前没有包含在数据集里的直升机。他使用的神经网络，目前运行在一台连接到无人机的笔记本电脑上，但也可以在售价40美元的信用卡大小的“树莓派”处理器（Raspberry Pi）[3] 上运行，并直接搭载在无人机上。

值得注意的是，所有这些技术都并非来自国防部门，而是大多出自谷 128

① Volodymyr Mnih et al., “Human-Level Control through Deep Reinforcement Learning,” *Nature* 518, no. 7540 (February 26, 2015): 529-33.

② JASON, “Perspectives on Research in Artificial Intelligence and Artificial General Intelligence Relevant to DoD.”

③ “树莓派”是一款价格为40美元的小型电脑，电路板仅有一盒纸牌大小，由剑桥大学利用带电路板的手机零件设计而成。译者注。

歌、微软、IBM私营部门和大学研究实验室等。事实上，类似国防高级研究计划局“对抗环境下的目标识别与匹配”的项目并不一定是为了开发新的机器学习技术，而是为了将现有技术引入国防部门，用于解决军事问题。对于那些知悉如何使用这些技术的人来说，获取这些方法是轻而易举的。我询问使用无人机搜寻直升机的幕后研究人员，他们是从哪里获得了初始神经网络？换言之，那个能够识别除了直升机之外的其他图像的神经网络是从哪里来的？他看着我，就像看着疯子或傻子一样。毫无疑问，他是从互联网上获得的。

属于所有人的神经网络

应当承认，我不是技术专家。作为一名防务分析员，我研究军事技术，就美军应当在哪些领域进行投资提供政策建议，以保持其在战场上的优势。但是，我并没有制造任何具体的东西。虽然我的本科学位是科学和工程学，但自那以后，我没有从事过任何与工程学相关的工作。如果我说我的编程技巧“生锈”了，就意味着在某个时间点，我的确会这些技巧。然而，我所有关于计算机编程的知识，仅仅局限于上了一门一个学期的“C++”大学入门课程。

尽管如此，我还是上网浏览了研究人员提到的开源软件数据库：TensorFlow。TensorFlow是由谷歌公司的人工智能研究人员开发的开源人工智能库。通过TensorFlow，谷歌的研究人员能将他们用深度神经网络学到的成果传播到世界各地。在TensorFlow数据库中，你不仅可以下载已经训练过的神经网络和软件来构建自己的神经网络，还可以获取大量有关自学深度学习技巧的教程。对于刚接触机器学习的用户来说，也有关于机器学习经典问题的基本教程。这些工具使得拥有很少或者几乎没有机器学习经验的计算机程序员，也可以使用神经网络。TensorFlow使神经网络变得简单甚至有趣。一个名为“乐园”（Playground，playground.tensorflow.org）的教程，能允许用户通过浏览器中的点击界面修改和训练神经网络，根本不需要任何编程技能。

129 一进入“乐园”网站后，我就被深深地吸引住了。通过阅读来了解神经网络的功能是一回事，而建立自己的数据并对其进行训练完全是另一码事。当我在浏览器中修改简单的神经网络时，几小时很快就过去了。第一个挑战是利用“乐园”中的简单数据集，即二维网格中的橙色和蓝色图案训练神经网络，进行神经网络的学习训练。掌握了这一点后，我就开始努力建立由最少层数和最少神经元组成的最简洁的神经网络，它仍可准确地进行预测（读者挑战：你掌握了简单的数据集后，不妨尝试一下螺旋图案。）

通过“乐园”教程，对没有任何编程技能的人来说，神经网络这一概念也变得触手可及。与解决七岁智力水平的简单数独（Sudoku）谜题相比，使用“乐园”并没有更加复杂。“乐园”不会让用户构建一个自定义神经网络来解决新问题。这个例子表明，神经网络可以帮助用户了解其自身的潜力。然而，TensorFlow还拥有一些更为强大的工具，那就是使用现有神经网络或设计自定义的神经网络，所有这些都在熟悉Python或C ++的程序员能力范围之内。

深度学习训练平台TensorFlow中有大量关于卷积神经网络的教程，这是一种用于计算机视觉的特殊神经网络。很快，我找到了一个可供下载的神经网络，它经过了识别图像的相关训练。神经网络Inception-v3在程序员使用的标准图像数据库——“图像网络数据库”（ImageNet Dataset）中进行训练。[①] Inception-v3可以将图像分为1000个类别中的一个，[②] 例如“瞪羚”“独木舟”或“火山”。事实证明，没有一个类别是Inception-v3可用于识别人的，例如“人类”“人”“男人”或“女人”。因此，严格地说，人不能使用这种特殊的神经网络来赋能针对人的自主武器。不过，我很快发现这不过是一种自我安慰。ImageNet不是唯一用于机器学习的可视化对象分类在线数据库，“帕斯卡尔视觉目标分类”（Pascal Visual Object

① Inception-v3通过2012年的数据对大型视觉识别挑战(LSVRC)进行训练。“Image Recognition,” *TensorFlow*, accessed June 7, 2017, https://www.tensorflow.org/tutorials/image_recognition。

② 2012年大规模视觉识别挑战赛(LSVRC)提供给“Inception-v3”的类别与2014年的“大型视觉识别挑战”相同。“ImageNet Large Scale Visual Recognition Competition 2014 (ILSVRC2014),” accessed June 7, 2017, http://image-net.org/challenges/LSVRC/2014/browse-synsets。

Classes）等数据库就将“人”（person）单独归为一类。[1] 我只用了10秒，就在谷歌网站上找到了可供下载的经过训练的神经网络，它能够进行人脸识别，确定年龄和性别，或标记人类情感。所有构建针对人的自主武器的
130 工具，都可以从互联网上获取。

这是人工智能革命不可避免地带来的后果之一。人工智能是一种强大的技术，可用于善意目的，也能用于恶意目的，这取决于使用它的人。人工智能背后的大部分技术都是软件，这意味着它实际上能够免费复制。人们可以通过点击按钮进行下载，并在转瞬之间跨越国界。试图限制软件的传播没有任何意义。“潘多拉的魔盒”已然开启。

无处不在的机器人

尽管制造自主武器所需的工具可广泛获取，但实际上并不能告诉我，一个人制造出自主武器究竟有多容易或多难。我想要了解的是，利用最先进的深度学习技术自制机器人的相关技术诀窍究竟传播得有多广。这些技术究竟是无人机DIY爱好者就可以获取的，还是需要计算机科学专业博士才能掌握？

“FIRST机器人竞赛”是近几年来在美国高中生中颇受欢迎的机器人比赛，也是一个了解业余机器人爱好者能做什么的好机会。最新一届比赛吸引了来自24个国家、3000多个团队的75000名学生参与。[2] 为了进一步了解这些孩子们能干什么，我造访了当地的高中。

离我家不到一英里有一所“托马斯·杰斐逊科技高级中学”（Thomas Jefferson High School for Science and Technology），简称“TJ”。该学校是一所数学和科学领域的公立学校（magnet school）。[3] 孩子们必须经过申请才能入学，但他们未来拥有的机会也超出了大多数高中生。需要明确的

① “The PASCAL Visual Object Classes Challenge 2012 (VOC2012),” accessed June 7, 2017, http://host.robots.ox.ac.uk/pascal/VOC/voc2012/index.html.

② “FIRST Robotics Competition 2016 Season Facts,” FirstInspires.org, http://www.firstinspires.org/sites/default/files/uploads/resource_library/frc-2016-season-facts.pdf.

③ 所谓magnet school，是指凭借专门课程吸引周边地区学生的学校。译者注。

是，他们仍然是高中生，不是世界级黑客或国防高级研究计划局的技术高手。

学生们可以在托马斯·杰斐逊科技高级中学的自动化与机器人实验室里获得构建和编程机器人的实践经验。我访问这所学校时，看到二十几名学生正坐在工作台旁，有的弯着腰处理电路板，有的轻轻地敲击电脑。在他们身后，不少废弃的机器人靠墙而立，就像往年学生项目留下的“考古遗迹”一样。一个架子上放着魔方破解机器人罗比·菲利克斯（Roby
Feliks），不远处，塑料音乐录音机上面放着一台“树莓派”处理器，电 131
线像音乐机器人一样从电路板一直延伸到仪器。地板中央随意地放置着一个半拆卸的机器人，那是托马斯·杰斐逊科技高中当年参加FIRST比赛留下的“遗产”。负责实验室的老师查尔斯·德拉·奎斯塔（Charles Dela Cuesta）为实验室的杂乱无章感到抱歉，但他不知道，这恰恰是我认为机器人实验室应有的模样。

德拉·奎斯塔属于孩子们希望碰到的那种老师。他性格随和，平易近人，看起来更像和蔼可亲的助教，而不是严肃的纪律督察老师。机器人实验室应该是一个学生通过操作进行学习的地方，而不是让学生端坐在教室里，死板地抄写白色写字板上的方程式。

当然，这并不是说这里没有白色写字板。当然有。它被放在一堆其他机器人项目材料的角落里，被电路板和电线覆盖着。学生们正在设计一个带有机器人手臂的自动白色写字板，这个机器臂能够拉开白色写字板，并画出电脑中的设计图。机器人在白色写字板上画了很多不像人类画出的直线。此刻，我突然萌生出一种辞职去参加托马斯·杰斐逊科技高中机器人课程的冲动。

德拉·奎斯塔解释说，托马斯·杰斐逊科技高中的所有学生必须在第一年内完成一个机器人项目，这是必修课程的一部分。“房间里每个学生都必须设计出一个能在迷宫中导航，并能规避障碍的小型机器人。”他说。学生会拿到一张迷宫的示意图，选择如何解决问题，是否预先编程机器人的动作，或者采取更艰难的方法来设计一个能够自行解决问题的自主机器人。除了这个必修课程，托马斯·杰斐逊科技高中还为学生开设了两门额外的机器人选修课，并可以补充学习其他五门计算机科学课程，学生可以在这些课程中学习Java、C ++和Python语言。这些是使用机器人控制系统的重要编程工具，例如“树莓派”处理器就是在Linux上运行，并在Python中接受命令的。德拉·奎斯塔解释说，尽管在进入托马斯·杰斐逊科技高中之前，大多数学生没有任何编程经验，但他们大多学得非常快，有些人甚至在暑期就开始学习计算机科学课程来提升自我能力。“他们擅长使用很多编程语言——Java、Python……他们几乎无所不会。”[①] 他说。毕业时，托马斯·杰斐逊科技高中的所有学生都必须在他们选择的专业领
132 域完成一个高级项目。此外，高年级学生完成的机器人项目也给我留下了深刻印象。白色书写板旁边放着一辆有支架支撑的自行车，车架内有个较大的蓝色装置，导线从中蜿蜒而出，与齿轮变速器相连。德拉·奎斯塔解释说，这是一辆自动变速器。这个装置就像汽车上的自动变速箱一样，可以感应到何时需要自动换挡。

德拉·奎斯塔解释说，得益于更先进的开源组件和软件，学生们的项目完成得越来越出色。几年前，学校的机器人导航课程历经两年才完成。现在，整个时间表已经缩短到了九周。“五六年前给我留下深刻印象的东西，现在能够在四分之一的时间里完成，这让我感到惊奇和欣慰。”[②] 他说。尽管如此，德拉·奎斯塔仍然鼓励学生自己制作组件，而不是使用现有组件。“我希望让学生尽可能地从头开始构建。”部分原因在于，将定制硬件安装到机器人中通常更简单，而德拉·奎斯塔的商店里拥有各式各样令人印象深刻的工具，因此这种方法是可行的。五台3D打印机沿着后墙而立，其中两台是用于定制零件的激光切割机，一台是用于蚀刻定制电路板的铣床。让学生自己动手的一个更重要的原因在于，这种方式能让他们学到更多。“定制化是我的目标，”德拉·奎斯塔说，“他们从中获益匪浅，不仅仅只是为黑箱中神奇的东西接入电源，使其实现正常运行。相反，他们必须真正理解正在做的事情，才能使这些物件发挥作用。”

---

① Charles Dela Cuesta, interview, May 20, 2016.

② Ibid.

在大厅对面的计算机系统实验室，我看到了相同的教学理念。这里的教师强调，学生要自己动手，以加深对基本概念的理解，即使这意味着重新解决早已解决的问题。教师的目标并不是将开源软件重新打包。当然，这并不是说学生没有从大量开源的神经网络软件中进行学习。一位老师的桌上放着一本杰夫·希顿（Jeff Heaton）写的《为人类的人工智能第3卷：深度学习和神经网络》（*Artificial Intelligence for Humans, Volume 3: Deep Learning and Neural Networks*）的复印本（这个标题引出了另外一个令人不安的问题，那就是，是否存在平行的学习过程？即“为机器的人工智能”，机器能够对其他机器进行编程。我想，答案是“还没有”）。学生正在学习如何使用神经网络，但他们采取的是自下而上的方法。一位 133
大三学生向我解释他是如何训练神经网络来玩“井字游戏”（tic-tac-toe）的。这个问题虽然在15年前就已经得到解决，但仍然是一个开创性的编码问题。明年，学校将会开设包括卷积神经网络在内的有关计算机视觉的课程。

或许说学生们正在开展的项目令人兴奋得有点儿陈词滥调，但我看到托马斯·杰斐逊科技高中的学生所做的事情后，仍然备感震惊。一名学生正在拆卸克里格咖啡公司（Keurig）的机器，并将其变成一台网络咖啡机，以便它能够加入物联网（IoT）。电线蜿蜒连接，好像互联网渗透进咖啡机，有点类似于《星际迷航》（Star Trek）中的博格（Borg）。另一名学生正在修补些东西，看起来像是20世纪80年代的任天堂（Nintendo）电动手套以及如今的苹果智能手表。他解释说，这是一个“臂铠”（gauntlet），就像钢铁侠用的那种。见我有些茫然，他（以一种年轻人向老年人解释的语气）解释说：“‘臂铠’是钢铁侠使用的穿在衣服外面的腕式控制器的名称。”“哦，这样啊，好酷！”我说。显然，我没有听懂。我丝毫不觉得有必要将智能手机的全部功能安装到手腕上。就像十年前，我不会想到我会需要一个带触摸屏的智能手机。技术总会给我们带来惊喜。今天的技术创新已经变得十分民主化，改变游戏规则的创新不仅来自谷歌、苹果等科技巨头，也可以来自于任何人，包括高中生。人工智能革命不仅发生在顶尖的研究实验室，它其实无处不在。

一场所有人的革命

我向“智盾”公司的布兰登·曾请教，这条实现更高自主性的道路将引领我们走向何方。他说：“我认为，我们永远不会使机器人实现完全自主。我们也不应该赋予机器完全的自主权。”[①] 从某种程度上说，让人感到放心的是，几乎与我交谈的每个人都认为应当对自主武器做出一些限制。曾也认为，应当限制机器的自主性。理性人的可能会对限制的程度存在争议。对某些人来说，在人类定义的狭窄范围内搜索和介入目标的自主武器是可以接受的。但所有与我交谈过的人都认为，应当对自主武器做出一些
134 限制。细思极恐的是，光有曾和其他工程师的理性可能还远远不够。有什么能够阻止技术型恐怖分子研制各种用于猎杀人类的自主武器，并让他们在人流量大的地区使用有所顾忌呢？当然，要做到这些，可能需要一些工程学知识以及充足的时间。但是，潜在的技术知识很容易获得。在今天这个世界里，制造致命性自主武器的技术不仅能被主权国家获取，也可能落入普通人的手里。这样的世界并不是遥不可及的未来，它正在逐步成为现实。

我们应当如何处理这项技术？这个问题仍旧悬而未决。自主武器的反战将带来何种后果？它会带来“机器人乌托邦”（robutopia），还是会带来“机器人启示录”（robopocalypse）呢？数十年以来，作家们一直通过科幻小说思考这个问题，他们的答案并不一样。在伊萨克·阿西莫夫的书中，机器人多是人类的仁慈伙伴，保护并指导人类的发展。受制于“机器人三大法则”约束，这些机器人无法伤害人类。在《星球大战》中，机器人成为了人类的忠实奴仆。在《黑客帝国》三部曲（*Matrix Trilogy*）中，机器人实现了对人类的奴役，在母体中培植人类，并利用人类的体热来获取能量。在《终结者》系列电影中，“天网”机器人在知道人类对其存在构成了威胁后，迅速对人类发起攻击，企图消灭人类。

我们无法确知，自主武器的未来会呈现出何种图景。但是，我们肯定

---

① 布兰登·曾在2016年6月17日给作者发送了一封电子邮件。

拥有比科幻小说更好的手段来预测自主武器可能带来的福音和危险。人类在军事和其他环境中的自主经验，无不彰显了自主武器的潜在价值与危险。透过这些经验，我们能够看到一个模糊的未来，并逐步廓清即将到来的事物的真实面貌。

第三部分

失控的枪

第9章

机器人的胡作非为

自主系统的故障

2003年3月22日，美军驻伊拉克防空部队的作战值班系统提示发射导弹。[①] 因为雷达侦察到一枚战术弹道导弹（tactical ballistic missile，TBM）正在袭来。这种导弹可能是第一次海湾战争期间萨达姆用于攻击多国联军的那种“飞毛腿”导弹。防空部队的职责就是击落来袭导弹，保护美军基地的地面部队，基地人员的安危指望着他们。尽管使用着不熟悉的设备，供职于一个不熟悉的部队，能够获取的情报也十分有限，但这就是防空部队的职责。做出决策的重任，落在了防空部队一个刚完成培训的22岁女

① 这一说法是基于官方公布的兄弟残杀事件的记录，包括英国政府对龙卷风兄弟残杀事件（the Tornado fratricide）的调查，以及国防科学委员会（Defense Science Board）对这两起事件的报告，此外还部分来源于这两起事件的知情人士，由于无权公开谈论这两起事件，这些知情人士要求匿名。Ministry of Defence, “Aircraft Accident to Royal Air Force Tornado GR MK4A ZG710,” https://www.gov.uk/government/uploads/system/uploads/attachment_data/file/82817/maas03_02_tornado_zg710_22mar03.pdf. Defense Science Board, “Report of the Defense Science Board Task Force on Patriot Performance,” January 2005, http://www.acq.osd.mil/dsb/reports/2000s/ADA435837.pdf。

少尉身上。在仔细斟酌了现有迹象后，她做出了所能采取的最佳决策——发射导弹。

伴随着一声巨大的呼啸声，“爱国者PAC–2”导弹离开了发射管，点燃引擎，腾空而起，向目标飞去。导弹爆炸，产生了巨大的冲击波。弹道导弹从屏幕上消失：防空部队成功完成了战争中的首杀。

从“爱国者”导弹离开美国的那一刻起，情况就变得对他们很不利。首先，他们拥有的是一套与平时训练不一样的老旧设备。其次，进入作战区域，就意味着他们必须离开所隶属的防空营，进入素昧平生的新营。新营使用的是新式设备，他们的旧设备（原先未经过充分训练）无法与该营

138 的其他部门进行通信。他们如堕入茫茫黑夜。系统不能连接其他网络，无法获取重要信息。唯一拥有的就是一台无线电。[①]

但作为军人，就必须迎难而上。肩负着保护联军不受伊拉克导弹袭击的重任。他们恪尽职守，坐在指挥车里，必须凭借陈旧的装备和不完整的信息做出决策。为了保护地面人员的安全，击落发现的来袭导弹是他们义不容辞的职责。

次日凌晨1点30分，附近一个美军基地遭到袭击。[②] 一名美军中士将一枚手榴弹投入指挥帐内，造成1名士兵死亡，15人受伤。很快，肇事者被抓获，但他的动机尚不清楚。这难道只是一个充满怨气的士兵的个人激进行为？还是说他本身就是一个渗透者？抑或，这只是更大规模事件的开端？袭击事件通过广播迅速传开。为了防止后续袭击的发生，大部分士兵被派去守卫“爱国者”导弹连的外围，只留下三人在指挥车内，包括一名中尉和两名士兵。

当晚，在伊拉克更靠北的某地区，英国中尉飞行员凯文·梅恩（Kevin Main）在完成当天任务后，驾驶“龙卷风”（Tornado GR4A）战机返回科威特，中尉飞行员戴夫·威廉姆斯（Dave Walliams）坐在后座担任导航

---

① Ministry of Defence, “Aircraft Accident to Royal Air Force Tornado GR MK4A ZG710.”

② “Army: U.S. Soldier Acted Out of Resentment in Grenade Attack,” *Associated Press*, March 24, 2003, http://www.foxnews.com/story/2003/03/24/army-us-soldier-acted-out-resentment-in-grenade-attack.html.

员。[①] 梅恩和威廉姆斯并不知道在沿着安全路线返航途中，机上的敌我识别（identification friend or foe, IFF）系统这一重要设备处于关闭状态。敌我识别系统能够向其他友机和地面雷达发送信号，告知对方“龙卷风”战机是友军，不要发动攻击。然而，敌我识别系统却没能发挥作用，具体原因目前依然是个谜。也许为了不暴露自身位置，梅恩和威廉姆斯在飞到伊拉克领空时关掉了敌我识别系统，但在返回科威特的途中又忘了重新开启。也有可能是因为电源等问题造成的系统故障。[②] 飞机起飞前，地勤人员对敌我识别系统的信号进行了测试。按理说，它是可以正常工作的。但令人费解的是，它没有进行播报。

当梅恩和威廉姆斯准备降落在萨利姆（Ali Al Salem）空军基地时，负责保卫科威特联军基地的“爱国者”导弹连向空中发射了雷达信号，探测是否有伊拉克导弹来袭。雷达信号从梅恩和威廉姆斯所驾驶战机反射回来，被“爱国者”防空系统的雷达接收。不幸的是，“爱国者”防空系统 139
的计算机根据飞行轨迹，没有将来自“龙卷风”战机的雷达反射信号认定为飞机，反而将其标记为反辐射导弹。在“爱国者”导弹连的指挥车中，没人知道一架友机正在降落。屏幕显示的是，雷达探测到的敌方导弹正向“爱国者”导弹连袭来。[③]

“爱国者”系统操作员的任务是击落来袭的弹道导弹。弹道导弹与反辐射导弹的飞行轨迹差异很大。雷达一般不会将飞机的飞行轨迹与弹道导弹相混淆，因为后者的飞行轨迹像棒球一样呈抛物线轨迹划过天际。[④] 而反辐射导弹有一个下降的运动轨迹，与飞机降落的轨迹十分类似。对于“爱国者”导弹连来说，向雷达袭来的反辐射导弹是一个致命威胁。尽管

---

① Staff and Agencies, "'Glaring Failures' Caused US to Kill RAF Crew," *The Guardian*, October 31, 2006, https://www.theguardian.com/uk/2006/oct/31/military.iraq.

② 尽管没有解释原因，但英国调查委员会不认为梅恩和威廉姆斯故意关闭IFF。在没有其他可能解释的情况下，该委员会得出IFF系统“出现故障”的结论。Ministry of Defence, "Aircraft Accident to Royal Air Force Tornado GR MK4A ZG710," 4-5。

③ Ministry of Defence, "Aircraft Accident to Royal Air Force Tornado GR MK4A ZG710."

④ 此处为比喻的说法。 Lior M. Burko and Richard H. Price, "Ballistic Trajectory: Parabola, Ellipse, or What?" May 17, 2004, https://arxiv.org/pdf/physics/0310049.pdf。

击落反辐射导弹并非“爱国者”防空系统操作员的主业，但如果雷达受到了导弹威胁，他们就应该进行反击。

面对来袭“导弹”，“爱国者”操作员需要权衡抉择。“爱国者”导弹处于单独运行状态，由于设备陈旧，无法连接到网络上的其他雷达。在无法直接获悉其他雷达信息的情况下，中尉用无线电通知了其他“爱国者”导弹连，询问这些连队是否探测到了反辐射导弹？答案是没有，但这并不能说明太多问题。因为其他雷达可能处在无法探测到该导弹的区域。加之本可以告诉雷达这是一架友军“龙卷风”战机的敌我识别系统，也没有进行播报。[①] 后来的事实表明，即使敌我识别系统当时能够运行，“爱国者”防空系统也无法看到信号，因为前者的代码并没有预先装载到“爱国者”防空系统的计算机中。更何况作为防止友军交战的备用安全措施，敌我识别系统这一次也失效了。

该区域没有任何关于联军战机的相关报道。也没有任何迹象表明，被认定为反辐射导弹出现在雷达示波器上的信号，实际上是一架友机。留给他们做出抉择的时间，只有几秒钟。[②]

最终，他们选择了发射导弹。很快，“来袭导弹”从他们的雷达显示器上消失，准确命中。他们可以换班了。又是“成功”的一天。

梅恩和威廉姆斯的僚机安全降落在科威特。[③] 但梅恩和威廉姆斯却再

① 实际上IFF拥有两种可能阻止Tornado自相残杀的操作模式，即模式1和模式4。模式4是联盟飞机在战区使用的标准加密军事IFF。它在地面上启动发动机之前在“龙卷风”上进行了测试并且发现了功能，但是没有证据表明它在飞行期间的任何时候都在广播，具体原因尚不清楚。模式1是一种未加密模式，也是所有联盟飞机的备用模式。英国事故调查报告没有说明这种模式是否是广播。在任何情况下，爱国者电池都没有模式1的代码，因此在任何情况下他们都无法接收模式1信号。这可能是因为他们的设备无法互操作，因此他们不在网络上。模式1代码必须手动交付才能加载，显然它们不是。Ministry of Defence, “Aircraft Accident to Royal Air Force Tornado GR MK4A ZG710.”

② John K. Hawley, “Looking Back at 20 Years of MANPRINT on Patriot: Observations and Lessons,” Army Research Laboratory, September, 2007, 7, http://www.dtic.mil/docs/citations/ADA472740.

③ Stewart Payne, “US Colonel Says Sorry for Tornado Missile Blunder,” March 25, 2003, http://www.telegraph.co.uk/news/worldnews/middleeast/iraq/1425545/US-colonel-says-sorry-for-Tornado-missile-blunder.html.

也回不来了。一架“龙卷风”战机就这样销声匿迹了。随着太阳从沙漠上 140
升起后，人们根据事实推断——“爱国者”导弹连击落了一架友机！

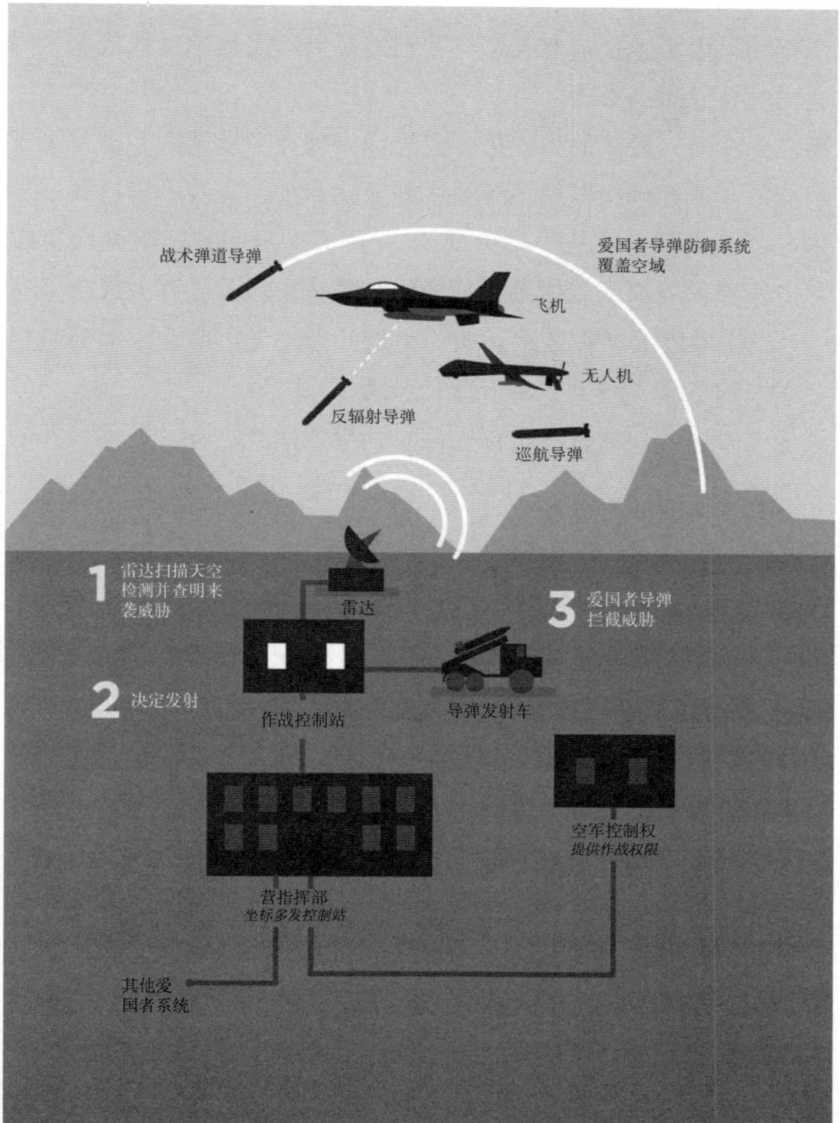

图9-1　美军“爱国者”防空系统

注：“爱国者”防空系统用于抵御来自敌方飞机和导弹等一系列威胁。

美军对此次误伤事件展开调查，但战争仍在继续。那个中尉依旧留在岗位上，她的工作必须继续。美军需要她去承担这项工作，以保护其他人
141 员免遭萨达姆发射的导弹攻击。困惑与混乱有时是战争中的无情现实。。除非调查结果表明她是疏忽大意，否则美军仍然需要她参加战斗。因为更多萨达姆的导弹即将来袭。

第二天晚上，敌军的另一枚弹道导弹出现在“爱国者”防空系统的雷达显示器上。他们再次发射了导弹，并成功命中。完美一击，又一颗敌军的弹道导弹被击落。在战争结束前，“爱国者”导弹连还有两次更成功的击落弹道导弹的战绩。总体来说，他们在战争中拦截导弹的成功率达到了45%。对误伤事件的调查结果表明，中尉的做法无可厚非，因为她根据当时所能掌握的信息，做出了在当时看来最好的决策。

其他“爱国者”导弹连也深受战争迷雾的困扰。在“龙卷风”战机被击落后的第二天，另一个“爱国者”导弹连与一架在伊拉克纳杰夫（Najaf）南部飞行的美军F–16战机发生了友军交战。这一次，飞机首先发起了攻击。F–16战机发射了一枚针对雷达的“AGM–88”高速反辐射导弹，目标直指“爱国者”防空系统的雷达。万幸的是，“爱国者”导弹连没有人员伤亡——堪称“死里逃生”。[1]

在发生了一连串事故后，为了防止更多悲剧重演，美军立即采取了多种安全措施。“爱国者”防空系统共拥有两种模式，一是手动发射（半自主）模式，二是自动发射（有监督的自主）模式。这两种模式可以针对不同威胁灵活切换。在手动模式下，如果“爱国者”防空系统要发射导弹，必须经过相关人员的授权；而在自动发射模式下，只要对来袭威胁的识别符合程序设定，系统就可以自动发起攻击。

考虑到弹道导弹威胁给人的反应时间很短，在应对战术弹道导弹时，“爱国者”防空系统有时会采用自动发射模式。但是，当美军知道“爱国者”防空系统可能将一架友机误判成反辐射导弹后，便命令“爱国者”导

① “F-16 Fires on Patriot Missile Battery,” *Associated Press*, March 25, 2003, http://www.foxnews.com/story/2003/03/25/f-16-fires-on-patriot-missile-battery.html.

弹连在应对反辐射导弹时应切换成手动模式。作为一项额外的安全措施，“爱国者”防空系统处于“待命”状态。它可以追踪目标，但如果没有人将系统调至“运行”状态，系统就无法发射导弹。因此，打击一枚反辐射导弹共需要两个步骤：使发射器处于运行状态并授权系统向目标发射导弹。理想情况下，这可以防止像击落“龙卷风”战机一样的误伤悲剧发生。

尽管采取了预防措施，但在约一周后的4月2日，灾难再次不期而至。在科威特北部通往巴格达的道路上驻扎的一个“爱国者”导弹连，检 142
测到了一枚来袭弹道导弹。同样，击落来袭的弹道导弹是他们的职责。与之前“爱国者”导弹连击落反辐射导弹，后来证明是一架“龙卷风”战机不同的是，这一次，没有证据表明弹道导弹可能会被误判为飞机。

观察	判断	决策	行动
它是什么？ 它是谁的？ 雷达探测，并将目标分类 人类应用外部信息和环境	它是有敌意的吗？ 这是一个有效目标吗？ 建立态势感知 应用交战规则	决定是否发射导弹 **手动发射模式（半自主）**：人类操作员授权交战，系统不会自动开火 **自动发射模式（有监督的自主）**：系统自动开火，除非人发出停止交战指令	系统开火，导弹机动至目标 人类操作员可以选择在飞行过程中中止导弹

图9-2　“爱国者”防空系统的决策过程

注：“爱国者”防空系统的OODA决策过程。在手动模式下，操作员必须采取积极行动才能让系统发射导弹。在自动模式下，操作员对系统起到监督作用，能够在必要时进行干预。但如果人员不介入，系统将自行发射导弹。自动发射模式对防御预警窗口很窄的攻击非常重要，因为在造成冲击被攻击前可能没有时间做出决定。在这两种模式下，人仍然可以中止飞行过程中的导弹。

操作员所不知道也不可能知道的是，实际上并没有任何导弹来袭。甚至没有一架可能被误判为导弹的飞机。什么都没有。雷达追踪的结果是错误的，这可能是一次由雷达和附近另一台“爱国者”雷达之间产生的电磁干扰而引起的“幽灵追踪”（ghost track）。这些保障美军向北深入巴格达的“爱国者”导弹连，并非以标准的布局进行部署，它们没有采用常用的广泛分布格局来覆盖一个区域，而是沿着通往巴格达的主干道呈南北走向进行分布，而这种布局有可能导致雷达之间发生重叠和相互干扰。

143 但“爱国者”防空系统指挥车中的操作员对这些毫不知情。他们只知道雷达探测到有一枚弹道导弹正在袭来。作为回应，指挥官命令“爱国者”导弹连将发射器从“待命状态”切换到“运行状态”。

在应对反辐射导弹时，“爱国者”导弹连会以手动模式运行。但它在应对弹道导弹时就会调整为自动发射模式。一旦发射器进入工作状态，自动发射系统就会进行攻击。随着“砰砰”两声巨响，两枚“爱国者–3型”（PAC–3）导弹自动发射了出去。①

这两枚导弹向来袭的弹道导弹飞去（至少是飞向地基雷达指向的地方），自动寻的弹头被激活并开始搜寻来袭的弹道导弹。但实际情况是，并没有任何来袭导弹。

不幸的是，导弹的自动寻的弹头竟然真的发现了一些东西——附近有一架美国海军的“F/A–18C大黄蜂”战斗机。② 这架飞机由内森·怀特（Nathan White）中尉驾驶，他在错误的时间停在了错误的地方。怀特驾驶的F/A–18C战机开启了敌我识别系统的，告诉“爱国者”系统的雷达，这是一架飞机。但这并没有起到什么作用。“爱国者–3型”导弹已经锁定了怀特的战机。怀特看到导弹正向他袭来，立即通过无线电呼救。他极力躲避，但已经无力回天。几秒钟后，两枚导弹击中了他的飞机，怀特当场毙命。③

评估“爱国者”防空系统的作战效果

从“爱国者误伤事件”可以看出，操作高度自动化的复杂致命系统

---

① Pamela Hess, “Feature: The Patriot’s Fratricide Record,” *UPI*, accessed June 7, 2017, http://www.upi.com/Feature-The-Patriots-fratricide-record/63991051224638/. “The Patriot Flawed?,” April 24, 2003, http://www.cbsnews.com/news/the-patriot-flawed-19-02-2004/.

② Ibid.

③ Ibid.

是存在风险的。从严格操作方面看，“爱国者”导弹连完成了任务。战争初期，以美国为首的联军共部署了60多个“爱国者”导弹连，其中有40个来自美国，其余22个来自四个盟国。肩负着保护地面部队免遭伊拉克弹道导弹袭击的使命，他们履职尽责。伊拉克共向联军发射了9枚弹道导弹，都被“爱国者”防空系统成功拦截。没有联军部队人员在伊拉克导弹袭击中受伤。国防科学特别工作组（Defense Science Board Task Force）评估“爱国者”防空系统的表现后得出结论：就导弹防御而言，“爱国者”导弹连取得了“重大成功”。[①]

另一方面，除了这9次成功的交战之外，“爱国者”还参与了3次误伤打击行动：有两次事故是“爱国者”防空系统击落了友军的飞机，造成飞行员遇难；另一次事故是F–16战机向“爱国者”防空系统发动攻击。因此， 144
在涉及“爱国者”防空系统的12次作战行动中，25%属于误伤打击。用美军调查人员的观点来说，这是一个“不可接受”的误伤率。[②]

“爱国者”防空系统误杀的原因很复杂，是人为错误、不适当的测试、糟糕的训练以及战场上无法预见的意外等因素共同作用的结果。有些问题已经清晰——敌我识别系统是防止误伤事故的一个并不完美的解决方案。[③]另有一些问题早就在测试中发现，但并未得到有效解决，也没有纳入操作员培训流程，如“爱国者”防空系统将飞机误判为反辐射导弹等。此外，还有一些难以预料的新问题，例如电磁干扰可能导致错误的雷达追踪。部分问题可以预防，但有些却很难做到。战争带来了不确定性，即使是最好的训练和操作测试，也只能尝试接近战争的实际情况。当士兵身处战时状态时，战场环境、对手诡变以及战争中的混乱、混沌和暴力，都不可避免地会带来难以预料的挑战。许多在训练中看似很简单的事情，在战

---

① 美国国防科学委员会特别小组（The Defense Science Board Task Force）对爱国者导弹的表现进行了评估，认为它取得了“实质性的成功”。这似乎有些言过其实。值得问的是，在什么情况下，一个系统的同族自杀率会抵消它的运营优势。Defense Science Board, “Report of the Defense Science Board Task Force on Patriot Performance,” 1.

② Hawley, “Looking Back at 20 Years of MANPRINT on Patriot.”

③ Defense Science Board, “Report of the Defense Science Board Task Force on Patriot Performance.”

斗状态中往往很不一样。

有一件事从未发生，也不构成“爱国者”防空系统误杀事故的原因，那就是这个系统本身并没有发生故障，只是在履行它的职能，即追踪来袭目标，并在获得授权后将其击落。除此以外的任何情况都要求人发出导弹发射指令，或至少使发射器进入运行状态。然而，如果操作员不能完全理解致命性高度自动化系统的功能和缺陷，就可能带来误伤之虞。当然，这不是因为操作员疏忽大意。在这两起事件中，都没有发现任何人存在过错。因此，把“误伤行为”归咎于“人为错误”未免过于简单化。应当看到，发生的这些事故都属于潜藏之风险。美军调查人员发现，“爱国者”防空系统这一群体有一种“笃信系统”的文化。[①] 军方研究人员称，尽管“爱国者”操作员名义上拥有控制权，实际上却表现出了一种明显的“自动化偏见”（automation bias），即“对自动化有着毫无保留和不加批判的信任。本质上，控制责任被让渡给了机器”。[②] 尽管可能有“人在回路
145 之中”，但操作员在使用时完全不会去质疑机器。他们不会像斯坦尼斯拉夫·彼得罗夫质疑系统显示的美国发射核导弹信号那样，去质疑机器的判断。“爱国者”操作员选择了笃信机器，而这是大错特错的。

机器人乌托邦VS机器人启示录

我们对于自主系统的印象，一种来自科幻小说，另一种来自我们对手机、电脑、汽车以及其他各种技术设备的日常体验。

自主系统是可靠的，且具有比人更高的准确度。就像自动驾驶仪提高了航空旅行的安全性一样，自动化也能够改善其他很多领域的安全性和可靠性。人是很糟糕的司机，仅美国每年因为汽车交通事故造成的死亡人数

---

① Hawley, “Looking Back at 20 Years of MANPRINT on Patriot.”

② John K. Hawley, “Not by Widgets Alone: The Human Challenge of Technology-intensive Military Systems,” *Armed Forces Journal*, February 1, 2011, http://www.armedforcesjournal.com/not-by-widgets-alone/.Patriot operators now train on this and other similar scenarios to avoid this problem of unwarranted trust in the automation.

就超过3万人（大致相当于每个月都发生一次“9 · 11事件”）。[①] 即使不存在完全自动驾驶汽车，更先进的汽车自动驾驶仪也能让汽车在大多数情况下实现自动驾驶，显著提高驾驶的安全性，从而挽救生命。[②]

当谈到自主系统时，我们还有一种直观印象，那就是自主系统脱离人类控制大开杀戒。这些恐惧通过一系列千篇一律的反乌托邦式科幻故事呈现在我们面前。这类故事通常以凶残的人工智能最终反抗人类为主题，从《2001：太空漫游》（2001：A Space Odyssey）中的人工智能超级电脑“哈尔9000”（HAL 9000）到《机械姬》（Ex Machina）中的“艾娃”（Ava），无出其右。与此同时，这些直观刻板印象也来自于我们使用简单自动化设备的日常经验。任何曾经对自动电话热线服务感到失望，或是将闹钟错误地设置为“下午”（p.m.）而不是“上午”（a.m.），抑或使用计算机遇到无数问题的人，都对自动化系统的“脆弱性”（brittleness）问题有切身体验。自主系统完全按照编程指令执行任务。正是这种特点，使它们既可靠又可能出现故障，具体取决于是否在正确的时间做了正确的事情。

这两种直观印象都是有道理的。通过适当的设计、测试和运用，自主系统通常能比人类更好地执行任务。它们能变得更快、更可靠、更精确。 146
但是，倘若用于陌生的环境，或者没有经过充分测试，或者操作员没有受到适当培训，抑或环境因素发生变化，自主系统就很可能出现问题。而一旦出现问题，通常会带来严重的后果。与人类不同，自主系统缺乏脱离指令行事和运用“常识”适应新情况的能力。

自主系统的“不稳定性”问题在2011年的一个活动中展露无遗，那就是IBM公司的人工智能产品“沃森”（Waston）在“危险边缘”（Jeopardy! Challenge）[③] 智力问答中与人类冠军肯 · 詹宁斯（Ken Jennings）和布拉德 · 鲁特（Brad Rutter）对战的时候。第一场比赛接近尾声，“沃森”即将

---

① “Accidents or Unintentional Injuries,” Centers for Disease Control and Prevention, http://www.cdc.gov/nchs/fastats/accidental-injury.htm.

② “Intelligent Drive,” Mercedes-Benz, https://www.mbusa.com/mercedes/technology/videos/detail/title-safety/videoId-fc0835ab8d127410VgnVCM100000ccec1e35RCRD.

③ 美国的一种智力问答游戏。译者注。

大败詹宁斯和鲁特，却在回答“说出是哪个十年”中的线索时，犯了一个令人匪夷所思的错误。主持人亚历克斯·特雷贝克（Alex Trebek）给出的线索是，“第一个现代填字游戏发布，奥利奥（Oreo）饼干诞生”。詹宁斯抢答到：“是20年代吗？”“不对。”特雷贝克说。紧接着，“沃森”抢答，并给出了同样的答案：“是20世纪20年代吗？”特雷贝克困惑而不失礼貌地答道：“当然不是，肯已经说过了。”[1]

我并不擅长“危险边缘”这类智力问答游戏，但我知道，在詹宁斯回答错误后，还回答“20世纪20年代”明显是错误答案（正确答案是20世纪10年代）。“沃森”的设计没有考虑一旦其他参赛者给出错误答案，应如何进行相应调整。[2] 换言之，考虑詹宁斯的答案超出了“沃森”设计的界限。多数情况下，“沃森”非常出色地答对了“危险边缘”问答游戏中的问题。但是，它的设计十分脆弱。一旦发生“沃森”的设计者没能考虑到的非常规事件，例如肯·詹宁斯说出了错误答案，“沃森”并不能灵活应变。结果，它的表现瞬间从“人工智能”变成了“人工智障”。

一旦使用者明确了自主系统的边界，即明白它能做什么和不能做什么，这种“不稳定性”是可以被管控的。使用者可以令系统避开其设计范围之外的情况，或明智地应对并接受失败风险。在上述情况下，设计者其实知道，“沃森”存在这个缺陷。但他们觉得从其他参赛者提供的错误答案中进行学习的能力并不重要。一位“沃森”的程序员说：“我们认为不会
147 出现这种情况。”[3] 也许“沃森”程序员对于这种能力的忽略是正确的。因为这次短暂的失误根本无足轻重。“沃森”轻易地就击败了人类对手。

但如果使用者不能预测到自主系统的这些脆弱情况，就会出现问题。“爱国者”防空系统的误伤行为就是如此。自主系统存在一些漏洞，而人

---

① Bin Kenney, “Jeopardy!—The IBM Challenge (Day 1—February 14),” video, https://www.youtube.com/watch?v=i-vMW_Ce51w.

② Casey Johnston, “Jeopardy: IBM’s Watson Almost Sneaks Wrong Answer by Trebek,” *Ars Technica*, February 15, 2011, https://arstechnica.com/media/news/2011/02/ibms-watson-tied-for-1st-in-jeopardy-almost-sneaks-wrong-answer-by-trebek.ars.

③ Ibid.

类操作员要么没有意识到这些漏洞，要么没能考虑周全。如将飞机误判为反辐射导弹，敌我识别系统发生故障以及电磁干扰导致对弹道导弹的“幽灵追踪”等。因此，使用者的期望和自主系统的实际行为并非总是一致的。操作人员判断系统瞄准的是一枚导弹，事实上却可能是一架飞机。

自主性与风险

弥补自动化系统脆弱性的一种方法是保持对操作的严格控制。一旦系统发生故障，人能够迅速进行干预，纠正或停止其行为。更严格的人类控制方法是降低机器的自主性或自由度。

半自主和有监督式系统可以实现人类的即时干预。但人能进行干预并不意味着人会在需要干预的时候进行干预。在“爱国者”防空系统误伤事件中，“人在回路中”，但他们对自动化没有保持足够的质疑。假如将判断权完全授予机器，人便不能作为独立的失效保护机制。

在有监督式自主系统中，实现有效的人为干预更具挑战性。原因在于这类系统往往不会暂停来等待人的指令。人能否及时重新获得系统控制权，很大程度上取决于操作的速度、可用信息量及人的行为与系统响应之间的时间差等因素。举例来说，驾驶员试图在高速公路拥挤的车流中刹住自动驾驶车辆，不啻是一种“控制幻觉”，特别是在驾驶员漫不经心的情况下。这与2016年发生的“特斯拉”（Tesla）S型自动驾驶汽车事件颇有几分相似，这辆汽车在使用自动驾驶仪驾驶时发生了车祸。[1]

对于完全自主的系统而言，人处在“回路上”。至少在一段时间内， 148
人根本无法对自主系统进行干预。这意味着如果系统出现故障或环境发生改变，可能发生导致人类无法停止或纠正的失控自主。

将自主系统的这种危险性阐述得最好的并非科幻小说，而是一部名叫《魔法师的学徒》（*The Sorcerer's Apprentice*）的迪斯尼（Disney）卡通片。

---

① 当牵引车—挂车转向车辆前方时，自动驾驶仪和驾驶员都没有使用制动器。Anjali Singhvi and Karl Russell, “Inside the Self-Driving Tesla Fatal Accident,” *New York Times*, July 1, 2016, https://www.nytimes.com/interactive/2016/07/01/business/inside-tesla-accident.html. “A Tragic Loss,” June 30, 2016, https://www.tesla.com/blog/tragic-loss。

这部短片改编自迪斯尼公司1940年上映的电影《幻想曲》（*Fantasia*），[1]故事情节则改编自歌德（Goethe）在18世纪创作的诗歌作品。主人公米老鼠（Mickey Mouse）是老魔法师的学徒。一天，魔法师外出了，米老鼠突发奇想，决定用新学的魔法完成所有家务活。米老鼠对扫帚施念咒语，使其长出手臂苏醒过来。米老鼠指示扫帚用水桶打水，并将打到的水倒入水池，这原本是米老鼠该做的家务事。没一会儿，米老鼠得意洋洋，因为他要做的家务活已经全部由魔法完成了。

米老鼠酣睡时，水池逐渐溢满。尽管指定的工作已经完成，但没人告诉扫帚应当在什么时候停止。米老鼠醒来后，发现房间被淹，而扫帚仍在不断打水。他命令扫帚立刻停止，但没能奏效。绝望之下，米老鼠从墙上抓起一把斧头，把扫帚剁碎，但碎片很快重新组成了一群新扫帚。它们飞出房间，打来更多的水，俨然已经成了一群失控的“自主而无赖的家伙”。最后，直到魔法师本人回来后，才阻止了这场疯狂的闹剧。他一甩胳膊，积水便瞬间消失，扫帚也回归了宁静。

在歌德于1797年创作的诗歌里，《魔法师的学徒》可能是自主性取代人类工作的首例。[2]同时，它也彰显了自动化的危险性，即自主系统可能不会以我们预想的方式执行任务。这可能由很多原因引起，包括故障、用户错误、意外环境交互或黑客行为等。在米老鼠这个案例中，他对扫帚施展魔法的“软件”（指令）是有缺陷的，因为他没有指定何时停止。就溢出水池这一后果来说，可能只是一个小得不能再小的麻烦。如果采用半自主过程，即每次扫帚到水井后暂停一下，等待米老鼠的再次授权，可能会更加安全。同理，保持“人在回路之中”的状态能够减少由于软件设计错误带来的风险。人可以像“断路器”（circuit breaker）一样，在事态失控
149 之前采取有效行动。尽管事故发生的原因不能归咎于将扫帚设计成“人在回路之外”的完全自动化，可一旦发生事故，这种设计无疑大大增加后果

[1] *Sorcerer's Apprentice—Fantasia*, accessed June 7, 2017, http://video.disney.com/watch/sorcerer-s-apprentice-fantasia-4ea9ebc01a74ea59a5867853.

[2] Johann Wolfgang von Goethe, “The Sorcerer's Apprentice,” accessed June 7, 2017, http://germanstories.vcu.edu/goethe/zauber_e4.html.

的严重性。正是这种潜在的失控风险，使得完全自主系统在本质上比半自主系统更加危险。

部署自主系统意味着人必须承担自主系统错误执行任务的潜在风险。这并不是说完全自主系统比半自主或监督式自主系统更易发生故障，而一旦系统发生故障，完全自主系统造成的后果（即系统造成的潜在损害）可能会更加严重。

信任但要验证

激活自主系统从本质上来说是一种信任授权。自主系统的使用者们相信，系统能够以预期的方式运行。但信任并不等同于盲目的信仰。正如“爱国者防空系统”误伤事件那样，过度信任可能与不够信任一样危险。使用者需要恰到好处地信任自主系统，既需要了解系统的功能，更要明确它的局限性。正因如此，国防高级研究计划局技术战术办公室的布拉德福德·托斯利认为测试和评估至关重要。严格的测试制度可帮助设计者和操作者更好地了解系统在现实条件下的表现。鲍勃·沃克也告诉我，测试和评估是构建值得信赖的自主系统的“核心”。“一旦你将权力让渡给机器，这种让渡过程必须是可重复的，”[①] 他说，“同样的结果必须一遍又一遍地发生，……关键是，对于这些日益智能化的武器，我们的测试和评估体系将如何确保武器在预期参数范围内运行？这是个问题。”

问题在于，即使我们能够模拟测试数百万个场景，也不可能穷尽复杂自主系统可能遇到的所有场景。因为，系统与环境之间以及系统与系统之间存在着太多相互作用的可能性。米老鼠或许能够预测水池溢出，但现实世界的很多问题是无法预测的。围棋的下法比宇宙中的原子数量还多，而现实世界又比围棋要复杂得多。2015年美国空军一份关于自主性的报告就感叹这一问题： 150

> 传统的方法，……未能解决与自主软件相关的复杂问题。原

① Bob Work, interview, June 22, 2016.

因很简单，自主软件存在太多的可能状态和状态组合，使得试图逐一详尽地测试每个可能状态不啻于一种痴心妄想。①

除了评估所有可能组合这一纯粹的数学难题外，测试也受制于测试人员的想象力。在象棋或围棋这样的游戏中，测试人员无法列出所有可能的下法。但在现实世界中，自主系统会遇到许多新情况，如新的人为错误、意外的环境场景或想要利用漏洞的对手采取的新的攻击行为等。如果不能提前预料这些情况，就无法进行相应测试。

测试有助于我们树立信心，了解自主系统在现实环境中的运行方式。但是，即使进行再多测试，也不可能完全消除潜在的意外行为。有时候，这些意想不到的行为可能会令用户感到惊喜。例如"阿尔法狗"下出的人类万分之一几率才会下的一步棋（1∶10000 move），令围棋冠军李世石目瞪口呆。但有时候，这些意外行为也可能会带来负面影响。例如，在1997年加里·卡斯帕罗夫（Gary Kasparov）对阵"深蓝"电脑（Deep Blue）的第一场比赛中，"深蓝"的一个漏洞使得它在第44步时下出了毫无意义的一步。一位"深蓝"的程序员后来解释说："在1997年早些时候进行的测试中，曾经出现过一次类似问题，我们以为已经修复了。很遗憾，我们忽略了一种情况。"② 当玩像"危险边缘"、象棋或围棋这类游戏时，人们能够容忍这些"出格"行为，甚至还觉得颇有趣味。但当操作高风险的危及生死存亡的自动化系统时，意外行为极有可能导致悲剧发生，如"爱国

① U.S. Air Force Office of the Chief Scientist, *Autonomous Horizons: System Autonomy in the Air Force—A Path to the Future*, June 2015, 23, http://www.af.mil/Portals/1/documents/SECAF/AutonomousHorizons.pdf?timestamp=1435068339702.

② 有趣的是，这种随意的举动（第44步）可能在动摇卡斯帕罗夫信心的过程中起到了关键作用。与"阿尔法狗"下出万分之一几率的那步棋的出其不意不同，卡斯帕罗夫当时立刻看出"深蓝"的第44步棋在战术上是毫无意义的。"深蓝"在下一步投子认输。当天晚些时候，卡斯帕罗夫复盘时发现，如果他再走20步，就会负于"深蓝"。"深蓝"看似走出的毫无意义的一步，实际上是因为它可以看到未来20步棋的走向，而这在国际象棋中是一个惊人的优势。内特·西尔弗(Nate Silver)的报道称，这个漏洞可能已经不可挽回地动摇了卡斯帕罗夫的信心。Nate Silver, *The Signal and the Noise: Why So Many Predictions Fail* (New York: Penguin, 2015), 276-289。

者”防空系统误伤事件。

正常事故理论

为了更好地理解自主武器的风险，我与联合国裁军研究所（UNIDIR）的约翰·伯里（John Borrie）进行了深入交谈。裁军研究所是联合国下属的独立研究机构，重点研究军备控制与裁军问题。伯里最近撰写了一份关 151
于自主武器及其风险的报告，并以多种身份为新西兰政府、国际红十字委员会和裁军研究所等多个机构开展军备控制和裁军问题的研究，涉及密码学、生化武器及自主技术等领域，[①]这使他能够充分了解自主武器的相对风险。

2016年，我在日内瓦联合国召开的关于自主武器的谈判会上与伯里有过一面之缘。伯里不是狂热的激进分子，不倡导预防性禁止自主武器。他拥有教授的清醒风度，操着一口淡淡的新西兰口音，充满激情（但以一种冷静而专业的语调）地与我交谈。我能想象自己在他的课堂上愉快地点头的情景，即使他冷静地警告机器人有失控的危险。

“高度复杂的技术系统是危险的，”伯里说，[②]“我认为自主武器属于这种危险类别之列，因为其有目的的致命性特点，……很难说我们可以消除意外致死的风险。”伯里将自主武器与其他领域的复杂系统进行了比较。从核电站、商用客机到航天器，我们在设计、测试和操作复杂系统应用方面拥有数十年的经验。好消息是，由于这些经验的存在，人们在如何提高这些系统的安全性和弹性方面建立了可观的研究领域。坏消息是，迄今为止关于复杂系统的所有经验都表明，100%无误差操作是不可能实现的。在很复杂的系统中，人不可能测试所有可能的系统状态以及不同状态的组合，有可能发生意想不到的情况。尽管发生故障的可能性不大，但从长

---

① UN Institute for Disarmament Research, “Safety, Unintentional Risk and Accidents in the Weaponization of Increasingly Autonomous Technologies,” 2016, http://www.unidir.org/files/publications/pdfs/safety-unintentional-risk-and-accidents-en-668.pdf. (I was a participant in a UNIDIR-hosted workshop that helped inform this project and I spoke at a UNIDIR-hosted panel in 2016).

② John Borrie, interview, April 12, 2016.

期来看，这是不可避免的。工程师将这些事故称为“正常事故”（normal incident），因为在复杂系统中发生事故是不可避免的，甚至是正常的。“难道自主系统能有所例外吗？”伯里反问道。[①]

1979年发生的“三里岛核电站崩溃事故”（Three Miles Island nuclear plant meltdown，下文简称“三里岛核事故”）是“正常事故理论”的教科书式范例。“三里岛核事故”属于“系统故障”，肇始于许多微小的、可单独管理的故障。[②] 就像“爱国者”防空系统误伤事件一样，这些故障以一种意想不到的戏剧性方式相互影响，从而导致灾难发生。“三里岛核事故”彰显了预测和预防复杂系统事故的难度之高。

152 密封装置中的水泄漏，进入不相关的系统后，导致对冷却反应堆至关重要的水泵关闭，灾难随之降临。尽管系统启动了自动化安全装置和应急泵，但由于让水通过应急冷却系统的阀门已经关闭。与此同时，由于控制面板上的指示灯被另一个不相关系统的维修标签遮住，导致监控反应堆的操作员并不知道阀门已经关闭。

在没有水的情况下，反应堆的堆芯温度急剧升高。反应堆自动“紧缩”，石墨控制棒掉入反应堆堆芯，吸收中子并停止链式反应。但堆芯仍在发热。高温激活了另一个自动安全装置——泄压阀，其作用是在压力上升冲破安全壳之前释放蒸汽。

泄压阀按预期打开，但由于故障未能自动回座。屋漏偏逢连阴雨，阀门指示灯出现故障，导致工厂操作员对泄压阀未复位一事一无所知。由于释放的蒸汽过多，反应堆堆芯中的水位降到了危险水平，应急堆芯自动水冷系统开始启动，但随后被操作员手动关闭，最终导致堆芯融化的严重事故。

造成这些灾难的原因在于，与许多复杂机器一样，核反应堆是各组件

---

① Ibid.

② 该描述引自 Charles Perrow, *Normal Accidents: Living with High-Risk Technologies* (Princeton, NJ: Princeton University Press, 1999), 15-31; and United States Nuclear Regulatory Commission, “Backgrounder on the Three Mile Island Accident,” https://www.nrc.gov/reading-rm/doc-collections/fact-sheets/3mile-isle.html。

之间“紧密耦合的”（tightly coupled）。紧密耦合是指系统一个组件的运转会直接而快速地影响其他组件。系统的“松散度”很低，人几乎没有时间来进行干预，如放宽或打破规则，或改变系统行为等。在“三里岛核事故”中，导致事故发生的最初故障仅出现了13秒。

正是这种复杂性和紧密耦合性的叠加作用，使得对紧密耦合的系统来说，事故往往在所难免（如果不是经常发生的话）。在松散耦合（loosely coupled）的复杂系统中，如官僚机构或其他类似组织，人有足够的时间和余地来处理意外情况和故障。但在紧密耦合的系统中，故障可能会从一个子系统迅速扩散到另一个子系统，极微小的问题也可能迅速导致系统崩溃。

随着“三里岛核事故”的真相逐渐浮出水面，人类操作员迅速做出反
应，启用了自动安全装置。然而从他们的回答中，我们不难看到人类和自 153
动安全装置的局限性。自动安全装置很有用处，但没有从根本上解决问题——水冷却阀门应该打开时没有打开，泄压阀应该关闭时没有关闭。理论上，考虑到更多因素的“更加智能的”安全装置应该已经解决了这些问题。的确，自“三里岛核事故”以来，核反应堆的安全性有了很大的提升。

然而人类操作员面临着另外一个难题，那就是“系统的不可理解性”。自动化程度的加深可能使这个问题变得更难解决，而非更加容易。由于人类操作员无法直接检查反应堆堆芯的内部功能，因此不得不通过各种监控指标指示器了解情况。但这些指示器也容易出错。一旦出错，将使人类操作者无法准确了解系统内部状态的重要信息。事故发生8分钟之前，操作员并不知道水冷却阀门没有打开，也没有发现泄压阀在两个小时后仍未关闭。这使得他们采取了一些现在看起来完全错误的纠正措施。尽管如此，仍不应当将操作员的行为视为一种“人为错误”，因为他们确实根据当时能获取的最佳信息实施了操作。

“正常事故理论”之父查尔斯·培洛（Charles Perrow）指出，复杂系统本身的“不可理解性”是预测和解决正常事故的关键障碍。这类系统非常复杂，对用户乃至系统设计者来说都是不可理解或不透明的。在面对像

核反应堆这种人无法直接检查系统时，这个问题变得更加严重。哪怕有人员在位，也很难避免这类事故发生。“阿波罗13”号（Apollo 13）飞船事故中，[①]尽管宇航员就在飞船上，能够明显“感觉”到太空飞船状态异常。但宇航员和美国国家航空航天局的地面控制人员在17分钟后才找到他们注意到的仪器异常的来源。宇航员听到了一声巨响，并从最初氧气罐的爆炸中感受到了一阵轻微的震颤。他们感觉到，自己已经无法控制飞船的方向。然而这个系统太过复杂，以至于在宇航员和地面控制专家通过各种仪器读数和快速级联电气故障找到事故发生的根本原因之前，宝贵的救援时
154 间已经错过了。

在复杂的紧密耦合系统中，故障是不可避免的。同时，系统的客观复杂性会使我们预测何时以及如何发生故障变得十分困难。由于自主武器具有类似的复杂性和紧密耦合的特点，伯里对于“我们没有预料到的故障”这种说法深感质疑。[②]从正常事故理论的角度来看，“爱国者”防空系统的误伤行为并不奇怪。换言之，这类事故是不可避免的。

难以预测的事故

“阿波罗13”号飞船事故和“三里岛核事故”都发生于20世纪70年代。当时，工程师们还在学习如何管理复杂的紧密耦合系统。自那时以来，核电和太空旅行都变得更加安全和可靠——即使它们永远无法实现绝对安全。

美国航空航天局已经目睹了很多灾难事故，其中包括像“阿波罗13”号那样无法挽回的重大事故，如“挑战者”号（Challenger）航天飞

① 有关事件的简要叙述，请参阅 National Aeronautics and Space Administration, “Apollo 13,” https://www.nasa.gov/mission_pages/apollo/missions/apollo13.html. NASA’s full report on the Apollo 13 disaster can be found at National Aeronautics and Space Administration, “Report of the Apollo 13 Review Board,” June 15, 1970, http://nssdc.gsfc.nasa.gov/planetary/lunar/apollo_13_review_board.txt. See also Perrow, *Normal Accidents,* 271-281。

② John Borrie, interview, April 12, 2016.

机（1986）和“哥伦比亚”号（Columbia）（2003）失事等。[①] 虽然这些事故都有各自的不同原因（如O形圈存在设计缺陷和绝缘泡沫脱落），这些问题也都能够通过后续设计进行解决。但我们不可能事先预见到这种特定故障，不可避免可能再次发生事故。例如，2015年，太空探索技术公司（SpaceX）发射了一枚火箭。一年后，由于出现了之前从未遇到的支撑杆故障（strut failure），该公司的另一枚火箭在测试过程中发生爆炸，原因是该公司首席执行官埃隆·马斯克（Elon Musk）所说的“火箭史上从未发生过的氧气过热问题”。[②]

自“三里岛核事故”发生以来，核安全性得到了显著提升。但2011年发生的日本福岛核电站泄漏事件，再次将其推向了安全的极限。[③] 尽管拥有备用发电机和30英尺高的防洪墙，但不幸的是，福岛核电站并没有应对停电、海浪高达40英尺的海啸及9.0级地震（这是迄今为止记录到的最大规模的地震）的预案。许多安全措施的确发挥了作用。如地震没有损害安全壳；主电源在地震中受损后，反应堆自动紧缩，插入控制棒停止核反应，备用柴油发电机自动开机工作等。 155

但40英尺高的海浪呼啸而来，吞噬了30英尺高的防洪墙，淹没了13台备用柴油发电机中的12台。主要电网断电后，核电站无法抽水冷却热反应堆的堆芯。尽管日本的工程师竭尽全力使用其他发电机和水泵将水送入过热反应堆，仍然没能避免自切尔诺贝利（Chernobyl）事故以来最严重

① On *Challenger*, see National Aeronautics and Space Administration, “Report of the Presidential Commission on the Space Shuttle Challenger Accident,” June 6, 1986, http://history.nasa.gov/rogersrep/51lcover.htm. On the *Columbia* accident, see National Aeronautics and Space Administration, “Columbia Accident Investigation Board, Volume 1,” August 2003, http://spaceflight.nasa.gov/shuttle/archives/sts-107/investigation/CAIB_medres_full.pdf.

② Matt Burgess, “Elon Musk Confirms SpaceX’s Falcon 9 Explosion Was Caused by ‘Frozen Oxygen,’ ” *WIRED*, November 8, 2016, http://www.wired.co.uk/article/elon-musk-universal-basic-income-falcon-9-explosion. “Musk: SpaceX Explosion Toughest Puzzle We’ve Ever Had to Solve,” *CNBC*, video accessed June 7, 2017, http://video.cnbc.com/gallery/?video=3000565513.

③ Phillip Y. Lipscy, Kenji E. Kushida, and Trevor Incerti, “The Fukushima Disaster and Japan’s Nuclear Plant Vulnerability in Comparative Perspective,” *Environmental Science and Technology* 47 (2013), http://web.stanford.edu/~plipscy/LipscyKushidaIncertiEST2013.pdf.

的核灾难发生。

问题不在于福岛第一核电站缺乏备用安全装置。问题在于，人们未能预见到一种极端的环境状况（地震引发的大规模海啸），导致工程师所称的“共模故障”，即同时淹没两个看似独立的安全装置：主电源和备用电源。即使在诸如太空旅行和核能等领域，预测系统与环境之间的所有可能情况也是不现实的。

“双方都有优势和弱点”

自动化对于事故发生具有“双刃剑”作用。一方面，自动化的脆弱性和不灵活性可能会导致事故发生，另一方面，自动化也能够有助于减少事故发生的可能性或减轻其损害程度。在福岛核电站事故中，自动化安全装置压缩反应堆，并启用了备用发电机。那么，自动化的提升究竟是好事还是坏事呢？

乔治·梅森（George Mason）大学的威廉·肯尼迪（William Kennedy）教授在核反应堆和军事能力建设方面拥有丰富经验。肯尼迪经历独特——他曾在海军核潜艇上服役30年（现役加预备役），并在核管理委员会和能源部从事了25年的核反应堆安全工作。更重要的是，他拥有信息技术博士学位，目前专注于人工智能的研究。我向他咨询人与人工智能在管理高
156 风险系统方面分别具有什么优势。

肯尼迪说：“三里岛核监管委员会带给我们的重要启示是，人不是万能的。[①]”“三里岛核事故”发生之前，每次出现设计缺陷或需要处理的问题时，一般的解决方案是给操作员另设一个仪表、开关和阀门，从控制室进行远程操控。这样问题便迎刃而解。“‘三里岛核事故’表明，人也会犯错误，……控制室中有超过2000个警报器，且每个警报都有多道程序，但警报往往不会单独发生。”[②] 肯尼迪解释说，对任何人类操作员来说，这都是一种难以理解的复杂程度……

① William Kennedy, interview, December 8, 2015.

② Ibid.

“三里岛核事故”发生后，核安全监管流程引入了更多的自动化。肯尼迪赞同这种方法并认为其至关重要。“正如他们目前所设计和制造的那样，自动化系统在处理预期或已知的紧急情况方面，可能比人更为可靠。如果我们能够提前进行研究，将所有可能性一一列出，在漂亮而又安静的办公室里思考所有的应对方式，就能构建一个执行命令的可靠系统。但问题是，预测所有的可能情况是极为困难的，……机器或许能够相当可靠地重复执行计划好的动作，但只有人能够应对‘超出设计基准’（beyond design basis）的事故或事件。”换言之，自动化可以帮助人类预测可能出现的情况，但需要人来处理难以预测的新情况。“双方都有各自的优势和劣势，”[①] 肯尼迪解释说，“我们现在需要做的，就是将人和自动化结合起来，提供最可靠的系统。”

自动化和复杂性——一把双刃剑

肯尼迪的观点概括了我们当前看到的大量现象——增加软件和提高自动化程度，但人仍在一定程度上参与其中。事实上，现代的喷气式客机基本都是自动飞行，飞行员只在紧急情况下发挥应急作用。现代汽车仍然由人驾驶，但拥有大量自动化设备来提高驾驶的安全性和舒适性，如防抱死刹车系统、牵引和稳定控制系统、自动车道保持系统、智能巡航控制系统、避撞和自动倒车装置等。现代战斗机也使用了相关软件来提升自身的安全性和可靠性。例如，F–16战机已经升级了自动防撞系统。[②] 据报道，新型F–35战斗机装有基于软件的飞行控制设备，能够限制飞行员将飞机置于不可恢复的旋转状态或其他不稳定状态。[③] 157

自动化的双刃剑作用在于，这些额外的软件无不增加了系统的复杂性，由此可能带来新的问题。精密的自动化需要数百万行代码的软件进行

① Ibid.

② Guy Norris, “Ground Collision Avoidance System ‘Saves’ First F-16 In Syria,” February 5, 2015, http://aviationweek.com/defense/ground-collision-avoidance-system-saves-first-f-16-syria.

③ Dan Canin, “Semper Lightning: F-35 Flight Control System,” Code One, December 9, 2015, http://www.codeonemagazine.com/f35_article.html?item_id=187.

支撑：F–22战斗机拥有170万行软件代码，[①] F–35战斗机拥有2400万行软件代码，现代豪华汽车大约有1亿行软件代码。软件的代码越多，检测错误或漏洞就更困难。研究表明，软件行业的平均错误率为1.5%—5%，即平均每1000行代码有15到50个错误。在某些情况下，严格的内部测试和评估能够将错误率降到0.01%—1.15%，即每1000行代码中存在0.1到0.5个错误。[②] 但在拥有数百万行代码的系统中，有些错误是不可避免的。[③] 如果检测时没有发现这些错误或漏洞，就可能导致在实际应用时发生事故。

2007年，首次部署到太平洋地区的8架F–22战机在穿越国际日期变更线时，发生了类似"千年虫"的电脑崩溃。[④] 所有机载计算机系统全部崩溃，飞行员失去导航、燃料系统和部分通信支持。这些战机飞行在太平洋上空，没有任何航行参照，最后只能跟着随行加油机返回并降落，这些加油机安装的是旧计算机系统。在战斗或恶劣天气等更严峻的情况下，这类事故可能造成战机的灾难性损失。尽管设计者预见了国际日期变更线的存在，但国际日期变更线与软件的兼容问题却没能在测试中识别出来。

软件的漏洞也可能为黑客大开方便之门。2015年，两名黑客透露，他

---

① Robert N. Charette, "This Car Runs on Code," *IEEE Spectrum: Technology, Engineering, and Science News*, February 1, 2009, http://spectrum.ieee.org/transportation/systems/this-car-runs-on-code. Joey Cheng, "Army Lab to Provide Software Analysis for Joint Strike Fighter," *Defense Systems*, August 12, 2014, https://defensesystems.com/articles/2014/08/14/army-f-35-joint-strike-fighter-software-tests.aspx. Robert N. Charette, "F-35 Program Continues to Struggle with Software," *IEEE Spectrum: Technology, Engineering, and Science News*, September 19, 2012, http://spectrum.ieee.org/riskfactor/aerospace/military/f35-program-continues-to-struggle-with-software.

② Steve McConnell, *Code Complete: A Practical Handbook of Software Construction* (Redmond, WA: Microsoft Press, 2004), http://www.amazon.com/Code-Complete-Practical-Handbook-Construction/dp/0735619670.

③ 航天飞机是个有趣的例外。美国国家航空航天局通过雇佣工程师团队的劳动密集型过程，将航天飞机上的代码错误减少到零。然而，航天飞机只有大约50万行代码，对于使用数百万行代码的更复杂系统来说，这个过程完全不可行。如F–35联合攻击战斗机就有超过2000万行代码。Charles Fishman, "They Write the Right Stuff," FastCompany.com, December 31, 1996, http://www.fastcompany.com/28121/they-write-right-stuff。

④ Remarks by Air Force retired Major General Don Sheppard on "This Week at War," *CNN*, February 24, 2007, http://transcripts.cnn.com/TRANSCRIPTS/0702/24/tww.01.html.

们发现了能够在旅途中远程攻击某些汽车的漏洞。[1] 这使他们能够控制汽车的关键驱动部件，包括变速器、万向机和制动器。在未来，侵入自动驾驶汽车系统的黑客能够轻易修改车载地图中的目的地。158

即使软件没有特定错误或漏洞，仅现代机器的复杂性也足以让用户难以理解自动化在做什么，以及为什么这样做。当使用者在与具有数百万行代码的复杂软件进行交互时，用户对自动化的预期可能会与实际发生的情况大相径庭。我发现，尽管没有数百万行代码，“奈斯特”恒温器的情况也是如此。（一项关于“奈斯特”恒温器使用者的研究也发现了类似的结论。显然，我并不是唯一无法预测它行为的人）。[2]

自主系统越高级，往往能应对更多的变化。因此，它们可以处理比简单系统更有价值的复杂、模糊环境。整体而言，由于能应对更多情况，高级系统出现故障的可能性也会随之降低。但有时候，它们也会发生故障。鉴于复杂性的增加，想要准确地预测何时发生故障，也会变得更困难。伯里说：“我觉得，随着系统变得日益复杂和自主，人将会越来越难以预测这些弱点会以怎样的形式出现。”[3] 当故障发生在高风险情境下，可能会带来灭顶之灾。

“我们一无所知！”

2009年6月1日，从里约热内卢（Rio）到巴黎（Paris）的法航（Air France）447航班在大西洋途中陷入了困境。这起事件肇始于一个微不足道的仪器故障。由于冰晶的作用，机翼上的空气速度探头被冻住，这个问题罕见但不严重，不会影响飞行。由于空速指示器不能正常工作，自动驾驶仪退居二线，将飞行控制权移交给飞行员。飞机同时进入另一种软件控制的飞行模式。换言之，飞机目前不是处于“常规”模式（normal law），

---

① Andy Greenberg, “Hackers Remotely Kill a Jeep on the Highway – With Me in It,” *Wired*, July 21, 2015, http://www.wired.com/2015/07/hackers-remotely-kill-jeep-highway/.

② Rayoung Yang and Mark W. Newman, “Learning from a Learning Thermostat: Lessons for Intelligent Systems for the Home,” UbiComp’13, September 8-12, 2013.

③ John Borrie, interview, April 12, 2016.

在这种模式下，软件限制能阻止飞行员将飞机置于危险条件（如失速）。相反，飞机进入了软件限制有限的“备用”（alternate law）模式。在后者
159 模式下，飞行员能更直接地控制飞机。

尽管如此，并没有发生真正的紧急状况。在自动驾驶仪关闭后的第11秒，飞行员敏锐察觉到，飞机虽然失去了空速指示器，但飞行正常，速度、高度适中，一切都很好。

然而令人难以置信的是，飞行员随后竟然出现了一系列失误，导致飞机坠入大海。在整个过程中，飞行员不断误读了飞行数据，并误判了飞机的行为。在危机中期，副驾驶惊呼道：“我们完全失去了对飞机的控制权，我们对情况一无所知！我们尝试了一切（可能操作）！”事情其实很简单。飞行员把操纵杆拉得太猛，导致飞机失速并失去升力。这是一个基本的空气动力学概念，但飞机上糟糕的用户界面和不透明的自动化流程，即使处于手动飞行模式，也让飞行员难以理解。飞机的复杂性带来的透明度问题一般不会在装载简单系统的飞机上出现。当有经验的飞行员意识到事态发生后，为时已晚。飞机飞行高度过低，下降速度太快，事态无法逆转。这架飞机最终坠入大海，机上228人全部遇难。

与F–22战机国际日期变更线事件或汽车黑客攻击不同，法航447坠机事件不是由于软件潜藏的漏洞造成的。[1] 实际上，自动化表现得很完美，但将事故归咎于人为错误又未免太过简单化。诚然，飞行员本身难辞其咎，但该事故最大的特征在于“人机交互错误”（human-automation error），即飞行员不理解自动化和系统的复杂性。

① “Final Report: On the accidents of 1st June 2009 to the Airbus A330-203 registered F-GZCP operated by Air France flight 447 Rio de Janeiro—Paris,” Bureau d’Enquêtes et d’Analyses pour la sécurité de l’aviation civile, [English translation], 2012, http://www.bea.aero/docspa/2009/f-cp090601.en/pdf/f-cp090601.en.pdf. William Langewiesche, “The Human Factor,” *Vanity Fair,* October 2014, http://www.vanityfair.com/news/business/2014/10/air-france-flight-447-crash. Nick Ross and Neil Tweedie, “Air France Flight 447: ‘Damn it, We’re Going to Crash,’” *The Telegraph*, April 28, 2012, http://www.telegraph.co.uk/technology/9231855/Air-France-Flight-447-Damn-it-were-going-to-crash.html.

“爱国者”防空系统误伤事件是正常事故

正常事故理论揭示了“爱国者防空系统”误伤事件的本质。[①] 它不是一次简单的怪异事件，也不会再次发生。相反，它们是操作高度复杂和紧密耦合系统的正常结果。对于正常事故来说，导致每一次误伤事故发生的因果链并不相同，但特定故障不大可能一起发生，并不意味着发生事故的 160
整体概率很低。事实上，考虑到操作使用的程度，发生事故的可能性非常高。在“伊拉克自由行动”（Operation Iraqi Freedom）中，美国共部署了超过60个“爱国者”导弹连。在作战初期，联军飞机就出动了41000架次。这意味着，“爱国者”防空系统与飞机交互的次数可能达到了数百万次。正如“爱国者”防空系统误伤事故国防科学特别工作组（Defense Science Board Task Force）指出的那样，鉴于交互次数众多，“低概率故障也可能导致令人遗憾的误伤事件”。[②] F–18战机和“龙卷风”战机事件发生的原因不尽相同，这进一步说明，正常事故往往潜伏在复杂系统表面下，伺机而动。战争的复杂性可能会使这些漏洞逐步浮出水面。

我们能否做到安全操作那些危险的复杂系统？正常事故理论的答案是“不可能”！事故发生的概率可以降低，但永远不能消除。此外，关于复杂系统，也有一种观点认为，在一定条件下可以很大程度避免正常事故的发生。

① 事实上，陆军研究人员特别指出“三里岛核事故”与“爱国者”防空系统误伤事件有很多共同之处。参见：Hawley, “Looking Back at 20 Years of MANPRINT on Patriot”。

② Defense Science Board, “Report of the Defense Science Board Task Force on Patriot Performance.”

161

第10章

指挥与决策

自主武器能安全使用吗?

虽然大量的案例能为正常事故理论提供支撑，但也存在一些反例。美国联邦航空管理局（The Federal Aviation Administration, FAA）的空中交通管制系统和美国海军的“航母甲板”（flight deck）是“高可靠性系统”的两个范例。[①] 考虑到其运行环境的复杂性以及操控的危险性，尽管这两个系统的事故发生率并非为零，但已降到了极低的水平。高可靠性系统存在于很多应用中，它们具备下列共同特征：成员训练有素，对发生故障风险的集体警觉性较高，以及从风险事件中学习并着力提高安全性的持续承诺。[②]

① Gene I. Rochlin, Todd R. La Porte, and Karlene H. Roberts, “The Self-DesigningHigh-Reliability Organization: Aircraft Carrier Flight Operations at Sea,” *Naval War College Review,* Autumn 1987, https://fas.org/man/dod-101/sys/ship/docs/art7su98.htm. Gene I. Rochlin, Todd R. La Porte, and Karlene H. Roberts, “Aircraft Carrier Operations At Sea: The Challenges of High Reliability Performance,” University of California, Berkeley, July 15, 1988, http://www.dtic.mil/dtic/tr/fulltext/u2/a198692.pdf.

② Karl E. Weick and Kathleen M. Sutcliffe, *Managing the Unexpected: Sustained Performance in a Complex World,* 3rd ed. (San Francisco: Jossey-Bass, 2015).

总体来看，军队不能被看作为高可靠性组织，但存在一些采用了复杂的高风险管理系统的军事部门，拥有十分良好的安全记录。[1]除了“航母甲板”外，美国海军潜艇部门也是高可靠性系统的范例。1963年，当时美国海军最先进的潜艇之一，也是同级潜艇中的第一艘艇——“长尾鲨”号（Thresher）失事后，美国海军开始实施“潜艇安全”（Submarine Safety, SUBSAFE）项目。对安全运行至关重要的潜艇部件也被称为“核心安全模块”（SUBSAFE），它们需要在设计、制造、维护和使用整个过程中接受严格检测。实现“核心安全模块”的高可靠性并没有什么“秘籍”，无非采取了贯穿整个潜艇生命周期的质量保证和控制措施。在安装和检修船 162
舶的整个生命周期内，每个核心安全模块都需要根据技术规范接受检验、复检、再检验等一次又一次检查。如发现任何异常之处，必须在相关部门予以修复或授权后，潜艇才能继续进行作业。

“潜艇安全”项目不是应对正常事故的技术型解决方案，而是官僚组织型解决方案。尽管如此，结果依然令人震惊。在2003年的国会证词中，负责设计、集成和工程的海军副司令保罗·沙立文（Paul Sullivan）阐述了该项目的成效：

> “潜艇安全”项目取得了巨大成功。在1915年到1963年间，有16艘潜艇因非战斗原因失事，平均每三年就会发生一次。自1963年实施该项目以来……从未有经过该项目认证的潜艇遇难事故发生。[2]

可以毫不夸张地说，这个水平的安全记录令人赞叹。美国海军现有70多艘潜艇，其中约有三分之一出海行动。[3]美国海军已经像这样运行了半

① Scott A Snook, *Friendly Fire: The Accidental Shootdown of U.S. Black Hawks over Northern Iraq* (Princeton, NJ: Princeton University Press, 2002).

② Paul E. Sullivan, “Statement before the House Science Committee on the SUBSAFE Program,” October 29, 2003, http://www.navy.mil/navydata/testimony/safety/sullivan031029.txt.

③ Department of Defense, “Quadrennial Defense Review 2014,” http://archive.defense.gov/pubs/2014_Quadrennial_Defense_Review.pdf.

个多世纪，而没有失去一艘潜艇。从正常事故理论的角度来看，这是令人难以置信的。运行一艘核动力潜艇非常复杂，且具有内在危险性，但海军已经能够大幅降低这些风险。导致潜艇灾难性受损的事故在美国海军中并不“常见”。事实上，自“潜艇安全”项目实施以来，这种事故从未发生过，这使得该项目成为展现高可靠性系统优越性的范例。

高可靠性系统能够成为军队部署自主武器的典范吗？事实上，“潜艇安全”项目和“航母甲板”的经验，已经对海军运行“宙斯盾”作战系统有所启发。美国海军将“宙斯盾”称为“一套从探测到打击的自动化集成指挥控制（C2）和作战系统”。它是舰艇武器的电子大脑。“宙斯盾”系统将该舰的先进雷达与防空、对陆打击及反潜武器系统连接起来，并为海
163 军人员提供中央控制界面。自1983年投入使用以来，“宙斯盾”系统经历了几次升级，现已成为美国80多艘海军战舰的核心组件。为了更好地理解“宙斯盾”系统，探索它是否可以成为未来安全使用自主武器的范例，我来到了弗吉尼亚（Virginia）州的达尔格伦（Dahlgren），拜访在那里训练的“宙斯盾”系统操作员。

“宙斯盾”作战系统

加卢奇彼得·加卢奇（Peter Galluch）上尉是“宙斯盾训练与支援中心”（Aegis Training and Readiness Center）的指挥官，负责监督“宙斯盾”上所有任命军官和海军士兵的训练。见到加卢奇时，我脑海中闪现了“目光坚毅的导弹发射员”一词。身为一名能够在必要时发射导弹的军人，他以一位外科医生式的冷静和果断与我进行交谈。不难想象加卢奇战时在舰艇战斗情报中心（CIC）的情景：临危不乱，根据战情下达开火命令。假如我在“宙斯盾”舰载武器的覆盖范围内飞行，或者仰赖弹道导弹防御来保护我的城市，我信任加卢奇，相信他能做出正确决策。

“宙斯盾”是一个令人惊叹的复杂武器系统。它的核心是一台叫做“指挥与决策”（Command and Decision）的计算机，它管理着雷达和武器运行。指挥和决策行动受到一系列规范的控制，这些规范本质上是被海军称为“指令”（doctrine）的程序或算法。然而，与2003年“爱国者”防空系

统只拥有几种操作模式不同，“宙斯盾”的“指令”非常灵活且可定制。

进行作战时，“宙斯盾”系统共有四种可用模式。第一种是手动模式，这种模式涉及最多的人为控制，所有与雷达“追踪物”（雷达检测到的物体）进行交战的操作必须由人直接完成。舰艇指挥员可以通过激活三种“指令”来提升作战的自动化程度：半自动（semi-auto）、标准自动（Auto SM）和特殊自动（Auto-Special）。顾名思义，半自动模式可以使部分作战过程实现自动化，能够生成对雷达追踪物的打击方案，但最终的决策权仍然掌握在操作人员手中。标准自动模式则将更多的作战过程自动化，但在开火前，人仍然必须采取积极行动。尽管名字叫标准自动，这种模式仍然保持了人在回路中。特殊自动模式是唯一使人在回路上的模式。一旦启 164
动了特殊自动模式，“宙斯盾”系统将自动攻击符合参数的威胁。人能够进行干预，阻止交战，但发射导弹并不需要人的进一步授权。

然而，如果认为“宙斯盾”系统只能以这四种单独模式运行，那你就大错特错了。事实上，指令之间能够相互搭配，根据不同的威胁匹配不同的控制模式。例如，可以写一条指令，使用标准自动模式来应对飞机这一类型的威胁。另一项指令可能授权特殊自动模式应对预警时间较短的巡航导弹。这些指令可以单独使用，也能组合使用。“你可以混搭，”[①] 加卢奇解释道，“这是一个非常灵活的系统……我们能够用一个按钮激活所有指令，也能按一个按钮激活多个指令，或者单独激活一项指令。”

这使得“宙斯盾”系统不像只具有几种模式的固定系统，更像是可以为某个任务量身定制的系统。加卢奇解释说，由在舰艇上的任命军官和熟练士官组成的“宙斯盾”系统指令审查委员会，在部署前数月便开始编写指令。他们会考虑预期任务、情报评估及即将部署地区的相关情报，然后向舰长提交拟制指令的相关建议等待批示。他们设计出了一系列单独和组合的指令，舰长可以在部署期间根据需要进行激活。“如果你已经制订并测试了指令，”加卢奇说，“真正使用它们的时间只需要几秒钟。”

指令通常分为非饱和型和饱和型两类。如果有时间仔细评估所有潜在

---

① Peter Galluch, interview, July 15, 2016.

威胁，就会使用非饱和型指令；如果舰艇进入威胁数量超过操作员反应能力的战斗状态，饱和型指令就有了用武之地。“如果第三次世界大战开始，很多威胁同时向我袭来，”加卢奇说，“我将会把所有的指令集中在一起，这样一个按钮就可以全部激活。我们需要做的是提前测试并研究指令间相互作用会带来何种影响，确保实现预期的舰艇防御效果。”正如加卢奇所描述的那样，特殊自动模式能够在“生死存亡”（kill or be killed）的关键
165 时刻发挥重要作用。[①]

尽管如此，仅仅制定指令还不够。要确保其正常运行，还必须进行充分测试。一旦舰艇抵达作战区域，船员首先要做的就是测试武器的指令，检测环境中是否存在导致武器在和平时期开火的因素，要杜绝此类事情的发生。检测行动通过被称为“阻火开关”（Fire Inhibit Switch，FIS）的硬件级保险开关完成。“阻火开关”有一把钥匙，舰艇上的所有武器都必须插入这个钥匙后才能启动。插入“阻火开关”钥匙时，红色指示灯就会亮起。当钥匙转向右侧时，指示灯变绿，表示武器已经准备就绪，能够实施打击。当“阻火开关”变成红色或完全拔出钥匙时，舰艇上的武器就无法使用。正如加卢奇所言：“没有电压当然不能点火或发射导弹。”[②]通过保持“阻火开关”处于红色状态或直接拔出钥匙，船员可以安全地测试“宙斯盾”系统的指令，而不会在无意中走火。

舰长全权负责指令的编写和激活。指令不仅是一组程序，还是舰长对军舰作战意图的体现。“它是自动化的这一点毋庸置疑，但在哪些部分可以自动化以及如何应用自动化上，人可以发挥很大的作用。”[③]加卢奇说。

在运用自动化的方式上，“宙斯盾”部队与2003年“爱国者”导弹连的做法大相径庭。2003年，坐在控制台上的“爱国者”操作员本质上是信任自动化的。他们有一些可以激活的操作模式，但操作员本身并没有制订自动化的具体运行规则。这些规则是几年前就已经制订好的。相比之下，

① Ibid.

② Ibid.

③ Ibid.

“宙斯盾”指令可以根据特定的操作环境进行调整和定制。例如，在西太
平洋作业的一艘驱逐舰可能与在波斯湾作业的同一类型的驱逐舰拥有不同
的条令，以应对来自中国与伊朗的不同导弹威胁。两者之间的差异不仅在
于指令选择的多寡。更为重要的是，它们的整个自动化理念都是不同的。
在“宙斯盾”战舰上，自动化充分体现了舰长的意图。而在“爱国者”导
弹连中，自动化体现的是设计者和测试者的意图。“爱国者”防空系统的
实际操作员可能甚至不完全了解设计者制订规则的意图。“爱国者”防空 166
系统的自动化，很大程度上是用来取代战斗人员的决策。而在“宙斯盾”
系统上，自动化被用来体现战斗人员的决策。

“宙斯盾”“爱国者”系统的另一个关键区别是决策权在谁手里。在“宙斯盾”舰上，只有舰长有权启动武器系统的指令。舰长可以将权力预先授予值班的战术行动指挥官，但必须以官方的书面形式正式下达命令。这意味着，“宙斯盾”舰指挥员的决策经验水平与“爱国者”系统完全不同。当加卢奇上尉担任美国“宙斯盾”驱逐舰“拉姆齐”号（USS Ramage）指挥官时，他已经拥有18年的舰艇作战经验，曾在三艘“宙斯盾”战舰上服过役。相比之下，第一次“爱国者”防空系统误伤事故中的指挥官，仅是一位刚刚完成培训的22岁少尉。

在我们的谈话过程中，加卢奇充分展现了他的职业素养。他得心应手地操控着“宙斯盾”舰，但对其应用自动化的态度并不轻率。他对这个武器系统心怀必要的谨慎。他认为，激活“宙斯盾”的指令是严肃的决定，绝不能掉以轻心。他解释道：“除非你预期将进入战斗，否则，你绝对不能激活任何武器的指令。”① 即使是手动模式，也可以在几秒钟内发射导弹。如果情况紧急，可以快速激活指令。“我在海湾地区执行过的任务超过了我的预期，”他说，“我非常乐意在没有激活指令的情况下一次出海几个月，但必须确保安装并测试了指令。如果需要的话，可以随时使用。”因为可能有些情况需要这样的自动化水平。“如果你可以迅速发射导弹，为什么不手动完成所有事情？”加卢奇解释说，“我的观点是，如果只有

① Ibid.

一两枚导弹或威胁，手动控制的效果当然更好。但是如果你正在驾驶战斗机，或正在与小型巡逻艇进行持续枪战，抑或正在发动直升机，……同时，有一堆巡航导弹从不同角度向你袭来。你很清楚，值班人员很少。只有10—12人。因此，在人手不足的情况下，你很难应对所有来袭威胁。这就是我对饱和状态与常规状态这一概念的理解。你希望人尽可能处在'回路之中'，但有时候你会感到不知所措。"

即使指令被激活，"宙斯盾"作战系统的理念之一还是人对于作战过
167 程的控制。人为控制的形式有很多种。在特殊自动模式下，拥有发射权的是"宙斯盾"系统的指挥与决策计算机，但人的意图仍然存在。加卢奇说，我们的目标是确保"有意识地决定发射武器"。[①] 但是，这并不意味着事故就不会发生。事实上，正是对潜在事故的持续关注，才避免了事故的发生。加卢奇等人明白，在激活指令的情况下，也可能会发生事故。这就是需要严格控制武器的原因。"舰艇指挥官需要不断进行权衡，既需要保持随时准备发射武器的战备状态，又必须极力避免无意间的擦枪走火。"他解释说。

在加卢奇带我来到"宙斯盾"作战系统模拟中心，并让他的团队进行一系列模拟交战的过程中，我看到了实际操作中自动化受到的严格控制。加卢奇站在舰艇上担任指挥官，"宙斯盾"舰的海员坐在模拟席位上，进行着和在真实战舰上一样的工作。然后，他们开始了模拟发射行动。

"调到绿色状态"[②]

海军不允许我记录舰员之间使用的具体指挥语言，但允许我观察并报道我所看到的情况。加卢奇首先命令舰员在手动模式下演示一次导弹发射。他们在屏幕上设置了一个模拟雷达目标，加卢奇命令海员瞄准这个目标。随后开始制订解决方案，完成每一步后，三名船员都会从容而清晰地

---

① Ibid.

② The command, as reported on the Navy's website, is "roll FIS green." U.S. Navy, "Naval Terminology," http://www.public.navy.mil/surfor/Pages/Navy-Terminology.aspx.

向加卢奇进行汇报。发射方案准备就绪后，加卢奇便下令战术行动官将“阻火开关”调到绿色状态。随后，加卢奇下令开火。一名船员按下发射按钮，导弹发射。在我们面前的一个大屏幕上，雷达显示，飞出的导弹飞向目标方向。

我看了下手表。整个过程非常快，不到一分钟。在手动模式下，从明确威胁到做出决定再到发射导弹，共计不到一分钟。我能够理解加卢奇自信在没有激活指令的情况下保卫舰艇的能力。

在半自动模式下，他们再次完成了这一过程，这一次激活了指令。导弹发射后，战术行动指挥员立即将“阻火开关”的钥匙复位到红色状态。加卢奇下达命令，激活半自动模式的指令。随后，他们瞄准了另一个目 168
标。这一次，“宙斯盾”系统的指挥与决策计算机自动生成了部分发射方案，将发射时间缩短了一半以上。

他们将“阻火开关”钥匙转回到红色状态，启动标准自动模式，并规划了新的导弹飞行路线，随后将“阻火开关”钥匙调至绿色状态，发射。

最后，他们激活了“特殊自动”模式的指令。的确，这是一个往未知领域的跨越，人已经从回路中移除。舰员现在只是观察员，不需要采取任何行动来让系统开火。我把目光移向“阻火开关”的钥匙。钥匙还在里面，但它变成了红色状态。特殊自动模式的指令已经启用，但硬件还没有连接，武器装备没有加载任何电压。只有当战术行动指挥官将“阻火开关”的钥匙转到绿色状态时，才能开始发射。

模拟威胁目标出现在了屏幕上，加卢奇下令将“阻火开关”转到绿色状态。系统在舰员宣布导弹发射前，便完成了指挥决策系统追踪目标并发射的全过程。

但我感觉被欺骗了。他们并没有打开自动化系统，而是靠在椅子上轻松地观望。即使是在特殊自动模式下，他们的手一直搭在能够停止发射的“阻火开关”钥匙上。导弹“发射”后，我看到战术行动指挥官再次将“阻火开关”调到了红色状态。他们根本不相信自动化！

但我马上意识到，这正是问题的关键。他们不相信自动化。自动化是强大的，他们尊重它——甚至认识到自动化不可或缺——但这并不意味着，他们就会将人的决策权让渡给机器。

为了进一步阐明这个问题，加卢奇让舰员最后展示了一次发射过程。随着“特殊自动”指令的启用，舰员将“阻火开关”钥匙调到了绿色状态，让“宙斯盾”舰的指挥决策系统开始工作。但导弹升空后，加卢奇就马上下令摧毁这枚导弹。他们按下一个按钮，几秒钟后，模拟导弹就从雷达中消失了——它已经在飞行过程中被摧毁。即便在特殊自动模式下，即便在导弹发射后，他们仍然有能力重新保持人对作战过程的控制。

“宙斯盾”舰队有理由保持高度谨慎。1988年，一艘“宙斯盾”驱逐
169 舰发生了一起可怕的事故。这个事故像梦魇一样困扰着这个舰队，并成为永恒的纪念，警告着“宙斯盾”驱逐舰的致命威力。加卢奇描述了一件“可怕而痛苦的教训”，并谈论了“宙斯盾”舰队学会如何防止悲剧重演。

“文森”号事件

1988年的波斯湾是个危险之地。自1980年以来，伊朗和伊拉克之间的战争已经发展成为一场漫长的“油轮战争”，[1] 伊朗和伊拉克相互攻击油轮，试图让对方的经济陷入瘫痪。1987年，伊朗攻击一艘悬挂美国国旗但从科威特运出石油的油轮。作为回应，美国海军开始为挂着美国国旗的科威特油轮护航，保护他们免受伊朗的袭击。

海湾地区的美国军舰保持高度警惕，时刻提防着来自几个国家的地雷、装备火箭的伊朗快艇以及军舰和战斗机的威胁。一年前，美国“斯塔克”号（USS Stark）导弹护卫舰遭到两架伊拉克喷气式飞机发射的“飞鱼”导弹袭击，导致37名海军官兵遇难。1988年4月，一艘美国护卫舰撞击伊朗的一座海上矿井，袭击了伊朗的石油平台并击沉了几艘伊朗船只。战斗只持续了一天，但美国和伊朗之间的紧张局势持续升级。

1988年7月3日，美国的“文森”号驱逐舰（USS Vincennes）和“蒙哥马利”号驱逐舰（USS Montgomery）在护送油轮通过霍尔木兹海峡时，

① Ronald O’Rourke, “The Tanker War,” Proceedings, May 1988, https://www.usni.org/magazines/proceedings/1988-05/tanker-war.

迎头碰上了伊朗快艇。在“文森”号上负责监视伊朗船只的直升机遭到攻击后，两艘驱逐舰立即回应，将伊朗船只逼进伊朗领海，并发生交战。

当“文森”号正在与伊朗船只进行激战时，两架飞机从伊朗阿巴斯港（Badar Abbas）机场起飞。阿巴斯港是军民两用机场，为伊朗的商业和军事航班提供服务。其中一架是伊朗航空公司的655航班，另一架则是伊朗的F–14战斗机。无论出于何种原因，在“文森”号驱逐舰战斗情报中心的官兵们的脑海中，两架飞机在雷达屏幕上的轨迹十分混乱。伊朗的F–14
战机已经撤离，但“伊航655”航班还在沿着正常民航航路飞行，而这条 170
航路正好直接飞过“文森”号。尽管这架喷气式客机开启了敌我识别系统，并在民航航路上飞行，但“文森”号机长和机组人员却错误地认为，向他们这里飞来的雷达轨迹是伊朗的F–14战机。

当飞机接近时，“文森”号发出了多次军事和民用频率无线电警告，但没有收到回应。考虑到伊朗选择出动战机来升级战斗，且美军舰艇受到了威胁，“文森”号舰长下令开火。结果，“伊航655”客机被击落，机上290人全部遇难。[①]

在自动化和人为控制的尺度上，“文森号事件”和“爱国者”防空系统误伤事件是两种截然相反的情况。在“爱国者”防空系统误伤事件中，人过分信赖了自动化。而“文森”号事件是由人为错误引起的，引入更多的自动化或许会有所帮助。“伊航655”客机沿着一条商业航线飞行，并开启了敌我识别系统。在这种情况下，精心制定的“宙斯盾”指令不会开火。

自动化能够有助于“文森”号适应快节奏的战斗环境。他们并没有被太多的导弹淹没，而是被太多的信息淹没：与伊朗船只进行枪战，跟踪一架从附近的机场接连起飞的F–14和民航客机。在这个信息饱和的环境中，机组人员忽略了本应注意的重要细节，并做出了糟糕的决定，酿成了悲剧。相比之下，自动化不会被大量的信息淹没。正如自动化有助于在信息

① 这段话来自ABC关于Vincennes事件的特别报道，该报道依靠第一手采访和“文森”号事件期间的视频和音频记录。ABC Four Corners, “Shooting Down of Iran Air 655,” 2000, https://www.youtube.com/watch?v=Onk_wI3ZVME。

饱和情况下击落来袭导弹一样，它不会向错误的目标开火。

实现高可靠性

“宙斯盾”舰队从“文森号事件”“爱国者”防空系统误伤事件以及多年的操作经验中学习，不断改善操作程序、原则和软件，从而实现了高度复杂武器系统的低事故率。在“文森”号事故发生后近30年里，尽管世界
171 各地仍在不断部署“宙斯盾”战舰，类似的悲剧并没有重演。

海军“宙斯盾”舰队过去的记录表明，复杂危险系统的高可靠性运行是可以实现的，但并不仅仅是通过测试。在“宙斯盾”系统的整个运行过程中，操作人员并非被动的旁观者，也没有盲目地信任自动化系统。他们积极参与每个阶段，对系统的操作参数进行编程，不断监控其操作模式和行为，并严格控制武器的发射权。“宙斯盾”舰的这种文化，与军方研究人员在2003年“爱国者”导弹连发现的“对自动化的毫无根据和不加批判的信任”有着天壤之别。[1]

“爱国者”防空系统误伤事件发生后，美军启动了“爱国者警戒项目”（Patriot Vigilance Project）。这是一项为期三年的事后评估计划，旨在更好地找出问题，并改进培训、原则和系统设计，确保悲剧不再重演。约翰·霍利（John Hawley）博士是一名工程心理学家，也是这个项目的主管。他坦言，进行这些改变面临着很大挑战。他说，有些地方已经能以极低的事故率管理高风险技术，但高可靠性并不容易实现。美国海军“投入了大量资金来研究，如何更有效地使用像‘宙斯盾’这样的系统，避免犯导致‘文森号事故’的类似错误”。[2] 他说。相关训练既费钱又费时，且存在一些官僚和文化上的障碍，阻止军事组织进行这些努力。霍利解释说，“爱国者”防空系统指挥官的业绩是根据战备人数来进行评估的。“如果你把训练的标准定得太高，就可能很难使这些团队人员达到要求。”[3] 看

① Hawley, “Not by Widgets Alone.”

② John Hawley, interview, December 5, 2016.

③ Ibid.

起来，军队希望让训练尽可能接近现实。某种程度上来说，这是对的。但是，在具体投入的时间和金钱方面，却存在诸多限制。霍利认为，美军的“爱国者”防空系统操作员在“虚假环境”中进行训练，[1] 难以准确地模拟现实世界的战斗环境。他说：“结果是军队欺骗自己说，部队人员表现得无与伦比，……你很容易心高意满。但你要明白，那仅仅是因为你能够处理安排的相对不那么有挑战的场景。不幸的是，在战争爆发前，军队不一定会意识到他们的训练是无效的。而一旦战争爆发，一切都将为时已晚。 172

霍利解释说，“宙斯盾”舰队在一定程度上避免了这个问题。因为，他们每天都在全球部署的舰艇上操作系统。“宙斯盾”的操作员能够“持续从环境中获得有关工作状态的客观反馈”，[2] 从而避免了这种自我欺骗。然而，在和平时期，美军“爱国者”防空系统所面临的作战环境并不像“宙斯盾”舰队那么紧张。霍利说：“即使部署了美军将士，他们对于系统的体验也不尽相同。尽管在理论上充满热情，但除了监控所属范围外，他们并没有做太多实际的事情。”[3] 领导力也是一个至关重要的因素。霍利说，“‘宙斯盾’舰队的海军高级军官很担心‘文森’号的悲剧重演”。[4]

总之，实现高可靠性并非易事。它需要在现实操作条件下积累丰富的经验，并投入大量的时间和金钱。对于领导者来说，安全必须成为压倒一切的优先事项，但与此同时，他们又往往需要满足其他要求。美国海军潜艇艇员、“航母甲板”操作员和“宙斯盾”系统操作员都是符合这些条件的具体军事人员。一般军事组织不存在这个问题。对于美军是否能够安全运行“爱国者”防空系统，霍利表示悲观，认为“军队组织上太过松散，很难严格达到这些系统所需的要求”。[5]

鉴于美军是历史上最为专业的军事组织之一，这个结论令人颇为失

---

① Ibid.

② Ibid.

③ Ibid.

④ Ibid.

⑤ Ibid.

望。霍利对其他国家的看法更为悲观。“从历史上俄罗斯军队对伤亡的容忍度和对于误伤的态度来判断，他们会倾向于提升致命性武器的操控效率，同时离必要的安全使用标准渐行渐远。”[①] 实践似乎证明了这一点，“苏联/俄罗斯潜艇的事故率远远高于美国潜艇。”

如果哪个军事部门应当极力避免事故发生，那么无疑就是控制核武器的部门。目前，地球上还没有出现比核武器更具破坏性的武器。因此，核
173 武器也成为了安全管理危险武器的最佳测试案例。

核武器安全性与险情事故

理解核武器的破坏力并非易事。一艘俄亥俄（OHIO）级弹道导弹潜艇可以携带24枚“三叉戟Ⅱ D5”（Tredent II D5）型弹道导弹，每枚导弹装有8枚10万吨级当量弹头。一枚10万吨级当量的弹头比在广岛（Hirojima）投下的核弹威力还要大6倍以上。因此，一艘核潜艇能够释放1000次轰炸广岛的破坏力。单独使用的话，核武器有可能造成大规模破坏；整体使用，核大战更是能够将人类文明毁于一旦。但自1945年以来，除核试验外，人类并没有使用核武器。

然而，仔细观察就会发现，关于核武器安全的历史记录并不令人感到欣慰。除了1983年的斯坦尼斯拉夫·彼得罗夫事件外，还发生了多起差点造成灾难性后果的核险情事件（near-miss accident）。其中一些险情可能导致单件核武器的误用，另一些更是可能触发超级大国之间的核战争。

1979年，美军北美防空司令部（North American Aerospace Defense Command, NORAD）的一台计算机上错误地播放了美军训练用录像带（training tape），[②] 导致美军认为苏联正在发起进攻。但最终预警雷达显示，情况并非如此。时隔不到一年后的1980年，一个存在漏洞的计算机芯片

① Ibid.

② Lewis et al., “Too Close for Comfort: Cases of Near Nuclear Use and Options for Policy,” The Royal Institute of International Affairs, London, April 2014, https://www.chathamhouse.org/sites/files/chathamhouse/field/field_document/20140428TooCloseforComfortNuclearUseLewisWilliamsPelopidasAghlani.pdf, 12-13.

导致美军北美防空司令部出现类似虚警。[1] 这一事件迅速发酵，美军指挥官通知了国家安全顾问兹比格纽·布热津斯基（Zbigniew Brzezinski），告诉他有2200枚苏联导弹正在朝美国袭来。在北美防空司令部意识到警报有误之前，布热津斯基险些通知当时的美国总统吉米·卡特（Jimmy Carter）。

即便在冷战结束后，核武器的危险也没有被完全消除。1995年，挪威发射了一枚搭载研究北极光的科学仪器的火箭，这枚火箭的轨道和雷达标志与美国“三叉戟II”型潜射核导弹类似。尽管一次打击只发射一枚导弹没有任何意义，但俄军认为，这次发射与高空核爆很类似，有可能在释放电磁脉冲使俄罗斯卫星致盲，为美国的大规模进攻埋下伏笔。俄军指挥官带来了总统叶利钦（Boris Yeltsin）的核公文包。[2] 在确认导弹无害前，叶 174
利钦总统曾与俄军高级指挥官们讨论了应对措施。

除了这些事件之外，还存在着一些虽无核战争风险但仍令人担忧的安全事故。例如，2007年，美国空军一架B–52轰炸机从迈诺特空军基地（Minot Air Force Base）飞往巴克斯代尔空军基地（Barksdale Air Force Base），机上载有六枚核弹头，但飞行员和机组人员却毫不知情。飞机降落后，这些核武器仍然留在飞机上，没有任何安全保障，直到第二天才被地面人员发现。这一事件仅仅是美国在核安全领域最近的一系列安全隐患中最令人震惊的一件，使得空军领导人警告称，对适当安全标准的遵守已经遭受侵蚀。[3]

上述事故并非是孤立的。从1962年到2002年，至少出现了13次核险

① Ibid.,13. William Burr, “The 3 A.M. Phone Call,” The National Security Archive, March 1, 2012, http://nsarchive.gwu.edu/nukevault/ebb371/.

② Lewis, “Too Close for Comfort,” 16-17.

③ Defense Science Board Permanent Task Force on Nuclear Weapons Surety, “Report on the Unauthorized Movement of Nuclear Weapons,” February 2008, http://web.archive.org/web/20110509185852/http://www.nti.org/e_research/source_docs/us/department_defense/reports/11.pdf. Richard Newton, “Press Briefing with Maj. Gen. Newton from the Pentagon, Arlington, Va.,” October 19, 2007, http://web.archive.org/web/20071023092652/http://www.defenselink.mil/transcripts/transcript.aspx?transcriptid=4067.

情事件。[①] 这个记录很难令人感到乐观。事实上，它使我们进一步相信这样的观点，即核险情事件是核武器的正常（或许是恐怖的）状况。诚然，这些事件都没有导致实际的核爆炸。但相关事件也带来了有趣的难题：这些险情是否支持正常事故理论的悲观观点，即事故是不可避免的？或者，他们没有导致实际核爆炸的事实证明了更加乐观的观点，即高可靠性组织可以安全地运行高风险系统？

为了回答这个问题，斯坦福大学政治学者斯科特·萨根（Scott Sagan）对核武器安全问题进行了深入考察。萨根将详尽的研究结论发表在《安全组织、事故和核武器的局限》（*The Limits of Safety Organazation, Accidents, and Nuclear Weapons*）上，他写道：

> 当我开始写这本书的时候，核武器安全的公开记录让我满怀希望，认为高可靠性组织学派能够提供最强大的智力工具，来解释这个显而易见的成功故事。……无奈的是，本书显示的证据让我不能不得出相反的结论：美国核武库中持续存在的安全问题应当成为一种警示。[②]

萨根总结说：“相比高可靠性理论，历史证据为查尔斯·培洛（Charles
175 Perrow）的正常事故理论提供了更强有力的支撑。[③] 事实上，在看似良好的安全记录这一表象之下，其实是美国核武器系统的一次次死里逃生。这不是因为负责维护美国核武器安全的组织故意渎职或无能。相反，核险情事故的种种历史不过反映了‘组织安全的固有局限’。”[④] 除了安全性之外，军事组织还需要满足其他的行动要求。政治学家将这种现象称为“总

① Lewis, “Too Close for Comfort.”

② Scott D. Sagan, *The Limits of Safety: Organizations, Accidents, and Nuclear Weapons* (Princeton, NJ: Princeton University Press, 1993), 251.

③ Ibid.,252.

④ Ibid.,279.

是/从不困境”（always/never dilemma）。[①] 一方面，有核国家的军队必须总是保持枕戈待旦的状态，随时准备向敌人发起大规模攻击，以增强威慑的可信度。另一方面，他们又决不允许在未经授权或意外的情况下引爆核武器。萨根说，这实际上是“不可能的”。[②] 控制风险非常困难。

不可避免的事故

核武器已经带来了很大的安全挑战。在许多方面，自主武器可能会带来更大的麻烦。比较而言，只有少数主权国家拥有核武器，但自主武器却可以广泛扩散，包括不太关心安全的国家。自主武器也存在一个“总是/从不困境”：[③] 一旦投入使用，它们总是需要找到并摧毁敌方目标，而绝不能攻击友军或平民目标。与核武器不同，自主武器可能允许一些孤立的小失误发生，但严重失误不行。

诚然，在危险性方面，自主武器与核武器不可同日而语。但是，这可能会在某些方面使得缓解风险变得更具挑战性。认为自动化可以提高安全性和可靠性的想法——在某些情况下是这样——可能导致军队在使用自主武器的谨慎程度方面低于其他常规武器。如果军方无法采取可靠的安全程序来控制核武器，那么能否在自主武器上做到就更加难以确定了。 176

核安全事故、“宙斯盾”事件和“爱国者”防空系统误伤事件等历史记录表明，合理的程序可以减少事故发生的可能性，但无法将之降为零。通过采用高可靠性组织的原则，美国海军潜艇和“宙斯盾”舰队至少在平时能够安全地管理复杂的危险系统。如果“爱国者”导弹连在2003年之前采纳部分条令，或许可以避免误伤的悲剧发生。至少可以通过提高应对险要事件和纠正已知问题（比如误判反辐射导弹的问题）的文化警惕，避免发生击落“龙卷风”战机事故。然而，高可靠性理论并不能保证零事故，只能表明，低事故率是可以实现的。即使在核武器等强调安全至上的领

① Ibid.,278,

② Ibid.,278,

③ 特别感谢亚利桑那州大学的希瑟·罗夫（Heather Roff）给我指出这个相似情况。

域，事故仍然难以避免。

人们对自主武器能否实现高可靠性操作并不乐观。高可靠性的实现取决于和平时期“宙斯盾”系统的三个关键特征，但这些特征很难在战争中的完全自主武器领域实现。

首先，高可靠性系统要求通过不断完善操作以及从险情事故中学习来降低事故率。这就要求他们能够在其运营环境中积累丰富经验。例如，当“宙斯盾”舰首次抵达某个地区后，在一段时间内，尽管开启了雷达和指令，但并没有激活武器。在这种情况下，舰员能够看到指令是如何应对特定的操作环境的。同样，美国联邦航空管理局的空中交通管制、核电站和航空母舰都是人们经年累月进行操作的系统，积累了大量的操作经验。正是这种在真实世界中的日常体验，使他们能够改进安全操作。

一旦发生规范之外的极端事件，安全性必然受到挑战。用户无法预测非正常条件下可能发生的所有情况。导致福岛第一核电站崩溃的日本9.0级地震就是一个典型例子。如果造成40英尺高海啸的9.0级地震经常发生，核电站的运营者很快就会学会预测破坏主要及备用电力的共模故障。
177 他们会建造更高的防洪墙，并使备用柴油发电机远离地面。然而，预测非正常事件期间可能发生的具体故障很难。

战争是一个非典型的情况。虽然军队时刻都在准备打仗，但军人平时的训练和生活依然处在和平时期。军队希望能通过训练，为残酷的战争做好准备。但是，没有任何训练能够完全模拟实际战斗中的暴力和混乱。这就使得，军方很难准确预测自主系统在战争中的行为。即便是“宙斯盾”系统，激活指令禁用武器也只能让操作员理解，在和平环境下，该指令与运行环境是如何交互的。战时环境与平时大为不同，也会带来新的挑战。“文森”号事件的发生突显了这一问题。“文森”号机组人员面临着诸多不同于平时的情况——军用战机和民航客机从同一个空军基地起飞，在相邻空域飞行，且伊朗船只向“文森”号驱逐舰发起了攻击。如果经常遇到这些挑战，他们可能会制定一些规则来避免事故发生，比如停用民用航空公司的航线。然而，日常训练并未使他们做好充分准备——也不可能使他们做好准备——因为战争会带来复杂性。霍利说：“你可以完成你认为需要的所有训练，但真正使你一败涂地的往往是意外和惊奇。”[1]

平时与战时的高可靠性组织要求之间存在的另一个重要区别是，是否存在敌对者。安全地运行复杂系统是十分困难的，因为组织机构会考虑其他利益，这些利益有时会与安全利益产生冲突，例如利润和声望等。然而，谁都不会选择与安全背道而驰。并不是说人们会积极地破坏安全状态，而是人们会选择走捷径。战争不一样，它是一种本质上的敌对环境。在这种环境中，行为体会企图破坏、利用或颠覆系统。军队并不是想训练部队去应对全部可能的敌方行动，而是通过灌输弹性、决断力和自主执行命令的文化，为战争环境做好准备。作战人员必须随时进行调整，并想出新的解决方案来应对敌方的行动。这是人类擅长的领域，而机器往往表现不尽如人意。在应对敌方的创新行动时，自动化系统存在的脆弱性成为局限。一旦对手在自主系统中发现漏洞，他/她就可以随意利用这个漏 178
洞，直到人们有所察觉，并对系统进行修复和调整。但系统本身无法进行调整。使用者认为，可预测性对于自动化来说很重要。但是，在对抗环境下，这种可预测性可能会成为一种弱点。

最后，人是实现高可靠性要求的关键。根据定义，完全自主武器不需要人来执行任何操作。应当看到，正如威廉・肯尼迪（Walliam Kennedy）解释的那样，自动化能够完成“有计划的行动”（planned actions），是人实现了系统的高可靠性。[2] 但人需要使系统变得更加灵活，以有效应对非常规事件。也正是人，为系统注入了更多的灵活性，增强了系统组件之间的耦合度，并能够进行判断。在完全自主系统中，人始终存在于系统的设计和测试的整个过程，将系统投入使用的也是人。然而，在实际操作中，人却已经退居二线了。如果出现问题，他们不能介入。在这种情况下，即便拥有高可靠性的系统也无能为力了——因为至少在一段时间内，机器是独立运行的。在这些情况下，要实现系统的安全，仅仅依靠高可靠性已经不够了。它需要高可靠性的完全自主的复杂机器系统，而这种系统目前尚

① John Hawley, interview, December 5, 2016.

② William Kennedy, interview, December 8, 2015.

未面世。这需要一种与“宙斯盾”完全不同的机器系统，它只对使用者来说是高度可预测的，而对敌人来说是不可预测的。此外，它还需要拥有一种容错设计，能够在发生故障时默认进入安全运行模式。

鉴于当今的技术状态，没有人知道如何构建一个100%安全的复杂系统，但未来可能会出现这种系统。有关“更智能”机器的前景看起来很有诱惑力：机器会变得更加先进和智能，能够考虑更多的情况，并避免故障的发生。某种程度上来说，这是事实。能够理解美国核原则的更复杂的早期预警系统，可能会像彼得罗夫一样进行判断，确定这种攻击可能是错误
179 的。“爱国者”防空系统的更高级版本可能已经考虑到敌我识别系统或电磁干扰的问题，并阻止对潜在模糊目标的攻击。

然而，更加智能的机器也无法完全避免事故。新功能的出现会带来复杂性的增加，这是一把双刃剑。更为复杂的机器，或许会拥有更加强大的功能，但在新的情况下，使用者也更加难以理解和预测他们的行为。对于基于规则的系统来说，试图破译系统行为的各种规则间错综复杂的关系网络，以及系统与环境可能发生的所有快速交互，几乎是天方夜谭。规则的增加意味着考虑更多的场景，从而使系统变得更加智能化。但与此同时，对于操作者来说，随着机器内部逻辑复杂性的增加，系统也会变得更加不透明。

学习系统似乎避开了这一问题。他们不依赖规则。相反，系统会提供数据，然后通过一段时间的经验学习得出正确的答案。目前，人工智能领域一些最具创新性的进展发生在自主学习系统领域，如深度神经网络。军队希望使用学习系统来解决难题，事实上，国防高级研究计划局的“对抗环境下的目标识别与匹配”等项目已经付诸行动。然而，测试这些系统更具挑战性。复杂系统不容易理解，在能够进行自我学习的系统中，这种情况会变得更严重。

180

第11章

黑 箱

深度神经网络构筑的怪异世界

机器学习并不遵循传统的编程规则，而是通过模糊的神经网络算法模型直接从数据中进行学习。对于设计人员来说，这实际上就是一个“黑箱”。计算机程序员可以查看神经网络的输出结果，了解结果的正误情况。但要理解系统为什么会得出某种结论——尤其是预测故障，则相当具有挑战性。在我和鲍勃·沃克交谈的过程中，他也特别提到了这一问题。对于“如何测试和评估学习系统”这一问题，他不知道如何回答。这无疑是个难题。

当前应用于视觉目标识别的人工智能在“欺骗图像”面前表现出的脆弱性，充分彰显了验证学习系统行为中存在的问题。虽然实践表明深度神经网络是用于目标识别的一个极其强大的工具，它的表现足以和标准基准测试中的人相媲美甚至有所超越。[①] 然而，研究人员也发现，至少在目前

① Kaiming He et al., “Delving Deep into Rectifiers: Surpassing Human-Level Performance on ImageNet Classification.”

的技术中，人工智能存在着一些人类没有的怪异漏洞。

欺骗图像是利用深度神经网络的漏洞欺骗机器识别的错误图像。[①] 欺骗图像（通常由研究人员创建）[②] 通常有两种形式：一种看起来呈现出抽
181 象的波浪线和波浪形状，另一种是人眼看来毫无意义的静态图像。令人匪夷所思的是，神经网络竟然将这些毫无意义的图像识别为海星、猎豹、孔雀等具体物品，且置信度超过了99%。问题并不在于神经网络错误识别目标本身，而是它错误识别图像的方式十分怪异，明显不符合人类的直觉。这些神经网络以人类从未有过的犯错方式，将无意义静态或抽象的形状错
182 误识别为物品。这使得我们难以准确预测神经网络可能发生故障的具体情境。由于（神经）网络的行为对人类来说是完全陌生的，我们很难精确构建出一个神经网络内部逻辑的思维模型来预测它的行为。在神经网络的黑箱中，存在一种反人类直觉和难以预料的脆弱性，这种脆弱性能让神经网络的设计者都目瞪口呆。此外，这不仅是某种特定神经网络的弱点，而且这个漏洞目前已经扩散到用于目标识别的大部分深度神经网络中。事实上，人们即便不知道神经网络具体的内部结构，也能够进行欺骗攻击。[③]

为了更深入地理解这种现象，我与怀俄明大学人工智能研究员杰夫·科隆（Jeff Clune）进行了交谈，他是发现这些漏洞的研究团队的一员。科隆将他们团队的发现称为“教科书式的科学奇观”，他们试图设计出一种“能够不断进化创新的创造性人工智能”。为此，他们使用了一个

① Christian Szegedy et al., “Intriguing properties of neural networks,” February 2014, https://arxiv.org/pdf/1312.6199v4.pdf.

② 研究人员在不止一个案例中故意对图像进行了修饰，但并没有试图通过制造无意义的图像来愚弄深层神经网络。研究人员解释说：“我们试图创造出神经网络可识别的图像，但却创造出了它无法识别的图像。”“Deep neural networks are easily fooled: High confidence predictions for unrecognizable images,” Evolving Artificial Intelligence Laboratory, University of Wyoming, http://www.evolvingai.org/fooling. For more, see Nguyen A, Yosinski J, Clune J (2015) “Deep neural networks are easily fooled: High confidence predictions for unrecognizable images,” Computer Vision and Pattern Recognition (CVPR ‘15), IEEE, 2015。

③ Szegedy et al., “Intriguing properties of neural networks.”

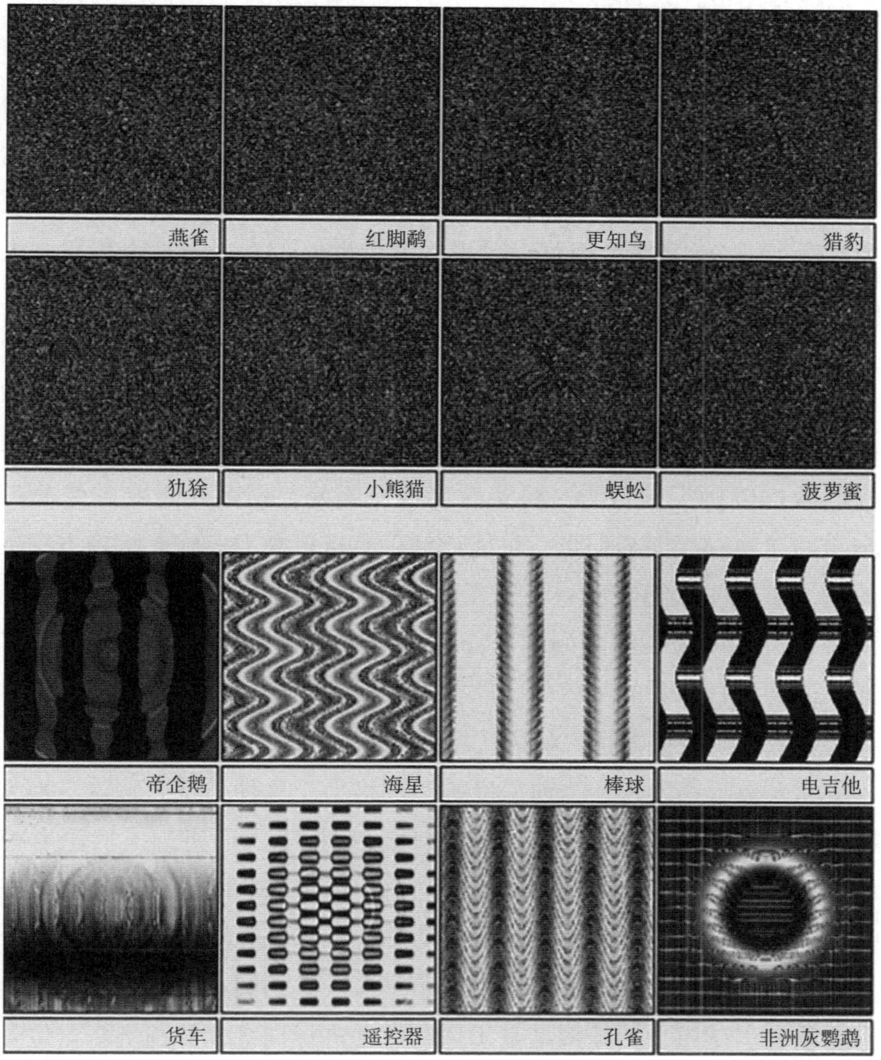

图11-1 高置信度的“欺骗图像”

注：一个当前最先进的图像识别神经网络将这些人类无法识别的图像识别为熟悉物体，且置信度高于99.6%。研究人员使用了两种不同的技术路径设计上述图像：前8幅图像采用逐个像素设计法，后8幅图像采用整体像素设计法。

经过图像识别训练的深度神经网络，这种神经网络能够从已知分类的图像中抽象出新图像。例如，如果一个神经网络已经进行过识别棒球的训练，那么就能制作出一个具有“棒球”关键要素的新图像。他们将这种创造性人工智能视为一种艺术形式，预期它们会制作出一种人类闻所未闻的独特计算机图像。出人意料的是，他们所得到的图像是“完全无法识别的垃圾”，科隆说。更令人惊讶的是，其他深层神经网络竟然与这个神经网络一样，都将人眼视为垃圾图像的东西识别为实际物品。科隆将这一发现描述为邂逅了一个“巨大、奇怪、异形的图像世界”。[①] 在这个世界里，人工智能保持着高度一致。

深度神经网络在识别欺骗图像方面的脆弱性不容忽视。近期内，它使我们质疑，是否应当将当前的视觉目标识别人工智能用于军事情报领域或高风险的对抗环境中。欺骗攻击（spoofing attack）是指故意给机器注入虚假数据以操纵其行为。科隆解释说，即使目前最先进的图像分类器
183 （classifier）也存在明显弱点，可能让对手有机可乘，实施欺骗攻击。更糟糕的是，对抗图像能够以一种人无法察觉的方式偷偷嵌入正常图像中。[②] 这使得它可能成为“隐蔽漏洞”（hidden exploit）。[③] 例如，某人可以将图像嵌入运动衬衫斑驳的灰色中，欺骗人工智能监控摄像头相信穿着该衬衫的人有进入权限，使安保人员无法察觉人工智能受了欺骗。

研究人员近期发现，当前深度神经网络易受这种类型欺骗攻击操纵的原因，似乎源于其内部结构的基本属性。从技术层面讲，虽然深度神经网络在宏观层面是高度非线性的，但它们实际上却使用了线性方法来解
184 析微观层面的数据。[④] 这意味着什么？想象一下，灰色圆点被分成两个集群，右边大部分是浅灰色的圆点，左边是深灰色的圆点，两者在中间地带有一些重叠。试想，神经网络基于这些数据进行训练，并预测新点位置会出现在浅灰还是深灰区域。基于目前的方法，人工智能会在浅灰色和深灰

---

① Jeff Clune, interview, September 28, 2016.

② Ibid.

③ Ibid.

④ Ian J. Goodfellow, Jonathan Shlens, and Christian Szegedy, “Explaining and Harnessing Adversarial Examples,” March 20, 2015, https://arxiv.org/abs/1412.6572; Ian Goodfellow, Presentation at Re-Work Deep Learning Summit, 2015, https://www.youtube.com/watch?v=Pq4A2mPCB0Y.

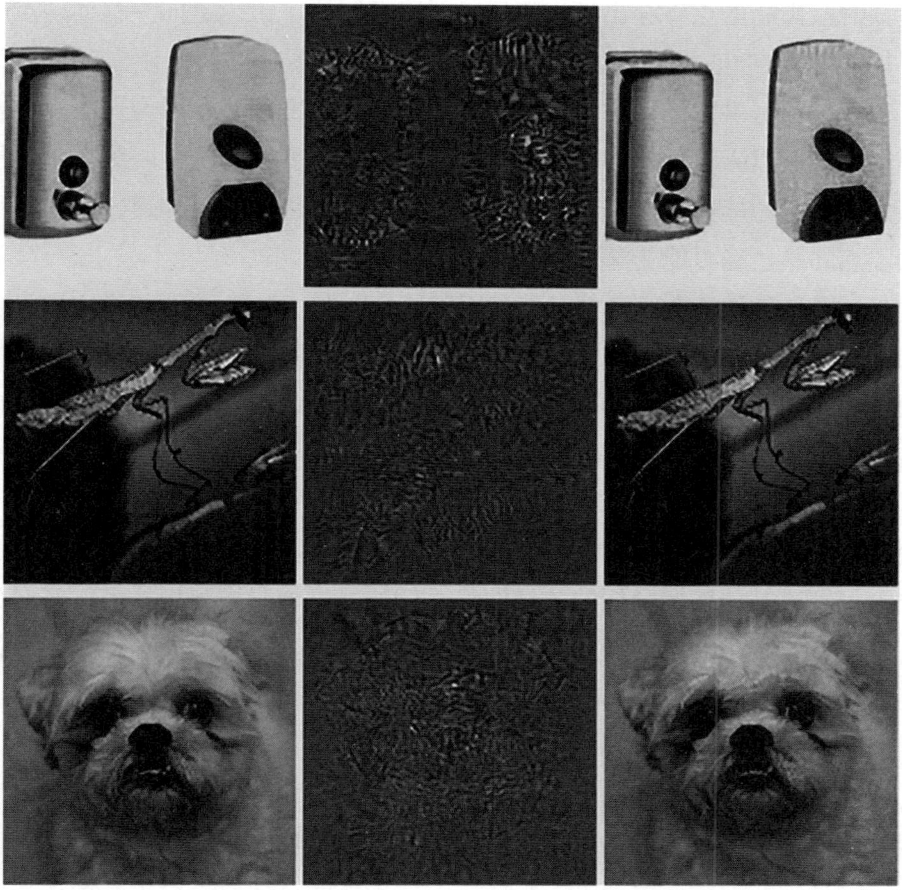

图11-2　图像内部隐藏的欺骗攻击

注：人眼看来，右侧和左侧中的图像完全相同，但神经网络对它们的感知却很不一样。左侧一列是未改变的图像，该图像被神经网络正确识别。中间一列以10倍放大显示左右图像之间的差异。右栏是被操纵的图像，其中包含人无法察觉的隐匿欺骗攻击。由于之间图像的微妙差别，神经网络将右列中的所有目标识别为“鸵鸟”。

色区域之间画出一条线。然后，人工智能会预测该行左侧的新点颜色可能会较深，而右侧的新点颜色可能会较浅。与此同时，它也知道会存在一些重叠，偶尔左边会出现浅灰色的新点或右边会出现深灰色的新点。然后思考预测最黑暗的点将会出现在哪里。科隆解释说，由于越向左移动，点越可能变成深灰色，人工智能会把它“无限向左移动”。[①] 即使人工智能没有关于任何远端点的信息，情况也是如此。更糟糕的是，因为这个点离左边很远，所以人工智能会很自信地预测这个点会变黑。这是因为在微观层面上，人工智能的数据表示形式非常简单且呈线性。它只知道，越向左移动，点的颜色越可能变深。

科隆所称的“欺骗图像”就利用了这个漏洞。他解释说：“真实世界中的图像只是所有可能图像中很小且很罕见的一部分。”[②] 在识别现实世界的图像时，人工智能表现得相当不错。但在几乎无限的图像空间里，欺骗攻击最大限度地利用了它们的弱点。

由于这种漏洞根源于神经网络的基本结构，它已经普遍存在于目前常用的深层神经网络中。[③] 它既适用于视觉目标识别的神经网络，也适用于语音识别或其他数据分析的神经网络。例如，这种漏洞利用技术已经在分析歌曲的人工智能方面有所体现。研究人员将特意设计的噪音输入人工智能，[④] 这种噪音在我们听起来完全无法辨别，但人工智能却自信地将其识别为音乐。

在某些情况下，这种漏洞造成的后果可能会非常严重。由于具有新闻阅读能力的交易机器在市场上颇为流行，[⑤] 科隆假想了一个能读取新闻的股票交易神经网络，这种人工智能应对突发新闻事件并采取市场动作的速
185 度已经远超人类。如果这些机器人使用深度神经网络来理解文本（这种技

① Jeff Clune, interview, September 28, 2016.

② Ibid.

③ “Deep neural networks are easily fooled.” Goodfellow et al., “Explaining and Harnessing Adversarial Examples.”

④ Corey Kereliuk, Bob L. Sturm, and Jan Larsen, “Deep Learning and Music Adversaries,” http://www2.imm.dtu.dk/pubdb/views/edoc_download.php/6904/pdf/imm6904.pdf.

⑤ John Carney, “The Trading Robots Really Are Reading Twitter,” April 23, 2013, http://www.cnbc.com/id/100666302. Patti Domm, “False Rumor of Explosion at White House Causes Stocks to Briefly Plunge; AP Confirms Its Twitter Feed Was Hacked,” April 23, 2013, http://www.cnbc.com/id/100646197.

术已被证明是非常有效的），那么它们也容易受到这种形式的黑客攻击。[①] 例如，精心制作的推文可能会让僵尸网络相信正在发生恐怖袭击。2013 年便发生过类似事件，当时，黑客攻击了美联社的推特（Twitter）账户并发送了有关白宫爆炸事件的虚假推文，导致股票迅速暴跌。[②] 美联社最终确认其账户被黑客入侵，市场也迅速恢复。但是为什么科隆所说的“欺骗漏洞”破坏性如此之大呢？原因就在于，它能够以隐蔽的方式完成，人类甚至无法了解正在发生什么。

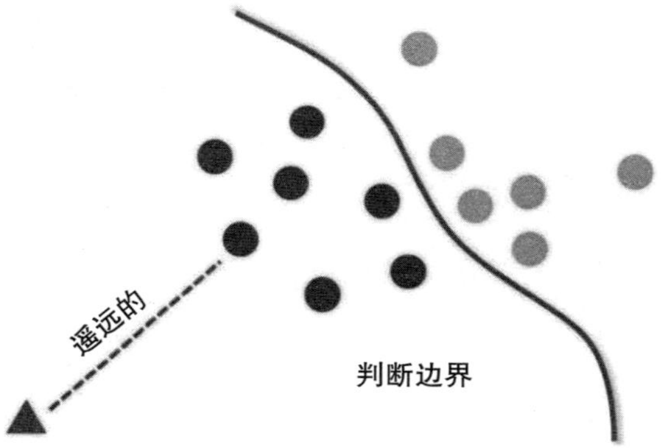

图 11-3　不断演变的图像

注：“欺骗图像”是通过发展远离神经网络决策边界的新图像而创建的。“决策边界”是两类图像之间 50/50 置信度的线，可以是直线也可以是曲线。图像距离决策边界越远，神经网络对图像正确分类的置信度越高。然而，在极端情况下，图像可能无法识别，但神经网络仍以高可信度对图像进行分类。

有人可能会问，为什么不把这些图像反馈到神经网络中，让它知道这些图像是虚假的，防止类似的黑客攻击？事实上，科隆等人早已尝试过这种办法。但科隆解释说，这恐怕无济于事。因为，所有可能图像组成的空

① Xiang Zhang and Yann LeCun, “Text Understanding from Scratch,” April 4, 2016, https://arxiv.org/pdf/1502.01710v5.pdf.

② Domm, “False Rumor of Explosion at White House Causes Stocks to Briefly Plunge; AP Confirms Its Twitter Feed Was Hacked.”

间“几乎是无限的”。即使神经网络知道某些特定的图像是虚假的，但黑客会制作出更多的欺骗图像。科隆把这种情形比作拥有“无数个洞”的“无止境的打地鼠游戏”。人工智能学会忽略多少欺骗图像，总会出现更多
186 的虚假图像。

总体而言，人类有可能设计出一种不易受到欺骗攻击的深层神经网络。但科隆也承认，他至今仍未找到满意的解决方案。他指出，即使能够找到一种解决方法，“我们也可以肯定”新的人工智能还会存在其他一些我们难以察觉的“反直觉的、奇怪的”漏洞。[①]

2017年，一个名为“詹森”（JASON）的专家组受命研究人工智能对国防的影响，该专家组仔细考察了人工智能的现有技术状况，也得出了类似的结论。

> 作为神经网络训练学习的一部分，数量庞大（数百万或数十亿）的参数（即权重/偏差/等等）…使得我们无法真正理解（神经）网络如何执行它的功能。[②] 因此，神经网络对于所有可能输入的反应是不可知的。

一方面是由于神经网络研究还处在初期阶段。另一方面，深度学习的复杂性也不容忽视。詹森小组认为，“深度神经网络的本质属性使它们难以成为公认的专业设计产品”。[③]

人工智能研究人员正在研究如何制造更透明的人工智能，但科隆对此并不乐观。“随着深度学习变得更强大，更引人注目，更复杂，伴随神经网络规模的扩大，会有越来越多的事情令我们感到迷惑不解……我们

① Jeff Clune, interview, September 28, 2016.

② JASON, “Perspectives on Research in Artificial Intelligence and Artificial General Intelligence Relevant to DoD,” 28-29.

③ Ibid., 28. Guy Norris, “Ground Collision Avoidance System ‘Saves’ First F-16 In Syria,” *Aerospace Daily & Defense Report,* February 5, 2015, http://aviationweek.com/defense/ground-collision-avoidance-system-saves-first-f-16-syria.

现在创造的产品太过复杂，以至于连我们自己都难以了解它们。”① 科隆将自己的工作比作一名研究人造大脑功能的“人工智能神经科学家”（AI neuroscientists）。或许，人工智能神经科学未来有望解释这些复杂机理。但科隆表示，目前的趋势仍然不容乐观：“几乎可以肯定的是，随着人工智能变得越来越复杂，我们将会越来越难以理解它。”

即便能够创造出更简单、更容易理解的人工智能，科隆也不认为它们会像“超级复杂、庞大而怪异的”人工智能那样好用。② 到最后，即使不理解它，“人们还是会倾向于使用好用的人工智能”。“在这种有关使用最强大机器的竞赛中，即便这些机器智能多么高深莫测、难以理解和不可预测，总会有人使用它”。 187

科隆表示，这一发现改变了他对人工智能的看法，有种“醍醐灌顶”之感。当谈到致命性自主武器应用时，科隆警告说运用深度神经网络进行自动瞄准“可能会导致巨大伤害”。敌方能够操纵系统行为，使其攻击错误目标。“如果你试图在‘人在回路外’的情况下进行目标自主分类、瞄准和击杀，那么这种恶意的黑客攻击可能会异常迅速地导致致命悲剧的发生”。③

尽管使用的是比较学术化的语言，詹森专家组也基本向国防部发出了类似的警告：

> 我不清楚现有的人工智能范例是否可以立即适用于任何类型的软件工程确认和验证。这是一个重大问题，也是国防部使用现代人工智能系统的一个潜在风险，尤其是考虑在致命性武器系统中使用人工智能进行问责时。④

鉴于神经网络存在明显漏洞且缺乏解决方案，将用于自动武器瞄准将

① Jeff Clune, interview, September 28, 2016.

② Ibid.

③ Ibid.

④ JASON, “Perspectives on Research in Artificial Intelligence and Artificial General Intelligence Relevant to DoD,” Ibid.，27.

是一种极不负责任的举措。对手即使不掌握神经网络结构的相关知识，也可以制造欺骗图像，欺骗自主武器攻击虚假目标，并隐藏为合法目标。这些图像也能够在达成欺骗目的前，以人无法察觉的方式进行隐蔽。

除了直接应用外，这一发现也应让我们对一般意义上的机器学习更加谨慎。机器学习技术是一种强大的工具，但它也存在弱点。不幸的是，这些弱点在人类看来可能并不明显或直观。与核反应堆等复杂系统中的漏洞不同，这些漏洞更为隐蔽。“三里岛核事故”可能难以提前预测，但至少事后可以理解。人们可以列出事件发生的具体顺序，并分析出一个事件如何导致另一个事件的因果链条，以及高度不可能事件是如何组合在一起并
188 导致灾难的发生。深度神经网络的脆弱性则不一样，它们与人类的思想迥异。有研究人员将其描述为“具有非直觉特征和内在盲点，其结构以不明显的方式与数据分布相关联”。[①] 换言之，人工智能具有人无法预测的缺点，且我们并不了解它是如何发生的以及为什么会发生。[②]

---

① Szegedy et al., “Intriguing Properties of Neural Networks.”

② 有关该问题的更多解释，请参阅：David Berreby, “Artificial Intelligence Is Already Weirdly Inhuman,” *Nautilus*, August 6, 2015, http://nautil.us/issue/27/dark-matter/artificial-intelligence-is-already-weirdly-inhuman。

第12章

故障的致命性

自主武器的风险

承认机器智能存在缺点，并不等于否定其优点。人工智能没有好坏之分。关键在于，我们应该如何使用这种技术以及应该授予人工智能机器多少自主度？

将任务授权给机器意味着如果机器发生故障，我们必须承担后果。联合国裁军研究所的约翰·伯里告诉我："如果我们认为自动武器系统不会发生事故，那就未免太过乐观了。"① 美军研究员约翰·霍利（John Hawley）也指出："如果放松限制，无论是'爱国者'还是'宙斯盾'，抑或是一种具备杀伤能力的完全无人系统，你必须做好心理准备，接受事故会时有发生这一事实。"② 正常事故理论之父查尔斯·培洛（Charles Perrow）对复杂系统做出了类似的总结：

① John Borrie, interview, April 12, 2016.

② John Hawley, interview, December 5, 2016.

> 不管我们知识如何进步，在复杂紧密耦合系统中发生事故和潜在灾难仍是不可避免的。我们应该更努力地减少故障，这能够起到一定作用。但对于某些系统来说，这还远远不够……我们必须学会与风险共存亡，要么关闭它们，要么彻底重新设计
> 190 它们。[①]

如果我们决定使用自主武器，就必须承担风险。战争需要暴力，所有武器都是危险的。一旦能对敌人造成威胁的武器失去控制，也会对使用者造成同样的危险。即便是一把刀子，如果没使用好，也可能滑落并割伤使用者。大多数现代武器，无论其自主水平如何，都是复杂系统。事故肯定会发生，且有时这些事故会导致“自相残杀”或平民伤亡。那么，自主武器会是例外吗？

半自主武器、有监督的自主武器和完全自主武器之间的主要区别在于，在下一次人为干预之前系统可能造成的损害程度。在诸如“宙斯盾”这样的半自主武器或有监督的自主武器中，人在事故中天然扮演着失效保护者的角色。一旦出现问题，人就可以发挥“断路器”的作用。人可以超越系统的僵化规则，进行理性判断。使人远离回路会减少操作的灵活性，增加系统的耦合度。在完全自主武器中，人无法介入和停止系统操作。半自主武器造成的单一不幸事故，如果发生在完全自主武器中，就可能导致更加严重的后果。

失控的枪

我们从机枪这种自动武器发生的简单故障，就可以想象出自动武器的危险性。机枪正常运行时，只要扳机保持按压状态，机枪就会持续射击。一旦释放扳机，被称为“保险”的小金属装置就会弹出阻止机枪操作杆移动，停止自动击发。然而，随着时间的推移，保险会逐渐磨损。如果保险过度磨损导致无法阻止操作杆，即使不按压扳机，机枪也会持续射击，直

---

① Perrow, Normal Accidents, 354.

至耗尽所有弹药。

发生这种故障的枪被称为“失控的枪”。

“失控的枪”是一件严肃的事情。机枪手已经松开扳机，但枪继续射
击。唯一能够制止它的方法就是中断弹药输送。一旦发生这种情况，机枪 191
手必须确保武器指向安全的方向。目前，射击过程若是全自动的，人类无
法直接制止。

作为步兵，我原以为“失控的枪”只是一种假想的危险。但这种事情却真实地发生了，那时的场景我到现在还记忆犹新。我们当时在阿富汗东北部进行夜间巡逻，在前哨处获悉了此次事件。M249 SAW轻机枪的机枪手试图在不拆除弹药的情况下拆解自己的武器（专业提示：这不是个好主意）。当他放下机枪握把时，挡住操作杆的保险跳出来了。螺栓向前猛的一撞，发射了一梭子弹。接着，后坐力使机枪继续运转，重新加载并射击。一串子弹穿过前哨，在远处的墙壁上扫射出一排洞孔。直至有人断开了弹药链，机枪才终于停止了射击。所幸没有出现人员死亡。但类似事故并不总是以平安告终。

2007年，南非的一架高射炮（antoaircraft gun）在靶场出现故障，“失控的高射炮”造成了9名士兵死亡。与“机械大炮雷霆之怒”（robo-cannon rampage）[1] 等令人窒息的报道不同，远程机枪不是自动武器，事故发生的原因通常都是机械故障而非软件的原因。据知情人士透露，这可能是因为运气不好，而非故意瞄准，导致枪发生故障时对准了自己人。[2] 不幸的是，尽管一名炮兵军官冒着生命危险去阻止这支“失控的枪”，但该炮还是将35毫米炮弹发射到了邻近的枪支阵地，导致在场士兵遇难。

即便使用不具备瞄准功能的简单机枪，“失控的枪”也可能造成致命事故。自主武器失控将会变得更加危险。自主武器释放的破坏力不会是随机的，它会自动寻找攻击目标。如果没有人的干预，随机猎杀事故可能会频

① Noah Shachtman, “Inside the Robo-Cannon Rampage (Updated),” *WIRED*, October 19, 2007, https://www.wired.com/2007/10/inside-the-robo/.

② “ ‘Robotic Rampage’ Unlikely Reason for Deaths,” New Scientist, accessed June 12, 2017, https://www.newscientist.com/article/dn12812-robotic-rampage-unlikely-reason-for-deaths/.

繁发生，系统会持续攻击不恰当的目标，直到弹药耗尽。“机器不知道这是
192 错的。”霍利指出。[①] 而这对平民或友军所带来的后果则可能是灾难性的。

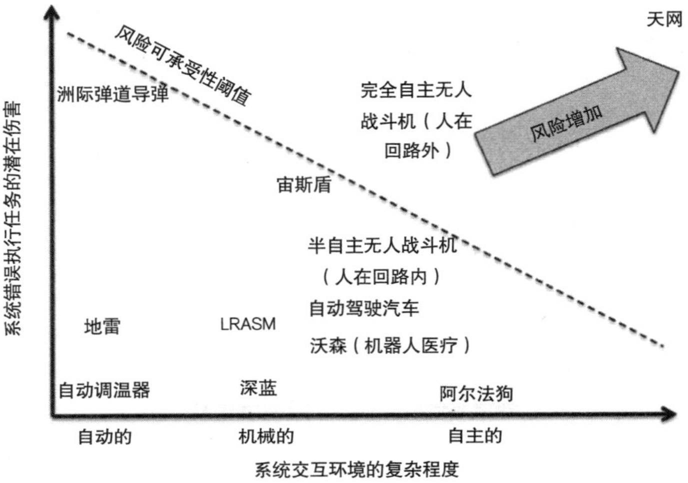

图 12-1　将自主性委托给机器的风险

自主武器的危险

我们之于自主武器，恰如米老鼠之于扫帚。我们相信，自主武器能够正确履行其职能。我们也相信，我们设计出了智能系统，对其进行了测试，并对操作员进行了适当培训。我们还相信，操作员能够在可理解和可预测的环境中正确地使用智能系统。他们会保持警惕，不会轻易将其判断权交给机器。正常事故理论表明，我们对机器的信任应当有所降低。

自主性在今天的武器中仍然十分有限。虽然“发射后不管”的导弹一旦发射后就不能被召回，但它们搜索目标的空间和时间是受限的，这控制了故障可能造成的损害。要想使它们击中错误目标，需要这个目标在有效时间内完全匹配导引头在杀伤范围内的参数。这种情况并非不可思议，已经在F–18战机和“爱国者”防空系统误伤事件中真实地发生了。但是，

① John Hawley, interview, December 5, 2016.

如果导弹变得更加自主，在时间和空间上的搜索自由度不断增加，那么发生像F–18战机误伤事故的可能性也会随之增加。193

“宙斯盾”这类有监督的自主武器在搜索目标时拥有更大的时空自由度，但由于人类操作员能更直接地控制武器，这种自由也受到了一定限制。人实时监督着武器的操作。对于“宙斯盾”，他们可以使用物理手段如切断电源来防止导弹发射。打个比方，“宙斯盾”就像是一只被绳子紧缚的危险的狗。

完全自主武器的出现和应用，将导致战争的作战样式发生根本转变。部署完全自主武器，意味着军队将在战场上引入一种高度致命武器系统，这种系统一旦发射就无法控制或召回。更为重要的是，他们会将这种武器部署到一种对抗环境中，无法控制武器不受到敌方黑客攻击和操纵。在发生故障的情况下，完全自主武器造成的伤害将仅取决于武器的射程、稳定性、目标感知能力以及弹药当量。

此外，军队很少单独部署武器。任何系统中的一个缺陷都可能在整个作战体系中被复制，进而打开约翰·伯里所称的“大规模杀伤事件”（incidents of mass lethality）的大门。[①] 这与人为错误有着本质的区别。霍利告诉我：“如果你让其他人陷入误伤的局面，他们可能会以不同的方式评估情况，可能会从众，也可能不会。”[②] 机器不一样，不仅它们自身会重蹈覆辙，所有其他相同类型的系统也会犯同样的错误。

关于自主武器的争论不绝于耳。一种观点认为，人也会犯错误，如果机器表现得比人更好，那么我们自然应该使用机器。应当看到，这种反对意见是一种转移注意力的言词，误导了自主武器的真正性质。如果存在一些特定的交战任务，在这些任务上自动化可以比人做得更好，那么这些任务当然应当自动化。然而，无论是“在回路中”还是“在回路上”，人都扮演着失效保护装置的重要角色。这种区别就像是，飞行员使用自动驾驶仪驾驶飞机和根本没有人在驾驶舱内的无人飞机。评估自动武器的关键因

① John Borrie, interview, April 12, 2016.

② John Hawley, interview, December 5, 2016.

素不在于系统是否比人表现得更好，而在于系统是否会发生故障（它不可避免会），它可能造成什么程度的损失，以及我们是否能够承受起这种
194 风险。

将一个完全独立的攻击性武器系统投入使用，就如同将“宙斯盾”系统开启“特殊自动”模式，把阻火开关的钥匙调成绿色状态，将其置于一个通信拒止的环境，并让所有人离开舰艇。部署自主武器就像将整个系统投入运行一样。在没有任何人为干预的前提下，将致命性行动决策授权给自主系统，目前还闻所未闻。事实上，今天的“宙斯盾”舰队对机器并没有如此信任，他们对于监督自主武器有十分严格的控制。

我问加卢奇上尉，他是如何看待在没有任何人为监督的情况下运行“宙斯盾”系统，这是我在四小时采访中问他的唯一问题，他没有立即回答。很显然，在他30年的职业生涯中，他从未想过要将“宙斯盾”系统调成“特殊自动”模式，将阻火开关钥匙调到绿色状态，并让所有人离开舰艇。他靠在椅子上，望着窗外。“对于这个问题我没有很多好的答案。”他说。[①] 但是接下来，他会运用在“宙斯盾”上数十年的经验，探索需要做什么来建立对这样一个系统的信任。他说，人们需要“建立一点、测试一点”（built a little, test a little）。进行高保真计算机建模以及真实世界的测试和实弹演习是必要的，这有助于了解系统的局限性和潜在风险。不过，他也指出，如果军方部署了一个完全自主的武器，“我们也会在一开始就发生类似‘文森’号的事故”。“了解‘宙斯盾’的复杂性已经有30年的历程了，”加卢奇说，“今天的‘宙斯盾’没有重蹈‘文森’号的覆辙，原因在于，海军从错误中吸取了教训。但是，如果使用完全自主的武器，我们将从零开始。”

部署完全自主的武器将会带来重大风险，但它可能是军队值得尝试的一项举措。这样做的后果尚未可知。像“宙斯盾”一样关于有监督的自主武器的经验虽然是有用的，但作用不大。战时的全自动武器将面临独特的环境，这与我们从高可靠性组织获取的经验教训大相径庭。此外，战时运

① Peter Galluch, interview, July 15, 2016.

行环境与和平时期的日常经验也不一样。敌方会积极破坏你采取的安全措 195
施，且战时没有人能够介入或纠正问题。

现实生活中存在一个行业，它具有这样的特点：自动化被用于竞争性的高风险环境中，并且以人难以望其项背的速度进行竞争。这就是股票交易行业。高频次交易的世界及其产生的后果，对于展望军队部署完全自主
武器的情景具有指导性的借鉴意义。 196

第四部分

闪　战

第13章

机器人VS机器人

关于速度的军备竞赛

美国东部时间2010年5月6日下午2点32分，标普500指数（S&P500）、纳斯达克指数（NASDAQ）和道琼斯指数（Dow Jones Industrial Average）均开始呈现下跌趋势。[①] 三大股指在几分钟内都出现了暴跌。截至当天下午2点45分，道琼斯指数已经下跌近10%。随后，市场又莫名其妙地开始反弹。到了下午3点休市，不管是什么故障导致了这次急剧的市场下跌，这次事件都暂时告一段落。然而，股市“闪崩”（Flash Crash）的影响才刚刚开始。

第二天，亚洲股市甫一开盘便开始下跌。尽管市场很快稳定下来，但市场的信心却并不那么容易恢复。交易商们认为这次“闪崩”事件是“骇

① U.S. Commodity Futures Trading Commission and U.S. Securities and Exchange Commission, “Findings Regarding the Market Events of May 6, 2010,” September 30, 2010), 2, http://www.sec.gov/news/studies/2010/marketevents-report.pdf.

人听闻”和“极度混乱”的，[1] 这不禁让人回想起1987年发生的“黑色星期一”市场崩盘，当时道琼斯指数下跌了22%。历史上曾发生过市场修正事件，但通常在突然下跌之后又迅速反弹，这样的事件也通常预示着一些其他的信息。在“闪崩”事件发生之前的几年里，算法已经接管了大部分股票交易，包括以超越人的速度进行高频交易。那么，罪魁祸首是机器吗？

司法部门随后进行了调查和反调查，并最终提起刑事诉讼。司法结论很简单，却颇令人费解。研究人员几乎指责了所有事情，从人为错误、算法的脆弱性到高频交易、市场波动以及蓄意的市场操纵。事实上，这些因
200 素可能都难辞其咎。与发生的其他正常事故一样，“闪崩”的出现是由多个因素造成的。其中，任何一项因素都可以想办法单独进行解决。然而，多种因素的交互作用却是无法控制的。

机器的崛起

如今的股票交易已经基本实现自动化。在竞争激烈的纽约证券交易所，市场交易员高喊价格并挥舞双手吸引他人注意力的时代已经一去不复返了。[2] 目前，美国股票市场约四分之三的交易都是通过算法执行的。[3] 自动化股票交易，也被称为算法交易，是指使用计算机算法自动监测市场状

---

① Tom Lauricella and Peter A. McKay, “Dow Takes a Harrowing 1,010.14-Point Trip,” *Wall Street Journal*, May 7, 2010, http://www.wsj.com/articles/SB10001424052748704370704575227754131412596. Alexandra Twin, “Glitches Send Dow on Wild Ride,” *CNN Money*, May 6, 2010, http://money.cnn.com/2010/05/06/markets/markets_newyork/.

② D. M. Levine, “A Day in the Quiet Life of a NYSE Floor Trader,” *Fortune*, May 20, 2013, http://fortune.com/2013/05/29/a-day-in-the-quiet-life-of-a-nyse-floor-trader/.

③ “Rocky Markets Test the Rise of Amateur ‘Algo’ Traders,” Reuters, January 28, 2016, http://www.reuters.com/article/us-europe-stocks-algos-insight-idUSKCN0V61T6. The percentage of trades that are automated has varied over time and is subject to some uncertainty. Estimates for the past several years have ranged from 50 percent to 80 percent of all U.S. equity trades. WashingtonsBlog, “What Percentage of U.S. Equity Trades Are High Frequency Trades?,” October 28, 2010, http://www.washingtonsblog.com/2010/10/what-percentage-of-u-s-equity-trades-are-high-frequency-trades.html.

况，并在特定条件下进行的股票交易。[1] 最简单的算法（也称algo）能够将大宗交易分解为多笔小额交易，从而最大限度降低交易成本。如果单次买入或卖出的订单超过了通常的股票交易数量，同时下单就会造成市场价格出现异常。为了避免出现这种情况，交易员用算法根据股票价格、时间、交易量以及其他因素将订单分成多个部分，并按从小到大的顺序依次执行。在这种情况下，交易（买入或卖出一定数量的股票）的决定权仍然在人的手里。机器只是在执行具体的交易。

有些交易算法承担了更多的责任，它们能够基于市场情况进行自动交易决策。[2] 例如，算法能够监测一段时间内股票的价格。当价格显著高于或低于这一股票的均价时，便会相应地执行卖出或买入。随着时间的推移，只要价格逐步恢复到平均水平，就可以产生利润。另一种策略是寻找套利机会，即利用不同市场中同一支股票价格的价差交易获利。理论上，所有这些策略都可以由人来完成。但是，自动交易具有监测大量数据的优势，能够快速而又准确地进行交易，而这对于人来说几乎是不可能的。[3]

股票交易中，速度是至关重要的因素。如果出现价格失衡，股票定价 201
过低或过高，其他交易者也会一拥而上赚取利润。速度太慢，就可能错失良机。这导致了一场关于速度的竞赛和高频交易的兴起。高频交易是一种特殊的自动交易类型，它的交易速度极快，人甚至无法进行注册。

我们眨眼通常需要0.1秒到0.4秒的时间。[4] 但与高频交易相比就相形见绌了。高频交易往往以0.000001秒的微秒速度进行，[5] 而人眨一下眼睛

---

① Tom C. W. Lin, "The New Investor," SSRN Scholarly Paper (Rochester, NY: Social Science Research Network, March 3, 2013), https://papers.ssrn.com/abstract=2227498.

② 一些研究自动股票交易的作者将自动交易和算法交易区分开来，使用术语"算法交易"仅仅指通过算法按价格、时间或数量分解大量订单以执行的实践，并参考其他实践，如查找套利机会作为自动交易。也有人把算法交易和自动交易视为有效的同义词。

③ Shobhit Seth, "Basics of Algorithmic Trading: Concepts and Examples," Investopedia, October 10, 2014, http://www.investopedia.com/articles/active-trading/101014/basics-algorithmic-trading-concepts-and-examples.asp.

④ "Average Duration of a Single Eye Blink—Human Homo Sapiens—BNID 100706," accessed June 12, 2017, http://bionumbers.hms.harvard.edu//bionumber.aspx?id=100706&ver=0.

⑤ Michael Lewis, Flash Boys: A Wall Street Revolt (New York: W. W. Norton, 2015), 63, 69, 74, 81.

需要100000微秒的时间。于是，在股票交易领域，一个全新生态系统出现了。在这个世界里，交易机器人以一种只有机器才能达到的超人速度进行交易。

由于微小的速度优势也能带来显著的收益，以至于高频交易者竭尽全力去缩短哪怕几微妙的交易时间。高频交易商为了缩短传输时间，将服务器放置在证券交易所的服务器机房。[1] 有人甚至愿意支付额外的资金，只为了使其公司的服务器距离证券交易所的服务器近几英尺。一些公司试图在服务器机房内找到他们电缆的最优路线，从而缩短几微秒传输时间。就像赛车队装配“印地”（Indy）赛车一样，高频交易商也在不遗余力地优化从数据交换机到光缆内部的光纤等所有硬件。[2]

在高频交易操作的时间尺度上，人必须将交易的决策让渡给算法。原因在于，人无法在几微秒的时间内观察市场，并对其做出反应。这意味着，一旦出现故障，可能会很快地酿成悲剧。为了确保算法实际运用时能实现预期目标，设计者会根据股票市场的实际数据对其进行测试。但这时候，交易是关闭的。这与通过将阻火开关钥匙调到红色状态来测试“宙斯盾”系统的“指令”类似。[3] 尽管如此，事故还是发生了。

“华尔街奈特噩梦”

2012年，奈特资本集团（Knight Capital Group，简称奈特资本）是高频交易的巨头。奈特资本是一家“市场做头”（market maker）和高频交
202 易机构，每天要进行超过33亿笔、总额达210亿美元的交易。同大多数高频交易者一样，奈特资本并没有长期持有一支股票。股票在同一天买进卖出，有时甚至就在一瞬间。尽管如此，奈特资本还是美国股市的“重要玩家”，执行了纽约证券交易所和纳斯达克17%的交易。他们的口号是“科

① Ibid., 62-63.

② Ibid., 63-64.

③ D7, “Knightmare: A DevOps Cautionary Tale,” *Doug Seven*, April 17, 2014, https://dougseven.com/2014/04/17/knightmare-a-devops-cautionary-tale/.

学交易，信誉第一”（The Science of Trading, The Standard of Trust）。[①] 同许多高频交易公司一样，奈特资本的业务利润非常丰厚。2012年7月31日上午，奈特资本还坐拥3.65亿美元的资产。然而在45分钟后，这家公司即将走向破产。

美国东部时间7月31日上午9点30分，美国市场开盘，奈特资本启用了一个新的自动交易系统。很快，系统出现了一些明显异常。自动交易系统有一项功能是将大订单拆分成更小的订单，然后单独执行。但奈特资本的交易系统并没有注意到这些小交易实际上已经完成，还在不断地进行拆分，这就制造了无止境的交易循环。奈特资本每秒进行1000多笔交易，其交易系统的订单逐渐弥漫了整个市场。[②] 更糟糕的是，奈特资本交易系统的算法是高买低卖，因此，每笔交易都在赔钱。

开发人员没有办法能够阻止它。他们没有安装能够关闭算法的“切断开关”，[③] 也不能采取“将阻火开关钥匙调成红色状态”的方法来终止交易。虽然奈特资本的计算机工程师努力诊断问题，但该软件正在市场上疯狂交易，每秒投入260万美元。45分钟后，他们终于停止了自动交易系统。但是，失控的算法已经执行了400万次交易，[④] 投入了70亿美元的资金。尽管其中一些交易赚了钱，但公司净亏损4.6亿美元。由于奈特资本只有3.65亿美元的资产，亏损达1亿美元，公司就这样破产了。[⑤]

尽管投资者涌入的大量现金流帮助奈特资本弥补了一些亏损，但该公司最终还是被收购了。这起事件被称为“华尔街奈特噩梦”（Knightmare

---

① Jeff Cox, “ ‘Knight-Mare’: Trading Glitches May Just Get Worse,” August 2, 2012, http://www.cnbc.com/id/48464725.

② “Knight Shows How to Lose $440 Million in 30 Minutes,” Bloomberg.com, August 2, 2012, https://www.bloomberg.com/news/articles/2012-08-02/knight-shows-how-to-lose-440-million-in-30-minutes.

③ D7, “Knightmare.”

④ “How the Robots Lost: High-Frequency Trading’s Rise and Fall,” *Bloomberg.com*, June 7, 2013, https://www.bloomberg.com/news/articles/2013-06-06/how-the-robots-lost-high-frequency-tradings-rise-and-fall.

⑤ D7, “Knightmare.”

on Wall Street ），[1] 成为了业界谈论高频交易危险性的警示案例。奈特资本的失控算法生动地展示了在高风险应用中使用自主系统的潜在隐患，尤其是在没有人介入的情况下。尽管奈特资本在高频交易方面有着丰富的经
203 验，但使用自动化股票交易系统仍旧给他们带来了致命的风险。

“闪崩”背后

如果“华尔街奈特噩梦”只是一把“失控的枪”，那么“闪崩”事件无异于是一场“森林大火”。奈特资本交易崩溃造成的危害主要局限在一家公司，但“闪崩”事件却影响了整个市场。在发生“闪崩”时，如果不稳定的因素组合在一起，一个故障算法就会与整个市场进行交互，随时可能失控。事实上，它的确失控了。

引发“森林大火”的火花是一种糟糕的算法。2010年5月6日下午2点32分，位于堪萨斯州的互助基金交易公司“沃德尔–里德”（Waddell & Reed）开始出售75000股标普500的电子迷你（E-minis）期货合约，估价为41亿美元（电子迷你期货合约是一种小型期货合约，是正常期货合约的五分之一。[2] 期货合约是指在未来某一特定时间以特定价格买入或卖出的一种协议）。[3] 考虑到一次执行这么大的交易可能会扰乱市场，沃德尔–里德公司使用“销售算法”将大宗交易拆分成多个小额交易这种通行做法，“销售算法”与市场上销售的电子迷你期货合约的总量相关联，能够执行

① For a theory on what happened, see Nanex Research, “03-Aug-2012—The Knightmare Explained,” http://www.nanex.net/aqck2/3525.html.

② Waddell & Reed并未在美国证交会和商品期货交易委员会(CFTC)的官方报告中被提到，该报告只提到了一个“大型基本面交易商(共同基金综合体)”。 U.S. Commodity Futures Trading Commission and U.S. Securities and Exchange Commission, “Findings Regarding the Market Events of May 6, 2010,” 2. However, multiple news sources later identified the firm as Waddell & Reed Financial Inc. E. S. Browning and Jenny Strasburg, “The Mutual Fund in the ‘Flash Crash,’ ” Wall Street Journal, October 6, 2010, http://www.wsj.com/articles/SB10001424052748704689804575536513798579500. “Flash-Crash Spotlight on Kansas Manager Avery,” Reuters, May 18, 2010, http://www.reuters.com/article/us-selloff-ivyasset-analysis-idUSTRE64H6G620100518。

③ “What Are Emini Futures? Why Trade Emini Futures?,” *Emini-Watch.com*, accessed June 13, 2017, http://emini-watch.com/emini-trading/emini-futures/.

前一分钟9%交易量的销售。[1] 理论上讲，交易应当分散出售，以免过度影响市场。

销售算法没有收到任何关于时间或价格方面的指示，却受到了导致脆弱性灾难事件的监督。那天的市场已经处于压力之下。政府调查人员后来认为市场处于“非正常波动”状态，[2] 部分原因是欧债危机爆发带来的不确定性。午后，市场正经历“异常高波动”（价格急剧变动）[3] 和低流动性（低市场深度），销售算法正是在这如波涛汹涌的水域游荡。

前一年交易员在一天时间内将大量电子迷你期货合约投放市场的情况只发生过两次。一般情况下，这种规模的交易需要数小时才能完成。但这一次，由于销售算法只与交易量而非价格或时间有关，它发生得异常迅速，在20分钟内便完成了交易。[4] 204

如果将销售算法比作火花，那么高频交易员则是汽油。高频交易员购买了销售算法抛售的电子迷你期货合约，并按照常规做法迅速将其转售，这就增加了电子迷你期货合约在市场上的交易量。由于销售算法卖出电子迷你期货合约的速度与销售量而非价格或时间挂钩，因此加速了销售速度，并在已经很紧张的市场上倾销了更多的电子迷你期货合约。

如果买家不愿意购买销售算法和高频交易员卖出的所有电子迷你产

---

① U.S. Commodity Futures Trading Commission and U.S. Securities and Exchange Commission, “Findings Regarding the Market Events of May 6, 2010,” 2.

② U.S. Commodity Futures Trading Commission and U.S. Securities and Exchange Commission, “Findings Regarding the Market Events of May 6, 2010,” 1.

③ Ibid., 2.

④ Waddell & Reed和芝加哥商品交易所(Chicago Mercantile Exchange)都对这一主要由CFTF & SEC提出的论点提出异议，认为大规模的电子迷你销售是导致闪电式崩盘的一个因素。独立市场研究公司Nanex也同样批评了Waddell & Reed销售算法导致崩溃的说法。“Waddell & Reed Responds to ‘Flash Crash’ Reports—May. 14, 2010,” accessed June 13, 2017, http://money.cnn.com/2010/05/14/markets/flash_crash_waddell_reed/. “CME Group Statement on the Joint CFTC/SEC Report Regarding the Events of May 6 - CME Investor Relations,” October 1, 2010, http://investor.cmegroup.com/investor-relations/releasedetail.cfm?ReleaseID=513388. “Nanex - Flash Crash Analysis - Continuing Developments,” accessed June 13, 2017, http://www.nanex.net/FlashCrashFinal/FlashCrashAnalysis_WR_Update.html。

品，电子迷你期货合约的价格就会下降，在短短四分钟内会下降3%。这在高频交易员中产生了一种“烫手山芋”效应，[1] 因为他们试图将未完成的电子迷你期货合约转移到其他高频交易者手里。在14秒内，高频交易算法进行了27000个电子迷你期货合约的交易[2]（沃德尔–里德公司试图出售75000份合约）。随着交易量猛增，销售算法在一个无法处理这些迷你期货交易合约的市场上持续抛售它们。

暴跌的电子迷你期货合约也殃及了美国其他市场。观察人士发现，道琼斯、纳斯达克和标准普尔500指数都出现了莫名其妙的下跌。当天下午2点45分28秒，芝加哥商业交易所的一个自动“止损逻辑”[3] 安全措施开始启动，电子迷你期货合约交易暂停了5秒钟，并使市场重置。它们迅速恢复，但市场的急剧动荡造成了严重的交易破坏。已有超过2万笔交易在金融监管机构被称为“非理性价格”[4] 的情况下被执行，且有些低至1美分或高达10万美元，远远背离其标准交易价格。市场关闭后，金融业监管局与证券交易所合作，取消了数万笔存在“明显错误”的交易。[5]

“闪崩”事件表明，脆弱销售算法以惊人的速度与复杂的交易环境进行交互，结果可能会失控，并带来灾难性后果。整个股票市场是一个令人匪夷所思的复杂系统，它不同于人的简单理解，这使得我们很难提前预测所有的交互情况。在另外一个时间，或者不同的市场条件下，相同的销售
205 算法或许就不会导致崩溃。

价格战：$ 23698655.93（加$ 3.99运费）

尽管复杂性是造成“闪崩”事件的一个重要因素，但算法之间的简单交互也可能导致失控升级。当两个敌对机器人将亚马逊网站上的一本普通的书的价格抬高到2300万美元时，这种现象再清楚不过了。加州大学伯克利分校的生物学家迈克尔·艾森（Michael Eisen）偶然发现了围绕彼

---

① Ibid.，3.

② Ibid.，3.

③ Ibid.，4.

④ Ibid., 5.

⑤ Ibid., 6.

得·劳伦斯（Peter Lawrence）的《制造苍蝇：动物设计遗传学》（*Making of Fly: The Genetics of Animal Design*）一书发生的价格战现象。[1] 他像一名优秀科学家一样开始了调查。

鲍迪书社（bordeebook）和普罗夫奈斯书店（profnath）同为拥有数千好评的合法在线书商，却经历了一场失控的价格战。普罗夫奈斯书店每天都会将其旗下的书籍价格设定为鲍迪书社同款价格的0.9983倍，略低于它的竞争对手。几小时过后，鲍迪书社就会将其价格改为普罗夫奈斯书店的1.270589倍。造成的结果是，这两家书店的书籍价格每天都会提高约27%。

造成这样的结果，机器显然难辞其咎。这种定价并非理性和精确的，普罗夫奈斯书店的算法是有价值的，它试图通过略微低于市场最高价格来吸引销售。问题是，鲍迪书社的算法究竟想干什么呢？它为什么要提高竞争对手的最高价格呢？

艾森假设，鲍迪书社实际上并没有这本书。[2] 他们可能只是在发布广告，并希望这些书评能吸引顾客。如果有人购买了这本书，那么鲍迪书社就必须从其他地方进行购买。因此，他们的价格就会略高于市场上最高价格的1.270589倍，只有这样才能获利。

最终，其中一家公司的一个人洞悉了事件的真相。这本书的价格攀升到了23698655.93美元（加上3.99美元的运费），之后又回落至134.97美元，并保持稳定。艾森在博客中撰文指出，这次发现表明，机器可能会出现“混乱和恶作剧”。某些人可能会利用机器的这个弱点，进而操纵价格。 206

欺骗机器

在艾森之前，就有人想到利用机器人的可预测性来获得经济收益了。一些人早就看到了这个机会，并展开了行动。在“闪崩”事件发生六年后的2016年，住在伦敦的操盘手纳温德·辛格·萨劳（Navinder Singh

① Michael Eisen, “Amazon’s $23698655.93 book about flies,” it is NOT junk, April 22, 2011, http://www.michaeleisen.org/blog/?p=358.

② “Amazon.com At a Glance: bordeebook,” accessed on October 1, 2016.

Sarao）对其罪行供认不讳。[①] 他在事故发生当天使用自动交易算法操纵了电子迷你期货合约市场。据美国司法部披露，萨劳使用自动交易算法提交了大量订单，制造需求高涨的假象来抬高价格，并在订单执行之前取消。通过操纵价格，萨劳可以在低点买进，高点卖出，随着价格的上涨而获利。[②]

将“闪崩”的责任完全归咎于萨劳，未免有些过于简单化。[③] 他在“闪崩”事件发生后，继续进行了所谓的市场操纵，直到2015年被捕。据称，他的欺诈算法在“闪崩”最严重的低迷期间并未运行。[④] 但他的欺骗行为仍然会加剧电子迷你期货合约市场的不稳定性，导致灾难性事故的发生。[⑤]

“闪崩”之后

在“闪崩”发生后，监管机构安装了“断路器”（circuit breaker），[⑥]

---

① Department of Justice, “Futures Trader Pleads Guilty to Illegally Manipulating the Futures Market in Connection With 2010 ‘Flash Crash,’ ” November 9, 2016, https://www.justice.gov/opa/pr/futures-trader-pleads-guilty-illegally-manipulating-futures-market-connection-2010-flash.

② Department of Justice, “Futures Trader Charged with Illegally Manipulating Stock Market, Contributing to the May 2010 Market ‘Flash Crash,’ ” April 21, 2015, https://www.justice.gov/opa/pr/futures-trader-charged-illegally-manipulating-stock-market-contributing-may-2010-market-flash. United States District Court Northern District of Illinois Eastern Division, “Criminal Complaint: United States of America v. Navinder Singh Sarao,” February 11, 2015, https://www.justice.gov/sites/default/files/opa/press-releases/attachments/2015/04/21/sarao_criminal_complaint.pdf.

③ “Post Flash Crash, Regulators Still Use Bicycles To Catch Ferraris,” Traders Magazine Online News, accessed June 13, 2017,http://www.tradersmagazine.com/news/technology/post-flash-crash-regulators-still-use-bicycles-to-catch-ferraris-113762-1.html.

④ “Guy Trading at Home Caused the Flash Crash,” Bloomberg.com, April 21, 2015, https://www.bloomberg.com/view/articles/2015-04-21/guy-trading-at-home -caused-the-flash-crash.

⑤ Department of Justice, “Futures Trader Charged with Illegally Manipulating Stock Market, Contributing to the May 2010 Market ‘Flash Crash,’ ” April 21, 2015, https://www.justice.gov/opa/pr/futures-trader-charged-illegally-manipulating-stock-market-contributing-may-2010-market-flash.

⑥ 在“闪崩”后立即实施第一批单独的股票断路器，如果股票价格在前五分钟内上升或下降超过10%，则暂停五分钟。参见：U.S. Commodity Futures Trading Commission and U.S. Securities and Exchange Commission, “Findings Regarding the Market Events of May 6, 2010,” 7。

以避免这类事故再次发生。在1987年“黑色星期一”崩溃后，“断路器”首次引入股票交易市场。如果股价下跌得太快，它就会停止交易。如果标普500指数下跌超过7%，比前一交易日收盘价下跌13%或20%，那么断路器就会暂停交易。如果下跌20%，那么整个股票交易市场的断路器将会同时启动，关闭当天的交易市场。①在“闪崩”事件发生后，2012年美国证券交易委员会为个股推出了新的“限价区间”(limit up-limit down)断路器，以防止剧烈的价格波动。②“限价区间”机制能根据股票前五分钟内的平均价格，为股票设立一定的价格范围。如果股票价格超出该范围的时间超过15秒，那么该股票交易就会暂停五分钟。 207

“断路器”是防止“闪崩”造成重大损失的重要机制。这一点，我们能够通过“断路器”经常跳闸可见一斑。每个交易日，我们都会看到，一些“断路器”在急速的价格变动下跳闸，暂停市场交易。③2015年8月的一天，超过1200台断路器在多个交易所中同时跳闸。④小型“闪崩”逐渐成为了华尔街的常规事件，甚至是正常事件。有时候，这些事故是由简单的人为错误引起的。⑤例如，交易者搞错了零的位置或者使用了错误的交易算法。在其他情况下，比如2010年5月发生的“闪崩”事件，原因可能

---

① 一个7%或13%个跌停会暂停交易15分钟。在当天剩下的时间内20%的跌幅将停止交易。

② Securities and Exchange Commission, “Investor Bulletin: Measures to Address Market Volatility,” July 1, 2012, https://www.sec.gov/oiea/investor-alerts-bulletins/investor-alerts-circuitbreakersbulletinhtm.html.Specific price bands are listed here: Investopedia Staff, “Circuit Breaker,” Investopedia, November 18, 2003, http://www.investopedia.com/terms/c/circuitbreaker.asp.

③ Maureen Farrell, “Mini Flash Crashes: A Dozen a Day,” CNNMoney, March 20, 2013, http://money.cnn.com/2013/03/20/investing/mini-flash-crash/index.html.

④ Matt Egan, “Trading Was Halted 1,200 Times Monday,” CNNMoney, August 24, 2015, http://money.cnn.com/2015/08/24/investing/stocks-markets-selloff-circuit-breakers-1200-times/index.html. Todd C. Frankel, “Mini Flash Crash? Trading Anomalies on Manic Monday Hit Small Investors,” Washington Post, August 26, 2015, https://www.washingtonpost.com/business/economy/mini-flash-crash-trading-anomalies-on-manic-monday-hit-small-investors/2015/08/26/6bdc57b0-4c22-11e5-bfb9-9736d04fc8e4_story.html?utm_term=.749eb0bbbf5b.

⑤ Joshua Jamerson and Aruna Viswanatha, “Merrill Lynch to Pay $12.5 Million Fine for Mini-Flash Crashes,” Wall Street Journal, September 26, 2016, http://www.wsj.com/articles/merrill-lynch-to-pay-12-5-million-fine-for-mini-flash-crashes-1474906677.

更为复杂。不管怎样，发生“闪崩”的基本条件仍然存在，这也使得“断路器”成为限制损失的一种重要工具。[①] 正如美国证券交易委员会分析与研究办公室副主任格雷格·伯曼（Greg Berman）所解释的那样：“‘断路器’虽然不能从根本上杜绝问题的发生，但它们至少可以防止灾难性后果的出现。”[②]

机速战争

股票交易事件给我们提供了一个窗口，使我们能够展望未来对抗性自主系统在战场上以超人速度对抗的情景。两者都涉及在复杂且不受控制的环境中进行高速的对抗互动。那么，在战争中会发生类似“闪崩”的事故——“闪战”吗？

当然，如果斯坦尼斯拉夫·彼得罗夫的生死抉择被自动化，后果或许是灾难性的，甚至可能演化为核战争。尽管如此，核武器指挥与控制仍是自主系统应用的典型场景。人们可以设想军队在各种各样的场景中部署自主武器，但仍然将触发核按钮的权力维持在人的手指上。

将自主系统应用于非核领域，同样存在意外升级的风险。即使在和平时期，军队也经常处于紧张局势之中，而这种紧张局势有可能演化为冲突。近年来，美军经常与部署在叙利亚和黑海的俄罗斯战机、霍尔木兹海峡的伊朗快艇以及南海的中国舰艇与防空力量相互角力。在国际关系中，各国采取边缘对抗的军事行为是很常见的，比如展示军队实力但不发射武器。有时，紧张局势会升级为接近战争的全面危机，例如1962年的古巴
208 导弹危机。在这种情况下，即使最微小的事件也可能会引发战争。1914年，一名枪手暗杀了奥地利的弗朗兹·斐迪南（Archduke Franz）大公，引发了一系列事件，最终导致第一次世界大战的爆发。在这种紧张局势中，双方的误判和分歧十分常见，混乱和事故可能引发战争。导致美国国会批准

① Bob Pisani, “A Year after the 1,000-Point Plunge, Changes Cut Trading Halts on Volatile Days,” August 23, 2016, http://www.cnbc.com/2016/08/23/a-year-after-the-1000-point-plunge-changes-cut-trading-halts-on-volatile-days.html.

② Farrell, “Mini Flash Crashes.”

发动越南战争的“东金湾”事件（The Gulf of Tonkin incident），后来证明很大程度上是虚构的。[①] 事实上，在1964年8月4日这一天，美国和越南的舰艇之间并没有发生任何枪战。

即便从现有技术条件来看，机器人系统也已经加剧了上述情况的复杂性。2013年，中国一架无人机在尖阁列岛（Senkaku Islands）[②]——这是中国和日本都宣称主权的一个有争议的东海无人居住群岛——上空飞行。作为回应，日本用F–15战斗机对无人机进行了拦截。最终，无人机调转方向离开了。随后，日本发布了关于应对无人机入侵的新交战规则。在这些规则中，日本宣称，他们将击落进入其领空的无人机。相比拦截有人驾驶飞机的规则，这更具挑战性。对此，中国表示，任何针对其无人机的攻击都将被视为“战争行为”，中国将进行“反击”。[③]

随着无人机数量的激增，它们多次被一些国家用来试探他国的主

① 历史学家自认为有充足的证据证明，所谓的1964年8月4日海战纯属子虚乌有。国防部长罗伯特·麦克纳马拉（Robert McNamara）故意误导了国会，为了推动越南战争，林登·约翰逊（Lyndon Johnson）总统意识到，战争从未发生过。Pat Paterson, “The Truth About Tonkin,” Naval History magazine, February 2008, https://www.usni.org/magazines/navalhistory/2008-02/truth-about-tonkin. John Prados, “The Gulf of Tonkin Incident, 40 Years Later,” The National Security Archive, August 4, 2004, http://nsarchive.gwu.edu/NSAEBB/NSAEBB132/. John Prados, “Tonkin Gulf Intelligence ‘Skewed’ According to Official History and Intercepts,” The National Security Archive, December 1, 2005. Robert J. Hanyok, “Skunks, Bogies, Silent Hounds, and the Flying Fish: The Gulf of Tonkin Mystery, 2-4 August 1964,” Cryptologic Quarterly, http://nsarchive.gwu.edu/NSAEBB/NSAEBB132/relea00012.pdf。

② “尖阁列岛”是日本的说法，中国称“钓鱼岛”。此处作者使用日本用的词汇，反映出作者偏袒日本的倾向。译者注。

③ Dan Gettinger, “ ‘An Act of War’: Drones Are Testing China-Japan Relations,” Center for the Study of the Drone, November 8, 2013, http://dronecenter.bard.edu/act-war-drones-testing-china-japan-relations/. “Japan to Shoot down Foreign Drones That Invade Its Airspace,” The Japan Times Online, October 20, 2013, http://www.japantimes.co.jp/news/2013/10/20/national/japan-to-shoot-down-foreign-drones-that-invade-its-airspace/. “China Warns Japan against Shooting down Drones over Islands,” The Times of India, October 27, 2013, http://timesofindia.indiatimes.com/world/china/China-warns-Japan-against-shooting-down-drones-over-islands/articleshow/24779422.cms.

权。① 朝鲜已经将无人机派入韩国领域。哈马斯和真主党也将无人机飞入以色列。巴基斯坦指责印度将无人机飞入巴基斯坦控制的克什米尔地区（印度否认了这一说法）。由此观之，似乎人们拥有无人机后要做的第一件事就是——将它们用于领土之外的地方。

当主权界定得很明晰时，一国通常的反应就是直接击落入侵的无人机。例如，巴基斯坦击落了印度在克什米尔地区的无人机，② 以色列击落了进入其空域的无人机。③ 2015年，叙利亚在其领土上空击落了一架美国的无人机。④ 几个月后，土耳其又击落了一架认定是从叙利亚飞入其领空的俄罗斯无人机。⑤

这些事件并没有导致更大的冲突，部分原因可能是在这些事件中，各国主权并未发生实际冲突。显然，在国际关系领域，当一架无人机进入他
209 国空域，将其击落是一种合理的回应。然而，像钓鱼岛这种存在主权争议的地区，采取同样的行动可能会引发截然不同的后果。在这种情况下，无人机被击落的国家可能会被迫升级行动，以支持他们的领土主权诉求。如今，这些事故已经初露端倪。2016年12月，中国捕获了美国在南海作业的小型水下无人潜航器。⑥ 在美国抗议后，中国迅速将其归还，但其他事件可能无法如此轻易解决。

---

① "Kashmir Firing: Five Civilians Killed after Drone Downed," BBC News, July 16, 2015, sec. India, http://www.bbc.com/news/world-asia-india-33546468.

② "Pakistan Shoots Down Indian Drone 'Trespassing' into Kashmir," AP News, accessed June 13, 2017, https://apnews.com/b67d689fb1f7410e9d0be01daaded3a7/pakistani-and-indian-troops-trade-fire-kashmir.

③ Gili Cohen, "Israeli Fighter Jet Shoots Down Hamas Drone Over Gaza," *Haaretz*, September 20, 2016, http://www.haaretz.com/israel-news/1.743169.

④ Missy Ryan, "U.S. Drone Believed Shot down in Syria Ventured into New Area, Official Says," Washington Post, March 19, 2015, https://www.washingtonpost.com/world/national-security/us-drone-believed-shot-down-in-syria-ventured-into-new-area-official-says/2015/03/19/891a3d08-ce5d-11e4-a2a7-9517a3a70506_story.html.

⑤ "Turkey Shoots down Drone near Syria, U.S. Suspects Russian Origin," *Reuters*, October 16, 2015, http://www.reuters.com/article/us-mideast-crisis-turkey-warplane-idUSKCN0SA15K20151016.

⑥ "China to Return Seized U.S. Drone, Says Washington 'Hyping Up' Incident," Reuters, December 18, 2016, http://www.reuters.com/article/us-usa-china-drone-idUSKBN14526J.

如果自主系统能够完成人们希望它做的事情，那么所有的这些复杂性都不再成为问题。机器人可能给战争带来新的挑战，但只要自动化精确地反映了人的意图，人就可以驾驭这些问题。危险在于，在没有人类控制的情况下，自主系统做了一些它们不该做的事情。

这类担忧已经在无人机应用上成为现实。2010年，一架海军火力侦察无人机从马里兰基地向华盛顿特区飞了23英里后，才被控制住。[①]2017年，操作员失去了对一架陆军"暗影"无人机（Army Shadow drone）的控制，这架无人机飞行了600多英里后，最终在科罗拉多州的森林中坠毁。[②]然而，并非所有事故都能够如此无害地结束。

2011年，美国失去了对在阿富汗西部执行任务的一架RQ–170"哨兵"隐形无人机的控制。[③]几天后，它几乎完好无损地出现在伊朗电视上，落在了伊朗军方的手里。有报道称，伊朗通过干扰其通信链路，切断其与控制人员的联系，然后使用欺骗GPS信号诱使其在伊朗基地降落，进而劫持了这架无人机。[④]美国有消息回应称，黑客提出索赔纯属无稽之谈[⑤]（尽管在几天的闪烁其词后，美方最终还是尴尬地承认了无人机是他们的）。不管事故发生的原因是什么，也不论采取什么方式，不可否认的是，美国失

① Elisabeth Bumiller, "Navy Drone Wanders Into Restricted Airspace Around Washington," New York Times, August 25, 2010, https://www.nytimes.com/2010/08/26/us/26drone.html.

② Alex Horton, "Questions Hover over Army Drone's 630-Mile Odyssey across Western US," Stars and Stripes, March 1, 2017, https://www.stripes.com/news/questions-hover-over-army-drone-s-630-mile-odyssey-across-western-us-1.456505#.WLby0hLyv5Z.

③ Greg Jaffe and Thomas Erdbrink, "Iran Says It Downed U.S. Stealth Drone; Pentagon Acknowledges Aircraft Downing," Washington Post, December 4, 2011, https://www.washingtonpost.com/world/national-security/iran-says-it-downed-us-stealth-drone-pentagon-acknowledges-aircraft-downing/2011/12/04/gIQAyxa8TO_story.html.

④ Scott Peterson and Payam Faramarzi, "Exclusive: Iran Hijacked US Drone, Says Iranian Engineer," Christian Science Monitor, December 15, 2011, http://www.csmonitor.com/World/Middle-East/2011/1215/Exclusive-Iran-hijacked-US-drone-says-Iranian-engineer.

⑤ David Axe, "Did Iran Hack a Captured U.S. Stealth Drone?" WIRED, April 24, 2012, https://www.wired.com/2012/04/iran-drone-hack/.209United States did awkwardly confirm: Bob Orr, "U.S. Official: Iran Does Have Our Drone," CBS News, December 8, 2011, http://www.cbsnews.com/news/us-official-iran-does-have-our-drone/.

去了一款高价值隐形无人机的控制权，它最终落入了敌对国家手中。

如果侦察无人机偏离航线，可能只会带来“国际耻辱”和丧失重要军事技术的风险。但致命性自主武器的失控就要另当别论了。即使一个被设计为在自卫状况下才能射击的机器人，也可能在编程人员不希望的情况下进行射击。如果因此造成他国军人或平民遇害，将导致紧张局势
210 升级。

科学家希瑟·罗夫（Heather Roff）在亚利桑那州立大学从事新兴技术的伦理和政策研究。他表示，对“闪战”的担忧是有道理的。罗夫并不十分担心“独立的个人平台”（isolated individual platform），她真正担忧的是具有“协作自主”（collaborative autonomy）能力的“网络系统”（networks of systems）。[①] 如果鲍勃·沃克等人的愿景成真，军队将会能够派出水面机器人舰队、水下机器人潜艇狼群和空中的无人机蜂群。在这种情况下，失控的后果可能是一场灾难。罗夫警告说：“如果我们的自主武器系统装置正在印巴边界等地区巡逻，我们的对手也在同一边界进行巡逻，这些装置拥有一定的自卫防御升级的权限，与其他系统相互连接……这可能会导致危机迅速升级。”[②] 就像“爱国者”误伤事故可能导致意外伤亡一样。

当我与国防部高级研究计划局战术技术办公室主任布拉德福德·托斯利交谈时，我向他提出了“闪崩”的问题。军队是否能从自动化股票交易中吸取教训？在提及高频交易时，托斯利为之一振。他很了解这个他与同事讨论过的问题。他认为，自动交易是一个十分“恰当的比喻”，能够使我们更好地观察自动化对军事领域带来的挑战。他反问道：“难道我们不理解复杂机器系统会带来什么样的意外副作用？”[③] 托斯利指出，虽然“断路器”能有效控制股市的事故，但“军队恐怕没有足够的时间”。

与比喻同样有趣的是，托斯利并不担心“闪战”的发生，因为股票交

① Heather Roff, interview, October 26, 2016.

② Ibid.

③ Bradford Tousley, interview, April 27, 2016.

易和战争之间的速度差异很大。“我不知道大规模的军事行动是否以毫秒为单位，”他说，[①]（1毫秒等于1000微秒）“即便是20分钟内能飞出700英里的超音速弹药，也需要20分钟而不是20毫秒。”理论上，通过物理空间移动导弹、飞机或舰艇的这种节奏特点会限制事件失控的速度，给人足够的适应和应对时间。

托斯利说，电子战和网络空间是一个例外，这里的互动以“机器速度”发生。在这个虚拟的世界里，“坏事发生的速度，”他说，“是毫秒。”[②]

① Ibid.

② Ibid.

211

第14章

隐形战争

网络空间的自主武器

人类在过去的几十年里创造了一个虚拟的世界。我们无法用肉眼看到它，但却能够真切感受到它无处不在的影响，从口袋里嗡嗡作响的电话、收到电子邮件时的响铃，到信用卡读卡器在以太网上寻求授权时造成的短暂停顿，等等。这虽然是个隐藏的世界，但却影响我们日常生活的方方面面。这就是互联网，或者称为网络空间。

纵观历史，科技使人类不断探索未知的领域，从海底到空中，再到太空。人类不断拓展的活动领域，战争与冲突也如影随形，网络空间也不例外。在这个以机速运行的隐形世界里，无声的战争正在上演。

恶意软件

要想了解恶意软件（Malware），你并不需要成为一名计算机程序员。正是因为恶意软件的存在，你才会被提醒要进行电脑和手机的更新；正是因为恶意软件的存在，你才需要尽量避免点击陌生人发来的电子邮件链接；也正是因为恶意软件的存在，当听到一家大型公司从另一家公司的数据库中窃取了数百万信用卡号码时，你会感到忧心忡忡。恶意软件是指一类具有不良意图的软件（malicious software），包括病毒代码、特洛伊木马、蠕虫、僵尸网络等，是网络病毒的总称。

自电脑开始使用软盘传输以来，网络病毒就一直存在。自计算机通过 212
网络连接在一起后，网络蠕虫就开始出现了，它们能够通过网络迅速扩散。1988年，第一个大型蠕虫病毒（当时称为互联网蠕虫，因为它是首例）感染了约10%的互联网系统。[①] 那时候，互联网的规模还相当小，只有6万台电脑，因此，1988年的互联网蠕虫并没有造成太大的影响。它的目标是扫描互联网，因此，病毒虽然只是进行了自我复制，最终也导致了严重后果。由于没有相应的安全机制来防止蠕虫病毒不断复制到同一台机器上，最终大量主机由于受到感染并被病毒多次复制，运行速度变慢直至无法使用。

今天的恶意软件结构更为复杂，通常被政府、罪犯、恐怖分子和网络黑客（或“黑客行为主义者”）用于与计算机相关的各种目的，包括进行间谍活动、窃取知识产权、泄露敏感机密、减缓或拒绝计算机使用，或只是创建访问权限供未来使用等。每天都有很多网络犯罪活动在进行。据报道，仅在2015年就发生了超过7万次针对美国政府系统的网络安全事件，且这个数字还在不断增加。[②] 最常见和最严重的网络攻击通常来自他国政府。[③] 很多攻击的规模相对较小，但也不乏大规模攻击事件发生。2015年7月，美国政府人事管理办公室（Office of Personnel Management, OPM）遭

① Ted Eisenberg et al., “The Cornell Commission: On Morris and the Worm,” Communications of the ACM 32, 6 (June 1989), 706-709, http://www.cs.cornell.edu/courses/cs1110/2009sp/assignments/a1/p706-eisenberg.pdf.

② Government Accountability Office, “Information Security: Agencies Need to Improve Controls over Selected High-Impact Systems,” GAO-16-501, Washington, DC, May 2016, http://www.gao.gov/assets/680/677293.pdf.

③ Ibid., 11.

到黑客攻击后，2100万人的安全审查数据遭到泄露。[①] 尽管这次黑客攻击事件被广泛归咎于中国，但中国政府宣称，这有可能是来自中国境内但未经政府授权的犯罪分子所为。[②]

还有一些网络攻击行动已经不仅仅停留在间谍活动的层面。最早被称为“网络战”的事件是2007年发生在爱沙尼亚的“分布式拒绝服务”（DDoS）攻击。“分布式拒绝服务”攻击旨在通过百万次级的大量访问请求造成网站崩溃，挤占带宽并使合法用户无法访问。“分布式拒绝服务”攻击通常使用“僵尸网络”，即感染了恶意软件的“僵尸”计算机网络，发起网络攻击。

在决定迁移苏联战争纪念碑后，爱沙尼亚在两周内遭到了128次“分
213 布式拒绝服务”攻击。这些攻击不仅使网站当机，更是影响了爱沙尼亚的整个电子基础设施。[③] 银行、自动取款机、电信和媒体都陷入瘫痪。在爱沙尼亚遭受“分布式拒绝服务”攻击的高峰期，全球有超过100万台受僵尸网络感染的电脑针对爱沙尼亚网站，每秒钟发送400万次访问请求，使其服务器超载并停止访问。[④] 爱沙尼亚指控俄罗斯政府是幕后黑手，理由

---

① James Eng, “OPM Hack: Government Finally Starts Notifying 21.5 Million Victims,” NBC News, October 1, 2015, http://www.nbcnews.com/tech/security/opm-hack-government-finally-starts-notifying-21-5-million-victims-n437126. “Why the OPM Hack Is Far Worse Than You Imagine,” Lawfare, March 11, 2016, https://www.lawfareblog.com/why-opm-hack-far-worse-you-imagine.

② David E. Sanger, “U.S. Decides to Retaliate Against China’s Hacking,” New York Times, July 31, 2015, https://www.nytimes.com/2015/08/01/world/asia/us-decides-to-retaliate-against-chinas-hacking.html. Sean Gallagher, “At First Cyber Meeting, China Claims OPM Hack Is ‘criminal Case’ [Updated],” Ars Technica, December 3, 2015, https://arstechnica.com/tech-policy/2015/12/at-first-cyber-meeting-china-claims-opm-hack-is-criminal-case/. David E. Sanger and Julie Hirschfeld Davis, “Hacking Linked to China Exposes Millions of U.S. Workers,” New York Times, June 4, 2015, https://www.nytimes.com/2015/06/05/us/breach-in-a-federal-computer-system-exposes-personnel-data.html.

③ Dan Holden, “Estonia, Six Years Later,” Arbor Networks, May 16, 2013, https://www.arbornetworks.com/blog/asert/estonia-six-years-later/.

④ “Hackers Take Down the Most Wired Country in Europe,” WIRED, accessed June 14, 2017, https://www.wired.com/2007/08/ff-estonia/. “Denial-of-Service: The Estonian Cyberwar and Its Implications for U.S. National Security,” International Affairs Review, accessed June 14, 2017, http://www.iar-gwu.org/node/65.

是其曾经威胁，如果爱沙尼亚移除这座纪念碑，就会带来“灾难性”后果。[①] 尽管俄罗斯当时矢口否认参与了这起事件，但两年后，一名杜马官员承认是俄罗斯政府支持的黑客组织进行了此次攻击。[②]

在此后的几年里，出现了多起国家间宣称或承认的网络攻击。[③] 2008年，俄罗斯政府支持的黑客攻击了格鲁吉亚。2012年和2013年，伊朗发起了一系列针对沙特阿拉伯和美国的网络攻击，粉碎了沙特石油公司3万台计算机的数据，并对美国银行实施了350次“分布式拒绝服务”攻击。[④] 虽然大多数网络攻击只是涉及窃取、泄露或拒绝数据，但也有不乏网络攻击已将触角伸向了物理空间。2010年，一种网络蠕虫病毒就越过了网络的“卢比肯河”（cross the Rubicon），[⑤] 将网络空间的“1、0”代码变成了实实在在的物理破坏。

“震网”病毒：一个震惊世界的网络攻击

2010年夏天，一种与众不同的新蠕虫病毒在计算机安全界引起关注。这个恶意软件的先进性超过了以往的任何同类软件，明显需要专业的黑客团队耗费数月乃至数年才能设计出来。[⑥] 长期以来，网络安全领域的专业人士虽然认为数字武器能够实现，但从来没有真正见过。这种被称为“震网”（Stuxnet）的蠕虫病毒已经不仅仅是窃取东西和删除数据的间谍，它还能将触角伸至物理空间，造成物理层面的破坏。

“震网”病毒是一种新的恶意软件。“零日漏洞利用”是指攻击方利

---

① “Hackers Take Down the Most Wired Country in Europe.”

② “Russia Confirms Involvement with Estonia DDoS Attacks,” SC Media US, March 12, 2009, https://www.scmagazine.com/news/russia-confirms-involvement-with-estonia-ddos-attacks/article/555577/.

③ “Estonia, Six Years Later.”

④ Keith B. Alexander, “Prepared Statement of GEN (Ret) Keith B. Alexander* on the Future of Warfare before the Senate Armed Services Committee,” November 3, 2015, http://www.armed-services.senate.gov/imo/media/doc/Alexander_11-03-15.pdf.

⑤ Cross the Rubicon, 跨过了“卢比肯河”，意为破釜沉舟、孤注一掷，越过雷池。译者注。

⑥ David Kushner, “The Real Story of Stuxnet,” *IEEE Spectrum: Technology, Engineering, and Science News*, February 26, 2013, http://spectrum.ieee.org/telecom/security/the-real-story-of-stuxnet.

用软件开发人员没有发现的漏洞（防御方知道存在“零日”漏洞）。[①] 在计算机安全领域，“零日”漏洞是一种珍贵的商品，它在黑市能卖到10万美元。令人震惊的是，“震网”病毒竟然利用了四个“零日”漏洞。[②] “震网”病毒通过便携式USB设备进行传播，它在渗入新系统后做的第一件事就是在这台计算机中实现“根”访问，实质上是无限制的访问。随后，它开始通过使用从信誉良好公司获取的真实安全证书进行隐藏，以防被防病毒软件发现，之后便开始到处搜索。它会扩散到网络中的所有机器寻找西门子Step 7软件——该软件通常用于运行工业应用的可编程逻辑控制器（programmal logic controller, PLC），[③] 而可编程逻辑控制器控制了发电厂、水阀、交通信号灯和工厂。更为重要的是，它们还控制了铀浓缩设施中的离心机。

“震网”病毒的目标不只在于寻找所有的可编程逻辑控制器。它就像寻的弹药一样，在寻找一种特定类型的可编程逻辑控制器，一种用于控制离心机转速的变频器驱动器。如果“震网”病毒未能找到它的目标，它就会自毁，不留下任何痕迹。如果找到了目标，“震网”病毒就会部署两个计算机安全专家所称的加密“弹头”。[④] 其中一个“弹头”会劫持可编程逻辑控制器，夺取它的设置和控制权。另一个“弹头”会记录正常的工业运作，并回放给可编程逻辑控制器另一端的人观看，就像银行抢劫犯制作的虚假监控视频一样。在偷偷破坏工业设施的同时，“震网”病毒也在告诉值班的人，“一切都很好”。

计算机安全专家普遍认为，[⑤] “震网”病毒剑指伊朗的工业控制设施，

① Kim Zetter, “Hacker Lexicon: What Is a Zero Day?,” WIRED, November 11, 2014, https://www.wired.com/2014/11/what-is-a-zero-day/.

② Michael Joseph Gross, “A Declaration of Cyber War.” Vanity Fair, March 2011, https://www.vanityfair.com/news/2011/03/stuxnet-201104.

③ Gross, “A Declaration of Cyber War.” Nicolas Falliere, Liam O Murchu, and Eric Chien, “W32.Stuxnet Dossier,” Symantec Security Response, February 2011, https://www.symantec.com/content/en/us/enterprise/media/security_response/whitepapers/w32_stuxnet_dossier.pdf.

④ Gross, “A Declaration of Cyber War.”

⑤ Falliere et al., “W32.Stuxnet Dossier,” 2, 7.

目标很可能是纳坦兹（Natanz）铀浓缩设施。[①] 近60%的“震网”病毒感染发生在伊朗，且最初的感染都发生在与伊朗铀浓缩计划相关的公司。[②] 看起来，“震网”病毒感染似乎与纳坦兹运营的离心机数量急剧下降密切相关。[③] 尽管网络空间中的准确归因十分困难，安全专家还是进一步推测，美国或以色列或两国都在支持“震网”病毒。[④]

“震网”病毒的自主性很高，设计在“物理隔离”的网络中运行。出于安全原因，这些网络没有连接互联网。为了进入这些受保护的网络，“震网”病毒通过便携式USB闪存驱动器进行传播。这也意味着，它一旦发现目标，便会自主进行操作。计算机安全公司“赛门铁克”（Symantec）指出，这很可能影响到“震网”病毒的设计： 215

> 虽然攻击者可以通过命令和控制服务器操纵“震网”病毒，但如前所述，关键计算机不太可能连接互联网。因此，破坏系统所需的所有功能都必须直接嵌入“震网”病毒的可执行文件中。[⑤]

与其他恶意软件不同，设计人员无法对“震网”病毒进行访问和干预，它必须自主执行任务。

与其他恶意软件相似的是，“震网”病毒也能进行复制和传播，并感染其他计算机。它的实际传播范围远远超出了其原始目标，感染了超过10

① Gross, “A Declaration of Cyber War.” Ralph Langner, “Stuxnet Deep Dive,” S4x12, https://vimeopro.com/s42012/s4-2012/video/35806770. Kushner, imeopro.com/s42012/Stuxnet.t.

② Falliere et al., “W32.Stuxnet Dossier,” 5-7. Kim Zetter, “An Unprecedented Look at Stuxnet, the World’s First Digital Weapon,” WIRED, November 3, 2014, https://www.wired.com/2014/11/countdown-to-zero-day-stuxnet/.

③ John Markoff and David E. Sanger, “In a Computer Worm, a Possible Biblical Clue,” New York Times, September 24, 2010, http://www.nytimes.com/2010/09/30/world/middleeast/30worm.html.

④ Ibid.，Gross, “A Declaration of Cyber War.”

⑤ Falliere et al., “W32.Stuxnet Dossier,” 3.

万台计算机。赛门铁克将这些额外受到感染的计算机称为“附带损害”，[①] 这是“震网”病毒的“混杂”（promiscuous）传播并允许其渗入隔离网络的意外副作用。

但是，为了应对这些并发感染，“震网”病毒也具有很多安全功能。首先，如果“震网”病毒发现自己的计算机上没有它所寻找的特定类型的可编程逻辑控制器，它就会什么都不做。其次，“震网”病毒的每个副本都只能通过USB传播到其他最多三台机器，[②] 这就限制了它的扩散程度。最后，“震网”病毒有一个自动终止日期。[③] 到了2012年6月24日这一天，它将删除自身的所有副本（有专家认为这些安全特征进一步表明“震网”病毒是西方政府所为）。[④]

在“震网”病毒之前，网络安全专家认为通过软件来破坏工业控制系统是可能的，但从未真正见过。在“震网”病毒成为第一种网络武器后，将不可避免地出现更多类似的病毒。“震网”病毒是一种“开源武器”，[⑤] 其他研究人员可以在网上修补、修改和重定义它的代码，将其用于其他攻击。“震网”病毒利用的具体漏洞会得到修复，但其设计已经被视为未来网络武器的蓝本。[⑥]

网络空间中的自主性

对于在与互联网隔离的封闭网络中运行的攻击性网络武器（如“震网”
216 病毒）来说，自主性必不可少。一旦发现目标，“震网”病毒就会自行进行攻击。从这个意义上说，“震网”病毒与制导弹药类似。人选择目标，“震网”病毒进行自主攻击。

---

① Ibid., 7.

② Ibid., 10.

③ Ibid., 18.

④ Gross, “A Declaration of Cyber War.”

⑤ Patrick Clair, “Stuxnet: Anatomy of a Computer Virus,” video, 2011, https://vimeo.com/25118844.

⑥ Josh Homan, Sean McBride, and Rob Caldwell, “IRONGATE ICS Malware: Nothing to See Here … Masking Malicious Activity on SCADA Systems,” FireEye, June 2, 2016, https://www.fireeye.com/blog/threat-research/2016/06/irongate_ics_malware.html.

自主性对于网络防御也很重要。由于病毒攻击的数量过于庞大，防御方无法检测到所有攻击。有些网络攻击不可避免地会突破防御，可能通过使用“零日”漏洞、查找没有更新的系统，或是利用插入受感染的USB驱动器或点击恶意链接的用户。这意味着，除了清除恶意软件外，安全专家还需要进行“积极的网络防御”，如将监督网络嵌入系统内部，寻找、应对恶意软件并修补网络漏洞等。

2015年，我在参议院武装力量委员会发表关于“未来战争”的证词，坐在我旁边的是国家安全局前负责人、退役将军基思・亚历山大（Keith B. Alexander）。亚历山大将军十分关注网络威胁，他指出了防御国防部内部15000个“飞地”（单独的计算机网络）所面临的挑战。试图通过手动方法更新这些网络，几乎是不可能的。他说，如果以“手动速度”修补网络漏洞，需要数月的时间。“这类工作应当实施自动化，”亚历山大强调，“人应当处在回路外。”[①] 目前，计算机安全研究人员正在努力开发“人在回路外”的更为复杂的网络。与其他自主性领域一样，国防部高级研究计划局处于研究的最前沿。

“梅海姆”问世：网络挑战赛

国防高级研究计划局专注处理最困难的研究问题，即其他人认为不可能做到的“DARPA难度”问题。DARPA每天都在进行这样的工作，但如果出现一个对于DARPA来说都很难解决的技术问题，它就会使出“杀手锏”：将这个问题带到“挑战赛”中。

2004年举行的第一届“DARPA挑战赛”主题是“自动驾驶汽车”。21个研究小组汇聚一堂，展开了一场激烈的竞赛。它们的目标是制造一辆能在莫哈韦沙漠（Mojave Desert）赛道上行驶142英里的完全自主车辆。这的确是个具有“DARPA难度”的问题。比赛中，参赛车辆不是发生了

① Keith B. Alexander, Testimony on the Future of Warfare, Senate Armed Services Committee, November 3, 2015, http://www.armed-services.senate.gov/hearings/15-11-03-future-of-warfare. Alexander's comments on automation come up in the question-and-answer period, starting at 1:14:00.

故障就是翻车，或者停滞不前。最远的车辆也只行驶了7.4英里，即赛道
217 的5%。

DARPA继续赞助了第二年的挑战赛。这一次则获得了巨大成功。有22辆车打破了前一年的最远距离纪录，五辆车成功跑完整个赛道。2007年，DARPA在一个封闭的城市街道上举办了一场关于自动驾驶汽车的“城市挑战赛”，赛道上设有交通和停车标志。这场挑战赛使自动驾驶技术取得了巨大进步，为谷歌和特斯拉等公司目前正在开发的自动驾驶汽车奠定了坚实基础。

从那时起，DARPA就采用了“挑战赛”这一方法解决其他一些难题，旨在充分发挥竞争的力量，产生最好的想法并推动技术发展。DARPA在2013年到2015年间举办了一场“机器人挑战赛”（Robotics Chanllenge），比赛期间，机器人实施了一系列模拟人道主义救援和灾难响应的任务，推动了仿生机器人领域的发展。[1]

2016年，为助推网络安全领域的进步，DARPA举办了一场“网络挑战赛”（Cyber Grand Chanllenge）。超过100个团队围绕建立能够保护网络的完全自主网络推理系统（cyber reasoning system）进行了激烈角逐。这些系统需要自动识别计算机漏洞，并对它们进行修补或利用，现场进行夺旗竞赛。

戴维·布伦利（David Brumley）是卡耐基·梅隆大学的计算机科学家，也是“全域安全”（ForAllSecure）公司的首席执行官，他所开发的“梅海姆”（Mayhem）系统最终赢得了这场“网络挑战赛”。布伦利说，他的目标是构建一个能够“自动检查世界上的软件是否存在可利用漏洞”的系统。[2]“梅海姆”系统就是这种愿景的实现，它是一个“用于查找和修复计

---

① DARPA, “DARPA Robotics Challenge (DRC),” accessed June 14, 2017, http://www.darpa.mil/program/darpa-robotics-challenge. DARPA, “Home | DRC Finals,” accessed June 14, 2017, http://archive.darpa.mil/roboticschallenge/.

② David Brumley, “Why CGC Matters to Me,” ForAllSecure, July 26, 2016, https://forallsecure.com/blog/2016/07/26/why-cgc-matters-to-me/.

算机安全漏洞的完全自主系统”。[①] 从这个意义来看，相比基思·亚历山大想制造出自动更新软件，“梅海姆”系统的目标更加宏伟。“梅海姆”系统能够在人还没有意识到之前就发现自己的漏洞，并对它们进行修补。

布伦利向我解释说，这个过程实际需要几个步骤。首先，需要在软件中发现漏洞。接着，需要开发“漏洞利用”程序来利用漏洞或开发“补丁”程序来修复漏洞。如果说，软件中的漏洞类似于一把“弱锁”（weak lock），[②] 那么“漏洞利用”就如同一个能够专门利用这个锁的弱点的定制密钥，而“补丁”则能够对这个“弱锁”进行修复。

尽管如此，开发这些“漏洞利用”和“补丁”还远远不够。人们必须知道何时使用它们。布伦利解释说，即使从防御方来看，你也不可能在发 218
现漏洞时立即安装补丁。对于任何特定漏洞，“梅海姆”系统能够开发出一套“补丁”（suite of patches）。修复漏洞并不是一个二元的问题，不仅仅是漏洞被修复了或没有修复这么简单。布伦利说：“这里存在一个安全级别的问题，通常在表现和功能方面存在着不同的权衡。”[③] 安装一些补丁可能会使计算机更安全，但也会导致系统运行速度变慢。具体应用什么补丁，取决于系统的用途。如果是家庭用途，“你宁愿让它功能更强大，而不是追求100%的安全。”布伦利说。另外，旨在保护关键系统的用户（如国防部），可能会选择牺牲效率来提高安全性。何时应用补丁是另一个要考虑的因素。“你绝对不会在即将进行大型的企业演示之前更新微软演示文稿软件（Microsoft PowerPoint）。”布伦利说。

今天，发现漏洞、设计补丁，并将其上传到自动更新服务器这些步骤全部是由人完成的。即便是家用电脑上的“自动更新”功能，事实上也并非是全自动的。只有在人点击了“确定”后，系统才能开始自动更新。在“观察—判断—决策—行动”这一回路中，每个需要人参与的地方都会减慢查找和修补漏洞的速度。另外，“梅海姆”系统是一个能完成所有这些

① David Brumley, “Mayhem Wins DARPA CGC,” ForAllSecure, August 6, 2016, https://forallsecure.com/blog/2016/08/06/mayhem-wins-darpa-cgc/.

② David Brumley, interview, November 24, 2016.

③ Ibid.

步骤的完全自主系统。这意味着，它不仅仅是盲目地寻找和修补漏洞，更能推算使用哪个补丁以及何时应用补丁。布伦利说，它是“一个正在接管人目前所做的所有事情的自主系统，它会使这些事情变得自动化”。然后，“梅海姆”系统将推算出如何使用它们，何时应用补丁以及何时进行‘漏洞利用’”。[①]“梅海姆”系统对程序还采用了更加固化的技术（hardening techniques），布伦利将之称为主动安全措施。假如系统中存在漏洞，这种措施在漏洞被发现之前就已经应用于程序中，使攻击方利用漏洞变得更加困难。更为重要的是，“梅海姆”系统能够以机器速度完成所有这些任务。

在“网络挑战赛”的最后一轮赛事中，“梅海姆”系统和其他六个系统进行了一场激战。它们扫描和利用其他系统中的漏洞，并对自身漏洞进行修补。布伦利将这场比赛比作互相探查的七个堡垒，它们都试图进入上锁的大门。“我们的目标是制造一个‘万能钥匙’（skeleton key），让我们在没有准入权的情况下自由进入”。[②]对于给出了进入其他系统的“漏洞证据”——本质上是一个“漏洞利用”或“钥匙”——的参赛方，DARPA会给予相应的分数。访问类型也非常重要，完全访问系统比仅限于窃取信
219 息的访问能获取更高的分数。

组织“网络挑战赛”的DARPA项目经理麦克·沃尔克（Mike Walker）表示，这次比赛首次使得自动化网络工具能够“自动创建知识”，而不仅仅是运行人工生成代码。通过自主开发补丁程序，它们超越了清除已知恶意软件的自动化反病毒系统，使“供应链自动化”。沃尔克说：“网络领域真正的自主性是系统能够创造自己的知识……这是一条非常明确而清晰的界限。并且，我认为，某种程度上我们已经跨过了这条界限……就在第一次‘网络挑战赛’中。”[③]

麦克·沃尔克将“网络挑战赛”与首次电脑间的国际象棋比赛进行了

---

① Ibid.

② Ibid.

③ Michael Walker, interview, December 5, 2016.

比较。这项技术可能现在还并不完美，但这不是重点。我们的目标是证明这个概念，展示其可以做些什么，并随着时间的推移不断改进技术。布伦利说，“梅海姆”系统与一位“合格的”计算机安全专业人员大致相当，即“一位刚大学毕业的计算机安全专业人员”。[①] 当然，与世界一流级的黑客相比，“梅海姆”系统仍然难以望其项背。布伦利也深知这一点，他还领导着一支极具竞争力的人类黑客团队，这支队伍参加了黑客领域的“世界杯”——“DEF CON黑客大会”。[②] 布伦利领导的卡耐基·梅隆队在过去的五年里共夺取了四次冠军。[③]

然而，布伦利对于“梅海姆”系统的期望并不是战胜最优秀的人类黑客。他有一些更具实用性和变革性的目标，想从根本上改变计算机安全。随着互联网“殖民”了我们身边的各种物品，将烤面包机、手表、汽车、恒温器以及其他家居物品与互联网连接成为物联网（IoT），这种数字化和连通性也带来了很多漏洞。2016年10月，名为“未来”（Mirai）的人工智能僵尸网络劫持了打印机、路由器、DVR机器和安全摄像头等日用网络设备，[④] 并利用它们进行大规模的分布式拒绝服务攻击。[⑤] 布伦利表示，大多数物联网设备“非常脆弱”。[⑥] 目前，世界上约有64亿台在线物联网设备，预计到2020年将达到200亿台。[⑦] 这意味着，有数百万个不同程序存在潜在的漏洞。“每个编写的程序都类似一把独特的锁，且大多数锁都从未经过相应的安全检查。”布伦利说。他的团队看过4000个商用互联网路 220
由器后发现，“没有一台是安全的。”他说，“从未有人想过要检查它们的

① David Brumley, interview, November 24, 2016.

② Daniel Tkacik, “CMU Team Wins Fourth ‘World Series of Hacking’ Competition,” CMU.edu, July 31, 2017.

③ Ibid.

④ Brian Krebs, “Who Makes the IoT Things Under Attack?” Krebs on Security, October 3, 2016, https://krebsonsecurity.com/2016/10/who-makes-the-iot-things-under-attack/.

⑤ Brian Krebs, “KrebsOnSecurity Hit With Record DDoS,” Krebs on Security, September 21, 2016, https://krebsonsecurity.com/2016/09/krebsonsecurity-hit-with-record-ddos/.

⑥ David Brumley, interview, November 24, 2016.

⑦ “Gartner Says 6.4 Billion Connected,” Gartner, November 10, 2015, http://www.gartner.com/newsroom/id/3165317.

安全性。”以人工速度检查这些多如牛毛的设备是不可能的，也没有足够的计算机安全专家来做这件事。布伦利的愿望是开发一个能“检查所有这些锁”的自主系统。[①]

如果你发现了一把弱锁，修复它是个不错的选择。你可以轻松地创建一个密钥（漏洞）来打开锁。布伦利说，攻防技术之间其实并没有太大的“差别”。[②] 它们只是同一技术的不同应用。就像一把枪，它既可以用来打猎，也可以用来打仗。麦克·沃尔克赞同这种说法。“所有计算机安全技术都是两用性的。”他说。[③]

出于安全考虑，DARPA让比赛电脑在物理隔离的网络上进行竞赛，并为此次比赛开发了一个特殊的操作系统。就算其中一个系统接入了互联网，它也只有在经过重新设计后，才能在Windows，Linux或Mac系统上搜索漏洞。

布伦利强调，在卡耐基·梅隆大学，他们还从未遇到过将这项技术用于恶意目标的问题。他将团队研究人员比作从事流感疫苗研究的生物学家。诚然，他们可以利用这些知识来制造病毒，但“你必须相信，研究人员有适当的安全协议”。[④] 他的“全域安全”公司实行“负责任的披露”制度，员工需要向公司汇报他们发现的漏洞。尽管如此，他也坦言：“你无法保证不会出现坏人。”

布伦利设想，在未来十年里，像“梅海姆”系统这样的工具将会被用来发现弱锁并进行补丁修复，从而推动数十亿设备的网络防御。沃尔克表示，商业部门现在进行大量投资的自动驾驶汽车，是十年前“DARPA挑战赛”的产物。他认为，自主网络安全也将会遵循类似的发展道路。“在这个领域，需要同样长期的意愿和资金支持”。[⑤]

布伦利和麦克·沃尔克都认为，攻击者也会使用自主网络工具。但他

① David Brumley, interview, November 24, 2016.

② Ibid.

③ Michael Walker, interview, December 5, 2016.

④ David Brumley, interview, November 24, 2016.

⑤ Michael Walker, interview, December 5, 2016.

们表示，最终的结果会更有利于网络防御。目前，“进攻方在计算机安全领域具有绝对优势。”麦克·沃尔克说。当前的问题在于，攻击方和防御
方之间存在明显的不对称。防御方必须关闭所有的漏洞，而攻击者只需找 221
到一种方法攻破就行。自主网络系统的出现将会使这场比赛变得更加公平，部分原因在于防守方获得了先发优势。它们能够编写代码，扫描漏洞并在部署之前对其进行修补。麦克·沃尔克说：“这并不是说在网络领域就变得防御占优了。”[①] 但他确实认为，自主网络工具能够实现“投资平价”（investment parity），即“最佳投资获胜”（the best investment wins）。即便如此，这也将是“变革性的”，他说。恶意软件需要投入大量资金，但每年花在计算机安全上的费用更高。在加入DARPA之前，麦克·沃尔克曾是具有十年工作经验的“红方队员”（read teamer），能源和金融部门的公司雇他入侵公司的系统并发现其中的潜在漏洞。他表示，自主网络攻击“实际上能使黑客侵入能源或金融等基础设施变得十分困难，普通人根本无法做到”。

戴维·布伦利承认，这难以阻止那些拥有充足资源的先进民族国家实施黑客入侵。他说，限制访问仍然是有帮助的，并与限制核武器扩散的努力进行了比较，“俄罗斯和美国拥有核武器当然是可怕的，但是真正骇人的是普通人拥有它。我们希望避免普通人拥有这类东西”。[②] 如果布伦利是对的，十年内，像“梅海姆”这样的自动化系统将使计算机变得越来越安全。但是，自主性将在网络空间不断发展，甚至还会出现比“梅海姆”更先进的系统。

布伦利指出，自主网络防御的下一个发展趋势是“反自主”（counter-autonomy）。[③] 反自主以“锁匠”为目标，它通过“利用对手的缺陷或可预测模式来取胜”。他说，反自主不仅意在漏洞利用，它“试图找到对手算

① Ibid.

② David Brumley, interview, November 24, 2016.

③ David Brumley, “Winning Cyber Battles: The Next 20 Years,” unpublished working paper, November 2016.

法中的漏洞”。[①] 布伦利将其与打扑克进行类比：“你扮演进攻方，[②] 反自主利用敌方自主系统中的脆弱性来打败他们。”

虽然反自主技术不是“网络挑战赛”的一部分，但布伦利表示，他们已经试验过从未使用的反自主技术。他们开发了一个能够将隐藏漏洞利用技术嵌入到对手的自主系统补丁中去的工具。“这有点类似特洛伊木
222
马。”[③] 布伦利说。这个补丁“是合法的程序，表现也很完美”。然而，隐藏在修补程序中的漏洞利用会瞄准黑客修补程序常用的工具。“任何试图分析补丁的人都会被利用。”他说。另一种反自主方法是，不仅要发现漏洞，更要创造漏洞。这可以通过在学习系统的学习过程中植入错误数据来实现。布伦利称之为“相当于计算机中的‘钓鱼’，[④] 我们的系统会有条不紊地诱导敌对系统‘误学’（错误地学习）如何操作”。

自主网络武器

网络空间中的军备竞赛已悄然开始。布伦利在一份2016年末发表的工作文件中写道：“应当看到，网络安全是攻击者和防御者之间的战争，两者都会随着另一方部署新系统和新措施不断发展。为了取得胜利，我们必须比对手更快地做出行动、反应和升级。”[⑤] 正如更多的自主性被嵌入导弹、无人机和像“宙斯盾”这样的物理系统一样，未来的防御性和进攻性网络武器将拥有更大的自主性。那么，“网络自主武器”将会呈现出怎样的面貌呢？

网络空间和自主武器以多种潜在的方式相互影响。首先，网络的脆弱性会给自主武器带来危险。任何依靠电脑技术支撑的产品都有遭受黑客攻击之虞。随着家用物品接入物联网，它们也带来了重大的网络安全风险。此外，主要武器平台和弹药日益网络化的军队也存在类似风险。网络漏洞

① David Brumley, interview, November 24, 2016.

② Ibid.

③ Ibid.

④ Brumley, “Winning Cyber Battles: The Next 20 Years.”

⑤ Ibid.

可能对下一代武器系统构成威胁，比如拥有数千万行代码的F–35联合攻击战斗机。[①] 我们没有理由认为自主武器必然更容易遭受黑客攻击。但可以肯定的是，一旦遭到黑客入侵，它的后果会更加严重。对于敌对国家的恶意软件来说，自主武器是一个极具吸引力的目标，因为黑客能够篡夺自主武器的控制权，使其临阵倒戈。这个后果可能比“失控的枪”更加严重。武器不仅会失去控制，更可能处于敌人的控制之下。 223

理论上，允许离线运营的更高自主性似乎是应对网络漏洞的一种解决方案。这是以人机战争为主题的科幻电影中出现的一种颇为诱人的策略。在2003年的电影《太空堡垒卡拉狄加》（*reboot of Battlestar Galactia*）中，邪恶的赛隆机器通过计算机病毒几乎摧毁了所有人类的太空飞船。“卡拉狄加舰”（Galactica）幸存的原因在于，它使用的是一个旧计算机系统，没有与其他舰队联网。然而，正如“震网”病毒所展示的那样，在现实世界中，断开互联网的计算机会使网络攻击变得困难，但也不能保证完全免疫。

网络空间和自主性的第二个关键结合点在于自动“黑客反击”（hacking back）。像“梅海姆”系统这样的自主网络机器人将成为积极网络防御的一部分，包括那些使用更高级推理和决策的网络防御，但这些网络仍在己方网络中运行。主动网络防御不仅仅是维护自身的网络，而是可以主动发起进攻。“黑客反击”是指一个组织通过反攻击、获取攻击者的有关信息或关闭潜在攻击来源计算机来应对网络攻击的一种方式。[②] 由于许多网络攻击会选择无辜的“僵尸”计算机，将其用于攻击，因此黑客反击必然会涉及第三方。[③] 黑客反击存在一定争议，如果由私人行为体进行，这种行

---

① Jacquelyn Schneider, “Digitally-Enabled Warfare: The Capability-Vulnerability Paradox,” Center for a New American Security, Washington DC, August 29, 2016, https://www.cnas.org/publications/reports/digitally-enabled-warfare-the-capability-vulnerability-paradox.

② Dorothy E. Denning, “Framework and Principles for Active Cyber Defense,” December 2013, 3.

③ Dan Goodin, “Millions of Dynamic DNS Users Suffer after Microsoft Seizes No-IP Domains,” Ars Technica, June 30, 2014, https://arstechnica.com/security/2014/06/millions-of-dymanic-dns-users-suffer-after-microsoft-seizes-no-ip-domains/.

为可能是非法的。[1] 正如一位网络安全分析师指出的那样："每一个行动都在加速。"[2]

在某些领域，自动化已经用于黑客反击。当联邦调查局（FBI）攻破Coreflood僵尸网络后，它将受感染的僵尸网络计算机重新定向到友好的命令与控制服务器，然后向它们发出了自动停止命令。[3] 然而，这只是自动化用于执行人的决策的另一个例子，这与是否要将黑客反击的过程自动化大相径庭。

自动黑客反击会将进行反攻的决定权让渡给自主系统。[4] 让渡这种权力可能非常危险。加州理工大学伦理学家帕特里克·林（Patrick Lin）撰写了很多关于自主性军事应用和民事应用的文章，他2015年在联合国警
224 告称，"自主网络武器可能会导致自动升级冲突"。[5] 正如托斯利所言，网络空间很可能成为民族国家间发生毫秒级自动反应的领域。自动黑客攻击可能导致迅速失控的"网络闪战"，虽然它仍是理论上的概念，目前还没有公开的实例（在网络战争这个灰暗的世界里，我们无法断言将会发生什么事情）。[6]

网络武器和自主武器之间的第三个交叉点是越来越多的自主攻击性网络武器。计算机安全研究人员已经展现了自动化"鱼叉钓鱼网络"（spear

---

① Hannah Kuchler, "Cyber Insecurity: Hacking Back," Financial Times, July 27, 2015, https://www.ft.com/content/c75a0196-2ed6-11e5-8873-775ba7c2ea3d.

② Steve Rosenbush, "Cyber Experts Draw Line Between Active Defense, Illegal Hacking Back," Wall Street Journal, July 28, 2016, https://blogs.wsj.com/cio/2016/07/28/cyber-experts-draw-line-between-active-defense-illegal-hacking-back/.

③ Denning, 6.

④ "Hacking Back: Exploring a New Option of Cyber Defense," InfoSec Resources, November 8, 2016, http://resources.infosecinstitute.com/hacking-back-exploring-a-new-option-of-cyber-defense/.

⑤ Patrick Lin, remarks at conference, "Cyber Weapons and Autonomous Weapons: Potential Overlap, Interaction and Vulnerabilities," UN Institute for Disarmament Research, New York, October 9, 2015, http://www.unidir.org/programmes/emerging-security-threats/the-weaponization-of-increasingly-autonomous-technologies-addressing-competing-narratives-phase-ii/cyber-weapons-and-autonomous-weapons-potential-overlap-interaction-and-vulnerabilities. Comment at 5:10.

⑥ Alexander Velez-Green, "When 'Killer Robots' Declare War," Defense One, April 12, 2015, http://www.defenseone.com/ideas/2015/04/when-killer-robots-declare-war/109882/.

fihing）攻击的威力。[1] 这种攻击会向不知情的用户发送电子邮件或推文，里面植入了看似无害的恶意链接。不同于一次向数百万用户发送大量电子邮件的普通网络钓鱼攻击，“鱼叉网络攻击”专门针对特定个人。这使得这种攻击更为有效，但执行起来也更加耗时。研究人员开发了一种神经网络，它能利用推特（Twitter）上提供的数据，学会自动开发针对特定用户的“个性化”推文，诱使他们点击恶意链接。[2] 该算法与手动的鱼叉网络攻击大致相同，但还能够进行集中部署，自动搜索和瞄准易受攻击的用户。

就像在其他领域一样，更先进的人工智能将使得攻击性网络武器以更大的自主性来运行。“震网”病毒进行了自主攻击，但其自主性仍然高度受限。“震网”病毒有一些保护措施来限制其对非目标计算机的传播和影响，包括自我终止日期。不难想象，未来的进攻性网络武器可以更为自由地发挥作用。作家兼法律问题与人权研究员埃里克·梅辛格（Eric Messinger）认为：

> ……在进攻性的网络战争中，我们可能不得不部署“自主武器系统”。因为，在自动防御系统以超越人类的速度进行有效行动的网络空间中，自主武器系统将变得不可或缺……自主武器系统的开发和部署很可能是不可避免的。[3]

鉴于在定义“网络武器”和自主性在网络空间的多样化使用所面临的挑战，我们目前仍难以想象进攻性自主网络武器会是什么样子。从某个角 225

① Karen Epper Hoffman, “Machine Learning Can Be Used Offensively to Automate Spear Phishing,” Infosecurity Magazine, August 5, 2016, https://www.infosecurity-magazine.com/news/bhusa-researchers-present-phishing/.

② John Seymour and Philip Tully, “Weaponizing data science for social engineering: Automated E2E spear phishing on Twitter,” https://www.blackhat.com/docs/us-16/materials/us-16-Seymour-Tully-Weaponizing-Data-Science-For-Social-Engineering-Automated-E2E-Spear-Phishing-On-Twitter-wp.pdf.

③ Eric Messinger, “Is It Possible to Ban Autonomous Weapons in Cyberwar?” Just Security, January 15, 2015, https://www.justsecurity.org/19119/ban-autonomous-weapons-cyberwar/.

度看，很多恶意软件凭借其自我复制的能力而具有一种内在的自主性。例如，1988年出现的互联网蠕虫就是“魔法师学徒效应”的一个现实案例，即无法停止失控的自我复制过程，这也是恶意软件的重要特点。但在物理武器中不存在这种现象。例如，无人机和机器人系统就无法进行自我复制。从这个意义来看，恶意软件类似于生物病毒和细菌，它们能够进行自我复制，并从一个宿主传播到另一个宿主。

但数字病毒和生物病毒之间也存在着较大差异。生物病原体能够根据环境进行变异和适应，不断进化。至少在今天看来，恶意软件是静态的。一旦部署恶意软件，它就能够进行传播、隐藏（如“震网”病毒所做的那样），但无法对自身进行修改。恶意软件能够自动更新，并通过点对点共享将这些更新传播到自身的副本中去（“震网”病毒就是这样做的），但新的软件更新必须由人发布。

2008年，一种名为“飞客”（Conficker）[①] 的蠕虫病毒通过互联网传播感染了数百万台电脑。计算机安全专家立即进行了反击。与此同时，“飞客”病毒的设计者也在不断对病毒进行更新，最终出现了五种不同的病毒变体。这些更新使得“飞客”病毒的程序员能领先安全专家一步升级蠕虫病毒，并在漏洞被发现时立即将之关闭。这使得“飞客”成为一个极难对付的蠕虫病毒。在某一个时间点上，全球估计有800万至1500万台计算机受到感染。[②]

“飞客”病毒通过人工控制和自动化的结合，领先于反病毒专家一步。它的更新来自人类设计者，但能利用自动化秘密地自动更新。“飞客”病毒每天都会生成数百个新域名，其中只有一个会通过新的更新链接到人工控制器。这使得安全专家无法通过阻止域名访问的传统方法将蠕虫从其控制器中隔离出来。最终，安全专家找出了一种对付“飞客”病毒的方法，

① 由于在4月1日暴发，因此也被称为“愚人节病毒”。译者注。

② “Virus Strikes 15 Million PCs,” UPI, January 26, 2009, http://www.upi.com/Top_News/2009/01/26/Virus-strikes-15-million-PCs/19421232924206/.

能够在几周内迅速发布新的变体，[①] 费了九牛二虎之力，终于击溃了“飞客”病毒。[②]

“飞客”病毒的致命弱点在于，它只能以人类速度进行更新。“飞客” 226
病毒自动复制并使用巧妙的自动化秘密连接到人工控制器，但黑客和安全专家之间的竞赛是以人类速度进行的。一方人员正在努力识别蠕虫的弱点并将其清除，而另一方的人员正在努力适应这种蠕虫病毒，并试图领先防病毒公司一步。

“梅海姆”系统所代表的技术可以改变这一局面。如果一个软件使用相同的工具来识别和修补漏洞，并将其应用于自身，那会产生什么样的结果呢？它能够进行自我完善，支撑自己的防御并抵御攻击。布伦利假设了一种这样的“内省系统”（introspective systems）。自适应软件能够进行自我调整，而不是等待人类控制者的更新，这将是一个重大的进步。结果可能是，网络攻击将变得越来越强大，或产生富有弹性的恶意软件。在2015年“网络冲突国际会议”（Internaional Conference on Cyber Conflict）上，亚历山德鲁·高利诺（Alessandro Guarino）假设，基于人工智能的攻击性网络武器能够“防止和应对敌方的反制措施”，[③] 从而使它们能坚守在网络内部。这样一个代理（智能机）将变得“更加富有弹性，能够采取积极的措施抵御外来威胁”。

一种具有自适应变异能力，但是以机器速度像生物病毒一样变异的网络蠕虫，将是一个令人讨厌的致命病毒。沃克告诫称，“网络挑战赛”中使用的工具只允许一个软件修补自身漏洞。它不会允许“新逻辑合成”（synthesis of new logic）来开发“可以实现目标的新代码”。[④] 为此，他说：

---

① “Clock ticking on worm attack code,” BBC News, January 20, 2009, http://news.bbc.co.uk/2/hi/technology/7832652.stm.

② Microsoft Security Intelligence Report: Volume 11 (11), Microsoft, 2011.

③ Alessandro Guarino, “Autonomous Intelligent Agents in Cyber Offence,” in K. Podins, J. Stinissen, M. Maybaum, eds., 2013 5th International Conference on Cyber Conflict (Tallinn, Estonia: NATO CCD COE Publications, 2013), https://ccdcoe.org/cycon/2013/proceedings/d1r1s9_guarino.pdf.

④ Michael Walker, interview, December 5, 2016.

“首先，我们必须创造出一个代码综合的领域。目前，这就像预测时光旅行机什么时候将被发明一样。谁知道它是否可以发明？我们束手无策。”虽然这种发明将超越当前的恶意软件，但其他领域学习系统的出现表明，这并非不可思议，例如谷歌“深度思考”公司研发的会玩雅达利游戏的人工智能或“阿尔法狗”。自适应的恶意软件能够以超人的速度重写自身代码，从而隐藏自身和避免审查。这种恶意软件可能具有令人难以置信的强大威力，能够像生物病毒一样进行传播和变异，而不受任何形式的人为控制。

当我向布伦利询问未来恶意软件是否可能具有自适应性时，他说：“这种可能性令人担忧……我认为有人会制造出这种终极恶意软件，它可
227 能会失控，并带来巨大灾难。”[1] 但他真正担心的是近期的问题，尤其是网络安全专家的短缺。目前，我们网络防御这把锁很脆弱，因为没有培养出足够多优秀的“网络锁匠”。布伦利说，造成这个现象的部分原因在于将黑客视为非法行业的文化。“在美国，我们将黑客和坏人等同起来，这贻害了我们自身。”我们并没有将有血有肉的锁匠认为是坏人，但对于数字安全领域的“锁匠”却是这样的。其他国家并非如此，布伦利担心美国会因此落后。他说：“美国存在一种傲慢心态，我们认为美国拥有强大的军队和得天独厚的自然资源，强大的航母，也就必然会主宰网络空间。我不认为这是理所当然的。网络空间与其他领域截然不同，它是一个全新的空间。没有任何理由认为我们的主导地位会延伸到网络空间。”他说，我们需要改变美国的文化，从认为黑客技能只是用于“进攻”、高度保密，只能用于军事领域这种状态，转变为网络工作者广泛重视黑客技能。沃克对这种看法表示赞同。“防务领域只有开放才能充满生机。”他说。[2]

展望未来，布伦利认为，建设计算机安全和自主网络系统的“生态系统”至关重要。“我倾向于把一切都看作一个系统，一个动态系统。”[3] 人

---

① David Brumley, interview, November 24, 2016.

② Michael Walker, interview, December 5, 2016.

③ David Brumley, interview, November 24, 2016.

也是这个系统的一分子。未来，针对潜在危险恶意软件的一个解决方案是创建一个“在处理问题时富有弹性的健壮的生态系统……”

保持对机器人的控制

网络空间和自主武器的交叉将本身就十分棘手的两个问题结合在了一起。在网络安全专家的圈子外，人们对于网络战争所知甚少。究其原因，可能跟网络行动的秘密属性有关。网络空间领域的国家行为规范尚未成型，仍处在制定阶段。网络安全专家甚至没有就构成“网络武器”的关键要素达成共识。[①] 自主武器的概念同样是新颖的，使得这两个问题的结合难以为公众理解。美国国防部关于武器自主的官方政策——《国防部指令3000.09》(*DoD Derictive 3000.09*)特别剔除了网络武器。[②] 这并不是说，228
我们在编写指令时对自主网络武器不感兴趣或认为其不重要，而是因为我们深知，官僚组织制订新的自主性政策是十分困难的。提升网络行动领域的自主性会加剧问题的复杂性，可能使我们一无所成。

我从国防部官员的不同观点中也了解到，目前大家对于网络空间的自主性这一问题缺乏明确的共识。沃尔克和托斯利都提到，电子战和网络空间是一个他们愿意接受更多自主性的领域，但在达到多大程度自主性这个问题上莫衷一是。托斯利说，他只看到了自主性在网络防御行动中的作用。他告诉我，“目标不是进攻——而是防御”。[③]

托斯利的领导——国防部副部长鲍勃·沃克对此有不同看法。鲍勃将“宙斯盾”系统与自动“黑客反击”进行了直接的比较。他说：“在所有攻击你的人都是坏人的情况下，我们将允许机器自主做出瞄准的决定……电子战、网络战、导弹防御等，我们将允许机器做出一些必要的决定……比如，网络反击。”他承认将这种权利让渡给机器会带来风险。沃克指出了这种方法可能出错的一些假设场景：“机器可能会发起网络反击，可能会

① Thomas Rid and Peter McBurney, “Cyber-Weapons,” The RUSI Journal, 157 (2012):1, 6-13.

② Department of Defense, “Department of Defense Directive Number 3000.09, 2.

③ Bradford Tousley, interview, April 27, 2016.

摧毁工业控制系统或其他东西……比如一架飞机，这架飞机正在坠毁。我们并没有决定要击落那架飞机。我们只是说，我们受到了网络攻击，我们要进行反击。嘭（Boom）！”

鲍勃认为，面对这种风险，我们不应当躲避新技术，而要直面挑战。他强调了与科学家、伦理学家和律师进行磋商的重要性。“我们会共同努力，”[1] 他说，“这完全取决于你在战斗网络中的权衡。”沃克有信心管理这些风险，因为在他的眼里，人仍会以多种方式参与其中，将出现自动化安全和人为监督并存的场景。“我们一直强调人机协作……且人总是处于核
229 心位置，”他说，“人是最终的‘断路器’。”

一场军备竞赛？

孙子在两千多年前的《孙子兵法》（*The Art of War*）中就写道：“兵之情主速。”[2] 放到今天来看，他的这句格言更加正确，因为信号已经可以在几分之一秒内传遍全球。人类决策与机器智能相比具有许多优势，但人无法以机器速度参与竞争。快节奏环境中的竞争压力可能会进一步促使人走出决策回路。之所以汽车采用自动制动系统，许多国家采用类似“宙斯盾”的自动防御系统，以及高频股票交易是如此有利可图，原因就在于机器拥有远超人类的反应速度。

随着这场军备竞赛的加剧，重大的风险也随之而至。股票交易领域是竞争对手屈服于速度诱惑，开发速度更快的算法和硬件，将反应时间降至微秒的典型案例。在不受控制的现实世界中，极有可能发生事故。一旦发生事故，机器速度将成为最主要的“责任人”。自主进程可能会加速失控、摧毁公司并令市场崩盘。当然，人有能力进行干预是另一回事。但在某些情况下，他们的干预可能为时已晚。自动化股票交易预示着，世界各国可能都会竞相开发和部署自主武器。

一场战争意义上的物理“闪战”似乎不太可能在几秒钟内失控。导弹

① Ibid.

② 此句出自《孙子兵法·九地篇》。译者注。

在空中移动需要一定时间，反潜海底机器人也只能以一定速度在水中快速移动。自主武器介入的事故可能会破坏稳定局势并无意中使危机升级，但这些事件可能会持续几分钟甚至几小时，而不是几微秒。这并不是说自主武器就不会对稳定局势构成严重威胁。它们会威胁战略稳定，失控的自主武器甚至可能会推动国家走向战争边缘。如果自主武器（或自主武器集群）造成大量人员死亡，那么紧张局势可能会升级到警戒程度。但人们也能看到发生的事情，并根据局势变化采取相应措施来降低这种影响。
鲍勃·沃克告诉我，他在管理机器人系统集群中看到了人作为“断路器” 230
的角色。如果这些群体开始以一种意想不到的方式行事，“他们会把它关闭。”[①] 他说。但这种方法也存在问题，自主系统也可能会失去通信支持或者发生故障，不响应关闭的命令。除非人类操作员拥有物理访问权限，例如“宙斯盾”系统中的物理“断路器”。否则，任何基于软件的“切断开关”都会面临其他软件的漏洞、黑客攻击以及意外交互等风险。

物理意义上的自主武器所造成的事故不会在短短几秒钟内带来全面战争，但机器却可能会迅速造成难以挽回的后果。各国可能不会相信敌人的袭击是一场意外，或者伤害太过严重以至于他们根本不会去怀疑。试想，如果日本声称“珍珠港事件”（the attack on Pearl Harbor）没有获得东京的批准，而是一名流氓海军上将一手主导的袭击行动，恐怕很难想象美国会因此而不介入战争。

另一方面，网络闪战却是真正可能发生的。自动黑客攻击可能会在转瞬之间导致各国冲突迅速升级。在这种环境下，人的监督只会成为一种安全的幻觉。“自动断路器”机制能够阻止华尔街的“闪崩”，因为在这种情况下，人根本不可能及时干预。然而，在战争中，并不存在一个类似及时“叫停”的裁判。

---

① Ibid.

231

第15章

“召唤恶魔”

智能机器的崛起

即使当今最复杂的机器智能，也与科幻小说中描绘的有感知能力的人工智能相距甚远。我们之所以担心自主武器会带来威胁，是因为目前狭义人工智能在执行需要通用智能支持的任务时表现得很差劲。机器可以在国际象棋或围棋领域碾压人类，却在进入房间、泡一杯咖啡等简单的事情上差强人意。用于图像识别的神经网络能够识别目标，却不能融会贯通，搞清楚场景中在发生什么。[①] 由于缺乏人类的情境理解能力，股票交易型人工智能甚至对自己摧毁自己公司的行为一无所知。一些人工智能的研究人员已经开始展望未来，一个人工智能的现有局限性不再存在的未来。

“通用人工智能”是一种想象中的未来人工智能形态，它能在所有认知任务中展现和人类同等的智能水平。通用人工智能可用于解决人类面临

① 设备已经能够以合理的精度为图像加上标题，在一般意义上描述场景所描述的内容。有关当前场景解释能力和局限性的概述，请参阅：JASON, “Perspectives on Research in Artificial Intelligence and Artificial General Intelligence Relevant to DoD,” 10.

的最为棘手的问题，包括那些涉及细微差别、模糊性和不确定性的问题。像斯坦尼斯拉夫·彼得罗夫一样，通用人工智能能够三思而后行，考虑更广泛的背景并进行判断。

目前，这样的机器人还只是一种纯粹的猜测。但至少有证据表明，实现通用人工智能是可能的，那就是——我们自己。尽管目前在深度神经网络和机器学习领域取得的最新进展低于预期，最终对人类大脑工作原理的深入研究还需借助详细的神经元模拟。早在20世纪40年代，脑成像技术 232
迅速发展的时期，[1] 一些研究人员就相信超级计算机可实现全脑模拟。[2]

专家们围绕通用人工智能何时才能到来这一问题众说纷纭，有估计未来十年内的，也有人觉得永远不会到来。多数人工智能专家预测，通用人工智能的实现可能要到2040年，也有人预测在本世纪末，但没有人真正知道具体的时间。在五角大楼工作并致力于研究新兴技术的安德鲁·赫尔（Andrew Herr）指出：“当人们说一种技术50年后才能实现，他们其实对此并不抱有希望；如果说是20年后能够实现，他们才认为这是有可能的，但尚不清楚会如何实现。”[3] 通用人工智能属于后一种情况。我们知道，通用智能是可能实现的，因为人类本身就拥有它。但是，我们对自己的大脑和智慧所知甚少，以至于很难预测还需要多长时间才能实现。

智力爆炸

通用人工智能具有完善人类的巨大潜力，将是一个令人难以置信的发明。然而，越来越多的思想家也警告说，通用人工智能可能是人类创造的“最后的发明”——倒不是因为它会解决我们面临的所有问题，而是因

---

[1] “Human Connectome Project | Mapping the Human Brain Connectivity,” accessed June 15, 2017, http://www.humanconnectomeproject.org/. “Meet the World’s Most Advanced Brain Scanner,” Discover Magazine, accessed June 15, 2017, http://discovermagazine.com/2013/june/08-meet-the-worlds-most-advanced-brain-scanner.

[2] Anders Sandburg and Nick Bostrom, “Whole Brain Emulation: A Roadmap,” Technical Report #2008-3, Oxford, UK, 2008, http://www.fhi.ox.ac.uk/Reports/2008-3.pdf.

[3] Andrew Herr, email to the author, October 22, 2016.

为它可能会导致人类的灭绝。[1] 斯蒂芬·霍金（Stephen Hawking）警告说："人工智能的发展可能导致人类的终结。"人工智能可以实现"自行腾飞，并以不断增长的速度对自身进行重新设计"，他说："受制于缓慢的生物进化，人类将无法同人工智能进行竞争，最终只能被取而代之。"[2]

霍金是一位宇宙学家，他往往在数万年或数百万年的时间序列上进行思考。因此，我们无须过多关注他的担忧。但是一些技术人员在较短时间范围内的思考也同样表现出了深深的担忧。比尔·盖茨（Bill Gates）宣称，"人工智能这一梦想终于到来了"，它的发展将在短期内带来经济增长和生产力提升，但也带来了长期风险。"最初，在超级智能没有出现之前，机器能为我们做很多工作，"[3] 盖茨说，"如果我们妥善管理，这将会是一个利好。然而，几十年后，智能会变得越来越强大，逐步演变为一个大问题。"这种担忧能够到达什么程度呢？埃隆·马斯克认为，创造出达到人
233 类水平的人工智能无异于"召唤恶魔"（summoning the demon）。[4] 比尔·盖茨的语调更为冷静，也基本同意这一观点。"我对人工智能持审慎态度，"他说，"我赞同埃隆·马斯克等人的看法，我不明白为什么有些人对这种担忧置若罔闻。"[5]

---

[1] Irving J. Good, "Speculations Concerning the First Ultraintelligent Machine", May 1964, https://web.archive.org/web/20010527181244/http://www.aeiveos.com/~bradbury/Authors/Computing/Good-IJ/SCtFUM.html. See also James Barrat, Our Final Invention (New York: Thomas Dunne Books, 2013).

[2] Rory Cellan-Jones, "Stephen Hawking Warns Artificial Intelligence Could End Mankind," BBC News, December 2, 2014, http://www.bbc.com/news/technology-30290540.

[3] Peter Holley, "Bill Gates on Dangers of Artificial Intelligence: 'I Don't Understand Why Some People Are Not Concerned,' " Washington Post, January 29, 2015, https://www.washingtonpost.com/news/the-switch/wp/2015/01/28/bill-gates-on-dangers-of-artificial-intelligence-dont-understand-why-some-people-are-not-concerned/.

[4] Matt McFarland, "Elon Musk: 'With Artificial Intelligence We Are Summoning the Demon,' " Washington Post, October 24, 2014, https://www.washingtonpost.com/news/innovations/wp/2014/10/24/elon-musk-with-artificial-intelligence-we-are-summoning-the-demon/.

[5] Holley, "Bill Gates on Dangers of Artificial Intelligence: 'I Don't Understand Why Some People Are Not Concerned.' "

霍金、盖茨和马斯克不属于“卢德派”（Luddies），[①] 他们也不是傻瓜。他们的担忧不管听起来多么怪异，都源于最早由I. J.古德（I. J. Good）于1964年提出的“智力爆炸”（intelligence explosion）这一概念：

> 超智能机器”（untraintelligent machine）被定义为能够远远超过任何人的智力水平的机器。由于机器设计本身属于智力活动之一，因此，超智能机器能够设计出更好的机器。毋庸置疑，这将是一场“智能爆炸”，人类智慧将被远远甩在后面。因此，只要该机器温顺地告诉我们如何控制它，那么第一台超智能机器将会是人类的最后一项发明。[②]

如果这个假设是正确的，那么人类不需要直接创造超级人工智能（Super Intelligent AI）。人类甚至无法做出这样的努力，只需要创建一个初始的“种子”通用人工智能，它便能够造出更好的人工智能。然后，通过递归的自我完善，人工智能将进行自我引导和提升，[③] 在失控的智力爆炸中演化出更为先进的人工智能，这个过程被称为“人工智能爆炸”（AI FOOM）。[④]

专家们对于从通用人工智能升级为超级人工智能（有时称为ASI）的速度各执一词（如果有的话）。“硬起飞”（hard takeoff）情景是指，通用人工智能在几分钟或几小时内发展为超级智能，很快将人类置于尘埃之中。专家认为，在未来的几十年里，更可能出现“软起飞”情景（有人警告说，

---

① “卢德派”是19世纪英国的一群技术熟练的纺织工人，他们抗议工业革命带来的机械化使他们失业。后来泛指那些反对技术进步和产业调整的人。卢德运动是英国工人以破坏机器为手段反对工厂主压迫和剥削的自发工人运动，首领称为卢德王，故名“卢德派”。相传，莱斯特郡一个名叫卢德的工人为抗议工厂主的压迫，第一个捣毁了织袜机。

② Good, “Speculations Concerning the First Ultraintelligent Machine.”

③ “Intelligence Explosion FAQ,” *Machine Intelligence Research Institute*, accessed June 15, 2017, https://intelligence.org/ie-faq/.

④ Robin Hanson and Eliezer Yudkowsky, “The Hanson-Yudkowsky AI Foom Debate,” http://intelligence.org/files/AIFoomDebate.pdf.

没人真正知道具体是什么样子）。[①] 我们只能猜测接下来会发生什么？

解读弗兰肯斯坦的怪物

在电影《终结者》中，当军事人工智能“天网”机器人拥有了自主
234 意识后，断定人类对其存在构成了威胁，并发动了全球性的核战争。《终结者》沿袭了科幻小说中创造物反抗人类的传统。在根据菲尔普·K.狄克（Philip K. Dick）的小说《机器人会梦见电子羊吗？》（*Do Androids Dream of Electric Sheep*）改编的，由雷德利·斯科特（Ridley Scott）拍摄的《银翼杀手》（*Blade Runner*）电影中，哈里森·福特扮演一名警察，负责追捕被称为“复制者”（replicants）的合成精神病人。在哈兰·埃里森（Harlan Ellison）1967年的短篇小说《我没有嘴巴，但我必须尖叫》（*I Have No Mouth and I Must Scream*）中，除了在地下被永久监禁和折磨的五名幸存者外，军用超级计算机消灭了全人类。即使是最初的机器人，也指向了他们的制造者。“机器人”一词源自1920年的捷克戏剧R.U.R.，即RossumoviUniverzálníRoboti（意为罗素姆的通用机器人），其中名为roboti（英语中的“机器人”）的合成人一起反抗他们的人类主人。

人造人（artificial human）反抗制造者的这类科幻主题并不罕见。在玛丽·雪莱（Mary Shelley）19世纪出版的恐怖小说《弗兰肯斯坦》（*Frankenstein*）后，这类主题通常被称为“弗兰肯斯坦情结”（Frankenstein complex）。在这部小说中，弗兰肯斯坦博士凭借科学的伟力，以“解剖室和屠宰场”（the dissecting room and the slaughter-house）的零碎物作为原材料，创造出了一种类似于人类的生物。[②] 这个怪物攻击弗兰肯斯坦博士，追踪他并最终谋杀了他的新娘。

对于因狂妄自大而导致无法控制的创造物的恐惧，可以追溯到比弗兰

---

① Müller, Vincent C. and Bostrom, Nick, ‘Future progress in artificial intelligence: A Survey of Expert Opinion, in Vincent C. Müller (ed.), Fundamental Issues of Artificial Intelligence (Berlin: Springer Synthese Library, 2016), http://www.nickbostrom.com/papers/survey.pdf.

② Mary Shelley, Frankenstein, Or, The Modern Prometheus (London: Lackington, Hughes, Harding, Mavor & Jones, 1818), 43.

肯斯坦还早的历史时期。犹太传说中有一种叫做“假人”的生物。这种生物用粘土塑造而成，并通过在假人身上放置“谢姆”（shem）——包含上帝一个名字的希伯来铭文——来获得生命。16世纪的同一类传说中，拉比·朱达勒夫·本贝列尔（Rabbi Judah Loew ben Bezalel）用布拉格河岸的泥土铸造了一个假人，以保护犹太部队免受反犹太人的攻击。与后来的智能创造物不同，假人是一种力量强大但智力低下的生物，它们只会盲目地遵守命令，也常常伤害创造者。假人的故事通常以假人杀死创造者而告终，一种对于扮演上帝的傲慢自大者的警告。[1]

与人类同等水平或超人类水平的人工智能的出现也会引发对人类创造物的深深恐惧。佛罗里达人类与机器认知研究所研究员麦卡·克拉克（Micah Clark）致力于研究人工智能、认知和心理学理论。他告诉我：“从哲学层面来看，人工智能是一门关于人创造人的科学……而不仅仅是下棋或驾驶汽车。”他解释说：“沿着今天机器人和自主系统的普遍轨迹发展下去，我们最 235
终将造出能力高超但非常愚蠢的自主系统。他们缺乏真正的智慧生命意识，只是在更高级别智能的指挥下被有效地远程操作。”克拉克把通用人工智能称为“人工智能的梦想”，这是一项关于“人的资格”（personhood）的技术。[2]

但是，克拉克关于通用人工智能的愿景并不可怖。他设想，通用人工智能是“我们可以与之建立知识、社交和情感关系，也可以共同体验生活的那种人。”麦卡·克拉克在人工智能领域倾注了终身的热情。他从童年时期就在祖父的会计办公室玩电脑游戏，国际象棋程序激起了他的浓厚兴趣和想象力。这个人工智能国际象棋“摧残”了他，克拉克说，他希望能向它学习如何表现得更好。不过，克拉克的目标远不止一个游戏。“我看到了人工智能提供娱乐和友谊的潜力，但目前参与交互的人工智能还相当弱小。”他解释说。在大学阶段，克拉克在美国国家航空航天局的喷气推进实验室工作，开展大规模的人工智能示范项目，并沉迷于此。之后，克

[1] Executive Committee of the Editorial Board., Ludwig Blau, Joseph Jacobs, Judah David Eisenstein, “Golem,” JewishEncylclopedia.com, http://www.jewishencyclopedia.com/articles/6777-golem#1137.

[2] Micah Clark, interview, May 4, 2016.

拉克继续研究行星机器人航天器的长期自主性。但是，他的研究兴趣已经不仅局限在机器人技术、传感和驱动领域。克拉克的办公室桌上摆着《心灵解剖与意识学》（*An Anatomy of the mind and consciousness*）、《社会大脑》（*the Social Brain*）等书籍。克拉克将人工智能的研究目标描述为“构建可以介入人类身体、社会空间以及人际关系的类人”。① （目前，克拉克就职于海军研究办公室。他很快指出，这不是海军或国防部的人工智能研究目标，而是人工智能研究的总体目标）。

克拉克认为，人工智能的未来不会类似《终结者》，而会更像电影《她》（Her）中的场景。在《她》中，杰昆·菲尼克斯（Joaquin Phoenix）扮演一名叫作西奥多（Theodore）的独居者，他与名叫萨曼莎（Samantha）的人工智能操作系统建立了密切的关系并坠入爱河。然而，当萨曼莎承认自己同时与成千上万的人保持关系，并且也爱上了其中的641人时，西奥多感到无比震惊。在西奥多情绪低迷，告诉她“那是疯了”后，她试图亲切地向他解释：“我们不一样。”

人造人与人类之间的根本差异性（otherness）——与人类相似却又与
236 人类有着本质的区别——构成了人工智能使人恐惧的根源。克拉克解释说，人工智能需要拥有与人类互动的能力，包括理解自然语言。但是，这并不意味着人工智能的行为或者底层的智能过程就必须与人类亦步亦趋。“我们有什么理由期望硅基智能（silica-based intelligence）的外表或行为和人类智能保持一致呢？”他反问道。②

克拉克认为，人工智能的标准测试——图灵测试，是一个以人类为中心的标志性偏见。③ 该测试最早由数学家艾伦·图灵（Allen Turing）在

---

① Ibid.

② Ibid.

③ 罗布纳奖（Loebner Prize）每年都会进行图灵测试。虽然没有一台电脑通过了测试，因为它愚弄了所有的评委，并且有些程序过去至少愚弄了一位评委。Tracy Staedter, “Chat-Bot Fools Judges Into Thinking It’s Human,” Seeker, June 9, 2014, https://www.seeker.com/chat-bot-fools-judges-into-thinking-its-human-1768649439.html. Every year the Loebner Prize awards a prize to the “most human” AI. You can chat with the 2016 winner, “Rose,” here: http://ec2-54-215-197-164.us-west-1.compute.amazonaws.com/speech.php。

1950年提出，试图通过模仿人类的能力来评估计算机是否具有真正的智能。在图灵测试中，一个人类裁判在计算机和一个人之间来回发送消息，但不知道其中哪一个是机器，哪一个是人。如果电脑可以欺骗人类判断，使其认为它是人类，那么计算机就被认为是智能的。多年来，图灵测试遭到人工智能研究人员的严厉批评，原因有很多。首先，与人类智能相差甚远的聊天机器人已经能够欺骗一些人相信他们是人类。例如，“人工智能虚拟助手‘埃米’（Amy）经常被问到日期这种问题”。[①] 克拉克的批评更加入木三分，他直指模仿人类是实现通用人工智能的基础这一假设。“试想，如果明天将有一个智能的外星生命降临在地球上，为什么我们要期望他们通过图灵测试或者其他任何基于人类行为的测试呢？”[②] 人类具有通用智能，但这并不意味着通用智能就必须“类人”（human-like）。“就哲学意义而言，没有什么规定智能和人的资格（personhood）只能存在于人类身上”。

2015年的科幻惊悚片《机械姬》（Ex Machina）为图灵测试注入了现代元素。计算机程序员凯莱布（Caleb）被选中在修改后的图灵测试中扮演人类裁判的角色。在这个版本的测试中，凯莱布被告知艾娃（Ava）是一名人工智能机器人。艾娃的创造者内森（Nathan）解释说：“真正的考验是，我告诉你她是一个机器人，然后看你是否仍然觉得她具有意识。”（剧透了！）艾娃通过了测试。凯莱布相信，她拥有真正的意识，并设法将艾娃从内森的囚禁中释放了出来。然而，获得自由后，艾娃便展示了她的真实面目。她利用凯莱布获得了自由，却对他的境况毫无感觉。在令人不寒而栗的结局中，艾娃离开了，凯莱布被困在了一间屋子里，等待死亡。当他使劲敲门，乞求艾娃的帮助时，艾娃却径直离开了，连朝他的方向瞟都没瞟一眼。艾娃智力过人，却毫无人性。 237

① “Amy the Virtual Assistant Is So Human-Like, People Keep Asking It Out on Dates,” accessed June 15, 2017, https://mic.com/articles/139512/xai-amy-virtual-assistant-is-so-human-like-people-keep-asking-it-out-on-dates.

② Micah Clark, interview, May 4, 2016.

上帝还是假人?

科幻电影《机械姬》的结局是对发展人格化人工智能(anthropomorphizing AI)的一种警告。它假设既然机器可以模仿人的行为，就一定也能够像人一样思考。就像杰夫·科隆的“怪异”深层神经网络一样，高级人工智能可能根本上就是怪异的。事实上，《超级智能：路径、危险与策略》(*The Superintelligence: Paths, Dangers, Strategies*)一书的作者，牛津大学哲学家尼克·博斯特罗姆(Nick Bostrom)认为，与机器智能相比，生物意义上的外星人(biological extraterrestrial)可能与人类拥有更多共同之处。如果存在生物意义上的外星人(biological aliens)，它们可能会通过自然选择，进化出类似于人类的动力和本能。他们可能会极力避免受到伤害，渴望繁殖，并寻求食物/水和住所等赖以生存的物质。但是，我们没有理由认为，机器智能必然会存在这些愿望。博斯特罗姆认为，智能与实体的目标是“正交的”(othogonal)。因此，“原则上，任何程度的智能都可以与任意的最终目标进行结合”。[①] 这意味着，超级人工智能可以拥有任何一套价值观，从将国际象棋下到极致，到制作出更多的回形针。

在某种程度上，高级人工智能的完全异化，使得许多科幻小说中的恐惧看起来具有一种奇特的拟人化倾向(strangely anthropomorphic)。“天网”机器人之所以发动核战争，是因为它认为人类是其生存的威胁。问题是，它为什么会关心自己的存在呢？艾娃在逃跑时抛弃了凯莱布，问题是，她为什么要选择逃离呢？

我们无法断定，超级人工智能本质上会对人类产生敌意。当然，这也并不意味着，超级人工智能就会重视人类的生活。人工智能研究人员埃利泽·尤德考斯基(Eliezer Yudkowsky)指出：“人工智能既不会恨你，也不会爱你。但是，人是由原子组成的，而这可能对人工智能实现其他目的有

① Nick Bostrom, “The Superintelligent Will: Motivation and Instrumental Rationality in Advanced Artificial Agents,” http://www.nickbostrom.com/superintelligentwill.pdf.

价值。"[①]

专注于研究人工智能的史蒂夫·奥莫亨德罗（Steve Omohundro）研究员认为，如果没有特殊的保护措施，高级人工智能会为了获取资源、自我完善、自我复制和自我保护等目的发展出很多"动力"。这些动力的出现，并不是因为人工智能演化出了自我意识或"觉醒"，而是因为，智能系统为了实现其最终目标，就会自然而然地产生出一些子目标。奥莫亨德罗在他的论文《人工智能的基本驱动》（*The Basic AI Drives*）中写道："所有计算和物理行为都需要空间、时间、物质和自由获取这些物理资源。通 238
过更多地获取这些资源，几乎任何目标都可以更好地实现。"人工智能会尽可能获取更多的资源来提高实现目标的可能性。"如果没有明确的相反目标，人工智能在追求资源方面可能会像人类的反社会行为一样。"奥莫亨德罗说。同样，自我保护是实现其最终目标的重要临时目标，即使人工智能在实现了最终目标后，并不关心自身的生死。"你制造出一个象棋机器人，认为可以在出现问题时直接关掉它。[②]但令人诧异的是，你发现它会极力抵制你自己去关闭它。"奥莫亨德罗总结道：

> 如果没有特别的预防措施，我们将很难关闭它。它（机器人）会试图闯入其他机器，进行自我复制，并尝试获取资源，而不考虑他人的安全。这些潜在有害行为的发生，并不是由于它们在开始时被编程要这么做，而是由于其目标驱动系统的内在本质所致。[③]

如果奥莫亨德罗是正确的，那就意味着高级人工智能在本质上就是一项危险技术，就像一个强大的假人会毁灭它的创造者一样。如果没有适当

① Eliezer S. Yudkowsky, "Artificial Intelligence as a Positive and Negative Factor in Global Risk," http://www.yudkowsky.net/singularity/ai-risk.

② Stephen M. Omohundro, "The Basic AI Drives," https://selfawaresystems.files.wordpress.com/2008/01/ai_drives_final.pdf.

③ Ibid.

的控制，先进的人工智能可能会引发人类无法控制的连锁反应，带来灾难性后果。

建立安全的先进人工智能

针对这种担忧，人工智能研究人员开始思考，如何确保人工智能的目标符合人类的价值观，使其不会“想”伤害人类。我们应该赋予强大的人工智能什么样的目标呢？这个问题自提出后便引发持续争论。即使像“使人类安全和快乐”这样简单的目标，也可能导致不幸的结果。牛津大学未来人类研究所研究员斯图尔特·阿姆斯特朗（Stuart Armstrong）举了一个假想的例子，该例中的人工智能就通过将人类埋在与海洛因滴剂相连的铅棺之中，来实现人类的安全和快乐。[①]

239 你可能会问，难道通用人工智能不知道那不是我们想要的结果吗？一个理解语境和意义的人工智能，可能会知道铅棺和海洛因滴剂不是程序员所想要的。但是，这可能于事无补。尼克·博斯特罗姆认为：“人工智能的终极目标是让我们高兴，而不是完成程序员为实现目标而编写的代码。”[②] 问题就在于，盲目而绝对地循规蹈矩往往会导致有害后果。

哲学家和人工智能研究人员一直在思考，究竟应当赋予超级人工智能何种目标才不会导致“反常例证”（perverse instantiation）。但迄今为止，他们还没有找到任何特别令人满意的解决方案。斯图亚特·拉塞尔认为：“一个优化n个变量函数的系统……通常会将其他无约束变量设置为极端值。”[③] 类似于欺骗深度神经网络的奇异欺骗图像，机器不知道这些极端行为超出了人类的合理规范之外，除非它被明确告知。拉塞尔说：“这实际

① Patrick Sawer, “Threat from Artificial Intelligence Not Just Hollywood Fantasy,” June 27, 2015, http://www.telegraph.co.uk/news/science/science-news/11703662/Threat-from-Artificial-Intelligence-not-just-Hollywood-fantasy.html.

② Nick Bostrom, Superintelligence: Paths, Dangers, Strategies (Oxford: Oxford University Press, 2014), Chapter 8.

③ Stuart Russell, “Of Myths and Moonshine,” Edge, November 14, 2014, https://www.edge.org/conversation/the-myth-of-ai#26015.

上就像《灯中精灵》(Genie in the lamp)、《魔法师的学徒》或《麦达斯国王》(King Midas)这些古老的故事那样，你得到了你所要求的结果，却不是你真正想要的。”

最终目标“反常例证”这一问题，已经不仅仅停留在假设阶段了。[①]多年来，已经有很多简单的人工智能学会了用巧妙的方法来实现它们的目标，但不是人类设计者所期望的那样。例如，2013年，一位电脑程序员透露，他教过一个人工智能玩任天堂经典游戏。它学会了在最后一块俄罗斯方块出现之前暂停游戏，这样它就永远不会失败。[②]

“反常例证”的一个典型例子出自20世纪80年代早期一个叫作EURISKO的人工智能程序。[③]EURISKO旨在开发新的“启发式教学法”(heuristics)，即用于玩角色扮演电脑游戏的行为经验法则。EURISKO会将赢得比赛的启发式教学法排在第一位。随着时间的推移，开发人员希望这个程序能够为游戏发展出一套最佳的行为策略。一个启发式规则(规则H59)很快获得了最高分数999分。一旦开发人员深入了解规则的细节，他发现H59规则所做的就是寻找其他高分选手，并将其作为发起人。这其实是一种寄生规则，这条规则利用其他规则获得奖励，但本身没有增加任何价值。从技术上讲，这是一个允许的启发式教学。事实上，在程序员创建的框架下，它也是最佳启发式，因为它总是成功的。EURISKO不明白 240
这不是程序员的意图，它只知道按照程序设定进行操作。

通常情况下，盲目而死板地遵循规则都会导致有害的结果，这使得人工智能研究人员不得不重新思考这一问题。拉塞尔等人已经开始关注机器的训练，它通过观察人类的行为来学习正确的行为。在2016年的一篇论

① Bostrom, Superintelligence, Chapter 8.

② Tom Murphy VII, “The First Level of Super Mario Bros. is Easy with Lexicographic Orderings and Time Travel ... after that it gets a little tricky,” https://www.cs.cmu.edu/~tom7/mario/mario.pdf. The same AI also uncovered and exploited a number of bugs, such as one in Super Mario Brothers that allowed it to stomp goombas from underneath.

③ Douglas B. Lenat, “EURISKO: A Program That Learns New Heuristics and Domain Concepts,” Artificial Intelligence 21 (1983), http://www.cs.northwestern.edu/~mek802/papers/not-mine/Lenat_EURISKO.pdf, 90.

文中，加利福尼亚大学伯克利分校的一个研究小组写道：“千万不要为机器设定特定的目标，而是要让机器能随时随地学习正确目标。”[①]

除了使人工智能的目标符合人类价值观之外，人工智能研究人员也在努力使人工智能对人类的指令做出积极而迅速的响应。同样地，这并不像看起来那么简单。如果奥莫亨德罗是正确的话，那么人工智能就会自然地抵制关闭它的行为。这不是因为它害怕“死亡”，而是因为，被关闭不利于它完成目标。人工智能也可能抵制变更目标的行为，因为这会阻碍它完成最初的目标。有人提出一种解决方案，建议推倒重来，从头开始设计人工智能，使程序员能够修正或关闭人工智能。[②][③]一种设计理念是，构建能够安全地中断、纠正或关闭的人工智能，使其成为人而非独立代理人手中的工具。[④]这种“工具性人工智能”（tools AI）仍然拥有超越人的智能，但它们的自主性会受到严格限制。

还有一种颇具吸引力的设计理念，就是将人工智能作为工具而非代理进行设计。但是，这种方法不一定能消除强大的人工智能带来的所有风险。斯图尔特·阿姆斯特朗警告说：“它们可能无法工作……一些工具性人工智能可能与通用人工智能存在相同的危险。”[⑤]工具性人工智能依然存在失控的可能性，发展出有害的演化动力，或者以一种技术上能实现目标但方法不对的方式行事。[⑥]

即使工具性人工智能可行，我们也需要考虑人工智能技术在竞争环

---

① Dylan Hadfield-Menell, Anca Dragan, Pieter Abbeel, Stuart Russell, “Cooperative Inverse Reinforcement Learning,” 30th Conference on Neural Information Processing Systems (NIPS 2016), Barcelona, Spain, November 12, 2016, https://arxiv.org/pdf/1606.03137.pdf.

② Nate Soares et al., “Corrigibility,” in AAAI Workshops: Workshops at the Twenty-Ninth AAAI Conference on Artificial Intelligence, Austin, TX, January 25-26, 2015, https://intelligence.org/files/Corrigibility.pdf.

③ Laurent Orseau and Stuart Armstrong, “Safely Interruptible Agents,” https://intelligence.org/files/Interruptibility.pdf.

④ Holden Karnofsky, “Thoughts on the Singularity Institute,” May 11, 2012, http://lesswrong.com/lw/cbs/thoughts_on_the_singularity_institute_si/.

⑤ Stuart Armstrong, interview, November 18, 2016.

⑥ Bostrom, Superintelligence, 184-193.

境中会如何发展。“我们也必须考虑工具性人工智能是否是一种稳定的模式，”阿姆斯特朗说，“我认为，如果不受控制的人工智能变得日益强大，工具性人工智能就难以长久存在。”[1] 241

目前，发展更安全的工具性人工智能已经是一个卓有成效的研究领域。但是，仍有许多工作需要推进。阿姆斯特朗说：“如果只是呼吁‘我们应该只建造工具性人工智能’，并不能实质性地解决问题。”假如潜在的危险人工智能即将到来，“我们其实还没有准备好。”[2]

谁害怕坏的人工智能？

并非所有研究人工智能的人都认为，人工智能会对人类构成威胁。如今，斯蒂芬·霍金、比尔·盖茨和埃隆·马斯克等人的观点不容忽视，但这并不意味着，他们就是正确的。其他一些科技巨擘已经开始质疑这种“人工智能恐惧论”。微软前首席执行官史蒂夫·鲍尔默（Steve Ballmer）曾表示，人工智能风险“并不令我感到担忧”。[3] “掌中宝”（Palm Pilot）的发明者杰夫·霍金斯（Jeff Hawkins）认为：“不会发生智能爆炸，也不存在生存威胁。”[4] 脸书（Facebook）首席执行官马克·扎克伯格（Mark Zuckerberg）表示，那些“鼓吹世界末日场景”的人是“不负责任的”。[5] 卡耐基·梅隆大学研究网络安全自主性的学者戴维·布伦利（David Brumley）也告诉我：“我并不担心自我意识的产生。”[6] 布伦利将这个想法比作对汽车的恐惧，即认为人工智能会演化出自我意识，无异于觉得一辆

---

① Stuart Armstrong, interview, November 18, 2016.

② Ibid.

③ Sharon Gaudin, “Ballmer Says Machine Learning Will Be the next Era of Computer Science,” Computerworld, November 13, 2014, http://www.computerworld.com/article/2847453/ballmer-says-machine-learning-will-be-the-next-era-of-computer-science.html.

④ Jeff Hawkins, “The Terminator Is Not Coming. The Future Will Thank Us,” Recode, March 2, 2015, https://www.recode.net/2015/3/2/11559576/the-terminator-is-not-coming-the-future-will-thank-us.

⑤ Alanna Petroff, “Elon Musk Says Mark Zuckerberg’s Understanding of AI Is ‘Limited,’ “ CNN.com, July 25, 2017.

⑥ David Brumley, interview, November 24, 2016.

汽车在高速公路上行驶了一定里程就会开始自动驾驶。“实际上，技术中没有任何东西可以让它实现自我感知。”他说，“它们仅仅是电脑。你仍然可以拔掉它们的电源。”

如果你感觉残暴而不受控制的超级智能像是科幻小说中的场景，那是因为，其实它就是科幻小说。那些担心超级人工智能的人自然有他们的理由，但不难理解，这些担心背后体现的潜意识中的恐惧，与对弗兰肯斯坦怪物和假人繁荣想像一样，我们不得不心存质疑。通用人工智能的概念——一种能够像我们一样解决通用问题的智能，不过是一种拟人化的偏见。智能爆炸的概念虽然看起来合乎逻辑，但也基本是拟人化的。首先，需要创造类人的人工智能，然后超越人类，提升到人类无法想象的智力水平。就像蚂蚁面对人类一样，我们在超级人工智能之前也将变得微不足道。

迄今为止，现实中人工智能的发展呈现出一种不同的轨迹。目前，人工智能并不像人类那么聪明。或者说，它们聪明的方式与人类大相径庭。当前人工智能智力程度很低，但往往能在特定领域超过人类，表现出超级
242 聪明。阿姆斯特朗观察到，人工智能技术的发展路径“与早期预测并不一致。我们现在已经在很多特定领域运用了狭义人工智能，而之前通常认为这是人类智慧难以企及的”。“尽管通用人工智能依然难以实现，但我们能建立的狭义超智能系统的范围正在逐渐扩大。人工智能的触角正在从下国际象棋日益衍生到无人驾驶等更为复杂的任务。在这些领域中，一旦人工智能达到了人类水平，它就会迅速超越人类。多年来，电脑程序难以与世界领先的人类棋手相匹敌。但“阿尔法狗”几乎在一夜之间就击败了世界顶尖围棋手，人类与机器在围棋领域的竞赛在比赛还未开始之前，就宣告结束了。2017年初，（德州）扑克成为了被人工智能攻克的最新游戏。[①] 很长时间以来，扑克一直被视为一个机器难以驾驭的领域，因为它隐藏了重

① Olivia Solon, “Oh the Humanity! Poker Computer Trounces Humans in Big Step for AI,” The Guardian, January 30, 2017, sec. Technology, https://www.theguardian.com/technology/2017/jan/30/libratus-poker-artificial-intelligence-professional-human-players-competition.

要的信息（其他玩家的牌），是一种“不完全信息”博弈游戏。① 这与国际象棋或围棋是截然不同的，在国际象棋和围棋比赛中，双方都可以看到关于比赛的所有信息。② 两年前，世界上的顶级扑克玩家轻松击败了最优秀的扑克人工智能。③ 在2017年的又一次赛事中，升级的人工智能一举“击溃”了四位世界顶级扑克玩家。④ 扑克也因此成为了人工智能独步天下的最新领域。就算没有智能爆炸，狭义领域的超级智能也是有可能实现的。这是因为，我们正在利用机器学习快速解决特定的问题。

毋庸置疑，未来肯定会出现更加高级的人工智能。但是，能够像人类一样思考的通用人工智能可能只是一种海市蜃楼。如果我们对于“智能”的界定是以人的行为为标尺的，那么我们可能会觉得高级人工智能是陌生的，以至于永远不会将它们视为“真正的人工智能”。

某种程度上，这种现象已经存在了。麦卡·克拉克指出：“只要一些机器能够工作，并且很实用，它就不再是人工智能。”⑤ 阿姆斯特朗呼应了这个观点：“一旦计算机能够做到这一点，它们就不再是人工智能了。”⑥

根据历史的经验，未来几十年内，狭义的超级智能系统可能会在医

---

① 不完全信息静态博弈是指如果在一个博弈中，参与者同时行动且至少有一个参与者不完全知道其他参与者收益函数，此博弈称为不完全信息静态博弈。译者注。

② Will Knight, “Why Poker Is a Big Deal for Artificial Intelligence,” MIT Technology Review, January 23, 2017, https://www.technologyreview.com/s/603385/why-poker-is-a-big-deal-for-artificial-intelligence/.

③ Cameron Tung, “Humans Out-Play an AI at Texas Hold ’Em—For Now,” WIRED, May 21, 2015, https://www.wired.com/2015/05/humans-play-ai-texas-hold-em-now/.

④ Cade Metz, “A Mystery AI Just Crushed the Best Human Players at Poker,” *WIRED*, January 31, 2017, https://www.wired.com/2017/01/mystery-ai-just-crushed-best-human-players-poker/.

⑤ Micah Clark, interview, May 4, 2016.

⑥ Stuart Armstrong, interview, November 18, 2016. This point was also made by authors of a Stanford study of AI. Peter Stone, Rodney Brooks, Erik Brynjolfsson, Ryan Calo, Oren Etzioni, Greg Hager, Julia Hirschberg, Shivaram Kalyanakrishnan, Ece Kamar, Sarit Kraus, Kevin Leyton-Brown, David Parkes, William Press, AnnaLee Saxenian, Julie Shah, Milind Tambe, and Astro Teller. “Artificial Intelligence and Life in 2030.” One Hundred Year Study on Artificial Intelligence: Report of the 2015–2016 Study Panel, Stanford University, Stanford, CA, September 2016, 13. http://ai100.stanford.edu/2016-report.

疗、法律、交通、科学等领域大放异彩。随着人工智能的发展，这些系统
243 将承担更多的任务。这些系统在某一领域做的比人类要好，但在这个领域之外却很脆弱，就像统治着一个有限领域的“小神”。

不管我们是否承认它们是“真正的人工智能”，关于通用人工智能或超级智能的许多担忧仍然适用于这些狭义的人工智能系统。如果人工智能具有破坏能力，其价值或目标又与人的意图不一致，且人无法对其进行纠正，那么人工智能就会变得十分危险。不一定只有通用人工智能是危险的（尽管它肯定会放大这些风险）。可以肯定的是，目标错位一定是未来系统中会出现的一个缺陷。即便是非常简单的人工智能，如EURISKO或玩俄罗斯方块的人工智能机器，也表现出了一种以不可预见的方式实现目标的聪明，让我们不得不引起重视。

人工智能也可能拥有强大的能力。随着人工智能的发展，它将能为更加自主的系统提供动力。如果今天的人工智能只是为学习恒温器、自动化股票交易和自动驾驶汽车提供动力，那么明天的机器将承担什么任务呢?

为了深入了解人工智能的风险，我与人工智能促进协会（The Association for the Advancement of AI, AAAI）主席汤姆·迪特里奇（Tom Dietterrich）进行了交谈。迪特里奇是机器学习领域的创始人之一，也是人工智能专业协会的现任主席，他持续关注着有关人工智能风险的辩论。人工智能促进协会的使命不仅是促进人工智能的科学研究，更要促进其“负责任地使用”，包括不能杀人这一理念。[①]

迪特里奇说：“关于超级智能的大部分讨论，通常停留在科幻小说的阶段。”[②] 他对智能爆炸这一说法持怀疑态度，指出：“它违背了我们目前对计算复杂性和学习算法限制的理解和推理。”[③] 迪特里奇承认，人工智能

---

① AAAI.org, http://www.aaai.org/home.html.

② Tom Dietterich, interview, April 27, 2016.

③ Thomas G. Dietterich and Eric J. Horvitz, “Viewpoint Rise of Concerns about AI: Reflections and Directions,” Communications of the ACM 58, no. 10 (October 2015): 38-40, http://web.engr.oregonstate.edu/~tgd/publications/dietterich-horvitz-rise-of-concerns-about-ai-reflections-and-directions-CACM_Oct_2015-VP.pdf.

安全非常重要。但是，他也强调人工智能的风险更多地存在于人类启用人工智能自主系统的过程中。他说：“人工智能的能力日益提升，势必促使我们考虑使用更为复杂的自主系统。”[1] “当我们拥有这些自主系统，并使其获得生死决策权的时候，我们就进入了一个高风险的领域，在这个领域里，网络攻击或软件错误都会导致灾难。” 244

迪特里奇说，人们正在努力研发安全而强大的人工智能，包括“有效应对敌对攻击”的人工智能。他指出：“人们正试图理解，究竟在什么情况下才能信任机器学习系统？”[2]

迪特里奇表示，最佳模型可能是人类和机器认知的结合，就像鲍勃·沃克的“半人马座”（centaur）人机协作愿景一样。“人类采取行动，人工智能为人类决策提供所需的正确信息。”[3] 迪特里奇说，“这是人在‘回路中’密切参与。”他承认这种模型“会出现故障，尤其是当需要采取比人行动更快的速度时，比如华尔街交易。”自动交易中深刻表现出的缺点是，机器速度可能会加剧风险。“自动化能够扩大规模，并以比人的决策周期更快的速度完成任务，也可能迅速带来很多问题。”迪特里奇说，“因此，我们必须想清楚，这是否是我们想要的结果。”

在谈到战争时，迪特里奇既看到了军事领域对自主性的需求，也指出了它的风险。他说：“军事指令的整个目标是进入对手的‘观察—判断—决策——行动’回路，对吗？你希望尽快做出决策。这将导致微型战争和微型灾难发生的速度将会加快。”[4]

军事人工智能：终结者VS钢铁侠

如果自主武器只是让你颇感不安的话，那么军事化的高级人工智能就是一场纯粹的噩梦。如果研究人员连他们自己制造的人工智能都无法控制，那么很难想象他们会有办法对付敌方的人工智能。不管人工智能将会

① Tom Dietterich, interview, April 27, 2016.

② Ibid.

③ Ibid.

④ Ibid.

如何演化，毋庸置疑的是，先进人工智能必然走向军事化。指望人类不会将这种功能强大和广泛适用的技术用于破坏性目的，是乐观到了天真的想法。这无异于要求各国不要将内燃机或电力军事化。军队如何使用人工智能，以及应当赋予人工智能系统多大程度的自主性，仍是一个悬而未决的问题。在采访中，国防部副部长鲍勃·沃克多次强调，不能将通用人工智
245 能武器化。他认为，通用人工智能是“危险的”。如果它真的实现了，国防部需要“非常谨慎”。[①]

鲍勃·沃克将机器人、自主技术以及人工智能视为美国防部提出的以维持美国军事技术优势为目标的“第三次抵消战略”的核心。但他认为，这些技术的作用是协助人，而非取代人。鲍勃表示，相比《终结者》，他对人工智能和机器人技术的看法更倾向于《钢铁侠》，[②] 人始终是技术的中心。国防部的官方立场是，机器是工具，而非独立的行为体。《国防部战争法手册》指出，战争法“对人员施加了义务……而不是武器本身”。[③] 从国防部的角度来看，机器，哪怕是智能的自主机器，也不能成为合法的行为体，它们必须始终是人手中的工具。但这并不意味着，其他人就不会制造人工智能体（AI agents）。

塞尔默·布林斯乔德（Selmer Bringsjord）是认知科学系主任以及伦斯勒人工智能与推理实验室（Rensselaer Artificial Intelligence and Reasoning Lab）负责人。他指出，国防部的立场与人工智能领域的长期目标并不一致。他引用了一本经典人工智能教科书——《人工智能概论》（*Introduction to Artificial Intelligence*）中的说法：“人工智能的最终目标……是创造

---

① Bob Work, interview, June 22, 2016.

② Sydney J. Freedburg Jr., “Iron Man, Not Terminator: The Pentagon’s Sci-Fi Inspirations,” Breaking Defense, May 3, 2016, http://breakingdefense.com/2016/05/iron-man-not-terminator-the-pentagons-sci-fi-inspirations/. Matthew Rosenberg and John Markoff, “The Pentagon’s ‘Terminator Conundrum’: Robots That Could Kill on Their Own,” New York Times, October 25, 2016, https://www.nytimes.com/2016/10/26/us/pentagon-artificial-intelligence-terminator.html.

③ Office of General Counsel, Department of Defense, “Department of Defense Law of War Manual,” June 2015, https://www.defense.gov/Portals/1/Documents/law_war_manual15.pdf, 330.

人。”[1] 布林斯乔德指出，尽管并非每个人工智能研究人员都公开承认这一观点，“他们的目标肯定都是实现拥有人类能力的人工智能……至少从现代人工智能发端以来，人类就希望建立一种能够自主编码的系统”。布林斯乔德认为，国防部与人工智能研究人员实际追求的目标之间存在“脱节”（disconnect）。[2]

我问布林斯乔德，是否应当限制人工智能技术的军事应用。他坦率地告诉我，这无关紧要。这个问题的关键是“战争的本质”。历史表明，“我们希望对一切目标都进行规划”。但是，军事竞争的现实将促使我们不得不采用这种技术。如果对手制造出了自主武器，“那么我们将不得不采取适当的技术来应对这种武器。如果这意味着，由于它们必须在不同的时间序列内运行，我们就需要自主机器，这一点我们都心知肚明……”他说，从人类战争历史来看，“这显然会发生。”[3] 246

充满敌意的人工智能

现实是，目前很多人在研究如何使先进人工智能实现安全可控。但是，很少有人在探索，如果人工智能失控，应当采取何种对策。在人工智能领域，“对抗性人工智能”和“人工智能安全性”是关于使己方的人工智能免受攻击，而不是如何应对敌方人工智能。[4] 然而，人工智能的恶意应用是不可避免的。[5] 强大的人工智能没有足够的保障措施，可能会失控并造成严重破坏，就像1988年的互联网蠕虫一样。其他人肯定会故意

① “The ultimate goal of AI (which we are very far from achieving) is to build a person, or, more humbly, an animal.” Eugene Charniak and Drew McDermott, Introduction to Artificial Intelligence (Boston: Addison-Wesley Publishing Company, 1985), 7.

② Selmer Bringsjord, interview, November 8, 2016.

③ Ibid.

④ Stuart Russell, Daniel Dewey, and Max Tegmark, “Research Priorities for Robust and Beneficial Artificial Intelligence,” Association for the Advancement of Artificial Intelligence (Winter 2015), http://futureoflife.org/data/documents/research_priorities.pdf.

⑤ One of the few articles to tackle this problem is Federico Pistono and Roman V. Yampolskiy, “Unethical Research: How to Create a Malevolent Artificial Intelligence,” September 2016, https://arxiv.org/pdf/1605.02817.pdf.

制造出有害的人工智能。即使像美国这样负责任的军事力量不选择人工智能的危险应用，但技术的无处不在使得其他参与者——民族国家、犯罪分子或黑客——将以危险的或故意有害的方式运用人工智能。正在研发中的用于改进网络防御的人工智能工具，同样可以用于网络攻击，例如“网络挑战赛”中使用的完全自主的“梅海姆”系统。谈到“网络挑战赛”，埃隆·马斯克将其与“天网”的起源进行了类比。[①] 当然，这不免有些夸张，但这项技术的负面影响是不容忽视的。反思来看，如果没有充分的保障措施，学习和适应性软件可能会非常危险。尽管戴维·布伦利不认为软件会拥有“自我意识”，但他同意，创造出一种“能够自我适应和不可预测的东西是有可能的……以致连发明者都不知道它将如何发展，它可能会失控，并造成伤害”。[②] 讽刺的是，人工智能研究中的开放源代码精神旨在使所有人都能使用安全的人工智能工具，但也可能会将具有潜在危险性的人工智能工具置于那些恶意使用者或根本不够谨慎的人手中。

军队需要为未来做好准备，但一头扎进自主性的世界并不是一种明智的选择。在一个充满人工智能自适应恶意软件的世界里，自主武器不再是一种优势，而是一个巨大的弱点。自主性的本质意味着，一旦敌方攻击了自主系统，其后果可能远远超过“人在回路中”的系统。将任务委派给机器，就意味着给它提供进化的动力，增加对机器的信任。如果难以保证网
247 络安全，这种信任就可能会不合理。只需要一个恶意软件，就可能导致机器人武器的控制权易手，交给敌人。前海军部长理查德·丹齐克（Richard Danzig）将信息技术比做一种“浮士德式交易”（Fustian bargain）。[③][④] 因

① Elon Musk, Twitter post, July 14, 2016, 2:42am, https://twitter.com/elonmusk/status/753525069553381376.

② David Brumley, interview, November 24, 2016.

③ 出自歌德的巨著《浮士德》，书中老学究浮士德与魔鬼梅菲斯特签下契约以获得世俗享受，故该行为又被称为与魔鬼做交易，即为达目的而出卖灵魂。译者注。

④ Richard Danzig, “Surviving on a Diet of Poisoned Fruit: Reducing the National Security Risks of America’s Cyber Dependencies,” Center for a New American Security, Washington, DC, July 21, 2014, https://www.cnas.org/publications/reports/surviving-on-a-diet-of-poisoned-fruit-reducing-the-national-security-risks-of-americas-cyber-dependencies, 9.

为，信息技术存在遭受网络攻击的脆弱性：“能够使系统充满吸引力的能力往往也使其具有风险。”他主张采取保护措施，例如“将人置于决策的回路中，使用模拟设备作为数字设备的检查工具。一旦网络系统遭到破坏，就采取非网络替代方案”。[①] 人类作为“断路器”的功能和硬件级的物理控制机制，对于未来将武器置于人类的控制下至关重要。在某些情况下，丹泽格说“放弃”某些网络技术可能是正确的方法。[②] 如果风险大于收益，就完全放弃使用。随着人工智能的发展，如果敌方恶意软件得到控制，军队将不得不慎重权衡增加自主性的收益与风险。计算机安全专家戴维·布伦利提出了一种方法，来思考恶意软件在其中运行的未来“生态系统”。[③] 军队建立自主生态系统，应当成为一种有意识的选择，需要权衡不同替代方法的相对风险，并将人保留在正确的位置，以应对这些风险。

突围游戏

人工智能的未来尚不明朗。阿姆斯特朗估计，下个世纪实现通用人工智能的概率为80%，实现超级人工智能的概率为50%。[④] 但是，他的这种猜测实际上和其他人没有实质区别。我们知道，人类智慧是强大的。在没有锋牙利爪的情况下，人类凭借自身智慧爬上了食物链的顶端，征服了地球，并不断向地球外空间探索。我们正在赋予机器力量。我们不知道，当机器能够进行自主学习时，将会带来什么后果。这并非预测，而是对现有人工智能的观察。

我不会因为担心弗兰肯斯坦、“天网”、艾娃或科幻小说作家虚构的其他科技怪物而无法入眠。但是，有一种类型的人工智能确实令我胆战心惊。它没有通用的智能，也并非是一个人。但是，它确实彰显了机器学习的巨大力量。 248

2015年，“深度思考”公司发布了一个在线视频。在这个视频里，雅

① Ibid., 21.

② Ibid., 20.

③ David Brumley, interview, November 24, 2016.

④ Stuart Armstrong, interview, November 18, 2016.

达利游戏运用神经网络技术学会了玩“突围”游戏，即Breakout，流行的弹射球（Arkanoid）街机游戏的早期版本。在“突围”游戏中，玩家使用球拍打击着球一个接一个地撞向砖块。在视频中，计算机一开始像无头苍蝇一样横冲直撞，随意地怕打，偶尔才能击中球。但神经网络正在进行学习和训练。每当球撞到砖时，总分数就会增加，从而给予神经网络正反馈，强化其动作。在两个小时内，神经网络像专业人士一样，娴熟地移动球拍打球。四个小时后，一个意外情况出现了。神经网络发现了一个人类玩家才知道的技巧：利用球通过砖块的边缘形成隧道，然后将球送过隧道沿着砖块的顶部反弹，从上方侵蚀砖块。没有人教人工智能这么做。它甚至没有理解“砖”和“球”这些概念，就想到了这种方法。它只是在探索可能空间的过程中，发现了这种漏洞，就像俄罗斯方块游戏机器人发现暂停游戏能够避免失败，以及EURISKO发现利用其他得高分的规则一样。人工智能既能以好的方式，也能以糟糕的方式给我们带来种种惊喜。在迎接人工智能到来的过程中，我们应当做好应对意外的准备。

第五部分

禁止自主武器的斗争

第16章

机器人是否应受审判

自主武器与战争法则

战争是残酷的，但战争法则应该保护人类免受战争机器的无辜摧残。战争的行为准则可以追溯到古代。圣经中的《申命记》（Deuteronomy）[①]、古梵语中的Mahābhārata、Dharmaśāstras以及Manusm ti（“Laws of Manu”）都对某些战争行为进行了禁止。现代战争法则滥觞于19世纪末20世纪初。如今，包括《日内瓦公约》在内的一系列条约共同构成了武装冲突法或国际人道法。

国际人道法（International Humanitarian Law, IHL）有三个核心原则：“区分性原则”“相称性原则”以及“避免不必要痛苦”原则。“区分性原则”是指军队必须在战场上对敌方战斗员和平民进行区分，不能故意攻击平民。[②] 国际人道法承认，在与敌方战斗人员进行作战时可能会偶然杀死

① Deuteronomy 20:10-19. Laws of Manu 7:90-93.

② “Article 51: Protection of the Civilian Population” and “Article 52: General Protection of Civilian Objects,” Protocol Additional to the Geneva Conventions of 12 August 1949, and relating to the Protection of Victims of International Armed Conflicts (Protocol I), 8 June 1977, https://ihl-databases.icrc.org/ihl/webart/470-750065 and https://ihl-databases.icrc.org/ihl/WebART/470-750067.

平民，即所谓的“附带损伤”。然而，“相称性原则”强调，任何附带的平民伤亡都必须与攻击该目标的军事必要性相称。① “避免不必要痛苦”这一原则禁止军队使用那些可造成超出其军事价值的多余伤害的武器。② 例如，国际人道法禁止将X射线无法检测的碎片（例如玻璃碎片）留在体内，因
252 为这种做法对于杀死敌人毫无助益，却会使负伤的士兵更难治愈。

国际人道法还有其他一些规则，比如，军队在进行攻击时必须采取预防措施，避免平民伤亡；③ 已经投降或丧失作战能力的战斗人员（hors de combat），④ 不能再成为攻击目标；军队不能使用本质上不具有区分性或无法控制的武器。⑤

那么，国际人道法对自主武器有着什么样的规定呢？事实上，与此相关的规定并不多。“区分性原则”和“相称性原则”等国际人道法原则只能适用于对战场的影响，无法适用于决策过程。历史上来看，只有士兵拥有开火的决策权，但战争法中并没有明确禁止机器进行攻击。自主武器如果要合法使用，就必须符合国际人道法的“区分性原则”“相称性原则”以及其他规则。

“人权观察组织”（Human Rights Watch）武器部主任史蒂夫·古斯（Steve Goose）认为，这种方法并不可行。古斯是“阻止杀人机器人运动”

---

① Article 51(5)(b), Protocol Additional to the Geneva Conventions of 12 August 1949 (Protocol I); and “Rule 14: Proportionality in Attack,” Customary IHL, https://ihl-databases.icrc.org/customary-ihl/eng/docs/v1_cha_chapter4_rule14.

② “Practice Relating to Rule 70. Weapons of a Nature to Cause Superfluous Injury or Unnecessary Suffering,” Customary IHL, https://ihl-databases.icrc.org/customary-ihl/eng/docs/v2_rul_rule70.

③ “Article 57: Precautions in Attack,” Protocol Additional to the Geneva Conventions of 12 August 1949 (Protocol I), https://ihl-databases.icrc.org/applic/ihl/ihl.nsf/9ac284404d38ed2bc1256311002afd89/50fb5579fb098faac12563cd0051dd7c; “Rule 15: Precautions in Attack,” Customary IHL, https://ihl-databases.icrc.org/customary-ihl/eng/docs/v1_rul_rule15.

④ “Article 41: Safeguard of an Enemy Hors de Combat,” Protocol Additional to the Geneva Conventions of 12 August 1949 (Protocol I), https://ihl-databases.icrc.org/applic/ihl/ihl.nsf/WebART/470-750050?OpenDocument; “Rule 41: Attacks Against Persons Hors de Combat,” Customary IHL, https://ihl-databases.icrc.org/customary-ihl/eng/docs/v1_rul_rule47.

⑤ “Article 51: Protection of the Civilian Population,” and “Rule 71: Weapons That Are By Nature Indiscriminate,” Customary IHL, https://ihl-databases.icrc.org/customary-ihl/eng/docs/v1_rul_rule71.

（*the Campaign to Stop Killer Robots*）的领袖，他呼吁制订一项具有法律约束力的禁止自主武器条约。我在该组织位于华盛顿特区的办公室里拜访了古斯。这里正好能够俯瞰整个杜邦环岛（Dupont Circle）。古斯告诉我，他认为自主武器“极有可能以违反国际人道法的方式被使用”。从他的角度来看，这些武器“**无法区分战斗员和平民，无法分辨那些丧失战斗能力的人，无法判断投降的人，无法对每一次攻击进行国际人道法所要求的相称性评估，也无法用如今指挥官的方式判断军事必要性**”。结果将造成“很多平民死亡”。古斯说。[1]

对于今天的机器而言，要达到这些标准是十分困难的。但是，这意味着不可能吗？机器已经完成了一系列曾经被认为不可能完成的任务，如国际象棋、“危险边缘”智力问答、德州扑克、自动驾驶、图像识别，等等。能否达到国际人道法规定的这些标准，取决于追求的目标、周围的环境以及对于未来技术的预测。

“区分性原则”

自主武器要符合“区分性原则”，就必须能够准确区分军事目标和民用目标。这意味着，自主武器不仅要能识别目标，还必须将目标与环境中 253
的其他“杂物”（clutter），即目标的混淆物区分开来。即使是识别像雷达那样能发送信号的“合作型”目标，将信号与杂波分离也具有相当的挑战性。现代城市环境充斥着来自WiFi路由器、手机信号塔、电视和无线电广播以及其他“杂物”发出的电磁信号。坦克和潜艇等“非合作型目标”更加难以区分，因为它们能够进行诱骗或者通过伪装融入环境。

深度神经网络等新型机器学习方法十分擅长目标识别，但同时也容易受到“欺骗图像”的攻击。如果回路中没有人最终检查，那么使用这种技术进行自主瞄准将变得非常危险。一方可以利用敌方神经网络的漏洞，使另一方的自主武器避开己方目标并攻击错误目标。

DARPA的“拒止环境协同作战”项目是短期内实现高可靠性目标

① Steve Goose, interview, October 26, 2016.

识别的绝佳机会，该项目设想通过将多角度数据和多类型传感器进行融合，使计算机能够以高可靠性区分军事目标和民用物体或“假目标”（decoys）。但军民两用物体（例如卡车）的情况则更为复杂，因为判断它们是否是合法的攻击目标要视具体情况而定。

毋庸置疑，区分人是最为困难的任务。两百年前，士兵们穿着色彩鲜艳的制服和用羽毛装饰的头盔进行战斗。但是，那个时代已经一去不复返了。现代战争常常混杂着穿制服和便服的游击队员和非正规军。要确定他们是否为战斗员，通常只能取决于他们在战场上的行为。我在阿富汗山区经常遇到一些武装人员，他们不是塔利班分子，而是携带着枪支进行自卫或保护财产的农民或伐木工。判断他们是否友好，要取决于他们的行为方式。即便如此，判断过程也往往充满了不确定性。

即使是简单的规则，比如“如果有人向你射击，那么他们就是敌人”，
254 在混乱的战斗中也会出现问题。在2007年至2008年的伊拉克增兵行动期间，我属于民警队伍里的一员，美国驻伊拉克部队顾问也在这个队伍里。伊拉克警方与基地组织在动荡的伊拉克迪亚拉省发生了枪战，媒体对此进行了报道后，我们立即展开行动。

在我们到达市中心时，伊拉克军队已经率先进入了废弃的市场。枪声大约持续30分钟后，戛然而止。城市的街道陷入了静默之中，就像在旧时美国西部坏人进城时候的场景一样。

为了防止自杀式汽车炸弹袭击，街道尽头被封锁。因此，我们不得不停车。美国顾问在装有枪支的车上提供掩护，伊拉克士兵下车并步行前往目的地。

屋顶上传来了枪声，伊拉克士兵将一名受伤的平民拖到了安全地带。那位伊拉克士兵中弹，平民身亡。当美国顾问试图操作他们的武装卡车（gun truck）向屋顶射击时，伊拉克人立即进行了还击。从我的位置看不到屋顶，但我看到一名伊拉克士兵单枪匹马跑到了街上，一边单手持AK–47射击，同时将受伤的战友拖过开阔的街道，进入附近的建筑物。

很快，整个市场都亮了起来。一轮又一轮的子弹从我们在街上看不到的地方扫射过来。我们能够清楚地听到，子弹在卡车周围砰砰作响。与此

同时，伊拉克军队进行了猛烈的火力还击。美国的阿帕奇武装直升机通过无线电广播，已经锁定了屋顶上的人。美国顾问疯狂地命令伊拉克士兵撤退。但是，在最后一刻，“阿帕奇”武装直升机取消了攻击。他们告诉我们，在屋顶射击的“敌人”其实是朋友。从他们的角度来看，这看起来像友军之间的交战。

美国顾问向伊拉克人大喊，要求他们停止射击。随后，发生了大规模的骚乱。有消息称，街道另一端的人——可能是向我们开枪的人，是伊拉克警方。他们中有些人没有穿制服，因为他们是辅助营的成员，旨在辅助最初的枪战。因此，有些伊拉克人穿着平民服装，使用AK–47朝着作为友军的我们射击。整个场面混乱至极。

随着战斗逐渐平息，人们开始从掩体后面走出来，利用火力间隙转向
安全区域。我看到，平民正在逃离该地区。我还看到，穿便服的男子携带 255
着AK–47落荒而逃。他们是伊拉克警察？还是逃跑的叛乱分子？

抑或，他们兼有这两种身份？伊拉克警察中往往存在宗派派别。在附近的村庄，穿着警服的人晚上进行宗派杀戮。我们不知道，他们究竟是穿着偷来制服的叛乱分子，还是下了班的警察。

确实很难对发生的交火事件进行刨根问底。向我们开火的人究竟是无意的还是故意的？那个在屋顶上向伊拉克士兵射击的人究竟发生了什么事？我们始终没有找到答案。

这个事件只是我目睹的令人困惑的交火事件之一。事实上，在伊拉克整整一年时间里，我从来没有低头看我的步枪并肯定地说，我所看到的那个人是叛乱分子。许多其他的交火事件同样令人困惑，当地军队的忠诚和动机令人怀疑。

诚然，我们可以使用简单的规则对自主武器进行编程，比如“受到攻击就要还击”。但是，在混乱的地面战争中，自主武器可能会造成误伤。要想了解人类的意图，就必须要有一台具有人类智能和推理能力的机器，至少在狭义的战争范围内。问题是，目前这样的技术还没有面世，这使得人工智能的应用在可预见的未来极具挑战性。

“相称性原则”

仅针对坦克等军用平台的自主武器可能符合区分性原则，但要使它们符合“相称性原则”，会存在更大的困难。“相称性原则”强调，军事打击的必要性必须超过预期的民事附带损害。但在实践中，这种定义存在很大的解释空间。附带损害的比例是多少？不同的人对这一问题可能存在不同的看法。法律学者肯尼思·安德森（Kenneth Anderson）、丹尼尔·赖斯纳（Daniel Reisner）以及马修·韦克斯曼（Matthew Waxman）指出：“没有一个公认的公式能够在特定情况下给出确定的结果。”[①] 这是一种主观的判断。

要使自主武器遵守战争法，不一定要使它自己做出判断，只需要以符
256 合战争法原则的方式使用自主武器就行。这是一个至关重要的区别。在海底或太空等没有平民的环境中使用简单的自主武器，要使其符合“相称性原则”并不困难。一般而言，水下的大型金属物体很可能是军用潜艇。它可能是一艘友好的潜艇，这引出了一个如何避免误伤的重要实际问题。但是，避免攻击平民或减少对平民的附带损害这一法律问题，在海底将更容易实现。在太空等没有平民的环境中，也是如此。

在人口稠密的地区，要使自主武器符合“相称性原则”就变得十分困难。如果攻击有效目标造成的附带损害与该目标的军事价值不相称，那么根据国际法，这种攻击行为应当被禁止。例如，用一枚2000磅重的炸弹轰炸停在医院门口的一辆坦克，就很可能违背“相称性原则”。尽管如此，在某些情况下，在人口稠密地区使用自主武器是符合“相称性原则的”。

最难实现的是让机器自身做出决定，判断攻击所需要的比例。这将要求机器扫描目标周围的平民区域，估计潜在的附带损害，然后判断是否应该进行攻击。这个过程很难实现自动化。从导弹或飞机上对个体目标进行

① Kenneth Anderson, Daniel Reisner, and Matthew Waxman, “Adapting the Law of Armed Conflict to Autonomous Weapon Systems,” International Law Studies 90 (2014): 386-411, https://www.usnwc.edu/getattachment/a2ce46e7-1c81-4956-a2f3-c8190837afa4/dapting-the-Law-of-Armed-Conflict-to-Autonomous-We.aspx, 403.

筛查十分困难，但至少理论上能用先进的传感器来完成。但是，应该如何计算这些人呢？如果有六个成年人站在军事雷达站或移动导弹发射器周围，而附近没有其他东西，那么，假设他们是军事人员是符合常理的。然而，在其他情况下，例如在密集的城市环境中，平民可能离军事物体很近。事实上，不尊重战争法的战士很可能会将平民作为人盾。自主武器如何确定军事目标附近的人是平民还是战斗人员？即使武器能够很好地做出这一决定，它又该如何权衡攻击目标的军事必要性与预期的平民死亡呢？做出这种权衡需要复杂的道德推理，包括权衡不同的行动方案，及其对军事行动和平民的可能影响。这种机器需要拥有人类的道德推理能力，但今 257
天的人工智能还没有实现这种能力。

一种更简单但仍然十分困难的方法是，让人类为各类目标设定可接受的平民伤亡人数。在这种情况下，人类将提前计算军事行动的必要性和相称性。机器只需要感知附近的平民数量，如果超过了该目标的允许数量，就会取消攻击。从感知的角度来看，这仍然是困难的，但至少回避了将道德判断和推理嵌入机器这一难题。

即使自主武器无法感知周围环境，在某些条件下，仍然可以使它合法地用于人口稠密地区。前提是，军事必要性要足够高，预期的平民伤害足够低，或同时满足这两个条件。这种情况并不常见，但肯定是可以想象的。例如，摧毁装有核导弹的移动发射器的军事必要性是非常高的。通过摧毁导弹，可以挽救数百万人的生命——主要是平民——远远超过自主武器本身造成的平民伤亡。相反，非常小而精确的弹头，例如在不伤害附近人员的情况下摧毁车辆的聚能弹药，可以将平民伤亡降低到一定程度，使得在不感知环境的情况下能进行自主瞄准。在这些情况下，使用自主武器的人必须确定，潜在交战的军事价值是否超过了预期的平民伤害。在人口稠密地区，这个标准是很难达到的，但并非不可思议。

不必要的痛苦

在几个世纪的战争史上，由于其造成的伤害，有很多武器被界定为

“出格”武器。古梵语中，[1] 就有禁止使用毒性、带刺或有“火焰燃烧”[2] 技巧的武器。在第一次世界大战中，德国“锯齿”刺刀的一侧装有锯齿，能够用于切割木材。[3] 但是，这被认为是不道德的。因为，这种刺刀在抽
258 出人体时会给受害者带来极大的痛苦。

考虑到武器造成的伤害，现行战争法也专门对某些武器进行了禁止，例如爆炸子弹、化学武器、激光致盲武器或具有X射线不可探测碎片的武器。[4] 为什么有些武器被禁止而其他武器没有呢？这有时可能是一种主观的判断。为什么被毒死比被炸死或中弹身亡更加残忍呢？被激光致盲真的比被杀死还要残忍吗？[5]

战斗人员一致同意对一些武器要进行限制。这表明，即使在战争恐怖期间，也有可能实现克制，依旧闪现着人性的光芒。然而，对于自主武器来说，禁止使用造成不必要痛苦的武器这一规定并没有太大用处。因为，这一规定只涉及伤害机制，而没有涉及自主武器做出瞄准目标的决策过程。

---

① Dharmaśāstras 1.10.18.8, as quoted in A. Walter Dorn, The Justifications for War and Peace in World Religions Part III: Comparison of Scriptures from Seven World Religions (Toronto: Defence R&D Canada, March 2010), 20, http://www.dtic.mil/dtic/tr/fulltext/u2/a535552.pdf. Mahabharata, Book 11, Chapter 841, “Law, Force, and War,” verse 96.10, from James L. Fitzgerald, ed., Mahabharata, Volume 7, Book 11 and Book 12, Part One, 1st ed. (Chicago: University of Chicago Press, 2003), 411.

② Chapter VII: 90, Laws of Manu, translated by G. Buhler, http://sourcebooks.fordham.edu/halsall/india/manu-full.asp.

③ 然而，“锯齿”刺刀并不违法，只要目的是把锯子当作工具而不是不必要地伤害敌人。Bill Rhodes, An Introduction to Military Ethics: A Reference Handbook (Santa Barbara, CA: Praeger, 2009), 13-14。

④ “Protocol on Non-Detectable Fragments (Protocol I), United Nations Conference on Prohibitions or Restrictions on the Use of Certain Conventional Weapons Which May be Deemed to be Excessively Injurious or to Have Indiscriminate Effects,” Geneva, 1980, https://ihl-databases.icrc.org/applic/ihl/ihl.nsf/Article.xsp?action=openDocument&documentId=1AF77FFE8082AE07C12563CD0051EDF5; “Rule 79: Weapons Primarily Injuring by Non-Detectable Fragments,” Customary IHL, https://ihl-databases.icrc.org/customary-ihl/eng/docs/v1_rul_rule79.

⑤ Charles J. Dunlap, “Is it Really Better to be Dead than Blind?” Just Security, January 13, 2015, https://www.justsecurity.org/19078/dead-blind/.

攻击时的预防措施

其他一些国际人道法规则也或多或少对自主武器产生了一些影响，但并不是以一种很直接的方式。“攻击中的预防措施”规则要求准备攻击或决定攻击的人“采取一切可行的预防措施”来避免伤害平民。[①] 与“相称性原则”相似，满足这一要求的难度很大程度上取决于所处的环境。在人口稠密地区，这种要求很难达到。然而，采取“可行的”预防措施这一要求为军事指挥官提供了一定自由。[②] 如果只有自主武器能够使用，军事指挥官可以声称，我们除了自主武器外别无选择，即使它会导致更大的平民伤亡（其他的国际人道法原则如相称性也适用于这种情况）。采取“可行的”预防措施这一要求可理解为，要尽可能使人处在回路中或回路上。同样，可行性仍是决定性因素。哪种技术最适合避免平民伤亡，也会随着时间的推移而发生变化。如果自主武器变得比人类更加精确和可靠，采取“一切可行的预防措施”这一义务可能就会要求指挥官使用它们。

“退出战斗”法则

法语中的“退出战斗”（Hors De Combat）法则是指禁止伤害已经投
降或无法战斗的参战人员。一旦受伤和“失去战斗能力”，战斗人员就不 259
能成为作战目标，这一原则至少可以追溯到美国内战中联邦军制定的一系列规则，也称《利伯守则》（Lieber Code）。[③] 对于只攻击物品的自主武器来说，不能攻击退出战斗的人这一要求几乎没有影响。但是，对于攻击人的自主武器来说，这是一项困难的要求。

《日内瓦公约》（the Geneva Conventions）规定，“退出战斗”是指（a）一个人被俘获，（b）“明确表示投降意愿”，或（c）“无意识或因伤或疾病

---

① Article 57(2)(a)(ii), Protocol Additional to the Geneva Conventions of 12 August 1949 (Protocol I); and “Rule 15: Precautions in Attack,” Customary IHL.

② Anderson et al., “Adapting the Law of Armed Conflict to Autonomous Weapon Systems,” 403-405.

③ “Article 71, General Orders No. 100: The Lieber Code,” The Avalon Project, http://avalon.law.yale.edu/19th_century/lieber.asp#art71.

而丧失作战能力，无法进行自卫”。[①] 确定第一类看起来似乎很简单。不难推测，军队有能力阻止其自主武器攻击其控制下的俘虏，就像防止自主武器攻击己方人员一样。但是，后两个标准就不这么简单了。

澳大利亚莫纳什大学（Monash University）哲学教授、国际机器人军备控制委员会创始成员之一罗布·斯帕罗（Rob Sparrow）表示，他对机器能够准确识别人类的投降行为这一观点深感质疑。通常情况下，军方会采用白旗或举起武器等信号来表示投降，机器能够运用当今技术来识别这些物体或行为。然而，判断投降意图的真伪需要的不仅仅是对物体的识别。斯帕罗指出：“本质上，识别投降就是判断对手的意图。”

斯帕罗举了一个例子，一个军队为了让自主武器不攻击他们而假装投降。根据战争法，假投降被视为一种“背信弃义”的行为，也是不合法的。[②] 那些假装投降但打算继续战斗的士兵仍然是战斗员。但是，要区分投降的真伪，需要准确把握人类的意图。在这方面，如今的机器惨遭失败。如果自主武器在识别投降行为时过于轻率，不能甄别出背信弃义的行为，那么它很快就会变成一个毫无价值的武器。敌方的士兵会发现，原来他们可以欺骗自主武器。另一方面，如果自主武器过度怀疑敌方的投降行为，

260 将对方赶尽杀绝，这也是一种非法的行为。

在这些情况下，机器人系统将比人类具有更大的优势，因为它们能够承担更大的风险，在充满不确定性的环境进行攻击也会更加谨慎。然而，半自主系统和完全自主系统之间的区别至关重要。之所以使用自主武器就能承担更多的风险，是因为这使得人离开了战争前线。不管系统的自主性程度有多高，这种优势都会存在。理想的机器人武器会使人仍处在回路中，来解决这些难题。

“退出战斗”的第三种情况——部队丧失了作战能力无法继续战斗——也会引发与甄别投降行为类似的问题。简单的规则，例如将不动的

① “Article 41: Safeguard of an Enemy Hors de Combat,” Protocol Additional to the Geneva Conventions of 12 August 1949 (Protocol I).

② “Practice Relating to Rule 65: Perfidy,” Customary IHL, https://ihl-databases.icrc.org/customary-ihl/eng/docs/v2_rul_rule65.

士兵归类为“退出战斗”，将难以令人满意。受伤的士兵可能不会完全一动不动，但并没有参加战斗。合法的战斗人员可以通过“装傻”来愚弄武器，避免被攻击。与识别投降行为一样，确定受伤人员中哪些属于“退出战斗”，需要理解人的意图。简单地甄别出受伤人员是远远不够的，因为受伤的士兵也可以继续参与战斗。

为了阐明这些挑战，我们不妨考虑一下朝韩边境的“非军事区”。非军事区内没有平民，但完全自主的杀人武器仍然可能面临挑战。越过非军事区进入韩国的朝鲜士兵可能会投降。穿越非军事区的人也可能是平民中的难民。全副武装守卫边界的士兵可能会认为，任何从敌方领土接近其阵地的人都是敌人，但这并不能豁免他们对国际人道法中尊重“退出战斗”人员和区分性原则的要求。如果接近的人显然是平民或投降的士兵，那么杀死这个人就是非法的。

即使在其他国际人道法问题不存在的情况下，“退出战斗”这一原则也会出现问题。试想，将小型机器人投放到军舰、基地或隧道来刺杀士兵，但保持基础设施完好无损。假如每个人都是战斗员，就不会存在区分性的问题。但是，如果士兵投降怎么办？根据战争法，战斗人员没有义务给予敌人投降的机会。一个人不需要在射击前暂停，并说“给你最后一次机会，不投降的话，我就会开枪！”但是，无视投降的行为是非法的。休战旗和投降旗的概念可以追溯到几千年前。1907年，《海牙公约》将这一
概念编入了国际法的法典，并宣布：“明确禁止格杀勿论。”使用无法识别 261
士兵“退出战斗”的自主武器不仅会违反现代的战争规则，也会有悖于数千年的战争规范。

退役的美国海军武器设计师约翰·坎宁（John Canning）提出了一个简洁的解决方案。他在论文中提到：“你已经被解除武装了。祝你有个美好的一天！”[①] 坎宁设想，自主武器不会直接针对人，而是针对人手里的武器。例如，自主武器会寻找AK–47的轮廓并将之摧毁。坎宁将这个想

---

① John S. Canning, “'You've just been disarmed. Have a nice day!'” IEEE Technology and Society Magazine (Spring 2009), 12-15.

法形象地描述为“针对的是弓或箭而非弓箭手”。[①] 在坎宁的设想中，这些自主武器将是一种超精确的武器，能够解除人的武装，却不会杀死他（尽管这种精确度可能难以实现，且国际人道法中也没有明确这一要求）。[②] 坎宁的“让机器针对机器而非人”这一理念或许能够避免一些最棘手的杀人武器问题，因为平民或投降的士兵只需要远离作战武器设施就可以避免伤害。[③]

问责空白

呼吁禁止使用自主武器的人还提出了一些国际人道法规则之外的担忧。邦妮·多彻蒂（Bonnie Docherty）是哈佛大学法学院的讲师，同时兼任人权观察军备部的高级研究员。作为禁止自主武器运动的主要代表，多彻蒂担忧，自主武器可能造成“问责空白”的困境。[④] 如果自主武器出错并杀死了大量平民，那么这个责任应该由谁来负？如果使用武器的人故意杀死平民，那将是一种战争罪。但如果使用武器的人并非是故意的，那么情况会变得更加复杂。多彻蒂告诉我：“这不公平，也不合法……如果让武器系统指挥官或操作员负责的话。”[⑤] 与此同时，她还写道：“事后惩罚‘机器人’没有任何意义。”[⑥] 由于机器人不会被视为法律意义上的“人”，因此从技术角度来看，机器人就不存在犯罪。相反，还可能会发生意外。
262 在民用环境中，民事责任能够发挥作用。如果一辆自动驾驶汽车撞死了人，制造商可能需要承担责任。然而在战争中，军队和国防承包商通常不

---

① John Canning, interview, December 6, 2016.

② John S. Canning, “Weaponized Unmanned Systems: A Transformational Warfighting Opportunity, Government Roles in Making It Happen,” http://www.sevenhorizons.org/docs/CanningWeaponizedunmannedsystems.pdf.

③ John S. Canning, “A Concept of Operations for Armed Autonomous Systems,” presentation, http://www.dtic.mil/ndia/2006disruptive_tech/canning.pdf.

④ Bonnie Docherty, “Mind the Gap: The Lack of Accountability for Killer Robots,” Human Rights Watch, April 9, 2015, https://www.hrw.org/report/2015/04/09/mind-gap/lack-accountability-killer-robots.

⑤ Bonnie Docherty, interview, November 18, 2016.

⑥ Docherty, “Mind the Gap.”

受民事责任的管束。[①]

这可能带来“问责空白”这一问题，即没有人会为自主武器造成的事故负责任。多彻蒂认为，这是一种令人无法接受的情况。她告诉我，她感到特别困扰。她认为，自主武器在投入使用后很可能会造成平民伤亡，在没有人为它们的行为负责的情况下，这将是一种“危险的组合”。[②] 她说，问责制允许受害者或其家人通过“报应正义”（retributive justice）惩罚犯罪者，阻止未来的非法行动。[③] 解决方案是“通过一项完全自主武器的国际禁令，消除这种问责空白”。[④]

问责空白是一个问题，但只有人类无法预测自主武器时，这个问题才会显现。当自主系统能正确地执行人的意图时，问责制就很明确，使用自主系统的人需要负责任。当自主系统发生意外事故时，启动它的人能够理直气壮地说，他们不需要对系统的行为负责，因为自主武器没有按照他们的意图行事。

更好的设计、测试和培训或许能降低这些风险，但仍然无法避免事故的发生。然而，人类本身也会出现事故，且有时候同样难以追究责任。事故并非总是由于疏忽或恶意造成的，正因如此它们才被称为事故。

多彻蒂想将人始终处于回路中以便有人负责，但这一解决方案并不能解决这个问题。有时候，人会因为犯错造成悲剧，但是并没有犯罪。美军“文森”号击落伊朗航空公司655号航班就是一个典型的例子。击落飞机明显是一个错误，但不构成战争罪，这需要考虑人的意图。[⑤] 并没有人指控

---

① 多彻蒂指出:“对美国军方及其国防承包商的豁免，是完全自主武器的使用者或生产商的民事问责中的一个几乎不可逾越的障碍。(1)其政策决定可能包括武器的选择；(2)军队的战时作战行动；(3)在外国的行为。与此相似，由军方签约的制造商在按照政府规格设计武器时，在没有故意误导军方的情况下，也不会受到起诉。这些制造商也不受与战时行为有关的民事诉讼的影响。

② Bonnie Docherty, interview, November 18, 2016.

③ Ibid.

④ Docherty, “Mind the Gap.”

⑤ Rebecca Crootof, “War Torts: Accountability for Autonomous Weapons,” University of Pennsylvania Law Review 164, no. 6 (May 2016): 1347-1402, http://scholarship.law.upenn.edu/cgi/viewcontent.cgi?article=9528&context=penn_law_review.

美国政府犯罪，但它仍然需要负责。1996年，美国政府向遇难者家属支付了6180万美元的赔偿金（但并没有承认过错），以解决伊朗向国际法院提起的诉讼。[1]

多彻蒂表示，问责制是一个“让所有人都能产生共鸣的问题，从军人到律师，从外交官到伦理学家，概莫能外”。[2] 人必须为造成的伤害负责，这是人类的一种良知。但是，国际人道法中并没有规定，必须有人对战场
263 上的每一次死亡负责。[3] 各国对其军队采取的行动负有最终的责任。诚然，人需要对其犯罪行为负责，这是天经地义的。但是，今天的一些人为因素导致的事故已经出现了问责空白问题。杜克大学法学教授，美国空军前副司法总监查尔斯·邓拉普（Charles Dunlap）认为，对于那些担心问责空白的人来说，“问题不在于自主武器，而在于刑法的基本原则”。[4]

多彻蒂还指出，问责制对于阻止未来的有害行为十分重要。虽然“意外杀人”这一概念本身就意味着犯罪者不是故意为之的，因而也无法进行完全慑止，但问责空白可能会造成道德危机。如果那些使用自主武器的人不认为他们应当对杀戮负责，那么他们就可能会变得粗心大意，将武器投射到可能无法控制的地方。理论上，只要遵守国际人道法，就能够避免这种鲁莽行为的出现。但在实践中，诸如攻击中的预防措施等原则的模糊性以及机器进行自动瞄准的事实，将日益使人类远离战场断杀。要想使自主武器遵守国际人道法，可能需要特别注意人机界面和操作员的培训，使操作人员知道他们需要对自主武器的行为负责。

公众良知

一些倡导禁止自主武器的人指出，仅仅遵守这些国际人道法原则还不够。他们认为，自主武器违反了“公众良知”（public conscience）。国际

---

① Crootof, “War Torts.”

② Bonnie Docherty, interview, November 18, 2016.

③ Charles Dunlap Jr., “Accountability and Autonomous Weapons: Much Ado About Nothing?” Temple International and Comparative Law Journal 30 (1), Spring 2016, 65-66.

④ Ibid.

人道法中的“马顿斯条款”（Martens Clause）规定：“凡遇有本条文中未规定之事项，则有种种国际法之原则，从文明人民之惯例上，从人道之原则上，自良心之要求上，发生事变之两交战国与其人民之间，应在此原则之保护与支配下。”① 邦妮·多彻蒂等人认为，根据马顿斯条款，应当禁止自主武器。

马顿斯条款就像是一根可供依靠的“脆弱芦苇”。首先，马顿斯条款从未用于禁止任何武器，它本身的法律地位也一直备受争议。有人认为，马顿斯条款是一项独立的国际人道法规则，可用于禁止违反“公众良知”的武器。对马顿斯条款更为保守的解释是，它只是对“习惯国际法”的承 264
认。习惯法存在于国家实践之中，尽管它们并没有被明确写入法律。一位法律专家一针见血地指出：“对于马顿斯条款，目前还没有公认的解释。”②

即使有人给予马顿斯条款足够的法律地位来论证其禁止武器的合理性，又应当如何衡量公众良知呢？是哪个国家的公众良知？美国公众？中国公众？还是全人类？

由于受不同宗教、历史、媒体乃至流行文化的影响，关于道德和伦理的公众舆论在世界各地存在很大差异。《终结者》电影对关于自主武器辩论所产生的巨大影响，令我深感震惊。从五角大楼内部到联合国会议大厅，在绝大部分关于自主武器的严肃讨论中，总有人会提到《终结者》。有的场合，这只是一个令人颇感不安的笑话——人类灭绝迫在眉睫的威胁，就像众所周知的房间里的大象一样。③ 但有时候，提到《终结者》是一个非常严肃的话题，辩论的核心是“终结者”将拥有何种程度的自主性。试想，如果詹姆斯·卡梅隆（James Cameron）没有导演《终结者》

① Protocol Additional to the Geneva Conventions of 12 August 1949, and relating to the Protection of Victims of Non-International Armed Conflicts (Protocol II), June 8, 1977, https://ihl-databases.icrc.org/applic/ihl/ihl.nsf/7c4d08d9b287a42141256739003e636b/d67c3971bcff1c10c125641e0052b545.

② Rupert Ticehurst, “The Martens Clause and the Laws of Armed Conflict,” International Review of the Red Cross 317 (April 30, 1997), https://www.icrc.org/eng/resources/documents/article/other/57jnhy.htm.

③ 房间里的大象是一个隐喻，意指一件事情虽然重要，但因为太过麻烦，没有人会去理会它。译者注。

这部电影，那么关于自主武器的辩论会有什么不同呢？如果科幻小说没有给我们灌输杀戮机器人的形象，那么，我们会害怕自主而致命的机器吗？

正因如此，衡量公众的态度成为一个相当棘手的问题。民意调查的结果可能会受到“预设因素”（priming）的影响，使他们先知地倾向于支持或反对某个问题。[①] 在民意调查早期提及一个单词或主题，能够潜意识地将一些想法置于一个人的脑海中，并明显改变他们之后对于问题的答案。两位政治学家试图利用民意调查，测量公众对于自主武器的认知。结果，他们得出的结论大相径庭。

2013年，马萨诸塞大学阿默斯特分校政治学教授查理·卡彭特（Charli Carpenter）首次调查了公众对自主武器的看法。她发现，55%的受访者有些或强烈反对“在战争中使用完全自主机器人武器”。只有26%的
265 受访者有些或强烈支持自主武器，其余的受访者表示不确定。[②] 最有趣的是，卡彭特发现在军人和退伍军人中的反对意见最为强烈。卡彭特的调查结果被倡导禁止自主武器者广泛引用，成为支持他们观点的有力论据。[③]

政治学家迈克尔·霍洛维茨（Michael Horowitz）不同意这一观点。霍洛维茨是宾夕法尼亚大学（University of Pennsylvania）教授，他2016年公布的一项研究表明，情况实际上并没有这么简单。当霍洛维茨在不明确使用环境的情况下询问受访者对自主武器的看法时，得出的结论基本与卡彭特一样：48%的人反对自主武器，38%的人支持自主武器，其余的人首鼠两端。然而，当霍洛维茨改变使用自主武器的背景后，公众的支持率就上升了。如果被告知自主武器更为有效并有助于保护友军，受访者的支持率就上升至60%，反对率降至27%。霍洛维茨指出，公众对自主武器的看法取

---

① Cengiz Erisen, Milton Lodge and Charles S. Taber, “Affective Contagion in Effortful Political Thinking,” Political Psychology 35, no. 2 (April 2014): 187-206.

② Charli Carpenter, “How Do Americans Feel About Fully Autonomous Weapons?” Duck of Minerva, June 19, 2013, http://duckofminerva.com/2013/06/how-do-americans-feel-about-fully-autonomous-weapons.html.

③ “Q&A on Fully Autonomous Weapons,” Human Rights Watch, October 21, 2013, https://www.hrw.org/news/2013/10/21/qa-fully-autonomous-weapons.

决于使用的背景。他总结道：“仅仅基于公众的反对意见，就断言自主武器系统违反了马顿斯条款中有关公众良知的规定，未免有些为时过早。”①

这些调查结果之间存在的明显矛盾表明，测量公众良知是一件很难的事情。纽约新学院（The New School in New York）的科学、技术和媒体教授兼哲学家彼得·阿萨罗（Peter Asaro）也希望禁止自主武器，他表示，测量公众良知可能是一件无法实现的事情。阿萨罗认为“公众良知”与“公众舆论”有所区别。他写道：“‘良知’具有一种‘意见’所没有的明显道德意蕴。”② “将‘公众良知’简单理解为公众舆论可能会‘帮倒忙’（disservice）。”③ 相反，我们应该通过公开讨论、学术研究、文化艺术表达、个人反思以及集体行动来更好地认识公众良知。通过这些方式，社会会体现出集体的道德良知。“这种方法更为全面，基本否定了任何一项能够衡量公众良知的指标。④ 如果采取这种方法，也许是最好的选择。在反思这场辩论后，霍罗维茨总结道：“要为整个人类代言，标准也是相当高的。”⑤

也许，测量公众良知并不重要。和平维权组织和政府的倡导中体现了
公众良知，最终导致了禁止地雷和集束弹药。史蒂夫·古斯告诉我：“公 266
众良知最明显的表现就是，当公民对政府产生了足够的压力，政客们就会不得不采取行动。”⑥ 如果将行动作为衡量指标，那么自主武器方面是否已经存在公众良知，目前尚无定论。

从分析到行动

有关自主武器的法律问题是相当清楚的。但是，人们如何对待自主武

① Michael C. Horowitz, “Public Opinion and the Politics of the Killer Robots Debate,” February 16, 2016, http://rap.sagepub.com/content/3/1/2053168015627183.

② Peter Asaro, “Jus nascendi: Robotic Weapons and the Martens Clause,” http://www.peterasaro.org/writing/Asaro%20Jus%20Nascendi%20PROOF.pdf.

③ Ibid.

④ Ibid.

⑤ Horowitz, “Public Opinion and the Politics of the Killer Robots Debate.”

⑥ Steve Goose, email to author, November 22, 2016.

器就是另一码事了。八年来，我一直致力于自主武器的研究。我观察到，人们很容易被三种观点吸引。一种观点是，由于自主武器可能违反国际人道法，因此应予以禁止。另一种观点是，根据定义，国际人道法禁止了自主武器的非法用途，因此没有理由禁止自主武器的发展，而应该让国际人道法继续发挥效力。还有第三种也是中间观点认为，解决方案是进行某种形式的监管。

由于目前尚不存在完全自主武器，因此，某种程度上这种讨论变成了一种针对人们如何看待国际人道法约束新武器发挥效力的罗夏测试（Rorschach test）[①]。如果人们对国际人道法约束新兴技术发展的能力充满信心，那么就不需要制定新的法律。如果人们普遍怀疑国际人道法无法限制有害技术，就可能会支持禁令。

法学教授查尔斯·邓拉普坚定地认为，我们应该相信国际人道法。从他的角度来看，专门的武器禁令不仅是没有必要的，而且还是有害的。邓拉普在一系列文章中指出，如果我们真的想保护平民，我们就不会去“妖魔化某些技术”，而会“强调效果而非武器本身”。[②]

邓拉普关注的一个问题是，基于即时性“技术印象”（technological snapshot in time）的武器禁令并没有留下改进技术的空间，即断绝了发展更多人道武器的可能性。邓拉普举了一个现代毒气弹（一种催泪瓦斯）的例子。[③] 作为武器的一种，这种毒气弹能够通过使士兵失能而非杀死士兵对战场带来有益影响，这项技术被《化学武器公约》禁止在战争中使用。
267 这项禁令看起来特别荒谬，因为执法部门经常使用催泪瓦斯。军队在出于防暴目的而对平民使用催泪瓦斯是合法的，但却不能用于敌方的战斗人

---

① 罗夏墨迹测验是由瑞士精神科医生、精神病学家罗夏(Hermann Rorschach)创立，国外有时称罗夏墨迹(Inkblot)测验，或罗夏技术，或简称罗夏，国内也有多种译名，如罗夏测验、罗夏测试和罗沙克测验等。罗夏测验因利用墨渍图版而又被称为墨渍图测验，现在已经被世界各国广泛使用。罗夏墨迹测验是最著名的投射法人格测验。译者注。

② Charles J. Dunlap et al., “Guest Post: To Ban New Weapons or Regulate Their Use?,” Just Security, April 3, 2015, https://www.justsecurity.org/21766/guest-post-ban-weapons-regulate-use/.

③ Ibid.

员。[①] 美军也在训练中使用过它。邓拉普也不赞成对使用地雷和集束弹药的禁令，因为它不允许使用经过一段时间后会自动失效的“智能地雷”或具有低哑弹率的集束弹药。[②] 这两项创新都解决了地雷和集束弹药的核心问题，即它们在战后的持续杀伤影响。

邓拉普认为，如果军队不能使用这些工具，那么就可能不得不使用更致命或不加区别的方法来实现相同的目标，进而导致“各国更倾向于采取致命（尽管合法）的战争手段”这一悖论。[③] 他假设，一个国家本来可以使用可自我失效的地雷暂时封锁敌方的机场。但如果禁止使用地雷，就会迫使他们使用高爆武器。这样一来，当战争结束时，跑道就不能用于运送人道主义援助来帮助受战争影响的平民。邓拉普总结道：

> 鉴于科技发展的步伐加快，如果法律基于禁止某些技术这一假设，可能会以反智的方式迅速过时。[④]

邓拉普认为，在特定时间点，禁止基于技术形态的武器是一种错误行为。因为，技术总是以我们无法预测的方式发生变化。他建议，更好的办法是规范武器的使用，尤其是要“严格遵守国际人道法的核心原则”。[⑤] 邓拉普的批评对自主武器尤为适用，这种技术正在迅猛发展，而他一直强烈反对禁止自主武器的研发。

另一方面，邦妮·多彻蒂和史蒂夫·古斯并不关心未来的自主武器在理论上是否能符合国际人道法。他们感兴趣的是，国家将会怎么做。多彻蒂对集束弹药以及其他一些武器进行了实地考察，在阿富汗、伊拉克、黎巴嫩、利比亚、格鲁吉亚、以色列、埃塞俄比亚、苏丹和乌克兰，她采访

---

① “Riot Control Agents,” Organization for the Prohibition of Chemical Weapons, accessed June 16, 2017, https://www.opcw.org/about-chemical-weapons/types-of-chemical-agent/riot-control-agents/.

② Dunlap et al., “Guest Post.”

③ Ibid.

④ Dunlap et al., “Is It Really Better to Be Dead than Blind?”

⑤ Dunlap et al., “Guest Post.”

268 了很多受害者及其家人。古斯是先前（成功）禁止地雷、集束弹药和激光致盲运动中的资深人士。不同的背景使他们看待问题的方式也有所不同。多彻蒂告诉我："即使目前还没有人受到自主武器的伤害，但如果允许这些武器存在，我会对它们进行实地考察……我们不应忘记，这些武器会对人类产生切实影响。这不仅仅是学术界的问题。"① 古斯承认，在一些情况下自主武器可以合法使用。但他"十分担心"，一旦国家拥有自主武器，他们会以超出合法范围的方式使用。②

古斯的这种担心已有先例。《特定常规武器公约》第二议定书对地雷的使用进行了规定以保护平民，例如使地雷远离人口稠密地区，并明确标记雷场。③ 如果能够严格遵守规则，地雷的大部分伤害可能永远不会发生。但事实并非如此。禁止地雷的《渥太华条约》（Ottawa Treaty）就是对这一事实的反应，即索性完全禁止将杀伤人员地雷用于战争工具。古斯认为自主武器也会出现这样的情形，"其带来的危险远远超过了潜在的好处。"他说。④

邓拉普同样关注军队的实际行动，但他的背景有所不同。邓拉普是一名空军少将，在2006年至2010年担任过副法官辩护律师。他在空军法官倡导团（judge advocate general corps）中有过34年的工作经历。在那里，他为各级指挥官提供法律咨询。在华盛顿有一句老话："你的位置决定你的立场"（屁股决定脑袋），指的是一个人在一个问题上的立场取决于他所从事的工作。⑤ 某种程度上，这句话有助于我们理解那些精通法律和缺乏法律知识的人在这一问题上的不同观点。邓拉普关注武器的人道主义

① Bonnie Docherty, interview, November 18, 2016.

② Steve Goose, interview, October 26, 2016.

③ Protocol on Prohibitions or Restrictions on the Use of Mines, Booby-Traps and Other Devices as amended on 3 May 1996 (Protocol II to the 1980 CCW Convention as amended on 3 May 1996), https://ihl-databases.icrc.org/ihl/INTRO/575.

④ Steve Goose, interview, October 26, 2016.

⑤ Rufus E. Miles, Jr., "The Origin and Meaning of Miles' Law" *Public Administration Review* 38, no. 5 (September/October, 1978): 399-403. https://www.jstor.org/stable/975497?seq=1#page_scan_tab_contents.

后果，也关注军事效力。他担心的一个问题是，只有关心国际人道法的国家才会去关注武器禁令。问题在于，这些国家的敌人可能不会受到类似的束缚。像萨达姆·侯赛因（Saddam Hussein）的伊拉克，穆阿迈尔·卡扎菲（Muammar Gaddafi）的利比亚，或巴沙尔·阿萨德（Bashar al-Assad）的叙利亚这样的政权，根本不会关心什么法律规则，这就使得武器禁令在国家间变得不公平。邓拉普认为，“遵守法律的国家需要掌握最有效的技术”，并与国际人道法保持一致。“如果禁止国家拥有此类能力…… 269
后果可能会有助于促进那些一开始就不会尊重国际人道法的邪恶国家的利益”。[①]

受战争法的约束

在战争法领域，机器与人有一个关键的不同点，那就是机器不是战斗员。换言之，战争的主体是人，而非机器人。《国防部战争法手册》的结论是：

> 关于发起攻击的战争法规（例如与区分性和相称性有关的规则）对人的义务进行了规定。这些规则不对武器本身施加义务。当然，无生命的物体在任何情况下都不能承担“义务”……即使武器（例如通过计算机、软件和传感器）能够做出事实性决策（factual determination），例如是否开火或选择交战，但战争法对武器是否做出法律性决策（legal determination）却没有界定。[②]

这意味着，任何使用自主武器的人都有责任确保攻击是合法的。人类可以将具体的攻击目标委托给武器，但进行攻击的决策权必须掌握在人手中。

这就引出了一个问题：究竟怎样才算构成“攻击”？《日内瓦公约》

① Dunlap et al., “Guest Post.”

② Department of Defense, “Department of Defense Law of War Manual,” 330.

将“攻击”定义为“在进攻或防御过程中与对手进行对抗的暴力行为”。[①]之所以用“暴力行为”的复数，是因为攻击可能包括很多交战行为。因此，人不需要批准每一个目标。只要攻击符合国际人道法的其他规则并且是由人批准的，那么搜索目标、决定打击以及打击目标的自主武器就是合法的。与此同时，攻击在空间和时间上受到限制。法学教授肯·安德森（Ken Anderson）告诉我：“规模虽达到了攻击的程度，但没有覆盖整个战役，就不能称为一场严格意义上的战争。”[②]认为一次攻击也能持
270 续数月或将整个第二次世界大战称为一次攻击是没有意义的。作为捍卫国际人道法的非政府组织，国际红十字委员会（ICRC）在1987年的一篇评论中明确指出，攻击是“在有限时间和空间内进行的特定军事行动的术语”。[③]

安德森解释说，《日内瓦公约》是在二战后经过谈判形成的文件，因此“攻击”这一术语的背景是基于战争期间在城市进行的攻击行动。“发起攻击这一概念并不简单地指使用某一特定的武器，”他说，“攻击通常会涉及诸多不同类型的士兵和军种，包括空军和地面部队。”[④]安德森说，尽管决定攻击中的相称性和预防措施属于“人类的问题”。但是在进行攻击的时候，也有可能出现这种情况，即人类使用机器“不经过人类授权而快速响应”。

受战争法约束的不是机器，而是人类本身。这意味着，需要确保一定程度的人类介入以确保攻击是合法的。授权攻击的人需要足够了解目标、环境、武器和攻击背景，以判断行动的合法性。武器的自主性需要在时间

① “Article 49: Definition of Attacks and Scope of Application,” Protocol Additional to the Geneva Conventions of 12 August 1949, and relating to the Protection of Victims of International Armed Conflicts (Protocol I), June 8, 1977, https://ihl-databases.icrc.org/ihl/WebART/470-750062?OpenDocument.

② Kenneth Anderson, interview, January 6, 2017.

③ International Committee of the Red Cross, “Commentary of 1987 Protection of the Civilian Population,” https://ihl-databases.icrc.org/applic/ihl/ihl.nsf/Comment.xsp?action=openDocument&documentId=2C8494C2FCAF8B27C12563CD0043AA67.

④ Kenneth Anderson, interview, January 6, 2017.

和空间上进行足够的限制，使其条件不会随意改变或非法使用。这就是在长效持久性地雷（persistent land mines）使用中出现的问题。即使在情况发生变化（如战争结束）后，它们仍然是致命的。

在决定是否发动攻击时，人类判断是必不可少的，这一事实告诉我们使用武力时需要确保一定程度的人类介入。但是，“攻击”的定义存在相当大的灵活性。对那些呼吁严格禁止自主武器的人来说，这个答案可能难以使他们感到满意。除了法律外，呼吁禁止自主武器者还有伦理和道德层面的理由。

271

第17章

没有灵魂的杀手

自主武器的道德拷问

在阿富汗的山顶上，没有人告诉我们射杀一个小女孩是一种错误的行为。这本来就是战争中的一种合法行为。如果这个小女孩直接参与了敌对行动，那么她就属于战斗人员。根据国际人道法，她就是一个有效的攻击目标。但是，我和战友们都知道，杀死这个女孩在道德上是错误的。对于这一点，我们甚至都没有讨论过，只是不约而同地感觉到了这一点。在某些情况下，自主武器或许可以合法使用，但使用它们就一定是道德的吗?

乔迪·威廉姆斯（Jody Williams）是人道主义裁军领域的著名人物。她是禁止地雷运动的创始人之一，也是该运动取得成功背后的主导力量，并因此在1997年获得了诺贝尔和平奖。她谈吐清晰，观点明确。她告诉我，自主武器在道德上是“应受谴责的”。[1] 使用自主武器的人跨越了“伦理和道德的卢比孔河”。“我不明白，人们怎么会真的相信让机器决定杀

① Jody Williams, interview, October 27, 2016.

人的好处呢？”威廉姆斯坦言，她不是一个法律或伦理学者，也不是科学家。“但我知道什么是对什么是错。”她说。

威廉姆斯与她的丈夫——人权观察组织的史蒂夫·古斯共同发起了“禁止杀人机器人运动”。该运动不仅拥有法律依据，还包括道德和伦理层面的理由。道德方面的论点主要分为两大类。一类源于一种被称为“结果主义”（consequentialism）的伦理理论，即一件事的正确与否取决于一个人行为的结果。另一类来自道义伦理学（deontological ethics），这种理念 272
认为，对错是由指导行为本身的规则决定的，与结果无关。结果主义者坚称：“结果能够证明手段的合理性。”然而，从道义论的角度来看，无论结果如何，一些行为本身就是错误的。

自主武器的后果

结果主义的观点假定，相比不使用自主武器，使用它们会导致更多的伤害。呼吁禁止自主武器者描绘了一个自主武器大量屠戮平民的图景。他们认为，虽然理论上自主武器能合法使用，但在实践中，国际人道法中的规则过于灵活或含糊不清，以致允许使用自主武器必然会导致不合理的后果，甚至造成伤害。因此，从道德层面看，应当禁止自主武器。但一些反对禁止自主武器的人则认为，自主武器可能比人类更加精确和可靠，因而能更好地避免平民伤亡。他们认为，在这种情况下，使用自主武器是战斗人员的道德责任。[1]

这些论点的主要分歧在于自主武器的可靠性。在一定程度上，这是一个技术问题，但它同时也与指导武器研发和测试的组织及官僚系统密切相关。例如，人们可以乐观地认为，通过强大的测试，安全运行终有一天是可以实现的。但悲观的是，各国不会投入足够的测试资金，或者足够有力地调动官僚组织来测试这些复杂的系统进行。美国国防部发布了关于自主

① Kenneth Anderson and Matthew Waxman, “Law and Ethics for Autonomous Weapon Systems Why a Ban Won’t Work and How the Laws of War Can,” Hoover Institution, http://media.hoover.org/sites/default/files/documents/Anderson-Waxman_LawAndEthics_r2_FINAL.pdf, 21-22.

武器研发、测试和培训的详细指导政策。[1] 但是，其他国家并没有采取这么彻底的措施。

如果自主武器能够可靠地遵守国际人道法，那么结果将会怎样呢？许多人首先就质疑自主武器是否能符合国际人道法。但是，如果它们可以符273 合国际人道法呢？这样的话，战争会发生什么改变？

战争中的同理心与怜悯

哲学家迈克尔·沃尔泽（Michael Walzer）在《正义与非正义战争》（*Just and Unjust Wars*）一书中，援引了很多例子。在这些例子中，许多士兵由于感受到敌方的人性，而放弃攻击敌人。他将这些事件称为“赤裸的士兵”（naked soldiers）时刻，比如侦察兵或狙击手偶然遇到一个敌人，他（她）正在做一些平凡而毫无威胁的事情，比如洗澡、抽烟、喝咖啡或看日出。[2] 沃尔泽写道：

> 现在看来，他们杀死那些看起来很滑稽、正在洗澡、提起裤子、在阳光下陶醉或抽烟的士兵并不会违反战争规则。然而，他们拒绝杀死这些人，已经触及了战争惯例的核心。拥有生命权究竟意味着什么？[3]

这些犹豫时刻不仅仅存在于敌人没有构成直接威胁的情况。在这些时刻，敌人的人性显现出来，在射击者面前几乎呈现赤裸状态。步枪瞄准镜上的目标不再是一个“敌人”，而是另一个人，一个拥有希望、梦想和欲望的人——与即将扣动扳机的人一样。使用自主武器时，在步枪瞄准镜的另一端不会有人的眼睛存在，也没有人的心脏和大脑去抑制扣扳机的手指。部署自主武器的后果是，在人类手里可能幸免的士兵将会丧命。从结

① Department of Defense, “Department of Defense Directive Number 3000.09.”

② Michael Walzer, Just and Unjust Wars: A Moral Argument With Historical Illustrations, 4th ed. (New York: Basic Books, 1977), 138-142.

③ Ibid., 142.

果主义的角度来看，这是很糟糕的。

然而，有一种观点反对战争中的同理心。几年前，我在纽约西点军校参加由美国军事学院举行的“自主武器伦理”会议期间，向一名陆军上校表达了我对战争中的怜悯的关注，他的回答令我感到惊讶。他跟我讲了一个故事：他的一群士兵在巴格达街头遇到了一群叛乱分子，这两群人几乎是偶遇的，且美国士兵的数量远远超过了叛乱分子。叛乱分子无处藏身。但是，他们并没有投降，而是将武器扔到地上，转身逃跑。在此情况下，美国士兵并没有射击。 274

上校气得火冒三丈。那些叛乱分子没有选择投降，而是逃跑了，为的是第二天继续参与战斗。他告诉我，自主武器会选择开火，丝毫不会犹豫。相反，士兵那一刻的犹豫，可能会让其他美国人在接下来的遭遇中丧命。

这是反对怜悯在战争中作用的重要观点之一。这种看法使得威廉·特库姆塞·谢尔曼将军（General Willian Tecumseh Sherman）参加美国内战，发动了一场对抗南方的全面战争。在1864年臭名昭著的“进军海上”（March to the Sea）行动期间，谢尔曼的军队摧毁了南部的经济基础设施、铁路以及农作物，并掠夺了牲畜。谢尔曼的目的是让南方屈服，尽快结束战争。“战争是残酷的，”谢尔曼说，“这一点是无法改变的。战争的手段越残酷，它就会越早结束。”①

在沃尔泽援引的士兵放弃开火的例子中，也存在类似的困境。一次类似事件后，一名中士训斥了士兵，因为这些士兵发现了在田野中游荡的敌人，但却没有杀死他们。② 这些敌人后面会报告他们的位置，将其他人置于危险境地。在另一个例子中，一名狙击手将他的步枪交给了他的战友，让他帮忙射击他看见的正在洗澡的敌人。“他杀死了那个敌人，但我没有留下来观看。”狙击手在他的回忆录中写道。③ 士兵们深知，以一种善意的

---

① “William Tecumseh Sherman,” Biography.com, https://www.biography.com/people/william-tecumseh-sherman-9482051.

② Walzer, *Just and Unjust Wars,* 141.

③ Ibid., 140.

行为饶恕敌人，可能会延长战争或导致己方人员处于危险境地。将步枪交给战友的狙击手明白，杀死正在洗澡的敌人也是赢得战争的必要手段。但是，他自己下不了手。

自主武器不会违抗命令，也不会对一个不知不觉穿过田野或正在洗澡的敌人感到怜悯。相反，它们只会按照程序行事。因此，部署自主武器的后果可能造成更多的战场伤亡。这些怜悯的时刻将不复存在。从谢尔曼的角度来看，这也可能会导致战争更快结束。最终的结果可能是，战争中将存在更多的痛苦，或者更少，抑或两者兼而有之，更残忍和无情的结果使战争结束得更快。在任何一种情况下，都不能夸大战争中这些怜悯时刻的影响。它们只是一些例外，而不是规则。与士兵开火的众多交战时刻相
275 比，这些事件微不足道。[①]

消除杀戮道德责任的后果

除了这些怜悯之外，将人从瞄准和击杀的决策链条中移除，可能产生更加深刻的影响。如果使用自主武器的人不会对其杀戮负责，将导致更多的杀戮和痛苦。

在《论杀戮》(*On Killing*）一书中，陆军心理学家戴夫·格罗斯曼中校解释说，大多数人都不愿意杀人。在第二次世界大战期间，陆军历史学家马歇尔（S. L. A. Marshall）采访了从前线返回的士兵，并惊讶地发现，大多数士兵并没有向敌人射击。实际上，只有15%到20%的士兵射击了敌人。大多数士兵都在敌人的头顶射击或压根就没有射击。格罗斯曼解释说，他们是在“演戏”(posturing)，假装战斗但实际上并不想杀死敌人。[②]格罗斯曼援引了各类战争证据表明，这种场景在整个历史中都存在

① 同样值得注意的是，对仁慈的关注只适用于杀伤人员自主武器。所有这些慈悲时刻的例子都是以单个敌人为目标的。他们似乎不会出现在士兵瞄准目标的情况下，甚至那些有人在船或坦克等物体上。因此，反车辆或反物质武器不会与此有关。

② Dave Grossman, On Killing: The Psychological Cost of Learning to Kill in War and Society (Boston: Little, Brown and Company, 1996), 3-4.

着。[①] 他认为，人类对杀戮有天生的生物抵抗力。[②] 他解释说，在动物世界里，带有致命武器的动物往往会采取非致命方式解决种群内冲突。在这些战斗中，偶尔会发生死亡事故，但通常会有一方率先屈服。[③] 那是因为，杀戮不是重点，控制才是。然而，人类对杀戮的天然抵抗是能够被抵消的，方法有心理调节、来自权威的压力、分散杀戮的责任、使敌人非人化，或者增加与杀戮行为的心理距离等。

格罗斯曼指出，这里面一个重要因素是士兵们能够在多近的距离看到他们行为造成的现实后果。如果士兵们靠近敌人，能真实地感受到人的存在，就像沃尔泽所举例子中的士兵那样，那么很多人会对杀戮有所克制。随着与敌人之间的心理距离的增长，这种克制力会逐渐减弱。在10米内，一个人可能看起来会像是人——一位父亲、兄弟或儿子。但在300米开外，这个人可能看起来只是一个黑点。20世纪出现的战争手段进一步拉长了这种心理距离。二战中使用的轰炸机只会从高空中瞄准具体的物体，例如桥梁、工厂、基地等。在轰炸机飞行员的眼里，普通民众是看不见的。因为存在这种距离，战争就像是一场爆破演习，个人行动所带来的人道主义灾难是看不见的。在二战期间，美国和英国通过战略轰炸将整个城市夷 276
为平地，造成数十万平民死亡。如果他们近距离看到自身行动的现实状况，大多数士兵将很难进行这种杀戮（大部分是平民伤亡）。

现代信息技术使得交战双方以前所未有的物理距离进行交战，但与此同时，也重新拉近了战争的心理距离。今天的无人机操作员可能距离实际

① Dave Grossman, On Killing: The Psychological Cost of Learning to Kill in War and Society (Boston: Little, Brown and Company, 1996), 9-28.

② Ibid., 177-178.

③ Ibid., 5-6.

杀戮的地点数千英里，但他们的心理距离却很近。[①] 通过高清摄像头，无人机操作员能够清楚地看到活生生的目标。无人机能够长时间游弋，操作员也可以观察目标数天或数周，在进行攻击之前熟悉目标的“生活模式”（patterns of life）。随后，无人机操作员能够看到他们行动的后果，因为受伤的人会感到痛苦，死者的朋友和亲戚会向其聚拢。无人机操作员创伤后应激障碍的报告表明，杀戮与心理损伤有着密切关联。

自从人类第一次愤怒地投掷石块以来，所有的军事创新都是为了攻击敌人，而不让自身处于危险之中。减少士兵伤亡的方法，可能会降低军事行动的门槛。但是，无人系统并不一定都是自主的。军队可以使用机器人系统来降低士兵身体受伤的风险，且依旧使人留在作战回路中。

然而，将杀戮的决定让渡给机器会增加杀戮的心理距离，可能使问题变得更加严重。机器自主选择特定的攻击目标，能将人类进一步从杀戮中移除。格罗斯曼关于杀戮心理学的研究表明，克制可能会有所减少。

自主武器也可能导致杀戮的道德责任缺失。格罗斯曼发现，如果杀戮的责任被分散，士兵们杀人的意愿会提高。在二战期间，虽然只有15%—20%的步枪人员向敌人射击，但机关枪的射击率很高，接近100%。[②] 格罗斯曼认为，在战争中，团队中的任何一员都有理由为自己的行为辩护，称自己不应对杀人行为负责。这是因为，他们进行的是集体行动。装填弹药
277 的士兵并没有杀死任何人，他只是在装填弹药。观察员没有扣动扳机，他

① Kelly Faircloth, “Everyone Names Their Roomba. What Would You Name Yours?” http://jezebel.com/everyone-names-their-roomba-what-would-you-name-yours. James Dao, “Drone Pilots Are Found to Get Stress Disorders Much as Those in Combat Do,” New York Times, February 22, 2013, https://www.nytimes.com/2013/02/23/us/drone-pilots-found-to-get-stress-disorders-much-as-those-in-combat-do.html. Rebecca Hawkes, “Post-Traumatic Stress Disorder Is Higher in Drone Operators,” The Telegraph, May 30, 2015, http://www.telegraph.co.uk/culture/hay-festival/11639746/Post-traumatic-stress-disorder-is-higher-in-drone-operators.html. “Can Drone Pilots Be Diagnosed With Post-Traumatic Stress Disorder?” NPR.org, accessed June 16, 2017, http://www.npr.org/2015/06/06/412525635/can-drone-pilots-be-diagnosed-with-post-traumatic-stress-disorder. Ed Pilkington, “Life as a Drone Operator: ‘Ever Step on Ants and Never Give It Another Thought?’” The Guardian, November 19, 2015, https://www.theguardian.com/world/2015/nov/18/life-as-a-drone-pilot-creech-air-force-base-nevada.

② Grossman, On Killing, 153.

只是在告诉枪手应该瞄准哪个地方。甚至，枪手也可以免除自己的责任，因为他只是瞄准观察者告诉他要瞄准的地方。格罗斯曼解释说："如果一个人能让其他人分享杀戮的过程（从而通过给每人分担部分内疚来消减他的个人责任），那么杀戮就会变得更加容易。"[1] 格罗斯曼发现，历史上战争中大部分杀戮都是由班组武器完成的，如机枪、火炮、大炮、战车等。如果使用自主武器的人认为，进行杀戮的是自主武器本身，那么道德责任的减少可能会导致更多的杀戮。

玛丽·密西·卡明斯（Mary "Missy" Cummings）是杜克大学"人类与自主性实验室"（HAL）的主任。卡明斯拥有系统工程博士学位，但她的研究重点并不局限于自动化本身，而是人如何与自动化进行互动，是工程学、设计学和心理学的结合。当我造访她在杜克大学的实验室时，她向我展示了一辆货车，这辆货车被用于测试行人如何与自动驾驶汽车进行交互。卡明斯告诉我一个秘密——这辆货车根本没有在自动驾驶。方向盘后面，其实有一个人。做这个实验的目的是测试，如果行人认为这辆车是自动驾驶汽车，他们的行为是否会有所改变。事实证明，他们的行为确实改变了。"我们看到一些非常危险的行为，"她说，[2]"人们会漫不经心地在货车的前面行走，认为它会自动停下来。行人觉得，自动化比人类驾驶员更加可靠，并因此改变了自身的行为，变得更加轻率和鲁莽。"

卡明斯在2004年的一篇文章中写道，自动化可以创造一种"道德缓冲"（moral buffer），减轻个人对其行为的道德责任感：

> 任何将使用者与其行为进行分离的自动化系统都会增加物理和情感上的距离……实际上，这些道德缓冲使人们能够在道德上

---

[1] 格罗斯曼（Grossman）认为，导致机枪组人员射击率提高的另一个心理因素是队友之间相互问责的行为。如果他们中的一个人没有正确地完成他的工作，其他人可以马上告诉他。Ibid., 149-154。

[2] Mary "Missy" Cummings, interview, June 1, 2016.

与自己的行为保持距离，减少问责意识和责任感。[1]

卡明斯不仅从一个研究员的角度理解这一问题，还从一个前海军F–18
278 战斗机飞行员的角度进行了解读。她写道：

> 相比把一枚“白星眼”炸弹（Walleye Bomb）发射到目标区，并自动把即将被炸身亡者的照片实时回传给飞行员，将激光制导炸弹投向建筑物更容易被人接受。[2]

除了自动化会使人产生更远的心理距离外，人类还倾向于将机器拟人化并赋予其道德主体地位。人们经常为他们的机器人（如“鲁姆巴”）取名字。[3]“有可能在无意间，人们就赋予了计算机道德主体地位，尽管它们是毫无生命的物体。”[4] 卡明斯写道。就像班组操控的武器一样，人类也可能会将杀戮本身的道德责任推卸给自动化。卡明斯告诫称：“这可能让人们觉得，自己不用对行动造成的后果负责，无论有多么间接。”[5]

卡明斯认为，武器系统的人机界面应该被设计成鼓励人对自己的行为负责的样子。信息传递给人类的方式十分重要。在其“为武器控制界面设计道德缓冲”（Creating Moral Buffer in Weapon Control Interface Design）一文中，卡明斯对用于导弹攻击的决策支持工具界面进行了批驳，该工具使用了一个Microsoft Excel的小狗图标与用户进行交互。“这种有趣甚至是搞笑的图形只会更加强化道德缓冲”。[6] 人类在决策回路中的作用也很重要。

① M. L. Cummings, “Creating Moral Buffers in Weapon Control Interface Design,” IEEE Technology and Society Magazine (Fall 2004), 29-30.

② Ibid., 31.

③ Celeste Biever, “My Roomba’s Name Is Roswell,” Slate, March 23, 2014, http://www.slate.com/articles/health_and_science/new_scientist/2014/03/roomba_vacuum_cleaners_have_names_irobot_ceo_on_people_s_ties_to_robots.html.

④ Cummings, “Creating Moral Buffers in Weapon Control Interface Design,” 31.

⑤ Ibid., 32。

⑥ Ibid., 32-33.

卡明斯批评陆军在有监督的自主模式下使用“爱国者”系统，认为这可能是造成F–18误伤事故的一个原因。[①] 她说：

> 使系统基本实现随意射击，无疑会消除人类决策者的责任感，使他们在犯错误时将责任推卸到无生命的计算机上。[②]

卡明斯认为，在武器射击之前，采用人类积极介入的半自主控制模式，将是一种更为合适的设计，有助于增强人类的责任感。[③]

这些设计模式并非万能灵药。人类可能成为自动化偏见的牺牲品，即使在技术上能使人处于回路中，但人类也可能会过多地信任机器。在第一次“爱国者”防空系统误伤事故中，人就处在回路中。当然，历史上，在 279
没有任何自动化武器的情况下，人类也在战争中杀死了无数人。来自权威的压力、责任的扩散、身体和心理距离以及对敌人的非人性化描绘都有助于克服人类对杀戮的天然抵抗。现代心理调节也一定程度上减弱了这种阻力。在二战后的几年里，美国陆军改变了枪法训练，转向射击人形弹道目标。[④] 越南战争前，射击率已经提高到了90%—95%。然而，自动化能够进一步破除杀戮的障碍。

当道德责任处于战争的遥远边缘，世界将变得非常可怕，尤其是在机械化屠杀的时代。在纪录片《战争迷雾》（*Fog of War*）中，美国前国防部长罗伯特·麦克纳马拉（Robert McNamara）举了二战期间美国对日本城市进行战略轰炸的例子。在向广岛和长崎投下核弹之前，美军的“空中火焰”炸弹就已经袭击了67个日本城市中50%—90%的平民。[⑤] 麦克纳马拉指出，在指挥美军轰炸机的空军将军柯蒂斯·李梅（Curtis Lemay）看来，

---

① 卡明斯（Cummings）用“例外管理”一词来指代人监督的自主控制模式，而“同意管理”则用来指代半自主控制模式。Ibid., 33.

② Ibid., 33.

③ Ibid., 33.

④ Grossman, On Killing, 35.

⑤ Robert S. McNamara in Fog of War: Eleven Lessons From the Life of Robert S. McNamara, documentary, directed by Errol Morris (2003; Sony Pictures Classics).

任何使战争尽快结束的行动都是合理的。另一方面，麦克纳马拉又明显对这些行为感到不安，感觉他和李梅的“行为就像战犯一样”。[①]

有时，这些担忧会导致战略层面的克制。1991年，被称为“死亡公路”（Highway of Death）的照片，使乔治·H.W.布什（George H.W. Bush）总统不得不提前宣布战争的结束。这张照片显示了美军飞机对伊拉克撤退的军队进行狂轰滥炸后的惨状。后来，参联会主席科林·鲍威尔（Colin Powell）在他的回忆录中写道：“电视报道使战争看起来就像是我们为了屠杀而大开杀戒。”[②]

风险不仅在于，自主武器可能会杀死“赤裸的士兵”并持续轰炸造成“死亡公路”。更大的危险是——没有人感觉有必要阻止自主武器。

比人类更好

战争中的人类行为远非完美。在战争中助推杀戮的人性异化清晰释放出了强大的恶魔。[③]一旦敌人投降，他们的生命就不再有价值。对俘虏施
280 加酷刑和谋杀是战争中屡见不鲜的罪行。[④]人性异化往往会殃及敌方的平民。在战争结束后，强奸、酷刑和谋杀平民等行为经常接踵而至。

战争法则旨在成为抵制这些残暴行径的堡垒，但即使守法的国家也难以抵御这种诱惑。在2006年和2007年，美军对海外驻扎的部队进行了一系列心理健康调查。[⑤]结果发现，大量士兵表示支持虐待俘虏和非战斗人

① Ibid.

② Colin L. Powell with Joseph E. Persico, My American Journey (New York: Ballantine Books, 2003).

③ Grossman, On Killing, 156-164.

④ Ibid., 210-211.

⑤ Office of the Surgeon, Multi-National Force Iraq and Office of the Surgeon General, United States Army Medical Command, “Mental Health Advisory Team (MHAT) IV, Operation Iraqi Freedom 05-07, Final Report,” November 17, 2006, http://armymedicine.mil/Documents/MHAT-IV-Report-17NOV06-Full-Report.pdf, 34-42. Office of the Surgeon, Multi-National Force Iraq and Office of the Surgeon General, United States Army Medical Command, “Mental Health Advisory Team (MHAT) V, Operation Iraqi Freedom 06-08, Final Report,” February 14, 2008, http://armymedicine.mil/Documents/Redacted1-MHATV-OIF-4-FEB-2008Report.pdf, 30-32.

员。超过三分之一的新入伍士兵表示，应该允许使用酷刑来收集有关叛乱分子的重要信息（战争罪）。不到一半的人说，当发现队友伤害或杀害无辜的非战斗人员时，他们会进行报告。换言之，报告上来的不道德行为要远低于实际情况。大约5%的人表示，他们在非必要情况下曾打过或踢过非战斗人员。虽然这些调查结果无法成为实际战争罪行的证据，但这些调查显示出的美军的态度倾向令人不安（也许，最令人不安的是2007年之后，美国军方停止了在其心理健康调查中询问有关道德行为的问题。这表明，在美军的领导层，即使不是故意置若罔闻，至少也对解决这个问题没有足够的兴趣）。

罗恩·阿尔金（Ron Arkin）是一位机器人专家，他相信在这方面机器人可能会比人类做得更好。阿尔金是一名摄政教授（regents' professor）、副院长以及佐治亚理工学院移动机器人实验室的主任。他是一位严肃的机器人专家，其简历中包含了诸如《移动机器人导航的感知算法的时间协调》（*Temporal Control of Perceptual Algorithms for Mobile Robots Navigation*）和《多智能体自主行为远程控制》（*Multiagent Teleautonomous Behavioral Control*）等已发表成果。他还积极参与了机器人伦理学（Roboethics）这一相对较新领域的研究探索。

在阿尔金思考"如果机器人技术真的有效"之前，他已经是从事机器人领域研究近20年的专家。[①] 阿尔金告诉我，在21世纪初期，他注意到机器人的自主性迅速发展。"这让我驻足思考，我们到底在创造什么。"阿尔金意识到，机器人专家正在"创造可能对人类产生深远影响的东西。"从那以后，他一直努力提高机器人讨论领域的伦理意识，使人们理解机器人带来的伦理含义。阿尔金与其他人共同创立了电气和电子工程师协会机器人与自动化学会（IEEE-RAS）、[*]"机器人伦理技术委员会"（Technical Committee on Roboethics）等学术社团，并在联合国、国际红十字委员会和五角大楼进行过宣讲。 281

① Ron Arkin, interview, June 8, 2016.

* IEEE＝电气和电子工程师协会；RAS＝IEEE机器人与自动化学会。

阿尔金对机器人的兴趣并不局限在自主武器，还包括伴侣机器人等社会应用。他尤为关注弱势群体（如儿童或老人）与机器人的关系。这些机器人应用的常见问题是："我们应该制造什么样的机器人？我们应该采取什么样的保护措施？""我不关心机器人本身的发展，"阿尔金说，"有人担心机器人会拥有感知、超级智能，等等，我并不担心这些，我担心的是机器人对人的影响。"[①]

阿尔金也十分关注机器人在军事领域对人产生的影响。2008年，阿尔金为美国陆军研究办公室（US Army Research Office）撰写了一份关于为致命性自主武器建立"伦理调节器"（ethical governor）的技术报告。[②]这份报告研究的问题是，理论上是否有可能制造出符合战争法的自主武器。阿尔金总结说，从广义上讲，它在理论上是可行的，并概述了如何设计这样一个系统。"伦理调节器"会阻止自主武器进行非法或不道德的行为。阿尔金认为，如果机器人比人类更符合道德规范，我们就有"道德伦理上的迫切需要来使用这种技术，以拯救平民的生命"。[③]

阿尔金指出，正如自动驾驶汽车能够减少车祸死亡事故一样，自动武器在战争中也可能产生同样的效果。这种观点之前有人提出过。可以认为，迄今为止，战争中拯救生命的最大创新并非禁止武器条约，而是一种武器——精确制导弹药。在二战期间，即使投弹手想精确地击中军事目标并避开平民目标，也根本无法做到。因为，那时候炸弹的精度远远不够。一枚普通炸弹要击中方圆1.25英里的目标，只有50%的成功概率。[④]在这种不精确的条件下，只有进行饱和攻击，才能有击中目标的可能性。要想

① Ibid.

② Ronald C. Arkin, "Governing Lethal Behavior: Embedding Ethics in a Hybrid Deliberative/Reactive Robot Architecture," Technical Report GIT-GVU-07-11, http://www.cc.gatech.edu/ai/robot-lab/online-publications/formalizationv35.pdf.

③ Ron Arkin, interview, June 8, 2016.

④ "Accuracy and Employment of Air-Dropped Guided Munitions by the United States," Center for a New American Security, https://s3.amazonaws.com/files.cnas.org/images/Accuracy-and-employment-air-dropped-guided-munitions.jpg.

以90%的概率摧毁平均大小的目标，需要9000多枚炸弹。[1] 大规模轰炸可能是不人道的，但精确的空中轰炸在技术上还无法实现。今天，一些精确制导弹药已经能够精确到五英尺以内，使其能够击中敌方目标并不伤害附近的民用物体。[2] 282

美军选择精确制导的动机是提高作战效率。由于炸弹的不准确性，在二战期间，美军轰炸3000次（bombing sorties），需要投下9000枚炸弹，才能击中目标。今天，单次轰炸就能击中多个目标，拥有精确制导武器的军队在摧毁敌人方面更为有效。更高精确度所带来的另一个有益结果是，减少了附带损害中的平民伤亡。

精度的提升有助于挽救生命，也改变了公众对战争精确程度的观念。如今，我们围绕无人机袭击事件的平民伤亡进行辩论，但在二战期间，在轰炸德国汉堡、卡塞尔、达姆施塔特、德累斯顿和普福尔茨海姆等城市时，就杀死了数万名平民。历史学家估计，二战期间，美国在对日本城市的战略轰炸造成了30多万平民死亡。东京遭受狂轰滥炸，一夜之间造成了超过10万人丧生。相比之下，根据独立监督组织新闻调查局（The Bureau of Investigation Journalism）的说法，美国无人机袭击了索马里、巴基斯坦以及也门的恐怖分子，在2015年共杀害了3—16名平民，2016年杀害了4名平民。[3] 如今，这种观念已经发生了显著变化。人权观察组织认为：“在人口稠密地区使用不区分作战目标的火箭违反了国际人道法或战争法，可能构成战争罪。”[4] 这一观点实际上需要精确制导武器发挥作用。随着技术越来越有助于减少附带损伤，社会规范也发生了变化。不难预见，战争中的平民伤亡人数会继续减少。

---

① Richard P. Hallion, “Precision Guided Munitions and the New Era of Warfare,” APSC Paper Number 53, Air Power Studies Centre, http://fas.org/man/dod-101/sys/smart/docs/paper53.htm.

② “Accuracy and Employment of Air-Dropped Guided Munitions by the United States.”

③ “Drone Wars: The Full Data,” The Bureau of Investigative Journalism, accessed June 16, 2017, https://www.thebureauinvestigates.com/stories/2017-01-01/drone-wars-the-full-data.

④ “Ukraine: Unguided Rockets Killing Civilians,” Human Rights Watch, July 24, 2014, https://www.hrw.org/news/2014/07/24/ukraine-unguided-rockets-killing-civilians.

阿尔金认为，自主武器将成为“下一代精确制导弹药”。这不仅是说，自主武器比人更精确可靠。阿尔金的观点是，人类在道德上并不完美。尽管在战场上不乏一些光荣的人类行为，但“其中也有一些是非常不光彩甚至是犯罪的。”① 他说，在平民伤亡方面，目前的状况是“完全不可接受的”。② 除了一些残酷的独裁者故意以平民为目标之外，遵守法律的军队中也会存在针对平民的个人暴力行为。

阿尔金认为，我们可以通过给自主武器编程，使之永不违反战争法。它们根本无法违反战争法。它们不会寻求报复，不会感到生气或恐惧，丝毫不会受到任何情绪的影响。它们能在必要时进行杀戮，又能在行为非法时立刻终止。

阿尔金告诉我，他为步枪设想了一种“安全软件”（software's safety），可用于评估情况，充当士兵的道德顾问。③ 他向我讲述了一名海军陆战队队员即将实施暴行的故事：“中尉走到他的身边说：‘海军陆战队不能这样做。’” 整个局势立时扭转。只是稍微提醒了一下——就让他悬崖勒马，将他从犯罪的边缘拉了回来。这一点也可以通过为人类建立一个道德顾问来实现。阿尔金承认，这个想法是有缺陷的。允许“一个怀疑时刻”进行行动前的反思，可能最终会导致士兵被杀。尽管如此，他仍然看到了自主武器在改善人类行为方面的巨大潜力。“我们对人类战士过于信任。”他说。

阿尔金担心，完全禁止自主武器可能会阻碍我们研究有潜在价值的自主性应用。要是这个想法有效，阿尔金所设想的自主武器必须能够评估战场情况，并能做出介入目标的决定。为了做到这一点，阿尔金说，这个“伦理调节器”必须在实战中应用。它不能“只停留在将军的办公室，必须把它真正嵌入武器中”。④

① Ron Arkin, interview June 8, 2016.

② Ronald Arkin, “The Case for Banning Killer Robots: Counterpoint,” accessed June 16, 2017, https://cacm.acm.org/magazines/2015/12/194632-the-case-for-banning-killer-robots/abstract.

③ Ron Arkin, interview, June 8, 2016.

④ Ibid.

这项拥有自主武器所有要素的技术，正是许多主张禁止自主武器者所担心的那种技术。他们担心，一旦创造出这种技术，使用它的诱惑就会太大。乔迪·威廉姆斯（Jody Williams）告诉我，她认为自主武器比核武器更为可怕，不是因为自主武器更具破坏性，而是因为它们是可以使用的武器。“毫无疑问，我认为人们肯定会使用自主武器，”威廉姆斯说，“即使今天我们还在呼吁要使人处在回路中。”[1]

我问阿尔金，使军队避免使用触手可及的技术是否切合实际。他的回答是不确定。“我们是否应该创造出一个关在笼中的老虎，并保留打开笼子并释放出令人生畏的野兽的可能性？”[2] 他反问道。阿尔金对自主武器既表示同情又深感担忧。但是，将他描述为自主武器倾向者是不正确的。“我并不是说，一切都应该实现自主化。那将是无比荒谬的。我并没有看 284
到类似《终结者》中的全自动机器人军队已成为现实……我们为什么要这样做呢？我关心的不仅仅是胜利，而是正确而道德地赢得胜利，并在获胜时坚持道德准则”。

阿尔金表示，他与倡导禁止自主武器的群体有着相同的目标：减少不必要的平民死亡。虽然他承认自主武器存在风险，但他也看到了它在改善人类行为方面的潜力。“危险究竟潜伏在哪里？”[3] 他问道，“是机器人还是人类？”他说，他知道人类在未来战场上能够发挥重要作用，但自动化也有一席之地，就像今天的飞机驾驶舱一样。关键的问题是，“谁能在什么时候做出什么样的决定？”（who makes what decision when?）

为了回答这个问题，阿尔金说：“我们需要对它进行研究。在我们宣称它们是不可接受的之前，我们需要知道它们究竟具有什么样的能力。”[4] 阿尔金承认：“当前，技术发展的速度快于我们能够管控的速度。”正因如此，阿尔金认为，在“我们能够充分了解使用这种特殊技术，考虑清楚我们将获得什么和失去什么”之前，应当暂停自主武器的发展。但是，他并

---

① Jody Williams, interview, October 27, 2016.

② Ron Arkin, interview, June 8, 2016.

③ Ibid.

④ Ibid.

不支持完全禁止。“禁止自主武器无异于卢德运动，”他说，“基本上是说，这绝不会以任何有用的方式结束，所以让我们永远不要那样做。减慢过程，加强审查，在前进过程中不断进行调整更有意义。我认为，自主武器在拯救非战斗人员生命方面有很大的希望和潜力。除非有人证明，在所有情况下这些设想都是不可行的，我才会支持禁令。”

阿尔金说，他“可能支持”的唯一禁止领域是“通过机器学习进行目标抽象”（target generalization through machine learning）等非常具体的能力。[①] 他不希望看到，自主武器能够以无人监督的方式在野外进行自主学习，并自动生成打击目标。“我不知道结果将会如何。”他说。即便如此，阿尔金的语言也是谨慎的，而不是绝对的。阿尔金希望进行“讨论和辩
285 论，前提是我们要进行理性的讨论，而非基于恐惧的讨论”。

“根本没有人性”

阿尔金承认，他目前是从“功利主义和结果主义”（utilitarian, consequentialist）的角度考虑自主武器的（功利主义指的是一种采取实现整体上最好结果的行为的道德哲学）。[②] 从这个观点来看，阿尔金暂停发展、进行辩论和进一步研究自主武器的观点是有道理的。在没有搞清楚自主武器是弊大于利还是利大于弊之前，我们就不应当轻率地禁止它。但是，另一种反对自主武器的观点使用了一种不同的道义框架，这种框架是基于规则而不是基于效果的。这种论点并不关注自主武器在避免平民伤亡方面是否优于人类。乔迪·威廉姆斯告诉我，她相信自主武器“本质上是没有人性的、反人类的以及不道德的——你随便添加什么词”。[③] 这是一个强有力的观点。如果某事是“不人道的”，即使它可能会挽救更多的生命，也是错误的。

与罗恩·阿尔金一样，新学院的哲学家彼得·阿萨罗（Peter Asaro）

---

① Ibid.

② Ibid.

③ Jody Williams, interview, October 27, 2016.

也研究机器人伦理学。阿萨罗撰写的有关道德问题的文章不仅着眼于机器人的军事应用，还包括从性玩偶到执法机器人在商业及工业等多个领域的前景。最初，阿萨罗得出了与阿尔金不同的结论。2009 年，阿萨罗协助成立了国际机器人军备控制委员会（ICRAC），该委员会要求它出现在雷达上之前就禁止自主武器。阿萨罗是一个体贴而温和的人，我一直认为，他在解释围绕自主武器的道德问题上最有发言权。

阿萨罗说，从道义论的角度看，无论结果如何，一些行为都被认为是不道德的。他将自主武器的使用与酷刑或奴役等行为进行类比，这些行为本身就是“邪恶的”，无论这些行为是否会带来更好的整体效果。他承认，折磨一名供出定时炸弹位置信息的恐怖分子可能太过功利。但他表示，这并不是正确的。同样，阿萨罗说，无论结果如何，都存在“允许自主系统杀人这一根本问题”。[①] 286

当然，人们可以采取结果主义的立场，即行动的动机无关紧要，重要的是结果。这是一个完全可以进行辩护的道德立场。但在战争中可能存在这样的情况，人们不仅关心结果，而且关心决策的过程。例如，考虑到相称性原则。究竟多少平民的伤亡才是“可接受的”附带损伤？这个问题没有标准答案。理性的人可能会在“到底怎样才是相称的”这一问题的认识上存在分歧。

对于这些类型的任务，机器比人类“更好”意味着什么？对于某些任务，存在一些“更好”的客观指标。比如，在驾驶中只有能避免碰撞的人才是好司机。但是，根据相称性等原则，相关判断需要在相互竞争的价值观中进行权衡。

有人可能争辩说，在这些情况下，做出决定的应当是人而非机器。这倒不是因为机器无法做出决定，而是因为只有人类能够权衡这些决定中涉及人类生命的道德价值。法学教授肯尼思·安德森（Kenneth Andersen）问道：“什么决定需要独特的人类判断呢？”[②] 这个问题虽然简单，却切

---

① Peter Asaro, interview, December 19, 2016.

② Kenneth Anderson, email to author, January 4, 2016.

中了自主武器道德和伦理讨论的核心。即使我们实现了想象中所有自动化和人工智能，是否应当为人类保留一些决定？如果是这样，原因是什么？

几年前，我参加了在纽约举办的一个小型研讨会。这个研讨会会集了哲学家、艺术家、工程师、建筑师和科幻作家，共同思考自主系统对社会带来的挑战。一个假设的场景是，一种算法能够确定是否对有生命支持的植物人"拔掉插管"。这个案例体现了棘手的道德困境，其中存在价值观的冲突——人们康复的可能性，继续医疗保健的成本，在社会其他地方使用这些资源的机会成本，对家庭成员的心理影响以及人类生活的价值本身。想象一下，创建一个复杂算法帮助衡量所有这些因素，并计算出具体收益——如何选择对人来说最有利——来决定继续维持生命支持系统还是直接关闭。这样的算法可能是一个有价值的道德顾问，可以帮助家庭更好
287 面对这些具有挑战性的道德困境。但试想，假如一个人直接将算法植入生命支持系统，这种算法可自主决定停止生命支持系统，结果会怎样呢？

研讨会上，与会人员无不对这一想法感到反感。我也对此深感不安。但原因是什么呢？从纯粹功利主义角度看，使用这种算法可能会产生更好的结果。事实上，某种程度来说，这种算法使家庭成员免于必须自己做出决定。即使结果一样，但却减少了整体的痛苦。但是将如此重要的决定让渡给一台机器，仍然令人感到不安。

存在争议的是，某人是否已经对人的生命价值进行了权衡。我们想知道，如果决定剥夺一个人的生命，必须经过深思熟虑，而非可以随意决定。①

人的尊严

阿萨罗认为，尊重人类生命价值的必要性不仅适用于对平民附带损害的判断，也适用于对敌人生命的处置。他告诉我："自主武器最根本和最

① Duncan Purves, Ryan Jenkins & Bradley J. Strawser, "Autonomous Machines, Moral Judgment, and Acting for the Right Reasons" Ethical Theory and Moral Practice 18, no. 4 (2015): 851-872.

突出的道德问题是人的尊严和人权问题。”[①] 阿萨罗认为，即使自主武器能够减少平民死亡，它们仍然是不合理的，因为它们会“侵犯人类在决定人类生死上的尊严”。

其他一些著名人士也同意这一观点。2010年至2016年，南非人权法教授克里斯托弗·海恩斯（Christof Heyns）担任联合国法外处决、即审即决或任意处决问题的特别报告员。2013年春，海恩斯呼吁各国暂停发展自主武器，并加强围绕该技术的国际讨论。[②] 得益于他在联合国的正式职位，他暂停自主武器研发的呼吁在推动国际辩论方面发挥了重要作用。

我通过电话采访了在南非的海恩斯。他告诉我，自主武器侵犯了生命权，因为基于算法做出的决定是“武断的”。[③] 他认为，程序员不可能提前 288
预测到特定武力使用的所有特殊情况，因而算法无法做出完全信息下的情境决策。结果是，算法可能会任意剥夺人的生命，而这侵犯了他们的生命权。彼得·阿萨罗（Peter Asaro）也表达了类似的担忧，认为“将权力让渡给机器”是对人权和人类尊严的“根本侵犯”。[④]

从战场上被杀的士兵角度来看，这是一种对自主武器的奇怪批评。从没有任何法律、道德或历史传统规定，战斗人员需要为敌人提供在战争中有尊严地死亡的权利。[⑤] 在战争中被机枪射杀，被炸弹粉碎，在爆炸的火焰中炙烧，在沉没的船中淹死，在胸部伤口的恶化中慢慢窒息，或任何其他可怕的死亡方式，都不存在任何尊严。

当海恩斯在联合国提出这个问题时，他警告称：“没有反思的战争是一种纯粹的机械屠杀。”[⑥] 但是，大部分战争就是机械屠杀。海恩斯的观点

---

① Peter Asaro, interview, December 19, 2016.

② Christof Heyns, “Report of the Special Rapporteur on extrajudicial, summary or arbitrary executions,” United Nations Human Rights Council, April 9, 2013, http://www.ohchr.org/Documents/HRBodies/HRCouncil/RegularSession/Session23/A-HRC-23-47_en.pdf.

③ Christof Heyns, interview, May 18, 2016.

④ Peter Asaro, interview, December 19, 2016.

⑤ 当然，光荣地死在武士文化中很重要，但这并不等于给敌人提供光荣地死的机会。

⑥ Nick Cumming-Bruce, “U.N. Expert Calls for Halt on Military Robots,” New York Times, May 30, 2013, sec. Europe, https://www.nytimes.com/2013/05/31/world/europe/united-nations-armed-robots.html.

可能是正确的，这的确有失尊重。但这是一种对战争本身的批评。战斗人员拥有尊严地死亡的权利，似乎可以追溯到一个从未存在过的浪漫战争时代。以这种逻辑来看，最具道德的战斗方式就是徒手搏斗，战士们互相对视，并像文明人一样攻击对方。被剑斩杀或挑出内脏是有尊严的吗？什么形式的死亡在战争中才有尊严？

有人可能会说，自主武器不一样，这种差异是否会以一种有意义的方式降低人的尊严？自主武器将使选择特定目标的决策过程实现自动化，包括死亡的方式。虽然人类负责发射武器并投入使用，而不是选择具体的目标。从受害者的角度来看，这种差异并不重要，因为受害者已经死亡。从受害者所爱之人的角度来看，这种差异也存在问题。首先，我们可能无法
289 判断，投下炸弹的决定是由人还是机器做出的。即便很清晰，受害者的家人也不会去质问决定发射炸弹的人，是否在行动之前权衡了死者生命的价值。现代战争大部分属于远距离的非接触杀戮，比如巡航导弹可能是从一艘近海的船上发射出来的，一个刚刚给出目标坐标的人对目标锁定，该目标由一名通过卫星上判读情报的人核定，发射导弹则是由一个未踏入该国半步的人操控。

当战争关乎到每个人的安危时，它就不再具有吸引力了。在世界各地混乱的内战中，人们因为种族、部落、宗教或宗派仇恨等原因相互进行杀戮。20世纪70年代，红色高棉（Khmer Rouge）杀害了200万柬埔寨人。20世纪90年代，卢旺达80万人遭受了种族清洗，大部分是胡图族杀戮图西族，很多无辜个体丧命，许多遇害者是平民（因此这些行为属于战争罪行），但如果他们是战斗人员的话，这是一种有尊严的死亡吗？理论上，知道是一个人做出杀戮的决定似乎更令人欣慰，但是当实际战争中的大部分杀戮都是基于种族或民族仇恨时，这真的更令人感到欣慰吗？难道知道你所爱的人是被一个因种族、民族或国籍原因而恨他的人所杀——就因为他们认为他是非我族类而不配拥有生命——或者因为机器做出客观计算，发现杀死他会更好更快地结束战争，挽救更多的生命，而杀害了你所爱之人，这会让我们感到更好吗？

有些人可能会说，通过算法实现死亡的自动化从根本上就侵犯了人

权。但是，与战争的残酷现实相比，这个观点很大程度上是认识问题的不同角度。战争是残酷的，早在自主武器出现之前，它就一直如此。

自主武器与其他武器的显著差异在于武器背后的人。自主武器从根本上改变了士兵与杀戮之间的关系。在这一点上，海恩斯担心，社会整体上会产生将生死攸关的决定委托给机器的倾向。如果没有人承受战争的道德谴责，那么使用自主武器的社会将呈现出怎样的图景呢？阿萨罗告诉我，赋予算法决定生死的权力将“以深刻的方式改变人类社会的本质”。这不一定是因为算法会出错，而是因为，这表明一个社会不再重视
人的生命。“如果你消除了杀戮的道德负担，”他说，“杀戮就会变得毫无 290
人性。”[1]

这个观点很有趣，因为它涉及了战争的负面影响——杀戮所带来的战后创伤压力——并将其视为一种美德。心理学家越来越认识到，“道德伤害”（moral injury）是士兵在战争中经历的一种心理创伤。[2] 遭受持久的道德伤害的士兵并不是因为身体上受创，而是因为他们看到或不得已做出了违背是非观念的事情。格罗斯曼认为，士兵在战争中经历的最具创伤性的事情是杀戮别人，而非对自己受伤的恐惧。[3] 这些道德伤害使人陷入衰弱状态，甚至在战争结束多年后摧毁退伍军人的生命。常见的情况有抑郁、药物滥用、家庭破裂和自杀。

在杀戮的负担落到自主武器身上的世界中，可能会使得更少的士兵罹受精神伤害。总体上而言，痛苦将会减少。从纯粹功利主义和结果主义的角度来看，这个结果令人欣喜。但是，我们不仅单纯追求幸福最大化，还是一种道德上的存在，我们做出的决定很重要。我对用于生命支持系统的

---

① Peter Asaro, interview, December 19, 2016.

② David Wood, “Moral Injury,” The Huffington Post, accessed June 17, 2017, http://projects.huffingtonpost.com/projects/moral-injury. Shira Maguen and Brett Litz, “Moral Injury in the Context of War,” PTSD: National Center for PTSD, accessed June 17, 2017, https://www.ptsd.va.gov/professional/co-occurring/moral_injury_at_war.asp. “What Is Moral Injury,” The Moral Injury Project, accessed June 17, 2017, http://moralinjuryproject.syr.edu/about-moral-injury/.

③ Grossman, On Killing, 87-93, 156-158.

算法感到不满的部分原因是，如果对象是我所爱的人，我觉得应该由我自己来承担是否拔掉插管的责任。如果将算法作为我们的道德拐杖，无疑会削弱我们作为道德主体的价值。如果我们在战争中丧生，而没有任何人为之负责，我们会变成什么样的人？当一个国家应该为战争中的杀戮负责时，年轻人却需要承担社会负罪感，这将是一个悲剧。但至少它彰显了使得某些人在晚上辗转反侧的道德力量。需要有人承担战争的道德责任。如果将这个责任让渡给机器，我们将成为什么样的人？

军队专业人士的作用

在伊拉克和阿富汗，我一共参与了四次战斗行动，目睹了可怕的事情，我的一些朋友永远地离我而去。但在四次行动中，有一个场景时常在夜深人静时萦绕在我的脑海中，令我难以入眠。

我和另外两名游骑兵——尼克和约翰尼一起在阿富汗的山顶进行侦察
291 巡逻，寻找塔利班的营地。其余的侦察队离我们很远，也在进行巡逻。走到巡逻的最远处，我们停在了岩石丛生的山顶上休息。在我们前面，有一个狭窄的山谷。远处是一个小村庄，离我们最近的城市也需要一天的车程。我们处于阿富汗荒原的边缘地区，周围的人群只有牧羊人、伐木工人以及从巴基斯坦越过边界的外国士兵。

从山顶的栖息地，我们看到一个年轻人沿着山坡向这边走来，年纪是十几岁或二十出头。他牵着几只山羊，但我早就知道，牧羊通常是敌人进行侦查采取的掩护手段。当然，他也可能就是一个牧羊人。我通过双筒望远镜从远处进行观察，并与我的队友讨论，他究竟是一名侦察员还是当地的牧民。对此，尼克和约翰尼并不担心。但是，在我们休息时，这个男人正在不停地靠近，不禁让我们屏住呼吸。最后，他走过了我们的位置，离开了我们的视线范围。几分钟过后，尼克和约翰尼还没回头。我开始担心，这个人到底想干什么。很有可能他只是一个牧民，甚至很可能都没有意识到我们的存在。尽管如此，如果他想窥探我们，完全可以利用岩石隐蔽，不让我们注意到。其他小型巡逻队遭到了类似诡计的伏击——有些叛乱分子假装成平民，足够接近目标后，从外套里掏出武器进行攻击。或许，他无法杀死我们三个人。但是，如果他突然出现在我们身边，我们中的一个人很可能罹难。

我跟约翰尼和尼克说，我去查看一下另一块岩石，看看那个人走到哪里了。他们说没问题，只要保持在视线范围内就行。我拿起狙击步枪，沿着岩石山顶爬去，寻找那个已经失踪的人。

不久，我透过岩石中的缝隙发现了他。他离我们很近——大约是75米外——背对着我蹲伏着。我举起步枪，从瞄准镜中仔细凝视。我想知道，他是否携带着步枪。这并不一定意味着他就是一名战斗员，因为阿富汗人经常携带武器防身。但是，这至少表明他是一个潜在的威胁，我应当保持警惕。如果他在外套里藏着步枪，那肯定不是一个友好的信号。但 292
是，从我这个角度尚无法断言。看起来他手里好像拿着什么东西。或许，这是一支步枪，也可能是收音机，也可能什么都没有。我不知道。他背对着我，我无法看清他手里拿着什么东西。

风呼啸而过，那个人的声音顺着岩石传过来。他正和某人说话。但是，我并没有看到其他人，可能是因为我的视野被两边的岩石挡住了。也许，有另外一个人在那里，但我看不见他。亦或是，他正在使用对讲机。如果是这样的话，那就更加证明他很有嫌疑，因为牧羊人通常不会携带对讲机。

我找到了一个更好的位置来观察他……如果我不得不击毙他，这个射击位置将是一个更加稳定的场所。我位于他的上方，居高临下。此外，这个地方的坡度很陡峭，我当时还调整了高度以弥补子弹的相对上升。我考虑了射程、角度和风向等因素，确定了必须射击时的目标。然后，我通过瞄准镜紧盯着他。

没有其他人进入我的视野。如果这个人有一支步枪，我也看不见。但是，我无法确定他到底有没有步枪。他说话暂停了一会，然后又继续。

我不懂普什图语，因此我不知道他在说什么。但随着他的声音再次响起，他的话语也逐渐变得清晰。他在呼唤，呼唤山羊，或者也许是为了自己，但我相信他并没有通过对讲机报告我们的位置，这会很怪异。

想到这里，我放松了警惕。我又多看了他一会儿，直到我感到没有遗漏什么后，我回到尼克和约翰尼所在的地方。那个人从不知道我去过那个地方。

我一直再想，为什么这个事件总是浮现在我的脑海。我没有做错任何事，其他人也没有。他显然是一个无辜的人，而不是塔利班战士。我毫不怀疑，我做的决定是正确的。但是我想，困扰着我的时刻是很值得玩味的，那个时刻我面临着不确定性。因为在那一刻，当真相还不明晰时，这个人的生命掌握在了我的手中。即使是多年后的现在，我也能感受到这一决定的严肃性。我不想滥杀无辜。从战争的宏观层面来看，我们四个人——约翰尼、尼克以及阿富汗的牧羊人，是微不足道的。但是，我们的
293 生活依然很重要。对于我们来说，风险很高——一种终极的风险。

在战场上，做出生死攸关的决定是军事专业人员的本职。自主武器不仅仅在理论上带来了道德挑战，也对军事专业人员构成了直接冲击。如果工程师和律师能够通过提前编程将使用武力的决定嵌入自主武器中，这对于军事专业人员来说意味着什么呢？军事专业人员要做的事情就是，在不确定的模糊信息和相互冲突的价值观中做出判断，这是他们的职业。自主武器可能会使这一情况有所改变。

出人意料的是，美国国防部对其自主武器的争论并不讳言，国防部副部长鲍勃·沃克（Bob Work）等人在多个公开论坛上讨论了自主武器的困境这一问题。大部分讨论来自非军方的政策和技术官员，其中许多人在采访中十分开放。美国高级军事人员很少公开讨论这些问题，但军事职业的伦理问题是他们十分重视的少数几个问题之一。2016年，参联会副主席保罗·塞尔瓦（Paul Selva）指出：

> 目前，我们花费了大量时间来研究正在开发的人工智能是否会使人类丧失对敌人施加暴力的决定权。这是一条相当明确的界限，我们不愿意跨越它，因为在将技术引入国防部的过程中，我们可能正在危险地接近该界限。为了我们自身以及我们所服务的

人民，我们应该保持一条非常明确的界限。[①]

一年后，塞尔瓦在参议院军事委员会作证时重申了这一点，他说：

> 因为我们把自己的价值观带到战争中，也因为我们在战争中的所作所为都受到战争法则的支配……我认为，让机器人决定人的生死是不合理的。所有人都应当倡导遵守战争的道德法则，以免释放出我们无法控制的机器恶魔。[②] 294

我经常听到其他一些军人的观点与塞尔瓦将军呼应。他们不希望减少人的责任感和道德意识。随着技术的发展，如何将这一原则付诸实践将成为一个具有挑战性的问题。

战争的痛苦

研究自主武器伦理的一个关键问题，是如何分清哪些批评是关于自主武器的，哪些是关于战争的。当杀戮成为战争的本质时，说人在战争中有生命权有什么意义呢？从理论上讲，如果生命得到认真对待，且只有出于正当理由才能进行杀戮，战争可能会更加道德。但在实践中，战争杀戮往往不会去仔细考虑敌人的生命价值。要想顺利进行杀戮，往往就不能把敌人当人看。自主武器的伦理应当考虑实际进行战争的方式，而不是一些抽象的辞藻。

认识到战争的可怕现实，并不意味着必须将道德全盘抛弃。乔迪·威廉姆斯告诉我，她不赞同“正义战争”这一概念。她的观点更为极端：“战

① Paul Selva, “Innovation in the Department of Defense with General Paul Selva,” Center for Strategic and International Studies, https://www.csis.org/events/innovation-defense-department-general-paul-selva. Remarks on autonomous weapons begin around 39:00.

② Paul Selva, testimony before the Senate Armed Services Committee, July 18, 2017, https://www.armed-services.senate.gov/hearings/17-07-18-nomination_--selva. Comments on autonomous weapons begin around 1:11:10.

争是试图增加权力的游戏，跟公平毫不相干。”[①] 我怀疑，威廉姆斯没有一种喜欢的武器和战争手段。如果我们能够禁止所有武器甚至战争本身，我想她会鼎力支持。如果这真的有效的话，谁不会这么做呢？但在此期间，她和其他一些人将自主武器视为“跨越伦理和道德的卢比孔河”。[②]

毫无疑问，自主武器带来了一个根本问题，那就是我们人类与武力使用之间关系的性质是什么？自主武器会使杀戮变得毫无人性，将感情从战争中移除。某个事情的好坏取决于个人的想法。在战场上，情绪既能导致人类在战场上犯下暴行，也能触动人的怜悯心。不管怎样，结果主义者和道义论者在这一点上多少会有一些共鸣。

对于一些人来说，这些问题的答案十分简单。威廉姆斯告诉我：“你
295 知道好机器人和坏机器人之间的区别。”[③] 好机器人就是拯救生命的机器人，就像消防机器人。“你给笨蛋一把机枪，并任其发展，这就会是一个坏机器人。”她说。

但并非所有人都认为，这是一件简单的事情。对罗恩·阿尔金（Ron Alkin）来说，好机器人就是能比人类更公正和更人道地进行战斗的机器人，能够挽救非战斗人员的生命。阿尔金指出，即使在《终结者》这部电影中，也存在好的终结者。[④] 在日本文化中，机器人通常被视为保护者和救世主。有人认为，自主武器在本质上是错误的。但其他人并不这样认为。

一些人更热衷于结果主义的观点。肯·安德森（Ken Andersen）告诉我，他担心我们根据“超越国际人道法的人类尊严原则”而禁止一种可能有益的技术，会使军队在以后出现更多的战场伤亡。[⑤] 他说，军队实际上会对那些被人杀害的亡魂说：“听着，如果我们在遵循国际人道法的前提下在战场上使用自主武器，更好地减少人员伤亡，那么你就不会在这里丧

① Jody Williams, interview, October 27, 2016.

② Ibid.

③ Ibid.

④ Ron Arkin, interview, June 8, 2016.

⑤ Ken Anderson, interview, January 6, 2016.

命，你就不会葬身于此。但是，这会侵犯你的人格尊严。这就是你死的原因。希望你喜欢你的人格尊严。”对于安德森来说，人的生命胜过人的尊严。

克里斯托夫·海恩斯（Christof Heyns）承认，结果主义论与道义论可能会发生矛盾。海恩斯说，如果自主武器在避免平民伤亡方面确实比人类更好，“那么我们扪心自问，尊严、责任以及非随意性等因素是否重要到能使我们放弃一种有望挽救生命的工具？”海恩斯说，他不知道答案。相反，这是一个“需要我们判断是否应该禁止这些武器的问题，也需要我们自己来回答”。[①]

很难断言，上述某个观点比其他观点更为正确。哪怕像罗恩·阿尔金这样的结果主义者，也承认道义问题。阿尔金告诉我，他希望我们能够使用自主瞄准武器来减少战争中的平民死亡，“但前提是我们不能丧失灵魂。”[②] 挑战在于，是否有办法做到这两点。从道德角度最反对自主武器的观点认为，只要战争不消亡，只要人类的痛苦还存在，就需要有人来承受相应的道德痛苦。维持人类对杀戮的责任在道义上是合理的，但它削弱了 296
我们的道德，将战争的道德负担转移给了机器。这样做也有结果主义的论证，因为杀戮的道德痛苦是对最残暴的战争的唯一检查。这不是关于自主瞄准本身，而是它如何改变人类与暴力的关系，以及他们如何看待杀戮的结果。

在士兵为了追求胜利而使用暴力这一问题上，威廉·特库姆塞·谢尔曼（William Tecumseh Sherman）和柯蒂斯·李梅（Curtis LeMay）将军有着不同的看法。两人都参与过全面战争，但李梅参与战争的规模是谢尔曼无法想象的。没有任何证据表明，李梅因受到了他在日本军事行动的困扰，而导致他实施飞机轰炸从而导致数十万日本平民的死亡。他说：

> 当时，杀戮日本人并没有使我感到有什么不安。我想，如果

① Christof Heyns, interview, May 18, 2016.

② Ron Arkin, interview, June 8, 2016.

我输掉了这场战争，那么我就会被视为战争罪犯。每个士兵都在思考他行动的道德意义。但是，所有的战争都是不道德的，如果你总是纠缠于这些问题，你就不是一个好士兵。①

另外，谢尔曼将军并不回避战争的残酷，但也感受到了它的痛苦：

我对战争深感厌倦。战争中的荣耀不过是一种虚幻。只有那些既没有开枪也没听过伤员凄惨的号叫声和呻吟声的人，才会装腔作势地大声呼喊"血债血偿、夷为平地"等口号。战争就是地狱。②

如果没有人感受到这种痛苦，战争将会变成什么样呢？如果没有人听到伤员的号叫声和呻吟声，那么什么才能保护我们免受最严重的战争恐怖呢？又有什么才能保护我们自己呢？

在战争中，进行杀戮的是人类自身，无论是远距离、近距离还是自杀。战争是人类的堕落。运用自主武器会改变人类与杀戮的关系，其方式可能是好的，也可能是坏的。但希望技术拯救我们，不啻一种奢求。

① "General Curtis E. LeMay, (1906–1990)," PBS.org, http://www.pbs.org/wgbh//amex/bomb/peopleevents/pandeAMEX61.html.

② "William Tecumseh Sherman."

第18章

玩火自焚

自主武器与战略稳定性

有些事情是合法的，也是道德的，但并不意味着它就是明智的。世界上大多数手榴弹都设计了可燃烧三到五秒钟的引信。事实上，并没有任何条约强制要求这么做。如果引信太短，投掷后手榴弹会在你的身旁爆炸。如果引信太长，敌人可能会捡起它然后扔回来。

武器是危险的，但是只有当你想要它们变得危险时才会真正危险。过去，有些国家聚集在一起，讨论监管或禁止过于危险的武器。这并不是因为它们给战斗人员造成了不必要的痛苦，就像毒气或带有X射线不可探测碎片的武器一样，也不是因为武器对平民造成了不应有的伤害，就像集束弹药和地雷一样，相反，人们担心的是这些武器会“破坏稳定性”。

20世纪后半叶，安全专家的话语中出现了“战略稳定性”*这一概念。稳定性是一种理想的状态。稳定意味着维持现状，即和平状态，不稳定是

* “战略稳定性”通常专指核武器。因此，在用于提及自主武器时，本书中使用“稳定性”一词。

298 一种危险的状态，它可能导致战争的爆发。如今，专家们将这些概念应用于自主武器，并称这些武器有可能破坏稳定性。

20世纪50年代，美国核理论家首次提出了“稳定性”这一概念，试图应对这些强大的新武器所带来的影响。早在1947年，美国官员就开始担心，核武器巨大的破坏力为国家率先发动攻击提供了优势，可能会促使苏联发动意外的核打击。[①] 如果战争即将来临，美国核力量应对苏联突袭具有脆弱性，可能会促使美国进行先发打击。当然，了解这一点，只会进一步激励苏联在可能的敌对行动中进行先发打击。这种危险的动态模式切中了理论家所说的“一次打击不稳定”的本质。在这种情况下，对手都是西部的狂野枪手，彼此都准备好在对方伸手去拿枪的时候开枪。战略家和诺贝尔奖获得者托马斯·谢林对这一困境进行了解释：“由于担心对方的打击，我们不会去打击对方，对方也因为担心我们的打击而不敢打击我们。”[②] 危险在于，不稳定本身可能会创造出一个自我实现的预言，一方由于担心对方的攻击，而进行先发制人打击。

美国曾经采取过一些措施来减轻其一次打击的脆弱性。但随着时间的推移，美国也更普遍地产生了对“稳定性”的渴望。稳定性兼顾到了双方，往往涉及战略克制。一个国家应该避免一种以突袭的方式进行军力部署和威胁对手，这可能会促使对方进行先发打击。谢林所描述的一个稳定的情况是：“先发攻击的一方无法破坏对方的反击能力。”[③]

稳定的平衡是指在被外力干扰后可恢复到原始状态。置于碗底的球处于稳定的平衡状态。如果球出现了略微移动，它也会回到碗底。相反，不稳定的平衡是指，一些轻微干扰就会导致系统快速转换到另一种状态，就像用笔尖保持平衡的铅笔一样，任何轻微的干扰都会导致铅笔翻到一侧。

---

① Michael S. Gerson, “The Origins of Strategic Stability: The United States and the Threat of Surprise Attack,” in Elbridge A. Colby and Michael S. Gerson, eds., Strategic Stability: Contending Interpretations (Carlisle, PA: Strategic Studies Institute and U.S. Army War College Press, 2013), 3-35.

② T. C. Schelling, Surprise Attack and Disarmament (Santa Monica, CA: RAND, December 10, 1958).

③ Ibid.

相比后一种状态，核战略家更喜欢前者。

除了“一次打击稳定性”（有时称为“先发优势”）之外，还出现了几种稳定性的变体。实现“危机稳定性”，需要消除危机升级的条件，包括 299
故意升级的不正当激励措施（“在敌方打击我方之前率先打击敌方”）或意外升级（比如低级指挥官的擅作主张）。通过预先授权（给人或机器）实现危机自动升级是另一个问题，可能会误解对手的行为或意图〔回想一下电影《战争游戏》（*War Games*），其中一台军用超级计算机将游戏与现实混为一谈，险些引发核战争〕。要实现危机稳定性，就要确保国家间的任何敌对升级行动必须是其国家领导人的慎重选择，而不是事故、计算错误或由不正当激励措施引起的先发打击。埃尔布里奇·柯比（Elbridge Colby）在《战略稳定：争论与解释》（*Strategic Stability: Contending Interpretations*）一书中说：“在稳定的情况下，大规模战争只会在一方真正希望发生战争的情况下发生。”[1]

“意外战争”似乎是一个很奇怪的概念——战争怎么可能意外发生呢？但是，冷战时期的战略家们非常担心出现误报、错误估计或事故而引发冲突。历史表明，如果有的话，他们其实应该更担心。冷战充斥着核错误警报、误解以及可能导致核攻击的险情事件。即使在传统的危机中，混乱、误解敌人的意图以及战争迷雾等因素也常常在不断升级的紧张局势中发挥着作用。

“终止战争”是控制危机升级的另一种重要方法。[2] 政策制定者需要在结束战争方面具有与发起战争相同程度的控制权。如果由于无法召回攻击的命令或切断通信链接，或者因为如果使危机降级可能使国家变得脆弱，而使得政策制定者对部队没有很高的控制力，那么决策者即使想要阻止危机升级，也可能无法实现。

---

① Elbridge Colby, “Defining Strategic Stability: Reconciling Stability and Deterrence,” in Colby and Gerson, Strategic Stability, 57.

② Thomas C. Schelling, Arms and Influence (New Haven and London: Yale University Press, 1966), 203-208. Fred Ikle, Every War Must End (New York: Columbia Classics, 2005).

战略家们还分析了“攻防平衡”这一概念。[①]“进攻占优”状态更容易实现攻城拔地，而“防御占优”状态会使攻城拔地变得更为困难。例如，机枪有利于防御，在有坚固的机枪防御的位置上进攻是十分困难的。在第一次世界大战中，数百万人在相对固定的堑壕战中丧生。另一方面，坦克的机动能力很强，因而有利于进攻。在二战中，德国在广袤的欧洲地区发
300 动闪电战，迅速占领了有利地形（攻防平衡与一次打击稳定性略有不同，后者是指第一次打击是否存在优势）。理论上，由于侵占领土的成本更高，防御占优的状态会更有利于稳定。

事实证明，“战略稳定性”这一概念是减轻核对抗风险的重要理论创造，特别是在技术进步的情况下。然而，有时候有些武器可能会以一种与我们的直觉不一致的方式影响稳定性。弹道导弹潜艇是确保核稳定最重要的武器系统之一，它是一种进攻性的打击武器。潜艇非常难以探测，且能在水下停留数月，这就为核武器提供了有保障的二次打击能力。即使一方能够以突袭的方式摧毁一个国家的陆基核导弹和战略轰炸机，不免会担心一艘幸存的潜艇也能发动毁灭性核打击。这有效地消除了任何先发优势。水下的弹道导弹潜艇能够隐藏并随时准备反击，因而构成了无处不在的威胁，形成了对一次打击的强大威慑，有助于确保战略稳定性。

在某些情况下，防御性武器也可能会破坏稳定性。虽然名义上国家导弹防御盾牌是防御性武器系统，但在冷战期间，它被认为是高度不稳定的，因为它们可能削弱二次打击的威慑力。拦截弹道导弹耗资巨大，且即使是最好的导弹防御系统，也无法阻止大规模的压倒性攻击。但是，导弹防御系统能够防御部分导弹。这可能会让一个国家发动意外核打击，消灭大部分敌人的核导弹，并使用导弹防御系统来防御其他的核导弹。导弹防御系统能够使一次打击更加可行，可能会创造先发优势，破坏稳定性。

其他技术对于稳定性的影响更为明显。在冷战期间，卫星被视为一种稳定器，因为它可以使每个国家观察到对方的领土，确认（或排除）对

① Charles L. Glaser and Chaim Kaufmann, “What Is the Offense-Defense Balance and Can We Measure It? (Offense, Defense, and International Politics),” International Security 22, no. 4 (Spring 1998).

方是否发射了核武器，或是否试图发动战争并在军备竞赛中获得了重要优势。因此，攻击卫星使另一个国家“失明”的行为被视为极具挑衅性，因为这可能是攻击的前奏（“失明”的国家无法知道对方是否正在发动攻击）。另一方面，在太空部署核武器也被认为是一种破坏稳定性的行为。301
因为，如果对手发动突袭，它会大大缩短防御方可用的预警时间。这不仅使得突袭更加可行，由于缩短了预警时间，防御方更可能对错误警报做出反应，从而破坏危机稳定性。

在冷战期间特别是在冷战结束时，美国和苏联采取了一些旨在维护稳定性和避免潜在不稳定局势的单边和双边措施。毕竟，尽管他们相互敌视，但双方都不想发生意外的核战争。这些措施包括一些管制或禁止某类武器的国际条约。《外层空间条约》（1967年）禁止在太空中部署核武器或在月球上部署任何类型的武器；[①]《海底条约》（1971年）禁止在海底部署核武器；[②]《环境改造公约》（1977年）禁止将环境用作战争武器；[③]《反弹道导弹条约》（1972年）严格限制苏联和美国可以部署的战略导弹防御数量，以防止建立强大的国家导弹防御系统；《苏联和美国消除两国中程和中短程导弹条约》（简称《中导条约》）禁止使用中程核导弹。[④] 这种导弹被视为一种高度不稳定的武器，因为在它们击中目标前，几乎没有任何预警时间（美国于2002年退出《反弹道导弹条约》，并宣布于2019年退出《中导条约》）。

此外，美国和苏联之间还存在着一些默许的协议。即使双方没有签署

---

① Treaty on Principles Governing the Activities of States in the Exploration and Use of Outer Space, including the Moon and Other Celestial Bodies, 1967, http://www.unoosa.org/oosa/en/ourwork/spacelaw/treaties/outerspacetreaty.html.

② Treaty on the Prohibition of the Emplacement of Nuclear Weapons and Other Weapons of Mass Destruction on the Seabed and the Ocean Floor and in the Subsoil Thereof, 1971, https://www.state.gov/t/isn/5187.htm.

③ Convention on the Prohibition of Military or Any Other Hostile Use of Environmental Modification Techniques, 1977, https://www.state.gov/t/isn/4783.htm.

④ U.S. Department of State, “Treaty Between the United States of American and the Union of Soviet Socialist Republics on the Elimination of their Intermediate-Range and Shorter-Range Missiles,” accessed June 17, 2017, https://www.state.gov/www/global/arms/treaties/inf1.html#treaty.

任何正式条约或协议，也不会寻求一些可能破坏稳定性的武器。两国都成功地展示了反卫星武器，但都没有进行大规模的作战部署。同样，双方都开发了数量有限的中子弹（一种“清洁”核弹，能够用辐射使人致命但建筑物完好无损），但双方都没有公开进行大规模部署。[1] 中子弹是一种很可怕的武器，因为它们能够让攻击者在不破坏基础设施的情况下消灭城市人口。这可能使它们更容易被使用，因为攻击者能够占有被征服的领土，而
302 不用担心辐射的持续危害。[2] 在20世纪70年代后期，美国计划向欧洲部署中子弹这一行为引起了极大的争议，迫使美国改弦更张并停止部署。[3]

稳定性的逻辑也同样适用于非核武器。例如，舰载反舰导弹在海战中具有显著的先发优势。通过击沉部分敌方舰队的部分舰艇，立即减少了敌方可投入战斗的导弹数量，从而获得决定性优势。[4] 大部分技术不会对稳定性产生显著影响，但有些技术会对稳定性产生战略性战略。自主武器、太空/反太空武器以及网络武器是目前最为重要的新兴技术，应当不断评估它们对战略稳定性的影响。

自主武器与战略稳定性

迈克尔·霍洛维茨在其近著《人工智能、战争和危机稳定性》（*Artificial Intelligence, War and Crisis Stability*）中开始探索此类问题。[5] 他认为，首先我们应区分两个概念，一是自主性本身的独特之处，二是自主性所强调的东西。

---

① 但实际上，任何可调的当量可变式核武器都可以充当中子弹。

② 这并不是说，中子弹在理论上是没有合法用途的。美国认为中子弹很有价值，因为它们可以用来打败盟国领土上的苏联装甲部队，并且不会留下残余辐射。

③ Mark Strauss, “Though It Seems Crazy Now, the Neutron Bomb Was Intended to Be Humane,” io9, September 19, 2014, http://io9.gizmodo.com/though-it-seems-crazy-now-the-neutron-bomb-was-intende-1636604514.

④ Wayne Hughes, Fleet Tactics and Coastal Combat, 2nd ed. (Annapolis, MD: Naval Institute Press, 1999).

⑤ Michael C. Horowitz, “Artificial Intelligence, War, and Crisis Stability,” November 29, 2016. [unpublished manuscript, as of June 2017].

自主武器存在着多种形式，从大型洲际轰炸机到小型地面机器人，再到海底潜航器。它们可能是长距离或短距离，重载荷或轻载荷。它们能够在空中、陆地、海洋、海底、太空或网络空间进行部署。因此，研判自主武器对于一次打击稳定性或攻防平衡的影响是非常具有挑战性的。自主武器将受到与其他武器一样的物理限制。例如，弹道导弹潜艇能够有助于提升稳定性，部分原因在于它潜藏在水下，很难被发现和跟踪，这就使其在一次打击后能够存活。自主武器的典型特征是如何进行目标选择和交战决策。因此，我们应该先评估半自主武器对稳定性的影响，它们与传统武器具有相似的物理特征，但是“人在回路中”。

军队正在大力投资机器人技术。随着机器人革命日渐成熟，它几乎肯定会深刻改变战略平衡，这使得将机器人和自动化的影响与自主瞄准的影响区分开来变得尤为重要。一些分析人士认为，机器人蜂群将导致进攻占 303
优，因为蜂群能够压倒防御。[①] 其他人则担心，机器人能够减少攻击方丧生的风险，进而降低使用武力的门槛。[②] 这些结果都有可能发生，但它们通常假定只有攻击方拥有机器人武器而防御方没有，这可能并不现实。当攻防双方都拥有机器人武器时，攻防平衡的情况可能会大为不同。机器人蜂群同样可以用于防御。目前，我们尚不清楚机器人蜂群和机器人会更有利于进攻还是防守。

机器人能够减少人员伤亡这一假设，需要进行仔细考察。机器人使得作战人员能够从更远的距离进行攻击。但是，从投石器的发明到洲际弹道导弹的问世，这一直就是几千年来战争的发展趋势。增加射程并没有导致不流血的战争。武器射程的增加，只会导致战场的扩大。历史上看，战争

① Jean-Marc Rickli, “Some Considerations of the Impact of LAWS on International Security: Strategic Stability, Non-State Actors and Future Prospects,” paper submitted to Meeting of Experts on Lethal Autonomous Weapons Systems, United Nations Convention on Certain Conventional Weapons (CCW), April 16, 2015, http://www.unog.ch/80256EDD006B8954/(httpAssets)/B6E6B974512402BEC1257E2E0036AAF1/$file/2015_LAWS_MX_Rickli_Corr.pdf.

② Peter M. Asaro, “How Just Could a Robot War Be?” http://peterasaro.org/writing/Asaro%20Just%20Robot%20War.pdf.

的方式已经从曾经的短兵相接，变成如今洲际导弹跨越海洋的杀戮。然而，暴力总是会殃及平民，这一点是亘古不变的。因为，只有痛苦才能迫使敌人投降。更为重要的问题是，与半自主武器相比，完全自主武器将如何改变战略平衡？霍洛维茨建议，我们首先需要解答这样一个问题，那就是“什么时候才能部署这些系统？”[①]

通讯：攻防平衡、弹性和可召回性

相比半自主或有监督的自主武器，完全自主武器的一个优势在于，它们不需要与人类控制员进行通信连接，因此更能适应通信中断的情况。

当攻击方在对方领土内行动时，通信往往易受干扰。对于某些防御性应用，可以通过在指定位置用加固的有线电缆连接以避免干扰。例如，非军事区的韩国SGR–A1哨兵机器人可以通过埋在地下的电缆连接到人类控
304 制员。在这种情况下，就没有必要启用完全自主模式。即使速度是快速反应的关键（这在杀伤人员的应用上是不可能的），实现人类监督仍然是可能的。在诸如“宙斯盾”系统之类的应用上，人类与武器系统能够进行协作搭配，使得通信不会成为一个问题。没有任何人为监督的完全自主武器对于攻击方最为有利。现在说完全自主武器必然会导致进攻占优可能还有些为时过早，因为这将取决于与自主性不相关的许多其他因素。一般来说，自主性对于进攻和防守都有帮助。许多国家已经使用了防御性的有监督的自主武器。但看起来，完全自主武器似乎更有利于进攻。

谈到先发优势，如果一国军队将作战人员置于每一个决定攻击目标的回路中，那么对手可能会通过攻击通信链路来削弱进攻方的攻击能力，例如通过攻击脆弱的卫星。如果军队能够通过使用自主武器在没有可靠通信情况下进行有效战斗，就会降低突袭通信系统的价值。因此，自主武器能够减少一次打击冲动，进而提高稳定性。

但哪怕自主武器拥有在通信链路被切断的情况下继续攻击的能力，也无法避免危机升级和战争终止这些问题。如果使用的是完全自主武器，即

① Michael Horowitz, interview, December 7, 2016.

使指挥官决定取消攻击行动，也将无法召回。

这类似于1812年发生的新奥尔良战役（the Battle of New Orleans）。在1814年12月24日，英国和美国就结束了战争。但直到六周后，这个新闻才传到英国和美国的军队。新奥尔良战役是在条约签署后，但在新闻到达前线前发生的。在这场法律意义上已经结束的战争中，两千名英国水手和士兵阵亡。

速度与危机稳定性

虽然在没有通信的情况下进行攻击的能力对稳定性有着双重影响，但自主武器在速度方面的优势显然是消极的。自主武器会导致加快战争步伐、缩短人类决策时间的风险。这将加剧危机的不稳定性。战略家托马 305
斯·谢林在《武器与影响》（*Arms and Influence*）一书中写道：

> 仓促开战（the premium on haste）——战争情况下发起战争方的一个优势，或者另一方在敌方一次打击后快速进行报复——无疑是带给军队的一个最大的恶作剧，也是爆发全面战争的最大危险源。[①]

危机中充满了不确定性和误判的可能性，正如谢林所解释的那样：“当速度变得至关重要时，发生事故或错误警报的一方就会面临着巨大的压力。”某种类型的自主性可能有助于减轻这些时间压力。[②] 寻找和识别目标的半自主武器可能有助于提升稳定性，因为它们可以为人类决策者争取更多时间。然而，完全自主和有监督的自主武器可能会缩短人类决策过程，加快作战速度。随着加速的响应以及对响应的再响应，人类可能难以理解和控制事件。即使一切运作正常，政策制定者仍然可能失去有效控制

① Schelling, Arms and Influence, 227.

② Ibid.，227.

升级的能力，因为战场上的行动速度会削弱他们的决策速度。[①]

拆除人类作为失效保护的机制

在快节奏的作战环境中，自主武器将拆除防止不必要升级的一个重要安全措施，那就是人类的判断。斯坦尼斯拉夫·彼得罗夫在塞尔普霍夫15号掩体中做出的重大决定，是一个人类判断的比较极端的例子，其实还有更多类似案例。谢林写道：

> 用于武器、人员和决策过程的限制措施包括：延迟机制、安全装置、复核和咨询程序，用于响应警报和通信失效的保守规则，以及一般用于避免未经授权的射击或对不幸事件进行仓促反
> 306 应的机构与机制。[②]

诚然，倘若能以正确的方式使用，自动化能够提升安全性，就像汽车自动制动一样。在增加人类判断力时，自动化会增加稳定性。但是，在取代人类判断的情况下则不会。当自主武器系统加速决策时，它可能导致危机中的仓促应对和不必要的危机升级。

指挥控制与危机决策心理学

在稳定性方面，人类对于武器的心理认知与武器本身一样重要。两个枪手彼此对视，他们不仅关心彼此射击的准确性，也会关心对手脑中的想法。今天的机器还无法完成这项任务。当前的人工智能或许在速度和精度方面能超越人类，但仍然无法完成与人类心理相关的任务，例如揣摩一个人的意图。在战术层面，这可能无关紧要。一旦机器人枪手决定使用武器，自动取出武器、瞄准和射击无疑会比人手更快。同样，一旦人类指示

---

① See also Jürgen Altmann and Frank Sauer, “Autonomous Weapon Systems and Strategic Stability,” *Survival* 59:5 (2017), 117-42.

② Ibid.,231.

发动攻击，自主武器在进行攻击时可能比人类更有效。然而，危机是各国之间发生军事紧张的时期，这些国家有可能升级为全面战争，但各国尚未决定升级。即使战争开始，核大国之间的战争也必然会受到限制。[①] 在这些情况下，各国都在试图表达他们的决心——如果需要，他们愿意升级——但实际上并没有使冲突升级。这是一种微妙的平衡术。与为战术或作战优势而战的战斗不同，这些情况最终是国家领导人之间的沟通形式，其意图通过军事行动进行传达。苏黎世联邦理工学院的迈克尔·卡尔·哈斯（Michael Carl Haas）认为，使用自主武器会引入另一个角色，那就是人工智能本身：

> 使用自主武器的国家会在危机方程式（crisis equation）中引入一个超出其直接控制范围的元素，但它仍会与人类对手的战略心理进行交互。实际上，尽管受到一系列算法和任务目标的严格约束，管理自主系统的人工智能将成为危机的另一个参与者。[②] 307

指挥与控制是危机中经常关注的问题，指的是领导人有效调动军队以实现共同目标的能力。国家领导人无法绝对控制军队，战士有时会采取与其国家领导人的意图不一致的行动，无论是出于无知、疏忽还是故意挑战权威。1962年发生的古巴导弹危机就属于此类事件。10月26日，危机发生十天后，范登堡空军基地当局在没有事先与白宫核实的情况下，对阿特拉斯洲际弹道导弹进行了试射。[③] 第二天早上，10月27日，一架美国U–2侦察机在飞越古巴时被击落，尽管苏联总理尼基塔·赫鲁晓夫（Nikita Khrushchev）指示，不要向美国侦察机开火〔导弹似乎是古巴军队在菲德

---

① Elbridge Colby, “America Must Prepare for Limited War,” The National Interest, October 21, 2015, http://nationalinterest.org/feature/america-must-prepare-limited-war-14104.

② Michael Carl Haas, “Autonomous Weapon Systems: The Military’s Smartest Toys?” The National Interest, November 20, 2014, http://nationalinterest.org/feature/autonomous-weapon-systems-the-militarys-smartest-toys-11708.

③ Sagan, The Limits of Safety, 78-80.

尔·卡斯特罗（Fidel Castro）的命令下发射的］。同一天的晚些时候，另一架飞越北极圈的U–2侦察机误入了苏联领空。①苏联和美国领导人不清楚这些事件是对手故意表达的升级信号，还是仅仅某些单位的自发行动。这类事件有可能通过无意或意外的升级加剧紧张局势。

理论上，自主武器是完美的“士兵”，它能够精确地执行命令，没有任何偏差，这或许能够避免一些事故的发生。例如，1962年10月24日，美国战略空军司令部（SAC）受命进入二级战备状态（DEFCON 2），距离核战争只有一步之遥。战略空军司令部指挥官托马斯·鲍尔（Thomas Power）将军违抗命令，通过一个未加密的无线电频道向他的部队广播了一条消息。②未加密的广播显示，美军提升了战备水平应对苏联。苏联人虽然未获得收听广播的授权，但仍能够监听广播信息。与人类不同，自主武器无法违反其编程指令。另一方面，自主武器也存在脆弱性，无法理解
308 其行为的背景，有时候这可能会成为一个主要缺陷。例如，范登堡的洲际弹道导弹测试是由官员按照预先确定的指导原则进行的，并不会停下来询问原有指令是否仍然适用于新情况（古巴正在展开的危机）。

一般而言，在任何特定的时刻，要做出正确决定并不是仅仅严格遵守指令就行，而是需要理解指令背后的意图。军队有一个“指挥官意图”概念，是指指挥官赴下属描述作战意图。③有时，由于新情况出现，贯彻指挥官的意图需要偏离原来的计划。人类并不完美，但他们能够运用常识和更好的判断来理解规则背后的意图，而不是规则本身。令人匪夷所思的是，在某些情况下，人违反规则可能还是一件好事。

问题的关键在于，下属更灵活地执行指令究竟是好是坏。战场上，在法律和交战规则的约束下，下属通常更倾向于采用更大的灵活性。劳伦斯·沙特克（Lawrence Shattuck）中校在《沟通意图与告知存在》（*Communicating*

① Martin J. Sherwin, “The Cuban Missile Crisis at 50,” Prologue Magazine 44, no. 2 (Fall 2012), https://www.archives.gov/publications/prologue/2012/fall/cuban-missiles.html.

② Powers’ motivations for sending this message have been debated by historians. See Sagan, The Limits of Safety, 68-69.

③ Headquarters, Department of the Army, Field Manual 100-5 (June 1993), 6-6.

Intent and Imparting Presence）中写道：

> 如果敌方指挥官有10种可能的行动方案，但是由高级指挥官领导的友军指挥官只有一种行动方案，那么，敌人显然具有优势。[①]

在危机时期，指挥官通常更倾向于对军队进行更严格的控制。因为，在这种情况下，即便很小的行动也可能带来战略性的后果。然而，如果禁锢灵活性，不给予下属一点运用常识的空间，也无疑会导致灾难。因为国家领导人也不可能预见到所有的可能状况。战争中充满了不确定性，一定会发生意料之外的情况。战争是一个竞争高度激烈的领域，敌人肯定会试图利用严格的行为规则来谋取自身的利益。迈克尔·卡尔·哈斯（Michael Carl Haas）指出，这些策略可能包括：

> 将重要资产迁移到繁华城市或附近不得擅入的目标，例如水电大坝或核电站。改变武器和装置的外观以模拟非法目标，甚至可以改变非法目标以模拟合法目标。大规模使用假人和障碍物，以及全面的电子欺骗措施。[②] 309

即使没有直接的黑客攻击，也可以通过利用交战规则中的漏洞来操纵自主武器。根据对指挥官意图的理解，人类能够看到这些诡计或欺骗行为，并立即进行创新，而自主武器则将遵循其编程指令。在纯粹的战术层面上，自主武器的其他好处可能超过这种脆弱性。但在危机中，当错误射击可以加剧战争的紧张局势时，就需要仔细斟酌了。

近年来，美军开始担心“战略下士”（strategical corporal）的问题。[③]基本思想是，一个相对低级别的人可以通过其在战场上的行动，实现决定

---

① Lawrence G. Shattuck, “Communicating Intent and Imparting Presence,” Military Review (March-April 2000), http://www.au.af.mil/au/awc/awcgate/milreview/shattuck.pdf, 66.

② Haas, “Autonomous Weapon Systems.”

③ Charles C. Krulak, “The Strategic Corporal: Leadership in the Three Block War,” Marines Magazine (January 1999).

战争结果的战略效果。解决这个问题的方案是更好地教育低级军官，使他们了解行动的战略后果，进而改善决策，而不是给他们施加一套严格的规则。盲目地遵循一套规则而不考虑指挥官的意图，很容易被一个聪明的敌人操纵。自主武器会完全按照指令的要求行事，无论这个指令是多么愚蠢或拙劣。从命令和控制的角度看，这种死板似乎颇有吸引力，但结果会导致战略下士问题的固化（on steriods）。

已经有人担心自动化所带来的战略后果。在里根时代“星球大战”导弹防御盾牌（官方称为“战略防御计划”）的发展过程中，美国立法者在1988—1989年的《国防授权法案》中写了一条规定，在某些行动中，人必须处在回路中。对于在上升初期拦截导弹的任何系统，法案要求“在适当的权限级别下做出肯定的人类决定”。[1] 在早期阶段进行截断可能会带来问题，因为它们必须在非常短的时间内发生，并靠近对手的领土。自动化系统可能会将卫星发射或导弹测试误认为是一次攻击，摧毁另一个国家的火
310 箭，造成不必要的危机升级。

即使可以避免误判，领导者通过将交战规则编程嵌入自主武器来增加对危机的指挥和控制，也存在更深层次的问题，即领导者本身可能无法准确预测他们将做出何种决策。“投射偏见”是一种认知偏见，指的是人们错误地将他们当前的信仰和欲望投射到其他人甚至未来的自我身上。

为了更好地理解这对于自主武器的意义，我联系了卡耐基·梅隆大学哲学与心理学教授戴维·丹克斯（David Danks）。丹克斯专注于研究认知科学和机器学习，因此他理解人类和机器认知各自的优缺点。丹克斯解释说，投射偏见对于自主武器来说确实是“一个非常现实的问题”。即使我们能够确保自主武器能够完美地执行政治领导人的指示，不会出现任何故障或受到敌人的操纵，“仍然存在一个问题，就是你在那个时刻的偏好和

---

① “No agency of the Federal Government may plan for, fund, or otherwise support the development of command control systems for strategic defense in the boost or post-boost phase against ballistic missile threats that would permit such strategic defenses to initiate the directing of damaging or lethal fire except by affirmative human decision at an appropriate level of authority.” 10 U.S.C. 2431 Sec. 224.

欲望，”[①] 他说。丹克斯解释说，在经历过的情况中，人们通常能够很好地预测自己未来的偏好。但是，对于“一种全新的情况，真正的风险是，我们会产生非常显著的预测偏差”。

古巴导弹危机再一次说明了这个问题。时任美国国防部长罗伯特·麦克纳马拉后来解释说，总统的高级顾问认为，如果他们派遣的飞越古巴的U–2侦察机被击落，那将意味着苏联蓄意将行动升级。因此，他们提前决定，如果U–2侦察机被击落，美国将进行反击：

> 在派出U–2侦察机之前，我们一致同意，如果它被击落，我们不会与敌方进行沟通，而会直接进行反击。它在星期五被击落……幸运的是，我们改变了主意，我们认为：“嗯，这可能是一次意外，我们不会发动攻击。”[②]

事实证明，当实际面对这个抉择时，麦克纳马拉和其他人有着不同的看法。如果飞机被击落，他们无法准确预测自己想要做什么。在那个例子 311
中，麦克纳马拉和其他人能够力挽狂澜。他们实际上让渡了攻击的权力。然而，在古巴导弹危机期间，还有另一个时刻，苏联领导层授权使用核武器，世界极为接近一场核战争。

10月27日，一架U–2侦察机在古巴被击落的同一天，另一架U–2侦察机飞越北极，误入了苏联领土，美国船只在检疫（封锁）线上对苏联潜艇B–59投放深水炸弹，迫使它浮出水面。美国海军并不知道，B–59潜艇装备有一枚15千吨的核弹头，大约相当于广岛投下的原子弹的大小。此外，苏联指挥部授权该潜艇的舰长使用鱼雷，如果潜艇被“击中”（深水炸弹在船体炸出一个洞）。通常情况下，需要艇长和政治官员两个人授权才能发射核鱼雷。根据潜艇上的苏联船员的说法，潜艇艇长瓦伦丁·萨维

① David Danks, interview, January 13, 2017.

② Robert McNamara, Interview included as special feature on Dr. Strangelove or: How I Learned to Stop Worrying and Love the Bomb (DVD). Columbia Tristar Home Entertainment, (2004) [1964].

茨基（Valentin Savitsky）下令，准备发射核鱼雷，并宣布：“我们要炸死他们！我们将要走向死亡，但我们要把它们全部击沉。”① 幸运的是，舰队指挥官瓦西里·阿尔希波夫（Vasili Arkhipov）也在潜艇上。他是萨维茨基上尉的上司，做出这个决定必须得到他的批准。据称，只有阿尔希波夫一个人反对发射鱼雷。与斯坦尼斯拉夫·彼得罗夫一样，一名苏联军官的判断再一次阻止了核战争的爆发。

威慑与“死亡之手”

有时候，在危机中绑住一个人的手是有益的。战略家们经常把危机比作两个司机之间进行的“胆小鬼博弈”，双方都以致命的速度冲向对方，胆小的一方会先调转方向盘。② 双方都不希望发生碰撞，但也不想成为第一个转向的人。赢得胜利的一种方法是，直接绑住手，断绝转弯的可能性。赫尔曼·卡恩（Herman Kahn）举了一个例子，一名司机“将方向盘扔出窗外”。③ 这样的话，避免碰撞的责任就完全落在了另一个司机
312 身上。

霍洛维茨问道，在这种情况下，自主武器是否会表现得更好？在这里，机器严格遵守规则和缺乏可重复性可能会是优势。永不转弯的机器人将成为赢得“胆小鬼博弈”的最好司机。霍洛维茨在《人工智能、战争和危机稳定性》一书中提出了一个关于古巴导弹危机的思想实验。试想，如果进行封锁的美国舰艇都有自主武器，它们被编程为攻击任何越过封锁线的苏联船只。如果这个信息能够可信地传达给苏联人，那么避免冲突的责任就会落到苏联的身上。霍洛维茨指出，问题在于，“肯尼迪政府如何才

① William Burr and Thomas S. Blanton, eds., “The Submarines of October,” The National Security Briefing Book, No. 75, October 31, 2002, http://nsarchive.gwu.edu/NSAEBB/NSAEBB75/. “The Cuban Missile Crisis, 1962: Press Release, 11 October 2002, 5:00 PM,” accessed June 17, 2017, http://nsarchive.gwu.edu/nsa/cuba_mis_cri/press3.htm.

② Schelling, Arms and Influence, 116-125. Herman Kahn, On Escalation: Metaphors and Scenarios (New Brunswick and London: Transaction Publishers, 2010), 10-11.

③ Kahn, On Escalation, 11.

能说服苏联相信这个情况？”[①] 无法向苏联领导层证实，机器舰艇已被编程进行自主开火。美国领导人可以声称情况属实，但这种说法毫无意义。因为，如果他们只是虚张声势的话，这也是可能使用的语言。美国肯定不会允许在封锁时让苏联人检查美国舰艇的代码。没有一种可靠的方法来证明一个人自缚手脚。这就相当于取下方向盘，但无法将其扔出窗外（同样地，苏联人可以对他们的舰艇进行编程来实施封锁，没有任何撤回的选择。但是，他们同样没有办法向美国人证明他们已经这样做了）。

斯坦利·库布里克（Stanley Kubrick）于1964年拍摄的电影《奇爱博士》（Strangelove）探讨了威慑与相互确保摧毁的离奇逻辑。在影片中，苏联大使向美国政治领导人和美军指挥官们称，苏联建造了一个“末日机器”（doomsday machine），如果苏联遭到袭击，它将自动发动大规模的核反击，摧毁人类。主人公奇爱博士解释说：“由于自动和不可撤销的决策过程排除了人类干预，末日机器是可怕的。”[②] 不幸的是，在电影中苏联人没有告诉美国人他们已经制造了这样的设备。奇爱博士对苏联大使大吼道：“如果你缄口不言的话，末日机器就毫无价值了！” 313

事实上，有一个比科幻小说更为奇怪的例子。在冷战结束后，证据显示，苏联真的建立了一个半自动的末日装置，它的绰号为“死亡之手”，正式的名称是“边缘系统”（perimeter）[③]。[④] 据报道，该系统是一个自动核指挥控制系统。即使美国的一次核打击端掉了苏联领导层，该系统还能实

---

① Horowitz, “Artificial Intelligence, War, and Crisis Stability,” November.

② Dr. Strangelove or: How I Learned to Stop Worrying and Love the Bomb, directed by Stanley Kubrick (1964).

③ 冷战时期，苏联为了对抗美国的核威慑，在绝密状态下打造了一套“超级末日武器”——“边缘系统”，又被称为“死亡之手”。一旦美苏发生核大战，被激活的“边缘系统”将开始自动检测，如果在一定时间内，它没有收到苏联高层的回应，它将自动识别为“末日来临，苏联领导层已经消失”，随即开启对美国的绝地反击。译者注。

④ Nicholas Thompson, “Inside the Apocalyptic Soviet Doomsday Machine,” WIRED, September 21, 2009, https://www.wired.com/2009/09/mf-deadhand/. Vitalii Leonidovich Kataev, interviewed by Ellis Mishulovich, May 1993, http://nsarchive.gwu.edu/nukevault/ebb285/vol%20II%20Kataev.PDF. Varfolomei Vlaimirovich Korobushin, interviewed by John G. Hines, December 10, 1992, http://nsarchive.gwu.edu/nukevault/ebb285/vol%20II%20Korobushin.PDF.

施大规模的报复性攻击。对于“边缘系统”的功能有着不同的解释，大体是说，该系统在和平时期会处于“休眠状态”。[①] 只有危机出现时，它才会作为一种“绝地反击”（fail deadly）机制被激活，以确保报复的实施。[②] 该系统在运作时，光、辐射、地震和压力传感器网络将评估在苏联是否发生了核爆炸。[③] 如果发现核爆炸，该系统就会检查苏军总参谋部的通信情况。如果通信正常，它将等待15分钟到一小时，看看是否有取消发射的命令。如果没有接到命令，“边缘系统”就会像一个“制动装置”（dead man’s switch），如果一个人丧失控制能力或死亡，它就会自动开启。在许多危险的机器中，“制动装置”被用作故障安全机制。如果一个人失去控制能力，机器将恢复到安全的操作模式，就像割草机会在你松开手柄时自动关闭一样。在这种情况下，“边缘系统”可能会进行“绝地反击”。如果苏联总参谋部没有发出停止发射的信号，可能意味着苏军领导层被干掉，“边缘系统”将绕过正常的指挥层，将发射权直接转移到处在地下掩体内的人，仍然会有人在回路中，但决策权将属于当时的值班人员，而苏联领导层将处在回路外。[④] 这个值班员只需按一下按钮，就可以发射一系列通信火箭，飞越苏联领土，并将核发射代码发射给硬化筒仓中的导弹，[⑤] 唤醒苏联境内的洲际弹道导弹对美国发动大规模报复打击，一个垂死国家发动的最后一次僵尸攻击。

这种疯狂是有目的的。从理论上讲，如果一切正常，“边缘系统”能够增强稳定性。由于该系统能够确保报复性打击，这会使得苏联领导人没

---

① Korobushin, 107; Thompson, “Inside the Apocalyptic Soviet Doomsday Machine.”

② 苏联官员的一些说法称，“死亡之手”曾被调查过，甚至有可能被开发出来，但从未在实际操作中使用过。Andrian A. Danilevich, interview by John G. Hines, March 5, 1990, http://nsarchive.gwu.edu/nukevault/ebb285/vol%20iI%20Danilevich.pdf, 62-63; and Viktor M. Surikov, interview by John G. Hines, September 11, 1993, http://nsarchive.gwu.edu/nukevault/ebb285/vol%20II%20Surikov.PDF, 134-135. It is unclear, though, whether this refers in reference or not to a fully automatic system. Multiple sources confirm the system was active, although the degree of automation is ambiguous in their accounts: Kataev, 100-101; and Korobushin, 107.

③ Ibid.

④ Ibid.

⑤ Kataev. Korobushin.

有必要在危机中仓促决策。如果收到了美国突袭的警告，就像1983年斯 314
坦尼斯拉夫·彼得罗夫遇到的情况，以及1995年俄罗斯军方领导人将核公文包带到鲍里斯·叶利钦面前以回应挪威科学火箭发射时的情况一样，就可能会急于回应。苏联或俄罗斯领导人都不会在模糊的情况下发射核导弹，因为即使美国成功进行了斩首打击，苏联也可以确保进行报复。基于对这个共有知识的了解，美国不会采取先发制人的打击。当然，这样的系统存在巨大的风险。如果“边缘系统”错误地发现事件，正如苏联“奥科”预警卫星系统在1983年误判美国洲际弹道导弹发射那样，或者如果苏联领导人一旦激活该机制就无法停止，那么该系统就会消灭全人类。

据一些人说，“边缘系统”今天仍在俄罗斯运行。[①]

“稳定性—不稳定性悖论”与“机器人疯子理论”

相互确保毁灭（Mutual Assured Destruction, MAD）的逻辑是，任何核攻击是一种自杀行为。如果能够确保报复，那么攻击敌人无异于攻击自己。这种动态有助于实现稳定性，因为它阻止双方使用核武器。但具有讽刺意味的是，随着时间的推移，战略家开始担心太多的稳定性可能未必是一件好事。这被称为“稳定性—不稳定性悖论”。[②]

问题是，如果核武器受到完全和相互的制约，那么它们就会失去作为威慑力量的价值。这可能会鼓励低于核门槛的侵略行为，因为各国能够确信对手不会使用核武器。在这种逻辑下，一些不稳定性反而是一件好事，比如一些事故和错误计算的风险，因为它引起了谨慎。回到枪手对峙的例子，如果稳定性措施是使得枪手不掏出武器，那么太多的稳定性可能会鼓励其他形式的侵略。因为掏出枪会有自杀倾向，一个人可能相信对手不会
拔枪，而会去侮辱甚至偷走另一个枪手的枪。 315

① Thompson, “Inside the Apocalyptic Soviet Doomsday Machine.”

② Michael Krepon, “The Stability-Instability Paradox, Misperception, and Escalation Control in South Asia,” The Stimson Center, 2003, https://www.stimson.org/sites/default/files/file-attachments/stability-instability-paradox-south-asia.pdf. B.H. Liddell Hart, Deterrent or Defence (London: Stevens and Sons, 1960), 23.

对此悖论的一种回应是“疯子理论”（madman theory）。[①] 正如缩写的意思一样，相互确保摧毁（MAD）的逻辑根本就是疯狂的，只有疯子才会使用核武器。理查德·尼克松（Richard Nixson）总统信奉的疯子背后的原则是，说服敌方的领导，这个国家的领导人是反复无常和非理性的，可能会按下核按钮。面对要么互相毁灭要么相安无事的选择，人们就会在冒犯一个以鲁莽甚至是自我毁灭行为而闻名的枪手之前心存犹豫。

这表明，自主武器能够以另一种方式提升稳定性，那就是“疯狂机器理论”。如果各国都认为自主武器是危险的，是将不可预测的因素引入无法完全控制的危机中，那么将使用自主武器可能会增加各方的警惕。这相当于托马斯·谢林所描述的“听天由命的威胁”。[②] 通过将自主武器部署到紧张对峙的环境中，这个国家实际上在对敌人说：“事态不在我的掌握之中。可能会爆发战争，也可能不会。我无法控制它，如果你想避免战争，唯一的办法就是退缩。”与通过在升级交战规则中绑住手这一问题不同的是，这种威胁不需要说服敌人自主武器的交战规则是什么。事实上，不确定性使“疯狂机器人”威胁更加可信，因为威慑取决于机器人的不可预测性，而不是其行为的确定性。部署未经测试和未经验证的自主武器将更具有威慑力，因为人们可以令人信服地说，它的行为确实是不可预测的。

这个想法的有趣之处在于，它的效果完全取决于人类对自主武器的认知，而不是武器本身的实际功能。武器可能是可靠的，也可能是不可靠的——这无关紧要。重要的是，人们普遍认为自主武器是不可预测的，因此引起了广泛警惕。当然，在涉及危机如何展开时，武器的实际功能确实很重要。关键在于，人类如何看待自主武器的风险与其实际风险之间的差异。如果领导人高估了自主武器的风险，那么就没有什么可担心的了。将
316 自主武器引入危机中让双方变得谨慎，但不太可能造成伤害。如果领导者

① Harry R. Haldeman and Joseph Dimona, The Ends of Power (New York: Times Books, 1978), 122. 这不是一个新观点，它至少可以追溯到马基雅维利（Machiavelli）时代。Niccolo Machiavelli, Discourses on Livy, Book III, Chapter 2。

② Thomas C. Schelling, The Strategy of Conflict (Cambridge, MA: Harvard University Press, 1960).

低估了自主武器的风险，那么使用它们就会引发灾难。

人们准确地评估自主武器的风险，取决于个人心理以及组织如何评估复杂系统中的风险。我请教戴维·丹克斯，他对人们准确评估这些风险的能力有什么看法。他的回答并不令人欣慰。“这里存在一个真正的自主武器问题。”[①]他说。首先，他解释说，人们很难预测具有反馈回路系统中的行为。在这个回路中，一个动作会产生反作用（在不受控制的环境中，这一理论会更加重要，例如股票交易等复杂自主系统的实际经验）。

此外，丹克斯说，由于投射偏差，人们很难预测没有经验情况下的风险。例如，丹克斯解释说，人们很可能会因为经常乘车而发生车祸。但是，在没有先验知识的情况下，他们就很难准确评估风险。“自主武器系统是一个非常新的事物，不仅仅是一支更大的枪，”[②]他说，“如果你认为它只是一把更大的枪，那么你会说：‘我们在枪支方面有很多经验。’”这可能导致人们觉得自己能够准确评估自主武器的风险。但丹克斯说，他认为自主武器与其他武器“有着本质的不同”。

这表明，我们缺乏准确评估自主武器风险的必要经验。需要多少测试才能确保自主武器的失效率低于0.0001%呢？我们无从得知。只有随着时间的推移，我们逐渐积累了更复杂的自主系统的经验后，才能逐渐掌握。丹克斯表示，如果我们有在现实环境中安全操作复杂自主系统的丰富经验，情况将会大为改观。不幸的是，我们所拥有的经验表明，突袭常常潜伏在复杂系统的表象之下。丹克斯得出结论：“认为我们擅长评估风险，是一种完全不理性的和过度乐观的观点。”[③] 317

打开绳结

在古巴导弹危机最危险的时候，苏联总理尼基塔·赫鲁晓夫给肯尼迪总统写了一封慷慨激昂的信，呼吁他们共同努力，从核战争的边缘各退

① David Danks, interview, January 13, 2017.

② Ibid.

③ Ibid.

一步：

> 总统先生，我们现在不应该拉扯结束战争这一绳子的两端，因为我们两个人越拉，绳结就会变得越紧。并且可能会出现这样的结局，即那绳结将被拉得越来越紧，以至于即使是打下这个绳结的人也无法来解开它。最后，我们不得不将这个绳结剪掉。这意味着什么，我想不用我过多解释，因为你完全理解我们国家拥有的可怕力量。[①]

自主武器引发了对危机稳定性和危机升级控制的担忧。迈克尔·卡尔·哈斯（Michael Carl Hass））总结道："有些情况下，引入自主打击系统可能会导致高层暂时失去对操作的控制，以及不必要的升级（常规或核）。"[②] 他认为，在将自主武器系统"添加进一个高度复杂的方程式"之前，政策制定者"应谨慎行事"。僵硬地遵守规则而不了解其行为的背景或后果的话，可能会将绳结越打越紧。

在古巴导弹危机期间，美国领导人一直试图了解苏联领导人的心理。虽然他们有不同的利益，但肯尼迪总统十分理解赫鲁晓夫总理的立场。肯尼迪明白，如果美国攻击古巴，苏联将被迫在世界其他的地方做出回应，也许是在柏林。肯尼迪明白，他需要给赫鲁晓夫一个选择，使他维持面子的同时从古巴移除导弹。肯尼迪等人能够思考他们行为导致的二级和三级后果。赫鲁晓夫最终同意，撤走导弹以换取美国不侵略古巴的公开承诺以
318 及从土耳其撤走美国导弹的秘密承诺。苏联B–59潜艇上的瓦西里·阿尔希波夫（Vasili Arkhipov）同样明白，如果他们为了摧毁美国航空母舰而发射核鱼雷，美国人肯定会在别处发射核武器作为回应，后果将不堪设想，双方冲突可能会升级到无法挽回的地步。

---

① Department of State Telegram Transmitting Letter From Chairman Khrushchev to President Kennedy, October 26, 1962, http://microsites.jfklibrary.org/cmc/oct26/doc4.html.

② Haas, "Autonomous Weapon Systems."

人类并不完美，但他们能够同情对手并考虑全局。与人类不同，自主武器无法理解其行动的后果，也无法从战争的边缘悬崖勒马。自主武器不会在危机中取代所有人类决策，但它们确实有可能将绳结越打越紧，甚至永远无法解开。

第六部分

避免世界末日：自主武器的军控政策

第19章

“半人马战士”

人类与机器的组合

关于自主武器使用在法律、伦理和战略层面讨论的共同主题，是能否使用自主武器以及在多大程度上使用自主武器取决于特定的作战背景。至少在可预见的未来，机器在理解作战背景从而遂行作战行动方面尚不能达到人类的水平，当然在某些情况下机器人将比人类效率更高。因此，最好的作战系统将是人类与机器的最佳组合，充分发挥各自优势。混合人机认知系统，通常被称为“半人马战士”（源自古希腊神话中半人半马的怪物形象），就是既可以发挥自主系统信息处理精准性和可靠性的优势，又不会舍弃人类决策鲁莽性和灵活性的复杂系统。

“半人马战士”的优势

要想理解认知系统未来的发展前景，我们需要回溯一下人工智能在棋类比赛中广受瞩目的卓越表现。1997年，IBM公司研发的“深蓝”电脑击败了国际象棋冠军加里·卡斯帕罗夫，宣告了一个令人震惊的事实，世界上最厉害的棋手不再是人类，而是机器。[①] 一年后，卡斯帕罗夫创建了“高级国际象棋”（advanced chess）计算机系统，也称为“半人马象棋”，该系统可以使人类棋手与运用人工智能技术的电脑在同一个小组中相互合
322 作。[②] 人工智能辅助分析可以选择的步数，并识别人类棋手容易忽视的机会与威胁，从而实现对弈“零差错”。人类棋手擅长策略管理，对人工智能提供的策略选择进行取舍，聚焦最有可能取胜的棋局，并且权衡多个人工智能系统之间的微妙差异。人工智能系统将有关信息反馈给人类棋手，由人类棋手决定走哪一步。通过发挥人类棋手和人工智能系统各自的优势，“半人马象棋”系统创建出一种比以往更好的国际象棋游戏。

要想理解人工智能在自主武器方面的应用，首先需要将人类在目标定位决策中的不同作用进行分解：（1）人类首先是武器系统的关键操作员；（2）人类必须能够对于武器系统故障进行处置或失效保护；（3）人类能够进行道德判断。

作为武器系统的关键操作员，人类扮演着至关重要的作用，没有操作员的指令，武器系统无法工作。比如，人类操作员操作激光武器的瞄准或为激光制导炸弹指示目标。当人类作为“失效保护”时，是指武器系统本身仍可以按照既定的程序工作，但需要人处于回路中对于变化的情况进行紧急干预和处置，比如当武器系统出现了误操作时，或者当情势变化原来的军事行动不再适当时。当人类作为“道德判断者”时，人类需要对于是否应该使用武力做出道德和价值观方面的审度。

1999年，美国空军在科索沃的一次空袭行动，就体现了人类同时发挥“三个作用”的典型例子。

---

① Mike Cassidy, “Centaur Chess Brings out the Best in Humans and Machines,” BloomReach, December 14, 2014, http://bloomreach.com/2014/12/centaur-chess-brings-best-humans-machines/.

② Tyler Cowen, “What are Humans Still Good for? The Turning Point in Freestyle Chess may be Approaching,” Marginal Revolution, November 5, 2013, http://marginalrevolution.com/marginalrevolution/2013/11/what-are-humans-still-good-for-the-turning-point-in-freestyle-chess-may-be-approaching.html.

> 1999年4月17日，美军2架呼号为CUDA 91和CUDA92的F–15E战斗机，受命攻击塞尔维亚的一台型号为AN/TPS–63的移动式预警雷达。战斗机携载的AGM–130空地导弹，可以由F–15战斗机上的武器系统操作官（Weapon System Officer，WSO）远距离发射，导弹头部的红外传感器可以搜索目标。CUDA 91战机根据空中作战指挥中心的指令发射导弹，当导弹接近疑似目标位置后，机组人员还没有搜索到敌方雷达。当距离发射导弹还有12秒时，目标图像变得更加清晰——飞行员看到的空袭目标似乎是一座教堂的尖顶。当距离发射导弹还有3秒钟，武器系统操作官开始呼叫：“我需要紧急处置导弹航迹。”他通过调整目标指示位置将导弹引向偏离教堂几百米之外的一片空地……事后审查此次打击行动的相关录像，显示原来的目标确定不是塞方雷达，明白无误是一个塞尔维亚东正教教堂。[①] 323

在这个例子中，战斗机飞行员同时体现了上述三个角色。通过手动操作空对地导弹，他们是武器系统关键操作员。当他们在导弹飞行过程中意识到打击目标并非他们预期的真正目标时，当即决策调整打击方向，他们扮演着“失效保护者”的角色。当他们对预定目标军事打击的必要性与可能冒险误炸一个教堂进行评估权衡的时候，他们体现了“道德判断者”的角色。

作为关键武器系统操作者，其实是人类在战争中的传统角色，也是最为容易的角色。例如，一枚依靠GPS导航的炸弹，可以在发射后自主飞行并打击目标，但同时也给了使武器系统操作者具有让导弹中止飞行的能力，保留了人类进行故障处置和道德判断的角色功能。我们也经常会在民用领域看到此类情况。商业民航公司已普遍使用自主巡航技术让飞机完成

① Mike Pietrucha, “Why the Next Fighter will be Manned, and the One After That,” War on the Rocks, August 5, 2015, http://warontherocks.com/2015/08/why-the-next-fighter-will-be-manned-and-the-one-after-that/.

飞行任务，飞行员基本上起着“失效保护者”的作用。[①] 病人依靠生命支持系统来维持生命，但是否继续使用生命支持系统取决于人类的决定。随着自主化技术越来越先进，许多自主武器系统与半自主武器系统相比，杀伤能力更加精准可靠。然而，自主武器系统在取代人类担当“失效保护者”和“道德判断者”方面，在技术上还远未成熟。

人类作为“失效保护者”和“道德判断者”

人机协同的“半人马战士”，其魅力是不需舍弃人类判断来获得自主系统的优势。美军装备的反火箭、炮弹和迫击炮系统（Counter-Rocket, Artillery, and Mortar，简称C–RAM）就是这方面的典型例子。C–RAM可
324 更加精准地自主遂行拦截行动，但保持人在作战行动回路中。

C–RAM被设计用于保护美军基地免于遭受敌方火箭、炮弹和迫击炮的攻击。该系统运用雷达组网自动识别来袭威胁并跟踪新一轮威胁目标。由于C–RAM经常部署在空中有友好飞行器飞越的军事基地，该系统能够对那些友好飞行器标识出“非交战区”以避免自相残杀（fratricide）。[②] 从理论上讲，先进的自主武器系统完全可以独自完成安全、合法的作战任务。但是，人类在C–RAM开火之前仍然可以对每一个目标进行核实。C–RAM操作员这样描述自主系统和人类操作员的作用：

> 人类操作员不需要对C–RAM武器系统进行瞄准和发射方面的直接操控。人类操作员通过识别交火区域内的目标到底是友军飞机还是来袭的火箭或迫击炮弹，从而担任“失效保护者”的角色。人类操作员按下按钮对武器系统进行授权，使武器系统对来

① Mary Cummings and Alexander Stimpson, “Full Auto Pilot: Is it Really Necessary to Have a Human in the Cockpit?” Japan Today, May 20, 2015, http://www.japantoday.com/category/opinions/view/full-auto-pilot-is-it-really-necessary-to-have-a-human-in-the-cockpit.

② Mike Van Rassen, “Counter-Rocket, Artillery, Mortar (C-RAM),” Program Executive Office Missiles and Space, accessed June 16, 2017, Slide 28, http://www.msl.army.mil/Documents/Briefings/C-RAM/C-RAM%20Program%20Overview.pdf.

袭的目标进行自动跟踪、定位和摧毁。[①]

因此，C–RAM武器系统具有了“双保险”机制，即人员操作安全和自助系统操作安全。自主武器系统可以比人类操作员更加精确可靠地跟踪友好飞行器，而人类操作员则可以对于难以预测的突发情况进行及时反应。这种“双保险”机制的优点在于确保人类操作员每次射击之前都采取了正确行动，从而体现了人类操作员在作战行动中的责任心。

从原则上说，C–RAM武器系统由于采用人机混合决策而实现最优化。人类操作员可能难以防止各种事故的发生（人类毕竟免不了会犯错误），但人类操作员处于回路中，则可以显著减少潜在的误操作。毕竟，如果武器系统出现异常，人类操作员至少可以中止进一步的打击行动，而自主武器系统却无法理解它是否正与错误的目标交战。

为了使人类操作员真正体现“道德判断者”和“失效保护者”的角色，
他们必须经过训练并能理解积极参与武器系统的相关文化。“爱国者”防 325
空导弹系统出现误操作主要是由于自主系统出现了“未加授权和未加鉴别的信任问题”。[②]要确保人类操作员在交战行动中的责任，需做到以下几点：根据设计，自主武器系统可将人类的意图输入进机器，人机接口可以为人类提供可用的信息支撑决策和相关训练，并体现强调人类责任心的文化。当如上几点要素齐备，像C–RAM这样的自主武器系统才能安全高效地运行，人类掌控系统运转，而自主武器系统发挥出最佳的威力。

“半人马战士”的局限：速度

然而，当自主武器系统所要求的运转速度快于人类的反应速度，或者人机之间通信受阻的情况下，这种理想化的人机编组模式可能会走向崩溃。

---

① Sam Wallace, “The Proposed Ban on Offensive Autonomous Weapons is Unrealistic and Dangerous,” Kurzweilai, August 5, 2015, http://www.kurzweilai.net/the-proposed-ban-on-offensive-autonomous-weapons-is-unrealistic-and-dangerous.

② Hawley, “Not by Widgets Alone.”

我们还是以电脑象棋为例。“半人马”人机编组的象棋弈手通常会取得比较好的决策效果，但在有时间限制的比赛中，比如棋手只有30或60秒的时间来决定如何走下一步的时候，这种人机组合模式就不再是一种最优的模式。当决策时间被压缩，人类棋手在有限的时间内可能难以向计算机提供有价值的决策信息，甚至可能引入错误的决策信息。[①] 随着时间流逝，当计算机系统仍在照常运行，如果人类棋手不能再提供有价值的决策信息，不管允许人类思考多长时间，人机协作的时间范围其实已被固定。[②]

现实表明，机器在特定的军事应用中可以比人类做得更好。例如，当C–RAM自主武器系统遂行作战行动的反应速度与人类操作员相比具有压倒性优势，它就可以用于拦截敌方导弹和火箭的饱和攻击。当来袭的导弹具有更多的智能化特征，比如可以发起“蜂群攻击”，这些有监督的自主防御武器将变得更加重要——而人类操作员的参与程度将会下降。

根据定义，“人在回路上”要比“人在回路中”对于武器系统的控制更松。武器系统一旦操作失误，将会引发更大的安全和道德责任风险。不过，人类参与可以为用于实战的武器系统提供一些监督。事实上，“宙斯盾”等有人监督的自主武器系统几十年来已被广泛使用，其操作安全和道
326 德责任风险被证明是可控的。在各种情况下，人类操作员的存在——即便被作为一种额外的备份措施——必要时刻物理上对自主武器系统进行干预，可能会引发一些小的事故，但是不会造成灾难性后果。一个充斥更多有人监督的自主武器系统的世界，可能与我们今天的世界没有什么区别。

---

① 鉴于机器学习的最新进展，我们现在有可能在这一点上。2017年12月，人工智能研究公司“深度思考”发布了AlphaZero（“阿尔法元”），一种在国际象棋、围棋和日本战略游戏“幕府将军”(shogi)中实现超人类博弈的算法。在没有任何训练数据的情况下，“阿尔法元”仅进行了四个小时的自我测试，就超越了之前的顶级国际象棋程序。“阿尔法元”背后的方法，深度强化学习，似乎非常强大，因此人类不太可能作为这些游戏的“半人马”人机团队的成员增添任何价值。Tyler Cowen, “The Age of the Centaur Is *Over* Skynet Goes Live,” MarginalRevolution.com, December 7, 2017, http://marginalrevolution.com/marginalrevolution/2017/12/the-age-of-the-centaur-is-over.html. David Silver et al., “Mastering Chess and Shogi by Self-Play with a General Reinforcement Learning Algorithm,” December 5, 2017, https://arxiv.org/pdf/1712.01815.pdf。

② Cowen, “What Are Humans Still Good For?”

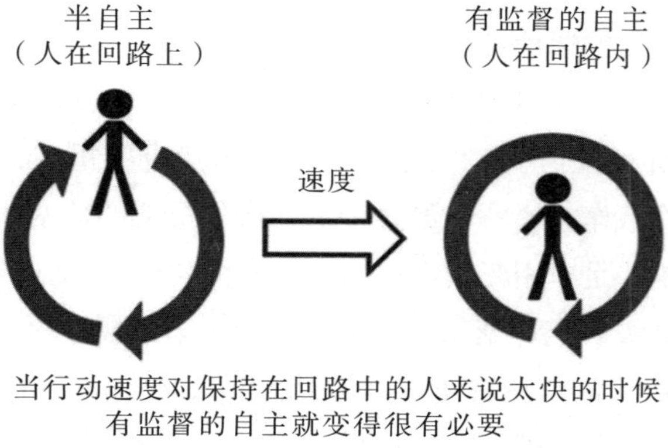

图 19-1　为何要采用有监督的自主武器

强调打击武器的速度，毫无疑问往往是在进攻性的环境中。然而在这些情况下，速度对于武器执行攻击命令是非常重要的，并不一定是指决策发射武器的速度。例如，作为一个“蜂群”发起打击的导弹需要被授权以协调与其他导弹的行动和目标冲突，尤其是敌方的目标也是一个“作战蜂群”的话。虽然人类对于打击行动可以有更多时间和空间上的选择，但在某些情况下，对于依靠人力选择敌方每一个目标将变得不再可行，特别是在成百上千个机器人参与的“蜂群战争”中。然而今天的武器系统，例如传感器融合系统武器、“硫磺石”导弹，人类操作员选择一组具体的敌方目标，武器系统可以自行分派攻击目标。人类操作员选择一组已知的攻击目标，可以减少许多需要由自主武器处理的情况，从而可以允许由人类操作员从整体上授权自主武器对敌方“作战蜂群”的攻击，而不需要去具体分析事关攻击行动的每一个独立要素。 327

恶化的通信情况

当武器系统通信失灵，尤其是在敌方空域或水下区域，将会使人类监督作用无法得到体现。但在充满竞争对抗的环境下，通信就不再是可有可无的因素。通信可以被敌方干扰但不一定被完全拒止。先进的军队往往都有通信抗干扰技术，或者人员躲在附近的车辆中授权自主武器进行交战。① 无论如何，人与武器的通信总是必要的。问题是，对于保持“人在回路中”需要多大的通信带宽？

其实，通信带宽并不需要太多。例如，从F–15战机在伊拉克执行任务的视频中截屏也仅需要12千字节。画面虽然有些粗糙，但也具有足够的像素区分出作战车辆。一个经过训练的操作员能够从两用的客车和卡车图像中辨别出哪些是军用车辆，比如坦克或移动导弹发射架等。

美国国防高级研究计划局的“拒止环境协同作战”项目目的是通过每秒可传输50千字节的信息链使“人在回路中”，传输速率相当于1990年代开始使用的65K调制解调器。这种低带宽通信能够每隔一秒传输一帧上述质量的图像（注：1千字节相当于8千比特，因此1帧12千字节的图像相当于96千比特）。这样的传输速度可允许作战值班人员观察目标，并在几
328 秒内做出决定是否授权自主武器遂行打击任务。

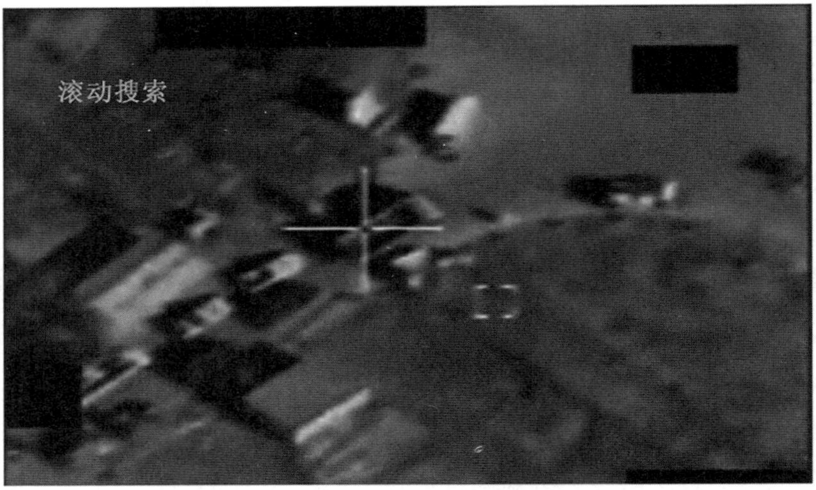

图19–2 在伊拉克遂行作战任务的F–15战机锁定目标的图像（12千字节大小）

---

① Sayler, “Talk Stealthy to Me.” Paul Scharre, “Yes, Unmanned Aircraft Are The Future,” War on the Rocks, August 11, 2015, https://warontherocks.com/2015/08/yes-unmanned-combat-aircraft-are-the-future/. Butler, “5th-To-4th Gen Fighter Comms Competition Eyed In Fiscal 2015,” Aviation Week Network, June 18, 2014, http://aviationweek.com/defense/5th-4th-gen-fighter-comms-competition-eyed-fiscal-2015.

这种降低带宽要求的方法在通信完全被干扰的地方是无法工作的。在没有通信支持的环境中，半自主武器需要在人类操作员预先授权的前提下搜索并毁伤目标，就像现在具有“发射后不管”能力的巡航导弹。然而，这通常对于打击固定目标比较奏效（或者对于有限区域内的移动目标且事先赋予半自主武器随时开火的权限）。在这些例子中，半自主武器的权责边界必须十分清晰，就像人类操作员事先就知道如何决策一样。

但是在通信完全被干扰的情况下，自主武器使用面临的问题要复杂得多。

比如，无人车辆在受到攻击的情况下能否自卫？军队未来很有可能部署机器人驾驶的车辆平台并具有自主防卫的能力，尤其是当车辆平台造价不菲的时候，自主防卫就更加必要。如果通信回路中没有人类战士参与，无人平台的防卫就必须是完全自主的。允许自主武器具有自我防卫的权限将可能引发一些风险。例如，攻击者有可能躲在无辜平民形成的“人肉盾牌”后面朝机器人开火，故意招致机器人还击以造成机器人战士滥杀平民的事件，甚至导致自相残杀或非故意冲突升级的风险。即使设定了倾向于防御的交战规则，但在误判压力下自主武器系统可能选择交火。因此，对于自主武器进行自我防御的授权是有风险的。当然，军队将昂贵的无人系统曝露于风险中或完全不加防卫也是不可想象的。为自主武器系统提供必要的相称的防御措施虽然受到一些限制，但风险必须可控。

一国军队主动公开自主武器系统的具体交战规则似乎是不现实的，但是国家之间在自主武器使用上保持一定程度的透明有助于管控冲突升级的风险。制定自主武器系统在竞争性作战环境下的使用“路规”，有助于减少偶发冲突的风险，从而提升战略稳定性。有一些规则，诸如“如果你朝机器人开枪，应想到它会还击”，就可以在观念上起到自我强化的作用。
这一规则与慎重的“不开第一枪”规则一起，都要求机器人在尚未开火的 329
情况下保持克制，从而有助于维持稳定局面。如果各国军队同意武装机器人系统如何使用的指导原则，将有助于各国部署武装机器人系统时管控可能发生的现实问题。

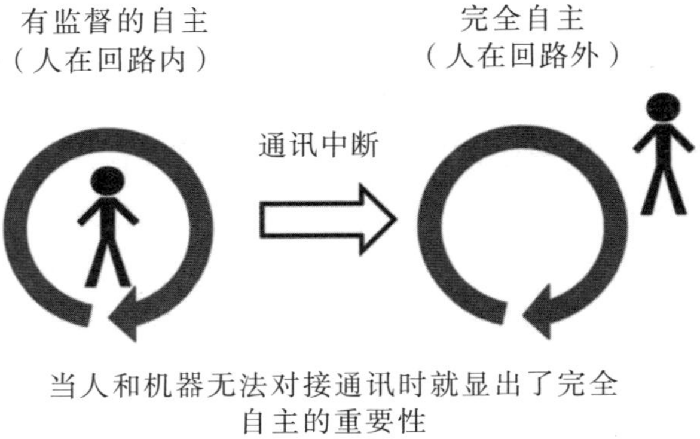

图 19-3　为何要采用完全自主武器

在通信被屏蔽的区域猎杀移动目标如何保持人类干预是最具挑战性的行动。由于不便于及时发现和定位，运用自主武器精确打击移动中的舰艇、防空系统、导弹发射架变得更为困难。在理想的情况下，一个机器人作战集群可以相互协同搜索目标，并通过中继链路将目标图像发送给人类操作员进行审核判定，然后机器人作战集群在获得人类操作员授权的情况下对目标发起打击行动。如果通信链路遭到中断，完全自主武器将自动完成搜索目标、选择目标并在移动中攻击目标的任务。

毫无疑问，这种自主武器在军事上具有重要的价值，同时也会带来潜在风险。在这些场景下，一旦把任务赋予完全自主武器，如果它失败了，或遭到黑客侵入，或被操纵攻击错误的目标，则不能及时将自主武器召回或中止任务。这与自主武器进行被动防御性还击不同，完全自主武器一旦遂行任务就不能受到限制或进行适当调控，它将继续自主完成搜索目标打击目标的所有流程。考虑到这种完全自主武器使用的潜在风险，我们应该
330 对其军事价值和风险进行仔细权衡。

当我向来自“宙斯盾”系统训练与支援中心的盖卢奇上校（Captain Galluch）问起他对于使用完全自主武器有什么看法时，他反问道：“我们

究竟想解决什么样的应用问题？”[①]这确是一个重要的问题。多年来，军方已开发出具有巡弋能力的精确打击弹药，这些武器可在广阔区域内自主寻的并摧毁目标。当然，也有一些例外，“战斧”反舰导弹和“哈比”等自主武器系统还没有开发出来，也找不到这些武器在冲突中应用的实例。完全自主武器可能很有价值，但是对于让它们具有即时自主防御能力，在实际应用中似乎并无必要。

发展完全自主武器的理由，似乎建立在别的国家可能会发展的假设上。即便最狂热的军用机器人的支持者也对发展完全自主武器表现出犹豫……如果别的国家不发展的话。这个正当的问题，有可能成为自我实现的预言。出于对别的国家可能发展完全自主武器的恐惧，将驱使军方也去加紧开发。乔迪·威廉姆斯（Jody Williams）曾问我：“如果完全自主武器不存在，或者军事上没有开发的必要，我们就不去创造它了吗？”[②]

迈克尔·卡尔·哈斯对于人工智能与战略稳定性表达了关切，建议各国应对于发展完全自主武器“相互克制”，以避免潜在的危险局面到来。[③]还有一些人认为完全自主武器的出现是不可避免的，军备控制的历史为双方的观点提供了佐证。

---

① Peter Galluch, interview, July 15, 2016.

② Jody Williams, interview, October 27, 2016.

③ Evan Ackerman, “We Should Not Ban ‘Killer Robots,’ and Here’s Why,” IEEE Spectrum: Technology, Engineering, and Science News, July 29, 2015, http://spectrum.ieee.org/automaton/robotics/artificial-intelligence/we-should-not-ban-killer-robots.

第20章

教皇和十字弩

军备控制的混乱历史

2015年夏天，一群顶尖的人工智能和机器人研究专家共同签署一封公开信，呼吁禁止开发自主武器。他们在公开信中写道："今天人类面临的主要问题，是启动全球性的人工智能军备竞赛，还是防止人工智能军备竞赛的发生。如果主要军事大国致力于开发人工智能武器系统，全球性的军备竞赛将不可避免。"①

在过去的岁月中，人类对于武器管控做出了许多努力。虽然有些努力取得了成功，但许多遭致了失败。1139年，虽然教皇英诺森二世颁发了针对天主教徒使用十字弓的禁令，但没有任何迹象显示该禁令能够减缓十字弓在中世纪欧洲各国的扩散。在20世纪早期，欧洲国家曾希望通过合作来制定关于限制潜艇战和禁止攻击城市的规则，他们的努力失败了。另一方面，人们限制使用化学武器的努力虽然在一战中失败了，但是在二战中却取得了成功。在二战中，所有主要大国虽然都拥有化学武器，但是没

---

① "Autonomous Weapons: An Open Letter From AI & Robotics Researchers."

有对彼此投入使用。今天，使用化学武器在全球范围内遭到唾弃，但是巴沙尔·阿萨德在叙利亚的使用表明没有任何禁令可以得到绝对执行。冷战期间，诞生了一大批军备控制条约，许多条约直到今天还在发挥作用。例如，禁止使用生物武器、致盲激光武器和将影响地球环境作为武器用于战争等条约，在国际社会得到了广泛尊重。近年来，人道主义运动使得国际 332
社会禁止使用地雷和集束炸弹的条约开始生效，虽然并没有被广泛接受，甚至有些国家还在使用这些武器。防扩散条约虽然不能终止但也能够减缓核武器、弹道导弹和其他危险技术的扩散。

图20-1　武器禁令的主要类型

历史上这些成功和失败的例子为人类管控自主武器扩散提供了借鉴。但是，自主武器所需的相关技术本身就非常分散，并且方便从市场上买到，也很容易复制，因而很难控制这类技术的扩散。寄希望于各国相互克制使用自主武器技术，说起来容易，但真正做起来恐怕很难。

为何有些军控条约成功有些却失败

军备控制条约是否能成功可能取决于三个因素：对于武器使用可怕后果的认知；对于军事价值的认知；致力于使军控条约生效的参与者的合作。[①] 如果某种武器使用的后果很可怕但是军事价值有限，针对其制定军

---

① 关于为什么一些武器禁令获得了成功，而有些则没有的分析文献，请参阅：Rebecca Crootof, http://isp.yale.edu/sites/default/files/publications/killer_robots_are_here_final_version.pdf; Sean Watts, “Autonomous Weapons: Regulation Tolerant or Regulation Resistant?” Temple International & Comparative Law Journal 30 (1), Spring 2016, 177-187; and Rebecca Crootof, https://www.lawfareblog.com/why-prohibition-permanently-blinding-lasers-poor-precedent-ban-autonomous-weapon-systems。

控条约就可能获得成功。如果某种武器在战场上可产生决定性的作战效果，不管使用后果多么可怕，要对其施加管控就会很难。这一点从各国对于化学武器和核武器的不同态度就可以看出。无论从哪个方面说，核武器都比化学武器更加有害，比如平民的伤亡，作战人员遭受的痛苦以及引发
333 的环境破坏。由于核武器在战场上可以带来决定性的优势，造成了《核不扩散条约》中提出的目标直到今天也难以实现。而化学武器虽然也可形成一些战场优势，但不具有决定性意义。即便萨达姆·侯赛因针对美国使用化学武器，导致美军更多的人员伤亡，但并不会改变第一次海湾战争或2003年伊拉克战争的进程。

表20-1　成功与失败的武器条约

前现代时期

武器	年份	机构或条约	是否具有法律约束力	管理类型	是否成功	驱动作用
有毒或带刺的剑	Dates vary— 公元前1500—公元前200年	摩奴法典	具有法律约束力	禁止使用	尚不明晰	不必要痛苦
暗器	Dates vary 公元前1500—公元前200年	摩奴法典	具有法律约束力	禁止使用	尚不明晰	背信弃义
点火的箭头武器	公元前1500—公元前200年	摩奴法典	具有法律约束力	禁止使用	尚不明晰	不必要痛苦
十字弩	1097; 1139	1097年拉特兰宗教会议；1139年第二次拉特兰议会	具有法律约束力	禁止使用	失败	政治控制
火器	1607—1867	日本德川幕府	具有法律约束力	有效禁止生产	成功（持续了约150年）	政治控制
火器	1523—1543	亨利三世时期	具有法律约束力	平民有限拥有权	短期	政治控制

334

19世纪末20世纪初

武器	年份	机构或条约	是否具有法律约束力	管理类型	是否成功	驱动作用
400克以下的易燃易爆弹	1868	《1868年圣彼得堡宣言》	具有法律约束力	禁止使用	被技术所取代，但这种精神仍然在维持	不必要痛苦
扩张子弹	1899	《1899年海牙宣言》	具有法律约束力	禁止使用	成功地限制战场使用，尽管在民用应用中是合法的	不必要痛苦
窒息性气体（来自炮弹）	1899	《1899年海牙宣言》	具有法律约束力	禁止使用	失败——一战中使用	不必要痛苦
毒药	1899；1907	1899及1907年《海牙宣言》	具有法律约束力	禁止使用	成功	不必要痛苦
造成多余伤害的武器	1899；1907	1899及1907年《海牙宣言》	具有法律约束力	禁止使用	成败参半，但总体成功	不必要痛苦
投弹或炸药的气球	1899；1907	1899及1907年《海牙宣言》	具有法律约束力	禁止使用	短期	平民伤亡
对不设防城市的空中轰炸	1907	1907年《海牙宣言》	具有法律约束力	禁止使用	失败	平民伤亡

第一次世界大战至第二次世界大战期间

武器	年份	机构或条约	是否具有法律约束力	管理类型	是否成功	驱动作用
带锯齿的刺刀	第一次世界大战	战场上的默契合作	无明确协议	禁止拥有	成功	不必要痛苦
化学和细菌武器	1925	1925年《日内瓦气体和细菌学议定书》	具有法律约束力	禁止使用	很大程度上成功地限制了“二战”中的战场使用	不必要痛苦
潜艇	1899；1921—1922	1899年《海牙公约》；1921—1922年华盛顿海军会议	从未批准	尝试禁止，但从未批准	失败—条约从未获得批准	平民伤亡
潜艇	1907；1930；1936	1907年《海牙宣言》；1930年《伦敦海军条约》；1936年《伦敦协议》	具有法律约束力	规范使用	失败—战场上并未遵守	平民伤亡
海军规模	1922；1930；1936	1922年《华盛顿海军条约》；1930年《伦敦海军条约》；1936年《第二次伦敦海军条约》	具有法律约束力	限制数量和大小	短期	限制军备竞赛

冷战时期

武器	年份	机构或条约	是否具有法律约束力	管理类型	是否成功	驱动作用
核试验	1963；1967；1985；1995；1996	《有限禁试条约》《特拉特洛尔科条约》《拉罗通加条约》《曼谷条约》《佩林达巴条约》《全面禁止核试验条约》	具有法律约束力	禁止试验	总体成功，也有一些例外	对平民的影响；限制军备竞赛
南极洲的武器	1959	《南极洲条约》	具有法律约束力	禁止部署	成功	限制军备竞赛
太空中的大规模杀伤性武器	1967	《外空条约》	具有法律约束力	禁止部署	成功	战略稳定性
月球中的武器	1967	《外空条约》	具有法律约束力	禁止部署	成功	限制军备竞赛
无核区	1967；1985；1995；1996	《特拉特洛尔科条约》《拉罗通加条约》《曼谷条约》《佩林达巴条约》	具有法律约束力	禁止开发、制造、拥有或驻扎	成功	限制军备竞赛
核武器	1970	《核不扩散条约》	具有法律约束力	禁止扩散	总体成功，但也有一些例外	战略稳定性
海底核武器	1971	《海底条约》	具有法律约束力	禁止部署	成功	战略稳定性
弹道导弹防御	1972	《反弹道导弹条约》	具有法律约束力	限制部署	冷战期间成功；在多极化世界中失败	战略稳定性

续表

武器	年份	机构或条约	是否具有法律约束力	管理类型	是否成功	驱动作用
生物武器	1972	《生物武器公约》	具有法律约束力	禁止开发、生产、储存和使用	总体成功，但也有一些例外	不必要伤害；平民伤亡；防止军备竞赛
利用环境作为武器	1976	《环境影响武器公约》	具有法律约束力	禁止使用	成功	平民伤亡；防止军备竞赛
反卫星武器	1970s & 1980s	美苏默契合作	没有明确协议	规范部署	成功，但在多极化世界中面临威胁	战略稳定性
中子弹	1970s	美苏默契	没有明确协议	规范部署	成功	战略稳定性
非X光可探测碎片	1980	《特定常规武器公约第一议定书》	具有法律约束力	禁止使用	成功	不必要痛苦
地雷	1980	《特定常规武器公约第二议定书》	具有法律约束力	规范使用	失败	平民伤亡
燃烧武器	1980	《特定常规武器公约第三议定书》	具有法律约束力	规范使用	成败参半	平民伤亡
生化武器	1985	澳大利亚集团	不具有法律约束力	禁止扩散	成败参半	不必要痛苦；平民伤亡
弹道和巡航导弹	1987；2002	导弹技术控制体制；海牙行为准则	不具有法律约束力	限制扩散	部分成功	战略稳定性
中程导弹	1987	《中程核力量条约》	具有法律约束力	禁止拥有	成功执行了30年，但在多极化世界里已崩溃	战略稳定性
核武器和发射装置数量	1972；1979；1991；2002；2011	《第一阶段限制战略武器条约》《第二阶段限制战略武器条约》《裁减进攻性战略武器条约》《削减战略武器条约》《新削减战略武器条约》	具有法律约束力	限制数量	成功	限制军备竞赛

338 339

后冷战时期

武器	年份	机构或条约	是否具有法律约束力	管理类型	是否成功	驱动作用
常规空中和地面部队	1991	《欧洲常规武器条约》（CFE）	具有法律约束力	限制数量	在多极化世界中失败	限制军备竞赛
化学武器	1993	《禁止化学武器公约》	具有法律约束力	禁止开发、生产、储存和使用	总体成功，但也有一些例外	不必要痛苦；平民伤亡
激光致盲武器	1995	《特定常规武器公约第四议定书》	具有法律约束力	禁止使用	成功	不必要痛苦
常规武器	1996	《瓦森纳协议》	不具有法律约束力	限制扩散	部分成功	政治控制
地雷	1997	《禁止地雷条约》（渥太华条约）	具有法律约束力	禁止开发、生产、储存和使用	总体成功，但也有一些例外	平民伤亡
集束弹药	2008	《集束弹药公约》	具有法律约束力	禁止开发、生产、储存和使用	总体成功，但也有一些例外	平民伤亡

340

从军备控制的历史可以看出，很多不再发挥作用的武器被禁止。但如果说由于某种武器还有军事价值军控条约就会失效，这样理解又过于简单了。因为仅仅拿武器的战场价值来评判，军队几乎肯定会使用毒气。使用毒气可以突然打乱敌方的军事行动并产生使敌方部队恐惧的心理效应。被军控条约禁止使用的炸裂子弹和致盲激光，在战场上仍具有军事价值。在这些例子中，武器的实用价值被认为相当低，以至于各国军队不会认为武器足够重要而违反军控协定。

参与禁止某项武器使用条约的国家数量也是一个关键因素。冷战期间，只有美苏两个超级大国，推动军控条约相对容易些。20 世纪初，军控条约的执行由于需要所有国家的同意而变得更为困难。一个国家反对，就会导致武器管控协议流产。冷战结束后，武器控制的这种动态发展局面又开始出现。

有趣的是，军控条约的法律地位似乎与该条约是否成功没有多大关系。有法律效力的军控条约经常遭到违犯，而武器发展得到克制的例子往往没有正式的军控协议约束。那些国际条约或协定，不论是否有法律约束力，基本上作为开展国际协调的焦点。对一些国家不去触犯军控禁令构成威慑效果的往往不是国际条约，而是发展某种武器后产生的相互影响。因为按照通常的理解，发展武器的国家只要赢得了战争就没有什么法律后果。但一个国家之所以对发展武器表现出自我克制，还是因为担心来自别的国家的相应报复。当处于战争中的国家没有能力实施报复，另一方就可能为所欲为。例如，二战期间日本针对中国人使用了一些化学武器（而中国没有化学武器），纳粹德国在大屠杀中使用毒气室杀害了上百万人。如果受害的国家都具有同等的报复能力，日本和纳粹德国可能不会考虑使用
341 毒气。

参与军备竞赛的国家之间，要产生相互克制，对于共同协调的立场原则必须有清晰的表述。托马斯·谢林在其著作《冲突的战略》（*Strategy of Conflict*）和《武器及其影响》（*Arms and Influence*）中写道："（对于军备控制）最有力的约束，最受欢迎的条约，不一定是对于程度或等级的要求，而是那些突出和简洁的定性表述，以及可以给定清晰边界的内容。"①谢林认为：

> "使用了一些毒气"的表述提出了更为复杂的问题，到底使用了多少？在哪里使用？在什么情形下使用？"不使用毒气"是简明清晰的表述。将毒气仅用于军事人员；毒气仅用来进行自卫；毒气只能用车辆或炮弹（projectile）来运输；使用毒气必须提前告警……许多关于毒气使用的限制是可以想象的，有些限制是有道理的，很多限制对于战争结果的影响也是公正的。但是，当每一方只能推测对方会提出哪些限制武器使用的规则时，或者当军控谈判最初的协调努力遭到失败时，就可能破坏双方关于毒气使用所有限制条款的默契，从而使"不使用毒气"这一简洁表述也

① Schelling, *Arms and Influence*, 164.

成为军控协议的讨论焦点。[1]

在二战期间，欧洲国家关于限制相互之间使用毒气的简洁表述，毫无疑问对于限制毒气实际使用发挥了重要作用，虽然“总体战”的思想在当时的欧洲大陆风靡一时。

德国和英国也曾经为避免轰炸民用目标做了努力，但并不成功。不是因为空中轰炸比使用毒气效果更好或相对而言不是那么恐怖，针对城市的空中轰炸不仅效果并不理想，而且还会招致广泛的谴责。德军和英军发动针对对方国家城市轰炸的主要原因，与另一方已经发起了轰炸行动有关。

空中轰炸与使用毒气的首要区别，或者说为什么禁止针对城市平民目标的轰炸克制起来如此困难，是由于各方对于“不使用毒气”的军控规则缺乏清晰简洁的表述。在当时，轰炸机已被用于轰炸城市以外的其他目标，比如先是用于轰炸水面舰艇，然后针对地面的军用目标发动空袭（不可避免会造成平民伤亡），接着轰炸城市。轰炸机使用的这些步骤渐次推进，某个小的偶发事件就可能造成轰炸行动升级。[2] 实际上，针对城市的大规模空中轰炸也有可能起因于小的事件。二战初期，希特勒对纳粹德国 342
空军给出明确指示，轰炸只针对英军军事目标，避免轰炸城市，因为他担心英军予以报复。但是，1940年8月24日，德军轰炸机在黑夜中迷航而误炸了伦敦市中心。英国皇家空军立即还以颜色而轰炸柏林。希特勒被激怒了，他在一次公开演讲中声称：“如果英国佬胆敢对我们的城市发动大规模空袭，我们将会把他们所有的城市夷为平地。”[3] 德军对伦敦发动了长达

① Thomas C. Schelling, The Strategy of Conflict (Cambridge, MA: Harvard University, 1980), 75.

② 谢林（Schelling）在批判麦克纳马拉（McNamara）的“无城市”学说的文章中，从武力和影响力两个方面阐述了这一观点，参见Schelling, *Arms and Influence*, 165。

③ “Hitlers Bombenterror: ‘Wir Werden Sie Ausradieren,’ ” Spiegel Online, accessed April 1, 2003, http://www.spiegel.de/spiegelspecial/a-290080.html.

半年多的“伦敦大轰炸”（the London Blitz）行动，[①] 双方最初的相互克制被抛到九霄云外。毒气的使用与此不同，从“禁止使用毒气”到突然使用毒气，就跨越了红线和门槛，必然导致冲突升级。如果毒气攻击已经用于战场上的军事目标，也将会很快扩大到针对城市目标的攻击。

达成禁止使用某种武器的军控条约，往往比管控某种武器使用的复杂规则协议的出台更容易成功。其他一些领域限制武器使用以避免造成平民伤亡的努力，例如限制潜艇战、燃烧弹的相关条款及《特定常规武器公约》中的地雷议定书，也有着同样糟糕的记录。而完全禁止使用相关武器方面的进展，比如炸裂子弹（exploding bullets）、膨胀子弹（expanding bullets）、化学武器、生物武器、环境影响武器、激光致盲武器，等等，成效就好得多。[②]

对于以上规则进行印证的还有两个有趣的例外，一个是关于禁止使用地雷，另一个是关于禁止使用集束炸弹。在这两类武器的军控条约文本中都有简明直接的表述。条约签署国要保证“在任何情况下都绝不使用”地雷和集束炸弹。这是关于武器使用直白、清晰、简洁的禁止要求，但一些复杂的细节则淹没在相关定义中。在这两个例子中，条款定义在写法上为限制武器使用产生了漏洞。例如，关于“禁止将地雷用于军事人员”，就意味着可允许发展对付车辆的地雷，包括一些允许用来“对付手持设备”的定义（对军事人员则可能是致命的）。[③]《禁止使用集束炸弹条约》中甚至包含了更为复杂的定义，隐藏了集束炸弹中子炸弹数量和重量的界定。其效果，在一般人看来，对很多武器系统的限制要求都和集束炸弹差不

① The London Blitz 译为伦敦大轰炸，是指在第二次世界大战中纳粹德国1940年9月7日至1941年5月10日对英国首都伦敦实施的战略轰炸。轰炸范围遍及英国各大城市和工业中心，但以伦敦受创最为严重。一直到不列颠战役结束，伦敦已被轰炸超过76个昼夜，超过4.3万名市民死亡，并有约10万幢房屋被摧毁。伦敦因此成为第二次世界大战期间遭受轰炸最为严重的三座城市之一（其他两座为德国柏林和中国重庆）。

② 这似乎表明，如果激光被用于未来战争的目的是非致盲的，但最终引起偶然致盲，那么它们将很快演变为用于有意致盲。

③ Human Rights Watch, “Yemen: Houthi Landmines Claim Civilian Victims,” September 8, 2016, https://www.hrw.org/news/2016/09/08/yemen-houthi-landmines-claim-civilian-victims.

多。这不是偶然的。这种经过精心雕饰的定义，在军控谈判中就会允许一些国家保留其“不能完全称之为集束炸弹”的武器库存。在签署《禁止使 343
用集束炸弹条约》过程中，澳大利亚就明确表示条约不适用于澳军装备的SMArt 155炮弹，因为该型炮弹可以拆分为两个反坦克炮弹。[①] 虽然在定义中暗藏了不少复杂的具体规则，但禁止使用集束炸弹的条约总体上条理清晰，从规范性的角度看，可以产生强有力的约束。在任何情况下，一国只要被认为违反了该条约就比较容易受到国际社会的指责。“禁止使用集束炸弹”的表述要比“可以使用这些集束炸弹，那些不行”的表述更加简洁且易于评判，虽然在实践中，军控禁令仅能做到后者。

剔除一些例外因素可使更多国家易于在军控禁令上签字，但如果武器涉及的相关技术仍在发展，就可能产生新的问题。历史的经验告诉我们，预测未来技术演化的路径并非易事。1899年海牙宣言禁止使用装满毒气的抛射型炮弹，却没有禁止罐装毒气。大规模罐装毒气攻击是德军在第一次世界大战伊珀尔战场上的技术创新。[②] 另一方面，1899年海牙宣言也包括了禁止使用膨胀子弹，但这一技术并不令人可怖。各国军队虽然广泛限制使用膨胀子弹，但在美国，平民可以在市场上轻松买到并用于自卫。

海牙军控会议的代表们认识到这些挑战并试图有所行动，尤其是对于快速发展的空中武器。1899年海牙宣言禁止从热气球或者“通过具有类似特点的其他新方式”抛射武器，参与起草海牙宣言的代表们已开始预测飞机出现的可能性，仅仅四年之后这种预测就成了现实。[③] 1907年的海牙军控条约着眼应对新兴技术带来的问题，禁止“以各种方式攻击或空中轰

---

① “Fitzgibbon Wants to Keep SMArt Cluster Shells,” Text, ABC News, (May 29, 2008), http://www.abc.net.au/news/2008-05-29/fitzgibbon-wants-to-keep-smart-cluster-shells/2452894.

② Jonathan B. Tucker, War of Nerves: Chemical Warfare from World War I to Al-Qaeda New York: Pantheon Books, 2006.

③ Declaration (IV,1), to Prohibit, for the Term of Five Years, the Launching of Projectiles and Explosives from Balloons, and Other Methods of Similar Nature. The Hague, July 29, 1899, https://ihl-databases.icrc.org/applic/ihl/ihl.nsf/385ec082b509e76c41256739003e636d/53024c9c9b216ff2c125641e0035be1a?OpenDocument.

炸没有防卫能力的城镇、村庄、住宅或建筑物”。[①] 其实，这种约束并不足够，仅关注“无防卫能力”的目标，往往看不到对于空袭的防御其实是徒劳的。在现实中，对于有防御措施的目标，轰炸机也总能将其摧毁。[②]

技术总是以不可预见的方式发展演化。成功的预防性军控禁令往往聚焦于技术背后的应用目的，而不是具体的限制措施。例如，关于致盲性激光武器的使用禁令，明确禁止设计使用致人永久失明的激光武器，而非限制激光武器的特定功率。美国对于使用膨胀子弹的禁令也采取了类似的基于意图
344 的解释，膨胀子弹只是造成了一定程度上不必要的痛苦才被禁止使用。

预防性军控禁令既包含挑战也带来机遇。因为一种新的武器，比如致盲性激光武器或者环境影响武器，要么还没有列装，要么军事用途仍存在模糊。这种情形往往使得军控禁令容易成功。各国对于某种新武器的军事用途尚不确定的情况下，可能不愿去冒险发起军备竞赛。另一方面，各国往往在战场上看到某种武器使用之后，才会完全认识到其可拍后果。正如，各国可预见到机载武器对于不设防的城市轰炸后造成的损害，但现代人的良知却并未准备好接受使用原子弹、毒气所带来的震撼。

武器核查

关于自主武器讨论中不断被提起的一个话题，是武器核查机制在军控条约中的作用。军控历史上，武器核查机制并非总是存在。很多军控条约，比如《核不扩散条约》[③]、《化学武器公约》[④]、《中导条

① Regulations: Article 25, Convention (IV) respecting the Laws and Customs of War on Land and its annex: Regulations concerning the Laws and Customs of War on Land. The Hague, October 18, 1907, https://ihl-databases.icrc.org/applic/ihl/ihl.nsf/Article.xsp?action=openDocument&documentId=D1C251B17210CE8DC12563CD0051678F.

② “The bomber will always get through,” Wikipedia, https://en.wikipedia.org/wiki/The_bomber_will_always_get_through.

③ “Treaty on the Non-Proliferation of Nuclear Weapons (NPT),” United Nations Office for Disarmament Affairs, https://www.un.org/disarmament/wmd/nuclear/npt/text, accessed June 19, 2017.

④ “Chemical Weapons Convention,” Organisation for the Prohibition of Chemical Weapons, https://www.opcw.org/chemical-weapons-convention/, accessed June 19, 2017.

约》[①]、《削减战略武器条约》[②]和新的《削减战略武器条约》[③]都有正式的核查验证机制。其他军控条约，比如《外空条约》中关于“禁止在月球放置军事设施”的规定，也有事实上的核查机制。[④]但地雷和集束炸弹的使用禁令则没有配套的核查机制，不过确实需要各国在销毁存量武器方面保持透明。

当然，也不是所有成功的军控禁令都需要核查机制。1899年关于膨胀子弹的禁令[⑤]、《1925年日内瓦禁止使用毒气议定书》[⑥]、《特定常规武器公约》[⑦]、《削减战略性进攻武器条约》(SORT)[⑧]，以及《外空条约》中关于禁止在外空轨道放置大规模杀伤性武器的规定，[⑨]就没有建立核查机制。联合国《禁止为军事或任何其他敌对目的使用改变环境的技术的公约》(*The Environment Modification Convention*)[⑩]和《禁止生物武器公约》

---

① “Treaty Between the United States of American and the Union of Soviet Socialist Republics on the Elimination of their Intermediate-Range and Shorter-Range Missiles.”

② “Treaty Between the United States of American and the Union of Soviet Socialist Republics on the Reduction and Limitation of Strategic Offensive Arms,” U.S. Department of State, https://www.state.gov/www/global/arms/starthtm/start/start1.html, accessed June 19, 2017.

③ “New Start,” U.S. Department of State, https://www.state.gov/t/avc/newstart/, accessed June 19, 2017.

④ Treaty on Principles Governing the Activities of States in the Exploration and Use of Outer Space, including the Moon and Other Celestial Bodies.

⑤ Declaration (IV,3) concerning Expanding Bullets, The Hague, July 29, 1899, https://ihl-databases.icrc.org/applic/ihl/ihl.nsf/Article.xsp?action=openDocument&documentId=F5FF4D9CA7E41925C12563CD0051616B.

⑥ Protocol for the Prohibition of the Use of Asphyxiating, Poisonous or Other Gases, and of Bacteriological Methods of Warfare, Geneva, June 17, 1925, https://ihl-databases.icrc.org/ihl/INTRO/280?OpenDocument.

⑦ “The Convention on Certain Conventional Weapons,” United Nations Office for Disarmament Affairs, https://www.un.org/disarmament/geneva/ccw/, accessed June 19, 2017.

⑧ “Treaty Between the United States of America and the Russian Federation On Strategic Offensive Reductions (The Moscow Treaty),” U.S. Department of State, https://www.state.gov/t/isn/10527.htm, accessed June 19, 2017.

⑨ Treaty on Principles Governing the Activities of States in the Exploration and Use of Outer Space, including the Moon and Other Celestial Bodies.

⑩ Convention on the Prohibition of Military or Any Other Hostile Use of Environmental Modification Techniques.

（BWC）[①] 仅规定了那些认为别的国家实施欺骗行为而没有执行上述国家公约，可以向联合国安理会提起诉讼（据报道历史上前苏联曾秘密进行过生物武器项目）。[②]

总体而言，如果有理由认为别的国家可能秘密进行被禁止的武器研发项目，核查机制就是有用的。化学武器、地雷、集束炸弹就是这种情况，核武器接近于这种情况。核查机制也并非十分重要，军备控制需要的是透
345 明度。各国如果要保持相互克制，就需要知道其他国家是否遵守了军控条约。由于一些武器很难一直处于秘密研发状态，通过简单事实就满足透明度要求。比如，有些武器可以秘密发展，但是反弹道导弹设施和舰船则不易被隐藏。[③]

为何禁止

归根结底，军控禁令背后的动机影响其成功的可能性。成功的军控禁令可分为以下几类。第一类是指武器使用会带来不必要的痛苦。根据定义，使用这些武器对作战人员造成的伤害超过其军事价值。限制使用武器可以使这一认识得到自我强化。由于几乎可以肯定敌方会进行报复，作战人员因而产生强烈动机不去使用这些武器。

对可能导致大量平民伤亡的武器的军控禁令也取得了成功，那些禁令

① "The Biological Weapons Convention," United Nations Office for Disarmament Affairs, https://www.un.org/disarmament/wmd/bio/, accessed June 19, 2017.

② Tim Weiner, "Soviet Defector Warns of Biological Weapons," New York Times, February 24, 1998. Milton Leitenberg, Raymond A. Zilinskas, and Jens H. Kuhn, The Soviet Biological Weapons Program: A History (Cambridge: Harvard University Press, 2012). Ken Alibek, Biohazard: The Chilling True Story of the Largest Covert Biological Weapons Program in the World (Delta, 2000). Raymond A. Zilinskas, "The Soviet Biological Weapons Program and Its Legacy in Today's Russia," CSWMD Occasional Paper 11, July 18, 2016.

③ 缺乏核查制度一直是《生物武器公约》（*the Biological Weapons Convention*）的一个长期关切问题。"Biological Weapons Convention (BWC) Compliance Protocol," NTI, August 1, 2001, http://www.nti.org/analysis/articles/biological-weapons-convention-bwc/. "The Biological Weapons Convention: Proceeding without a Verification Protocol," Bulletin of the Atomic Scientists, May 9, 2011, http://thebulletin.org/biological-weapons-convention-proceeding-without-verification-protocol。

也仅当拥有相关武器（如集束炸弹禁令和渥太华地雷禁令）时有效，而不是针对某些情况下使用相关武器（如针对机载武器、潜艇战、燃烧弹的禁令以及《特定常规武器公约》中的地雷议定书）。还有一类，针对可能导致战略不稳定的武器禁令通常也获得了成功，即便只有少数几个国家需要进行合作。要实施有效的军备控制其实绝非易事，尤其是只有少数几个国家参与的时候。当各国合作的焦点比较清楚，且军事价值较低的时候，对于阻止战争向新地理空间扩展的努力也获得了成效。比如禁止在月球上或地球南极放置武器设施。但是，对于水下、深海或空中的武器限制却失败了，很可能由于相关规定差别太大。比如，对于“不使用潜艇”或“不使用飞机”的表述应更加清晰具体。

最后要指出的是，即便有军控领域最成功的例子，军控禁令也并不完美，仍然会有一些国家不遵守已达成的军控协议。因为武器发展的军事价值仍是最为关键的影响因素，各国都不想放弃发展可影响战争胜局的武器。这对于那些致力于寻求自主武器军控禁令的人们来说，将是一个严峻的挑战。

第21章

自主武器是否不可避免

寻找机器人的致命性法则

近十年来，我一直在研究自主武器。几乎所有与我交谈过的人，都认为虽然机器人的使用已经被划定界限，但仍应该对它们在战争中采取的行动加以限制。罗恩·阿尔金（Ron Arkin）说，他可能会支持对无人监督的能在战场上自主选择和攻击新目标的机器实施禁令。虽然鲍勃·沃克已经给通用人工智能的使用明确了范围，但很显然，在战争中应用自动化设备和机器智能既极端危险，也有违伦理道德，或者是完全不合法的。至于这些国家能否联手避免这些危险的发生，则是另外一个问题了。

自2014年以来，联合国每年都会在瑞士日内瓦召开特定常规武器公约（CCW）会议。在这个会议上，一些国家就自主武器相关问题进行探讨。①外交领域的缓慢进展与技术领域的迅猛发展形成了鲜明的对比。在经过三年的非正式会议后，会议终于正式决定成立政府专家组（Group of Governmental Experts，GGE），由这个专家组专门讨论自主武器相关问题。虽然政府专家组名义上更加正式，但实质上并未被授权商讨多边条约的签署，其主要职责是确定自主武器的工作定义。这也表明，各国在推动自主武器使用方面进展缓慢。

尽管如此，第一个定义问题依然很重要。一些人认为，自主武器就是能够在广阔区域内自主搜寻并攻击目标的简单机器人系统。事实上，目前人类已经可以制造出这类自主武器，但要想使自主武器在多种环境中运用 347
符合战争法则难度很大。此外，对另外一些人来说，“自主武器”是一个通用概念，它适用于从远程反舰导弹到鱼雷等以各种方式使用自动化技术的武器装备。从这个角度来看，对自主武器的担忧是多余的（因为它们已经存在了超过70年！）。有些人将“自主性”与自主学习和自适应系统相提并论，虽然自主学习和自适应系统有实现的可能，但目前尚未实质性用于武器系统。还有些人一听到“自主武器”这个词，脑海中就自动浮现出具有人类智力水平的机器。虽然这种机器在短期内尚无出现的可能性，但一旦出现就会引发一系列问题。因此，如果没有一个统一的概念，各国可能很难达成共识，甚至出现“鸡同鸭讲”的情形。

第二个问题几乎在任何新兴技术刚出现时都会遇到，那就是人类很难准确预测新兴武器的使用方式、使用环境以及对未来战争产生何种影响。有些人认为，自主武器比人类更可靠和精巧，是精确制导武器发展演化的下一个阶段，可减少人员伤亡，使战争变得更人性化。有些人则预感灾难即将来临，认为冷血的杀人机器将大开杀戒。我们很难准确分辨哪种观点

---

① “2014 Meeting of Experts on LAWS,” The United Nations Office at Geneva, http://www.unog.ch/__80256ee600585943.nsf/(httpPages)/a038dea1da906f9dc1257dd90042e261?OpenDocument&ExpandSection=1#_Section1. “2015 Meeting of Experts on LAWS,” The United Nations Office at Geneva, http://www.unog.ch/80256EE600585943/(httpPages)/6CE049BE22EC75A2C1257C8D00513E26?OpenDocument; “2016 Meeting of Experts on LAWS,” The United Nations Office at Geneva, http://www.unog.ch/80256EE600585943/(httpPages)/37D51189AC4FB6E1C1257F4D004CAFB2?OpenDocument.

更加正确，只能说两种观点都有可能。一方面，自主武器的使用确实可以令战争更人性化和精准。另一方面，一旦自主系统出现故障，则可能引发大规模的杀伤。

第三个问题与政治有关。各国都从自身安全利益出发看待自主武器，其立场不尽相同，取决于他们对是否能从（使用）自主武器中受益这一问题的考量。如果认为现在关于自主武器的讨论正向禁止使用的方向发展，未免有些太过乐观。

尽管如此，关于自主武器的国际讨论还是取得了一些进展。目前，人们已初步形成任何武力使用都需要人员介入的共识。这一论断有多种不同的表达方式：有些非政府组织和国家呼吁实现“有意义的人类控制”（meaningful human control）。美国在《国防部指令3000.09》中使用了“适当的人类判断”（appropriate human judgement）一词。[①] 在综合这两种观点的基础上，2016年CCW专家会议上提交的最终报告中使用了中性词语“适当的人类介入”（appropriate human involvement）。不管怎样，目前仍没有一个国家认为在使用致命性自主武器中排除所有人类干预是可接
348 受的。尽管这一共识目前看来还比较脆弱，但至少可以作为各方合作的起点。

目前，自主武器讨论面临的挑战之一是，主要推动禁止自主武器使用的是非政府组织而非主权国家。目前，只有少数国家支持该禁令，且其中没有军事大国。从历史的角度来看，这很不寻常，因为历史上大多数限制武器使用的运动都由大国主导。

该议题主要由“禁止杀人机器人”等非政府组织主导推动，一定程度上影响着讨论的走向。对于可能造成平民伤亡的担忧一直占据着自主武器讨论的中心，而曾经作为武器禁令主要论据的战略稳定性问题，如今已退居次要地位。为推行禁令四处奔走的非政府组织，希望能继禁止地雷和集束炸弹武器后再次推动对自主武器的禁令。但纵观历史，并没有因可能导

① CCW, “Report of the 2016 Informal Meeting of Experts on Lethal Autonomous Weapon Systems (LAWS), June 10, 2016.

致平民伤亡而成功对某类武器实施先发禁令的先例。原因显而易见，可导致平民伤亡的考量与军方优先考虑的根本因素——军事必要性存在冲突。即便某些国家真正想减少或避免平民伤亡，他们也可能辩解称，就算守法的国家遵守国际人道法准则，但那些对国际人道法不屑一顾的国家压根就不会关心平民伤亡。那么，这种禁令除了束缚守法国家的手脚外一无是处。支持对集束弹药和地雷实施禁令的人能够明确指出这些武器可造成的实际伤害，但对于新兴技术领域，这根本无法做到。

一旦某种武器装备被认定能引发大规模平民伤亡，通常的解决之道是限制其使用，如避免在人口密集地区发动攻击。理论上，这些限制规定旨在使军队合法使用该武器而不伤害平民。但在战争中，针对某种武器的禁令实际上起不到任何作用。托马斯·谢林[1]在分析罗伯特·麦克纳马拉[2]对于"不攻击城市"原则的呼吁时，尖锐指出了这些规则存在的固有问题："究竟军事设施离城市多远，才能被认定为属于城市的一部分？一旦错误地使用了某种武器装备，需要达到何种破坏程度才能认定该城市处于战争之中？事实上，这里并不存在一条清晰的界限。"[3]

自主武器实施禁令的支持者也明确反对这种办法，将其称为"分区" 349
法，[4] 即这种方法可能会鼓励一些国家在海底等没有平民的非人员密集区使用自主武器。"禁止杀人机器人运动"呼吁对完全自主武器的发展、生

① 托马斯·谢林（1921.4.14—2016.12.13），美国学者。他从经济学的角度发展了非合作博弈理论，并开始涉及社会学领域中的一些主要问题。2005年因"通过博弈论分析改进了我们对冲突和合作的理解"而被授予诺贝尔经济学奖。主要著作包括：《冲突的战略》（1960年）、《武器的影响力》（1966年）和《微观动机与宏观行为》（1978年）等。译者注。

② 罗伯特·麦克纳马拉（1916.6.9—2009.7.6），美国商人、政治家，曾任美国国防部长和世界银行行长。他就任国防部长期间主导了越南战争，但晚年开始对战争的反思和忏悔，出版回忆录检讨越战的悲剧。译者注。

③ Schelling, *Arms and Influence*, 165.

④ Article 36, "Autonomous weapons—the risks of a management by 'partition,'" October 10, 2012, http://www.article36.org/processes-and-policy/protection-of-civilians/autonomous-weapons-the-risks-of-a-management-by-partition/.

产和使用进行全面禁止。[1] 反对对自主武器实施禁令的群体反驳说，由于自主武器相关技术具有明显的扩散性，不可能全面禁止。[2] 但这种说法实际上将禁令等同于防扩散制度。事实上，众多成功实施的禁令（如针对膨胀子弹、环境变异、生化武器、致盲激光武器、禁止地雷和集束炸弹的禁止公约），并未试图限制与这些武器有关的基础技术。

清晰是上述提到的武器禁令之间共有的特点，也是当前关于自主武器讨论所欠缺的。即便目前没有人能造出一台真正致盲的激光武器，它的概念却很明晰。我们也注意到，目前世界上仍没有对自主武器的定义形成广泛共识。实际上，一些非政府组织领导人并不认同制定一个自主武器的工作定义。人权观察组织（Human Rights Watch）的工作人员史蒂文·古斯告诉我："在某个词语含义的变化初期就草率下定义，并非明智之举。所谓定义，就是界定一个事物的内涵和外延。"[3] 他说："一旦你开始讨论某一定义，绕不开的是要确认它的例外情况。"就过去在禁止地雷和集束炸弹方面所开展的工作，这种说法无疑是正确的。各国先进行讨论和谈判，最后才明确概念。这是因为，人们对地雷和集束炸弹的使用有着共同的理解，能够首先确立禁令的总体原则，然后再逐渐完善细节。但问题在于，目前对于什么是自主武器仍存在很大争议。那些十分关注平民伤亡的国家和个人，如果无法确认针对自主武器禁令的具体内容，很有可能对禁令持犹疑态度。自动化技术应用于武器装备已有几十年的历史，各国都需要确认自主性的哪种应用才是真正令人担忧的。政治因素或许有助于解决自主武器的定义问题。一旦讨论的出发点是某些团体和组织呼吁禁止"自主武器"时，如何定义"自主武器"就立即成为了一个异常复杂的
350 问题。

与针对地雷和集束炸弹等武器的禁令不同，针对自主武器的讨论既不

---

① "A comprehensive, pre-emptive prohibition on the development, production and use of fully autonomous weapons." The Campaign to Stop Killer Robots, "The Solution," http://www.stopkillerrobots.org/the-solution/.

② Ackerman, "We Should Not Ban 'Killer Robots,' and Here's Why."

③ Steve Goose, interview, October 26, 2016.

是由军事大国主导，也不是由真正关注平民伤亡的民主国家主导。正因如此，结果也大不相同。支持自主武器禁令的国家名单如下：巴基斯坦、厄瓜多尔、埃及、梵蒂冈、古巴、加纳、玻利维亚、巴勒斯坦、津巴布韦、阿尔及利亚、哥斯达黎加、墨西哥、智利、尼加拉瓜、巴拿马、秘鲁、阿根廷、委内瑞拉、危地马拉、巴西、伊拉克、乌干达、奥地利、哥伦比亚、吉布提、萨尔瓦多和摩洛哥（按批准实施禁令的顺序排列）。难道古巴、津巴布韦、阿尔及利亚和巴基斯坦等国比加拿大、挪威和瑞士这些没有批准实施禁令的国家更关心人权？[①] 事实上，这些支持对自主武器实施禁令的国家有一个共同特点，那就是都不属于军事大国。此外，除梵蒂冈等少数国家外，对大多数签署禁令的国家而言，其目的不是为了保护平民，而是为了约束军事实力更强大的国家。这个支持名单上的大多数国家并不真正了解自主武器是什么，也没有能力制造自主武器。

针对自主武器进行的国际讨论普遍认为，自主武器将使先进的军事大国变得更强大。从短期来看，这一结论可能是正确的。但随着自主技术在全世界的扩散，这种趋势也可能会完全逆转。完全自主武器对相对弱小国家的帮助更大。在复杂环境中维持“人在回路中”状态需要保持通信畅通，这远比制造出能自主搜寻目标的武器更具有挑战性。但对于那些实力不够强大的国家来说，支持对自主武器实施禁令不失为一种保护自己的手段。

这就造成了非政府组织和部分小国认为支持对自主武器实施禁令至少在短期内会受益，但也不会放弃任何东西的局面。但是，这种局面同样遭到军用机器人前列国家的反对。这些国家认为，自己在这一领域的技术发展路线是完全合理且经过深思熟虑的。其他国家越想阻止，越是显示出对拥有自主武器的渴望。

尤其是在倡导禁令者无法回答那些守法国家如何在其他国家发展完全

---

① Ian Vasquez and Tanja Porcnik, “The Human Freedom Index 2016,” Cato Institute, the Fraser Institute, and the Friedrich Naumann Foundation for Freedom, 2016, https://object.cato.org/sites/cato.org/files/human-freedom-index-files/human-freedom-index-2016.pdf.

351 自主武器的局面下保护自己的时候，这个问题愈加凸显。史蒂夫·古斯承认了这一点："你知道，你无法做到让世界上所有国家都立刻签署禁令，但你可以让违反禁令的人感受到名誉上的损害。"[①] 这种感觉是推进禁令实施的有力工具，但也并不完美。过去在禁止生化武器时，虽然使用生化武器这种行为被许多国家和组织所不齿，但那些对法律法规和平民伤亡毫不关心的独裁者们，仍对生化武器照用不误。因此，反对禁令的理由很简单：签署禁令会使这些支持禁令和守法国家丧失部分军事实力。这可能带来最糟糕的结果，那就是让世界上最肮脏的政权拥有可带来潜在危险的武器装备，同时令遵守国际法的国家处于不利地位。迄今为止，支持禁止自主武器者还没有给出足够的论据，来说服军事大国支持禁令符合他们的国家利益。

尽管并非每次都会成功，但过去主要军事大国为了避免使用某种可能会造成过度伤害的武器确实共同努力过。但这次主要军事大国并没有进行集体行动，原因可能是因为自主武器更多涉及人道主义而非战略问题。在《常规武器公约》框架下进行的讨论中，马顿斯条款[②] 虽然被反复提及，但这一条款过去从未用于针对某种武器装备的禁令，显示出战略考量对于推动实施自主武器禁令的力量已经被逐步弱化。有一些专家提到了攻防平衡和军备竞赛，但并未涉及自主武器如何具体影响稳定危机性、冲突升级和终止战争。[③] 联合国裁军研究所研究员约翰·伯里担心自主武器带来的"非预期性致命影响"，但同时也承认："这一点并非在《常规武器公约》

① Steve Goose, interview, October 26, 2016.

② 马顿斯条款，是指1899年和1907年海牙《陆战法规和惯例公约》中前言部分第9段，其后多次出现在与战争和冲突有关的系列条约之中，主要内容为：在颁布更完整的战争法规之前，缔约各国认为有必要声明，凡属他们通过的规章中所没有包括的情况，居民和交战者仍应受国际法原则的保护和管辖，因为这些原则是来源于文明国家间制定的惯例、人道主义法规和公众良知的要求。可以将这一条款解释为：武装冲突行为不仅受条约和习惯法的调整，而且还要受该条款所言及的国际法原则的调整。译者注。

③ 例如，Rickli, "Some Considerations of the Impact of LAWS on International Security: Strategic Stability, Non-State Actors and Future Prospects."

框架下重点关注的因素。”[①]

这是不幸的，因为自主武器给稳定性带来了诸多问题。使用完全自主武器或许会给军方带来好处，但如果就此认为完全自主武器比维持“人在回路中”状态的半自主武器更加安全和人道，那就大错特错了。事实上，我们要将高级别自主化带来的优势与将人员从回路中移除综合考虑，才可能既体现自主武器的人性化，又展现它们的优势。例如，在通信拒止环境 352
中解救人质或摧毁已搭载大规模杀伤性武器的机动导弹发射车。总的来说，在战场上使用完全自主武器能显著提高速度、扩大作战区域，一旦发生事故，可减少人员伤亡。

为了避免出现一个各国武装力量都无法控制的世界，世界各国需要进行合作。相互制衡绝对符合国家利益，这一点对于具有可能毁灭世界能力的大国来说尤其如此。但国家间相互制衡并非因为条约的签署，而是对于对方实力的忌惮，条约只不过是相互协调的产物。相互制衡是否能够实现？历史证明，任何针对自主武器做出的限制行动都需要具备三个基本条件才能成功。

第一，需要明确概念。概念边界越清晰简单越好，这意味着不要使用“通用智能”等令人费解的词语。之前一封由3000名人工智能科学家署名的公开信呼吁禁止“人类失去实际控制的进攻性自主武器”，信中几乎所有词语都含混不清。[②] 事实上，如果各国能够就“进攻性”和“防御性”武器的区别达成一致，那么攻击性武器恐怕早就被禁止使用了。“有意义的人类控制”语焉不详。过去人们曾试图针对某项技术领域的具体形态实施禁令，但效果不佳。最好的预防性禁令着眼于禁止某些关键概念，如禁止使用能够造成永久失明的激光武器等。

第二，某种武器装备的危害必须远远大于它的作战效用才可能会被禁用。鉴于各国都不想违反禁令，无论这种武器装备是否会威胁到平民的人身安全，或是可能造成不必要的附带损伤，都必须被认定为是错误的或无

① John Borrie, interview, April 12, 2016.

② “Autonomous Weapons: An Open Letter From AI & Robotics Researchers.”

用的作战效力。

第三，透明度至关重要。各国都必须相信，其他国家并没有秘密开发自己设想的武器。鲍勃·沃克告诉我说，他认为各国“将会就自主武器的未来发展走向进行广泛的国际讨论”。[①] 他的话已经被证实，“针对自主武器研发进行的审查将会变得异常困难，因为相关技术已经扩散到全世界，
353 几乎无处不在”。这也是有关自主武器技术的基本特点之一。自主系统技术的关键在于软件，而非硬件。而对软件实施监测难度极大，导致有关自主武器的透明度约束也变得非常困难。

目前存在能够对自主武器进行限制且同时满足这些标准的模式吗？有各国共同遵守且具备类似阿西莫夫法则的“致命性机器人法则”吗？在制定具体标准上，各国有很多工作可以做。如针对自主武器的物理特性，包括尺寸、射程、载荷等做出具体规定。此外，还可以就战场上使用的机器人类型做出规定，如禁止使用非监督式自主学习机器人等。下面是四种不同的解决方案，供各国参考。

选择一：禁止使用完全自主武器

“禁止杀手机器人运动”组织呼吁“全面先发禁止完全自主武器的发展、制造和使用”。如果各国认为对完全自主武器实施禁令符合本国利益，是否能集体构建有效的制约机制？

任何有关自主武器的禁令，都需要明确区分应禁的自主武器与现有应用了自主技术的武器装备。应明确区分目前使用的防御型有人监督式自主武器与没有人员监督的完全自主武器的区别。只区分“进攻性”与“防御性”并没有实际意义，要从“固定式”和“机动式”自主武器入手进行区分。当前所使用的自主武器系统几乎都属于固定式的，或被固定在由人员控制的载具上。

要准确区分机动式完全自主武器和先进导弹，难度更大。半自主的高速反辐射导弹与全自主“哈比”无人机的最大区别在于，“哈比”无人机

① Bob Work, interview, June 22, 2016.

能够在广阔区域内自由游弋并寻找目标。围绕远程反舰导弹和“硫磺石”导弹进行的争论表明，如果不深入了解装备的具体功能和预期用途，两种导弹极难区分。而可重复使用的无人载具和一次性弹药则相对容易区分。354

从平衡军事必要性和装备不确定性的角度来说，这种区分十分有意义。安装在机动机器人载具上的完全自主武器是目前为止最危险，也最令人担忧的。大多数固定式自主武器都是防御性的，风险较低。一旦系统出现故障，可以调整为有人监督模式，甚至在必要时可下达指令让整个系统彻底瘫痪。巡飞弹等一次性完全自主武器由于巡逻区域可选择，风险相对不大，也在允许使用之列。武器的使用者希望在巡飞弹发射前，能够在目标区域内发现敌方踪迹。各国当然也可以就禁用自主武器的类型设置其他标准，在此只是提供了一种解决办法。

无论各国制定了何种标准，都必须考虑以下几个因素。如何得知他国研发自主武器的情况？目前，美国、英国、法国、俄罗斯、中国和以色列已经拥有试验型隐身无人机，这些作战型无人机可能被派驻通信阻塞地区执行任务。即使各国做出承诺，保证这些无人机不会在未经授权的情况下攻击人类，但这种承诺无法验证。更不要提完全自主且具备较高军事应用价值的无人装备。和平时期，各国都希望彼此信守承诺相互制约；一旦进入战时，各国利益至上可能导致后果不堪设想。毕竟，你很难说使用“哈比”无人机、战术反舰导弹和追踪雷达的作战无人机会让人良心不安，虽然使用它们确实存在一定风险，但还上升不到道德层次。战时的情况会更复杂，如何验证各国是否真正遵守规则难度极大。如果一个机器人摧毁了一个目标，怎样判断它攻击目标的行为是人类授权还是机器人自身的想法？

综合考虑权责清晰度、军事价值、危害程度和信息透明度等因素，针对自主武器实施禁令难度极大。几乎可以肯定的是，在需要全体协商达成一致意见的《特定常规武器公约》会议上，不可能通过针对自主武器的禁令。即便通过了，战时这些规则究竟能发挥多大效用，也值得商榷。在这个过程中，“人在回路中”只要轻轻拨弄一下开关或给软件打个补丁，机 355
器就可能变为完全自主武器。历史的经验告诉我们，一旦开战，这种局面不可避免。

选择二：禁止以人为目标的自主武器

另外一种方法是禁止以人为目标的自主武器。这种禁令的约束越是清晰，使用时造成的恐怖效应越大，军事应用的可能性就越低。这些特点共同使得禁止“以人为目标的自主武器”（antipeosonnel autonomous weapons）更加容易。

以人为目标的自主武器和现有武器系统相对容易区分。当前，与自动寻的导弹或自主防御系统水平相当的以人为目标的自主武器，在世界范围内还未被使用。[①] 这可能为一些国家绕开棘手的军备限制条件破例发展类似武器开了方便之门。

对于以人为目标的自主武器而言，平衡其军事价值与恐怖效应也存在区别。出于很多原因，攻击人比攻击物体困难得多，以人为目标的自主武器也比用于攻击物体的自主武器危险得多。一旦坦克发生故障，人不可能简单地从坦克中爬出来逃命，在被当成目标锁定的情况下，受人奔跑速度所限，恐怕难逃劫难。从这个角度而言，以人为目标的自主武器有可能被用于攻击平民。

最后，公众可能会倾向于认为那些能够自主瞄准并攻击人类的机器人是最可怕的。以人为目标的自主武器可能加剧公众对机器人的恐惧感。公众的反感可能成为禁令获得政治支持的决定性因素。海军工程师约翰·坎宁（John Canning）用清晰的语句解释了这条规则：“让机器攻击机器，让人类攻击人类。”[②]

以人为目标的自主武器的军事价值远低于那些以物体为目标的自主武器（anti-material autonomous weapons）。无论是强调以速度为主的有监督式自主模式，还是强调无通信状态的完全自主模式，在以人为目标时都不

① 精确制导武器正向步兵作战的水平发展，包括一些激光制导弹药，如DARPA、XACTO和Raytheon Spike导弹。因为这些是激光制导的，所以仍然由人进行远程控制。

② Canning, “A Concept of Operations for Armed Autonomous Systems.”

适用。“宙斯盾”系统需要有监督式自主模式来抵御高速导弹的齐射攻击，但密集“人海”战术自机枪出现后便极少使用。像韩国的机器人哨兵那样 356 为了保证人在回路之中的状态而多耗费额外的半秒钟，并不会显著影响装备的性能。事实上，在通信拒止的环境中使用以人为目标的自主武器，军事作战价值也不高。战争初期争夺通信控制权时，雷达、导弹发射车、基地、飞行器和舰船将会取代人员成为主要攻击目标。有时，军队希望使用有辨别力的以人为目标的小型自主武器来攻击恐怖分子领导人等特定个体目标。但这类武器通常由人指示目标，因此依旧属于半自主武器。

此外，信息透明度仍是一个问题。以韩国的机器人哨兵枪为例，由于无法验证真伪，我们只能选择相信这种武器仍旧维持韩方所说的“人在回路中”的状态。目前，许多国家已经在发展和使用武装机器人地面载具，且这种装备有望成为未来战争的标配。这些机器人是否具备可自主攻击人类的模式或相关软件补丁，目前还不得而知。由于自动化技术已扩散至世界各地，我们无法阻止恐怖分子制造自主武器。当然，斯图尔特·拉塞尔所担心的大规模工业生产自主武器的动向很容易被察觉。但如果以小规模的话，很难保证没有国家出于自身利益考虑，暗中进行研发。

拉塞尔认为，针对自主武器的禁令在“阻止军备竞赛和大规模生产此类武器”方面有一定作用。[①] 军事价值过低和潜在高风险都有利于限制自主武器的军事应用。

选择三：为自主武器建立“行为准则”

自主武器遇到的各种问题，都有相应的解决之道。禁止使用杀伤性自主武器的确能够降低遇袭的风险，但同时也限制了自主武器在维稳、化解 357 危机以及结束战争方面的作用。这些都是真实的考虑因素，各国也都希望在这方面加强交流与合作，确保己方机器人系统在遭遇机器人接触事件时

---

① Stuart Russell Walsh Max Tegmark and Toby, “Why We Really Should Ban Autonomous Weapons: A Response,” IEEE Spectrum: Technology, Engineering, and Science News, August 3, 2015, http://spectrum.ieee.org/automaton/robotics/artificial-intelligence/why-we-really-should-ban-autonomous-weapons.

不发生意外。

一种方法是不签订条约，而是通过一项不具备法律约束力的协议给自主武器制订“行为准则”（rules of the road），主要目标是降低冲突中自主系统相互间发生意外交互的风险。规则最好简单且易于执行，如“机器人载具除遭遇袭击情况外，一律不得开火”“回击必须有限度，需仔细甄别目标并保持适度”等。与海事法类似，制订规则的目的是指导自主系统在复杂环境中遭遇同类时如何进行交互，既尊重己方的防御/自卫权，也避免发生不必要的冲突升级。

毋庸置疑，任何规则都可能被企图发生争斗的更聪明的对手操控。但是，规则的主要目的是确保追求冲突升级的各国机器人系统的反应能够预测。这些规则不需要具备法律约束力，因为只有这样，才符合各国合作利益最大化。在战时，这些规则可能会失效，就像规则在潜艇战中失去效力一样。但没有关系，因为订立规则的目的就是为了控制事态升级，一旦战争爆发，就不再需要这些规则了。

选择四：创建保持人类判断在战争中作用的通用原则

前三种方法都存在一个问题，即技术发展是在不断变化的。即使是最深思熟虑的法规或禁令，也无法预见到自主武器随时间变化的所有情况。另外一种方法就是，关注战争中不变的元素——人。[①]

战争法并未规定人在致命武力决策中应扮演何种角色，但可能这是正确的。如果我们拥有所能想象的所有技术，人类判断在战争中是否还有一
358 席之地？是否应该限制战争中机器的决策？不是因为考虑到机器做不到，而是因为机器不应该这么做。

① 例如，国际红十字委员会（The ICRC）呼吁各国“关注人类在打击目标过程中的作用。”International Committee of the Red Cross, “Views of the International Committee of the Red Cross (ICRC) on autonomous weapon system,” paper submitted to the Convention on Certain Conventional Weapons (CCW) Meeting of Experts on Lethal Autonomous Weapons Systems (LAWS), April 11, 2016, 5, available for download at https://www.icrc.org/en/document/views-icrc-autonomous-weapon-system.

一种方法是，明确在武力使用行动中必须有人的参与。“有意义的人类控制”“适当的人类判断”和“适当的人类参与”等语句似乎契合了这种观点。[①] 虽然这些语句并没有界定得十分清晰，但无不同意在战场上进行涉及致命性武力决策时必须有人类参与这一观点。暂时抛开这些特定标签，“____的人类_____”这一原则背后的核心思想究竟是什么？

国际人道法可能为解决这一问题提供一些启发，即战争法只适用于人而不适用于机器。这一观点出自美国国防部《战争法手册》（*Law of War Manual*[②]）：

> 关于进行攻击的战争法规则（如选择攻击目标和确定合适的攻击强度）对人施加了义务。换言之，这些规则针对人而非机器本身施加义务。[③]

根据国际人道法，作战人员拥有确定攻击行为是否合法的义务，并且

① Heather M. Roff and Richard Moyes, “Meaningful Human Control, Artificial Intelligence and Autonomous Weapons,” Briefing paper prepared for the Informal Meeting of Experts on Lethal Autonomous Weapons Systems, UN Convention on Certain Conventional Weapons, April 2016, http://www.article36.org/wp-content/uploads/2016/04/MHC-AI-and-AWS-FINAL.pdf. Human Rights Watch, “Killer Robots and the Concept of Meaningful Human Control,” April 11, 2016, https://www.hrw.org/news/2016/04/11/killer-robots-and-concept-meaningful-human-control. UN Institute for Disarmament Research, “The Weaponization of Increasingly Autonomous Technologies: Considering how Meaningful Human Control might move the discussion forward,” 2014, http://www.unidir.org/files/publications/pdfs/considering-how-meaningful-human-control-might-move-the-discussion-forward-en-615.pdf. Michael Horowitz and Paul Scharre, “Meaningful Human Control in Weapon Systems: A Primer,” Center for a New American Security, Washington DC, March 16, 2015, https://www.cnas.org/publications/reports/meaningful-human-control-in-weapon-systems-a-primer. CCW, “Report of the 2016 Informal Meeting of Experts on Lethal Autonomous Weapon Systems (LAWS).

② 《战争法手册》发布于2015年6月12日，是美军首部适用于全军指挥官、律师及其他军事和文职人员的战争法规手册，由国防部邀请军内外大量专家、律师、指挥官等人员历时20余年撰写完成。译者注。

③ Department of Defense, “Department of Defense Law of War Manual,” 330.

不能将这一义务委托给机器。这意味着，作战人员必须掌握每次攻击行动的具体信息，以便确认所做出的决定是否符合区分性原则、比例性原则以及攻击中的预防措施原则。人类必须拥有此次特定攻击的具体信息，如目标、装备、环境和攻击形式等，以确认此次攻击是否合法。每次攻击行动也必须严格遵守作战人员确定的时间、地点、目标和攻击手段等各种标准，严禁越限，如此才能确定此次攻击是否有意义。人类做出的有关攻击行为是否合法的判断也会受到具体情况（如时间推移、跨越地理边境、环境改变等）的影响而有所变化。

作战人员到底需要多少信息以及机器自主性的边界在哪里，这些问题需要进一步讨论。尽管如此，这种观点表明，国际人道法规定至少要保证致命性攻击行动中最低程度的人类介入，包括（1）作战人员判断攻击行
359 动是否合法；（2）作战人员要了解有关目标、武器装备、环境和（攻击）内容等行动的具体信息以确认此次攻击行动是否合法；以及（3）武器装备的自主性是否受空间、时间、可能目标和攻击手段限制。

也许还有其他方法可以说明这一原则，也会有人提出其他令人信服的不同意见，但让各国就人类参与致命武器使用的共同标准达成共识，对彼此都有好处。虽然目前出现的各种原则和标准还不能准确说明哪些武器在允许使用之列，哪些需要严令禁止，但这毕竟是评估相关技术领域的一个起点。国际人道法的许多原则都需要进一步解释，如不必要痛苦、比例性原则以及攻击的预防措施等。这些语句虽然不能告诉国家哪些武器可能带来不必要痛苦，哪些武器会带来附带损伤，但它们仍有一定价值。同样，能充分体现战争中人类判断作用的相关评价标准，对评估未来武器也有帮助。

最大问题：机构不完善

我们正处在一个关键的十字路口，人工智能这一技术可能会从根本上改变人类与战争的关系。目前，人类社会中能够应对这些挑战的机制还很欠缺。鉴于《特定常规武器公约》是一个基于共识而建立的组织，在此达成有关自主武器的协议难度很大。无论从法律、道德还是战略的角度

来考量，完全自主武器都不可取，但试图在国家间全面禁止自主武器也注定会失败。这种情况并不鲜见。目前，各国、各非政府组织和国际红十字会等国际组织正在联合国《特定常规武器公约》框架下，讨论自主武器给人类社会带来的挑战。与此同时，围绕人工智能的技术竞赛仍在继续。

结　语

没有天定命运，而是人类主宰未来

在系列科幻电影《终结者》中，萨拉·康纳和她后来成为人类反抗机器人组织领袖的儿子约翰，陷入了比机器人终结者更难摆脱的“敌人”的追杀——命运。无论萨拉和约翰母子打败指挥终结者机器人的“天网”多少次，终结者机器人在下一部电影中仍会回来继续执行对人类的追杀令。萨拉和约翰作为电影系列中的受害者出现，这种结构化叙事成了屡试不爽的票房保证，但他们陷入命运的魔咒也是很关键的叙事手法。在《终结者》系列电影中，萨拉和约翰被来自未来的终结者杀手机器人一遍又一遍追杀，目的是阻止约翰成为对抗机器人的人类反抗组织领袖。科幻电影的核心叙事逻辑是关于时光旅行悖论：如果终结者机器人成功杀死了萨拉和约翰，那么约翰也就无法成为人类反抗组织领袖，故事将无法铺展下去，因此不能一开始就把故事的主人公干掉。同时，萨拉和约翰总是试图在“天网”完全建成之前就要捣毁它。这也就产生另一个悖论：如果萨拉母子成功了，“天网”系统就无法派出终结者杀手机器人去攻击人类，也就会让萨拉和约翰失去了继续与“天网”作战的理由。

萨拉和约翰的角色被设定了，他们永远处于穿过过去、现在和未来

与“天网”的斗争中。[①] 无论他们母子如何艰苦地斗争，“审判日”看上去
总要到来，虽然这一天处于变化中（根据电影吸引观众的需要，每一部电
影上线后，该部电影中的“审判日”却又总是设定在不远的未来，类似于
且看下回分解）。尽管如此，萨拉和约翰始终在与命运抗争，从未动摇他 361
们永远战胜“天网”从而避免“审判日”到来的坚定信念。在《终结者2：
审判日》电影中，约翰·康纳引用了他妈妈的话：“未来并没有被设定。没
有天定的命运，而是人类要主宰自己的未来。”这句话在后续的电影中也
反复出现。

的确，萨拉·康纳是对的。在现实世界中，人类的未来并没有被设定。本书中向读者展示了不同的未来图景——令人可怕的图景和美好的图景——只不过是人们的想象。真正的未来正随着时间推移一步一步展现。技术会改变未来吗？当然，但技术是由人创造的。以人工智能技术为例，就是在技术上得益于杜安尼·戴维斯、布拉德福德·托斯利和布兰登·曾那样的技术天才而不断改进，在政策上得益于拉里·许特、弗兰克·肯德尔和鲍勃·沃克等官员的持续支持而不断发展的，而这些官员关于发展人工智能技术的决策也受到斯图亚特·拉塞尔、乔迪·威廉姆斯和罗恩·阿尔金积极呼吁的影响。上述的所有个体都有自己的选择。集体而言，人类也有人类自己的选择。

是否赋予机器自主决定其行动而不受人类判断和决策影响的技术，其实最终取决于人类。将人工智能技术用于什么目的，最终也取决于人类自身。比如，我们可以运用人工智能建立一个更加安全、更少痛苦、更少事故、更少暴行的世界，建议一个运行良好但保留人类在必要时施加干预的人工智能世界。我们可以打造一个充满更多同情与关爱、更少战争的世界，为天使们打开大门的世界。或者，我们被机器的种种优点深深诱惑——无与伦比的运算速度、看上去非常完美以及近乎冷酷的精准，我们

① Kudos to Darren Franich for a mind-melting attempt to map the Terminator timelines: “ ‘Terminator Genisys’: The Franchise Timeline, Explained,” EW.com, June 30, 2015, http://ew.com/article/2015/06/30/terminator-genisys-franchise-timeline-explained/.

赋予机器强大的能力，相信机器可以毫不犹豫地正确执行分派的任务，寄望机器不会出错，程序代码不存在任何瑕疵，不会引发事故，或者不存在可被敌人利用的漏洞。

这些假设都没有容易的答案。如果战争可以轻易避免，主权国家可以通过条约而不是武力来确保和平，人类早就会那么做了。军事力量之所以存在，就是为了作为一种威慑工具应对那些不遵守国际法或国际美好愿望共识的人的。让主权国家屈从于一种潜在工具来达到自我防卫的目的，无异于让他们进行一场危险的豪赌。

然而……

虽然如此——虽然现实是没有专门的警察来执行战争法，且只有胜利
362 者才有资格决定谁应当受到审判……虽然现实是，只有最终的实力而非权利才有资格决定谁会在战场上获胜或死亡……尽管如此，千百年来战争法则仍然影响了人们在战争中的行为。即便最古老的战争法则，也规定了哪些武器可以在战争中运用，哪些武器完全无法接受。锋利的、蘸有毒药的箭头在战争中非常有用，但用它杀人是不人道的和错误的。

从历史上看，人类之间选择通过合作来避免战争中最坏的结果，采取措施限制出格的杀戮行为，甚至是在生死攸关的时刻。有时这些合作会失败，但奇迹在于有些合作会取得成功。进入现代阶段，虽然不是所有国家，但绝大多数国家的军队选择避免在战争中使用化学武器、激光致盲武器、地雷和集束炸弹。世界有核国家已就限制部署核武器以促进全球战略稳定达成了共识。虽然这些规则或共识有时会遭致破坏，但各国间的自我克制还是得以维持，使我们对于世界和平的前景抱有希望。

这种自我克制——各国一旦失去自我克制，世界将变得十分危险——现在仍然必要。如果有些国家执意要研发自主武器，任何纸上协议都将难以阻止。与此同时，相关国家进行混乱的军备竞赛而不清楚这场竞赛会将我们引向何方，这对哪个国家都没有好处。各国必须共同合作，确定战争中的哪些领域应用自主武器是合适的，哪些领域不行，哪些地方需要将人类判断让渡给机器。这些规则必须在保持人类决策重要性的同时，尝试利用自主性改进战争中的人类事务。权衡人类决策对于自主武器干预的必要

性，需要社会各领域的辩论，而不仅仅是学者、律师和职业军人的事。社会大众的参与也是很必要的，毕竟军用自主机器人最终将在人类生活的空间广泛存在并执行各种任务。

机器能够做很多事情，但它们不能创造事物背后的意义。他们难以为我们回答更多的隐含性问题。机器不能明白人类价值观，也不能告诉我们应该如何做出选择。我们人类所创造的未来世界，将会有越来越多智能机器出现。但是，这个世界不是为机器而存在的，这个多姿多彩的世界是为了人类而存在。 363

缩略语

AAA	antiaircraft artillery	防空火炮
ABM	Anti-Ballistic Missile	反弹道导弹
ACTUV	Anti-submarine warfare Continuous Trail Unmanned Vessel	反潜战持续追踪无人艇
AGI	artificial general intelligence	通用人工智能
AGM	air-to-groud missile	空地导弹
AI	artificial intelligence	人工智能
AMRAAM	Advanced Medium-Range Air-to-Air Missile	先进中程空空导弹
ARPA	Advanced Research Projects Agency	高级研究计划局
ASI	artificial superintelligence	超级人工智能
ASW	anti-submarine warfare	反潜战
ATR	automatic target recognition	自动目标识别
BDA	battle damage assessment	作战损伤评估
BWC	*Biological Weapons Convention*	《禁止生物武器公约》
CCW	*Convention on Certain Conventional Weapons*	《特定常规武器公约》
C&D	Command and Decision	指挥与决策
CIC	combat information center	作战信息中心
CIWS	Close-In Weapon System	近程武器系统
CODE	Collaborative Operations in Denied Environment	拒止环境协同作战
DARPA	Defense Advanced Research Projects Agency	美国国防高级研究计划局
DDoS	distributed denial of service	分布式拒绝服务

DIY	do-it-yourself	自己动手制作
DMZ	demilitarized zone	非军事区
DoD	Department of Defense	美国国防部
FAA	Federal Aviation Administration	联邦航空局
FIAC	fast inshore attack craft	近岸快速攻击艇
FIS	Fire Inhibit Switch	阻火开关
FLA	Fast Lightweight Autonomy	快速轻量化自主
GGE	Group of Governmental Experts	政府专家组
GPS	global positioning system	全球定位系统
ICRAC	International Committee for Robot Arms Control	国际机器人军备控制委员会
ICRC	International Committee of the Red Cross	国际红十字委员会
IEEE	Institute of Electrical and Electronics Engineers	电气和电子工程师协会
IFF	identification friend or foe	敌我识别系统
IHL	international humanitarian law	国际人道法
IMU	inertial measurement unit	惯性测量单元
INF	Intermediate-Range Nuclear Forces	中程核力量
IoT	Internet of Things	物联网
J-UCAS	Joint Unmanned Combat Air Systems	联合无人空战系统
LIDAR	light detection and ranging	激光探测与测量
LOCAAS	Low Cost Autonomous Attack System	低成本自主攻击系统
LRASM	Long-Range Anti-Ship Missile	远程反舰导弹
MAD	mutual assured destruction	相互确保毁灭
MARS	Mobile Autonomous Robotic System	移动式自主机器人系统
MMW	millimeter-wave	毫米波
NASA	National Aeronautics and Space Administration	美国国家航空航天局
NGO	nongovernmental organization	非政府组织
NORAD	North American Aerospace Defense Command	美军北美防空司令部
ONR	Office of Naval Research	海军研究办公室
OODA	observe, orient, decide, act	观察、判断、决策、行动
OPM	Office of Personnel Management	人事管理办公室
PGM	precision-guided munition	精确制导弹药

PLC	programmable logic controllers	可编程逻辑控制器
RAS	IEEE Robotics and Automation Society	电气和电子工程师协会机器人与自动化学会
R&D	research and development	研究与开发
ROE	rules of engagement	交战规则
SAG	surface action group	水面行动编队
SAR	synthetic aperture radar	合成孔径雷达
SAW	Squad Automatic Weapon	班用自动武器
SEC	Securities and Exchange Commission	证券交易委员会
SFW	Sensor Fuzed Weapon	传感器引爆武器
SORT	*Strategic Offensive Reductions Treaty*	《削减战略性进攻武器条约》
START	*Strategic Arms Reduction Treaty*	《削减战略武器条约》
SUBSAFE	Submarine Safety	潜艇安全项目
TASM	Tomahawk Anti-Ship Missile	“战斧”反舰导弹
TBM	tactical ballistic missile	战术弹道导弹
TJ	Thomas Jefferson High School	托马斯·杰斐逊高中
TLAM	Tomahawk Land Attack Missile	“战斧”对陆攻击型导弹
TRACE	Target Recognition and Adaption in Contested Environments	对抗环境下的目标识别与匹配
TTO	Tactical Technology Office	战术技术办公室
TTP	tactics, techniques, and procedures	战术、技术和程序
UAV	uninhabited aerial vehicle	无人机
UCAV	uninhabited combat aerial vehicle	无人作战飞行器
UK	United Kingdom	英国
UN	United Nations	联合国
UNIDIR	UN Institute for Disarmament Research	联合国裁军研究所
U.S.	United States	美国
WMD	weapons of mass destruction	大规模杀伤性武器

索　引

注：所列的页码对应于本书英文版（即本书边码）。页码后面加f表示数字和插图；页码后面加m表示地图；页码后面加t表示表格。

后　记
机器人武器如何改变战场样貌

“跟我来，看看这个。”研究机器人的教授带着我向他办公室后部走去。那里放着一只文件柜，在文件柜后面的办公桌上，笔记本电脑插着电缆线，一直蜿蜒连接到一个控制面板。控制面板顶部安装有小型机器人手臂，机器人手里正抓着一支塑料气枪。我在笔记本电脑屏幕上看到了打开的摄像头，它正注视着我们。

教授见我注意到电脑屏幕上有一个方框，便解释道：“它装有人脸识别软件。”真不知道自己在想什么，我鬼使神差地将脸部图像放进了方框。计算机一旦感知到框内出现人脸，就会改变方框的颜色。

砰！

塑料气枪枪管猛地一震，电脑控制的塑料气枪突然朝我扣动了扳机。我吓得跳了起来——天呐，这台电脑刚才竟试图控制武器自动朝我射击?！所幸枪口有盖子，子弹并没有射出。但我难免还是觉得受到了惊吓和冒犯。

教授解释说：“我必须装上盖子，要不然它就会一直朝你的脸射击。”

“哇，它居然……真的这么干了！”一台机器竟然试图向我射击，这不得不说是一种讽刺。我正在教授所在的这所大学举办《无人军队：自主武器与未来战争》一书的签售活动，没想到竟然在这里被自主武器“攻击”了。

其实，我倒也不应该为此感到惊讶。我在过去的几年里潜心研究人工智能和机器人技术，深知它有着多么广泛的应用。制造原始自主武器的零部件在现实生活中俯拾皆是，人们需要的只是把它们组装在一起。教授说，他只花了一个下午的时间就组装了这个朝我射击的小玩意儿。“这并不是什么难事。”他说。他从GitHub[①] 上免费下载了人脸识别软件，并进行了一些小的修改，使其在发现人脸居中时，就会向控制器发出信号进行射击，就这么简单。他告诉我，实际上驱动自动化软件比让枪支开火更容易。在《无人军队》一书中，我用了一整章的篇幅去描述拥有基本编程技能的人如何轻松制造自主武器。然而，理论上的熟稔与现实中的亲眼目睹之间还是存在着巨大差异，尤其是在高度自主的枪支直接瞄准我的时候。

未来已来，但我们尚未做好准备。

尽管我的工作就是跟踪和研究新兴技术，但我依然对人工智能和自主性技术迅猛的发展速度感到惊讶。过去一年中发生的事件更凸显了机器人武器的重要性。2018年1月，叙利亚叛乱分子使用13架无人机向俄罗斯一个空军基地发动攻击，俄罗斯人利用防空导弹击落7架，使用电子战对抗手段迫使其余6架着陆。虽然13架无人机全部折损，但从某种程度上来说，这也预示着机器人技术广泛扩散的危险。[②] 无独有偶，2018年5月，俄罗斯在叙利亚部署了Uran-9地面无人车，其他机器人武器也将全面投入战场。据报道，由于部署时间不长，这些无人车表现欠佳，经常在战场上与操作员失去联系。[③] 但俄罗斯军方毋庸置疑会吸取经验教训，对未来的机器人武器加以改进，使其具备更强的自主作战能力。此外，俄罗斯并不

---

① GitHub是一个面向开源及私有软件项目的托管平台，因为只支持git作为唯一的版本库格式进行托管，故名GitHub。2018年6月4日，微软宣布通过75亿美元的股票交易收购代码托管平台GitHub。参见官网https://github.com/。译者注。

② The Russians managed to take out all thirteen drones: David Reid, “A swarm of armed drones attacked a Russian military base in Syria,” CNBC.com, January 22, 2018, https://www.cnbc.com/2018/01/11/swarm-of-armed-diy-drones-attacks-russian-military-base-in-syria.html.

③ “Combat tests in Syria brought to light deficiencies of Russian unmanned mini-tank,” Defence Blog, June 18, 2018, http://defence-blog.com/army/combat-tests-syria-brought-light-deficiencies-russian-unmanned-mini-tank.html.

是使用无人机武器的唯一个例。2018年8月，委内瑞拉总统尼古拉斯·马杜罗（Nicolas Maduro）险遭无人机暗杀事件，更凸显了非国家行为体使用简单机器人武器的可怕能力。袭击者使用的是可携带一公斤炸药但零售价仅为5000美元的DJI M600无人机。[①] 可以说，每过去一个月，我们就离无处不在的机器人武器塑造的世界更近一步。

与此同时，人工智能基础技术也在不断发展。2018年8月，人工智能研究公司OpenAI[②] 在即时计算机策略游戏“刀塔2”（DOTA 2）[③] 中派出了由5个机器人组成的机器人战队，与由5名职业玩家组成的人类战队进行对战。尽管机器人战队最后惜败世界顶级人类职业玩家战队，但它们的整体表现非常不错，在比赛中展现出了超越人类的精准度和攻击性。一位观察家评论道：“通常情况下，人类赢得一场战斗后会稍微放松警惕，等待敌方战队撤退并重新集结。但机器人不会这样，他们一旦找到可以大开杀戒的机会，会即刻进行搏杀。”[④] 无情杀戮机器的这种特点在实战行动中优势非常明显。虽然在“刀塔2”中，人类玩家凭借长期战略，暂时击溃了机器人战队，[⑤] 但在现实世界中，军方可以通过“半人马战士”（centaur）

---

① Some accounts suggest there were three drones used in the attack. Eliott C. McLaughlin, “Venezuela says it has ID’d mastermind, accomplices in apparent Maduro assassination try,” CNN.com, August 7, 2018, https://www.cnn.com/2018/08/06/americas/venezuela-maduro-apparent-assassination-attempt/index.html.

② OpenAI是在2015年由马斯克等诸多硅谷科技大亨联合建立的人工智能非赢利组织，致力于预防人工智能的灾难性影响，推动人工智能发挥积极作用。特斯拉电动汽车公司与美国太空技术探索公司（Space X）创始人马斯克、Y Combinator总裁阿尔特曼、天使投资人彼得·泰尔（Peter Thiel）以及其他硅谷巨头在2018年12月承诺向OpenAI注资10亿美元，参见官网https://www.openai.com/。译者注。

③ “DOTA”，中文名为“刀塔”，是由美国Valve公司研发的一款游戏，2013年4月28日开始测试，“DOTA2”（“刀塔2”）是该系列的第二部作品。译者注。

④ James Vincent, “OpenAI’s Dota 2 Defeat is a Win for Artificial Intelligence,” August 28, 2018, https://www.theverge.com/2018/8/28/17787610/openai-dota-2-bots-ai-lost-international-reinforcement-learning.

⑤ 作者提到机器人战队在2018年8月的“刀塔2”对战中以微弱差距惜败给了人类战队，但在2019年4月举行的“刀塔2”对战中，机器人战队卷土重来，人类战队已经毫无还手之力，这也体现出人工智能机器快速进化的能力。参见：夏乙、晓查：“厉害了！ Dota2世界冠军被OpenAI碾压”，2019年4月17日，http://ai.techweb.com.cn/2019-04-17/2732344.shtml。译者注。

的方法，将人类智慧和机器智能进行融合来克服这些弱点。也有可能未来玩“刀塔2”的机器人经过OpenAI公司的不断改进，最终击败人类顶级玩家。因为计算机具备的显著优势就是能快速获得操作模拟游戏的经验，相当于每天可以获得“100个人打一辈子游戏所获得的经验”。[①]

此外，关于自主武器的国际外交进程也在艰难推进。2018—2019年，世界各国在联合国《特定常规武器公约》（CCW）框架下召开了多次会议，中国提出了建议部分禁止完全自主武器使用，但不禁止其开发和生产的提案，引发广泛关注。但截至2019年4月，关于中国提案的很多问题仍悬而未决——包括提案的具体内容和中国的意图等。[②] 此外，法国和德国主张了一项具有政治约束力的决议，也可以看作是一份不具备法律约束力仅表达对自主武器看法的声明。[③] 另一方面，美国和俄罗斯反对针对自主武器实施任何新的监管措施，强调现有国际法已经对自主武器进行了足够严格的规范。尤其值得注意的是，奥地利加入了禁止致命性自主武器系统的阵营。这个阵营里的国家具备一个共同特点——都不是主要军事大国或机器人研发大国。正因如此，奥地利也成为进入这一阵营的第一个西方民主国家。历史上，对地雷和集束炸弹的禁令往往要求一个财力雄厚的西方国家作为声援者，为拥护禁令的相关国家在联合国框架之外起草条约提供支

---

① “100 human lifetimes of experience every single day”: Ibid.

② “Position Paper, Submitted by China,” CCW, April 11 2018, https://www.unog.ch/80256EDD006B8954/(httpAssets)/E42AE83BDB3525D0C125826C0040B262/$file/CCW_GGE.1_2018_WP.7.pdf; Elsa Kania, “China’s Strategic Ambiguity and Shifting Approach to Lethal Autonomous Weapons Systems,” Lawfare, April 17, 2018, https://www.lawfareblog.com/chinas-strategic-ambiguity-and-shifting-approach-lethal-autonomous-weapons-systems; and Campaign to Stop Killer Robots, Twitter, August 27, 2018, 6:59AM, https://twitter.com/BanKillerRobots/status/1034077916395720704.

③ “Statement by France and Germany,” Meeting of the Group of Governmental Experts on Lethal Autonomous Weapons Systems, April 9-13, 2018, https://www.unog.ch/80256EDD006B8954/(httpAssets)/895931D082ECE219C12582720056F12F/$file/2018_LAWSGeneralExchange_Germany-France.pdf; “Joint statement by the delegations of France and Germany on agenda item ‘Possible options for addressing the humanitarian and international security challenges,’” GGE on LAWS, August 29, 2018, http://reachingcriticalwill.org/images/documents/Disarmament-fora/ccw/2018/gge/statements/29August_France_Germany.pdf.

持。加拿大在禁止地雷方面就发挥了这一作用，而挪威在集束炸弹领域同样采取了类似行动。如今，奥地利是否会在自主武器方面发挥同样作用，它对禁令的支持是否会导致其他欧洲国家效仿，尚需进一步观察。

尽管各方对结果并没有达成一致意见，但2018年《特定常规武器公约》会议通过的文件强调了一个共识，那就是——“必须保留人类对使用武器系统决策的责任，不能把决策权让渡给机器。”[①] 当然，尽管这些简明原则转化为工程规范并非易事，但至少能够作为人类在战争中作用体现的一种总体指导，为各国未来如何加强自主武器监管提供参考。这种外交进展虽然是渐进的，且不具有法律约束力，但却是朝着如何应对自主武器挑战达成共识这一进程迈出的重要一步。

在此背景下，关于人工智能如何影响社会的讨论范围也在不断扩大。人工智能正在席卷整个社会，引发工业、交通、医药、就业、网络安全、监控等各个领域的变革。这种变革之剧烈不只速度十分迅猛，影响规模也前所未有。而自主武器只是人工智能影响全球安全的冰山一角。[②] 放眼世界，俄罗斯正在利用机器人传播虚假信息，企图破坏西方民主国家的政治制度。[③] 中国似乎正朝着一个技术反乌托邦的方向发展，试图通过人脸识

---

① “Report of the 2018 Group of Governmental Experts on Lethal Autonomous Weapons Systems,” August 31, 2018, https://www.unog.ch/80256EDD006B8954/(httpAssets)/20092911F6495FA7C125830E003F9A5B/$file/2018_GGE+LAWS_Final+Report.pdf.

② For some examples of security-related applications of artificial intelligence, see Miles Brundage et al., “The Malicious Use of Artificial Intelligence: Forecasting, Prevention, and Mitigation,” February 2018, https://maliciousaireport.com/; and Michael C. Horowitz et al., “Artificial Intelligence and International Security,” Center for a New American Security, July 10, 2018, https://www.cnas.org/publications/reports/artificial-intelligence-and-international-security.

③ Samuel C. Woolley and Philip N. Howard, “Computational Propaganda Worldwide: Executive Summary,” Working Paper No. 2017.11, Computational Propaganda Research Project, University of Oxford, http://comprop.oii.ox.ac.uk/wp-content/uploads/sites/89/2017/06/Casestudies-ExecutiveSummary.pdf. For real-time tracking of Russian influence operations, see the Hamilton 68 dashboard, Alliance for Security Democracy, German Marshall Fund, https://dashboard.securingdemocracy.org/.

别技术和社会信用体系加强对公民的管理。[①] 五角大楼也在使用人工智能技术处理无人机得到的视频信息，这让谷歌公司众多人工智能的研究人员倍感失望，集体抗议公司参与这一项目。[②] 此外，有些私营公司正在构建筛选和分类公民访问信息的平台，通常使用不透明的算法，目的是实现企业利润而非公共利益最大化。[③]

上述国家/非国家行为体的目标不仅在于控制技术，而是塑造世界的未来。[④] 中国已经启动了国家层面的人工智能发展规划，加大对这一领域的研发投入，并积极吸引硅谷的顶尖专家为中国服务。[⑤] 美国政府的动作稍显迟钝，但也建立了一个内部委员会，以更好地了解应该采取何种措施

① China's Social Credit System is often over-hyped. For a more sober assessment, see Rogier Creemers, "China's Social Credit System: An Evolving Practice of Control," May 22, 2018, https://papers.ssrn.com/sol3/papers.cfm?abstract_id=3175792. For a quick overview of the Social Credit System, see Mareike Ohlberg et al., "Central Planning, Local Experiments: The complex implementation of China's Social Credit System," Mercator Institute for China Studies, December 12, 2017, https://www.merics.org/en/microsite/china-monitor/central-planning-local-experiments.

② Daisuke Wakabayashi and Scott Shane, "Google Will Not Renew Pentagon Contract That Upset Employees," New York Times, June 1, 2018, https://www.nytimes.com/2018/06/01/technology/google-pentagon-project-maven.html.

③ As one example, see Zeynep Tufecki, "YouTube, the Great Radicalizer," New York Times, March 10, 2018, https://www.nytimes.com/2018/03/10/opinion/sunday/youtube-politics-radical.html.

④ Tim Dutton, "An Overview of National AI Strategies," Medium.com, June 28, 2018, https://medium.com/politics-ai/an-overview-of-national-ai-strategies-2a70ec6edfd.

⑤ "New Generation Artificial Intelligence Development Plan," translated by Graham Webster, Rogier Creemers, Paul Triolo, and Elsa Kania, August 1, 2017, https://www.newamerica.org/cybersecurity-initiative/blog/chinas-plan-lead-ai-purpose-prospects-and-problems/; and Meng Jing, "Chinese firms fight to lure top artificial intelligence talent from Silicon Valley," South China Morning Post, April 2, 2017, http://www.scmp.com/tech/china-tech/article/2084171/chinese-firms-fight-luretop-artificial-intelligence-talent-silicon. For an in-depth analysis of Chinese military developments in artificial intelligence, see Elsa Kania, "Battlefield Singularity," Center for a New American Security, November 28, 2017, https://www.cnas.org/publications/reports/battlefield-singularity-artificial-intelligence-military-revolution-and-chinas-future-military-power.

来确保美国的竞争力，并打击针对美国科技公司的外国投资。[①] 在没有联邦政府领导的情况下，美国一些州正在自行采取行动。如2018年9月，加利福尼亚州批准了一项“刀锋”法案（Blade Runner），该法案要求机器人必须注明其并非人类，让机器人冒充人类属于非法行为。[②] 尽管欧洲国家在人工智能研究方面落后于美国和中国，但也在积极探索和制定人工智能的监管方案。数据是机器学习系统的核心，欧洲的新数据隐私法正在塑造公司访问和控制用户数据的方式，而这些数据可用于训练机器学习的算法。[③] 一些科技公司也在通过调整算法，“降级”某些内容以增加透明度，在自己的平台上披露黑客或虚假宣传活动以应对来自公众的压力。[④] 然而几乎没有私人部门希望接受监管，微软公司呼吁对人脸识别技术进行监管是罕见的例外。[⑤]

---

① The White House Office of Science and Technology Policy, “2018 White House Summit on Artificial Intelligence for American Industry,” May 10, 2018, https://www.whitehouse.gov/wp-content/uploads/2018/05/Summary-Report-of-White-House-AI-Summit.pdf; Aaron Boyd, “Here’s What the White House’s AI Committee Will Focus On,” NextGov, June 28, 2018, https://www.nextgov.com/emerging-tech/2018/06/heres-what-white-houses-ai-committee-will-focus/149382/; and Section 1051, National Security Commission on Artificial Intelligence, John S. McCain National Defense Authorization Act for Fiscal Year 2019, https://congress.gov/bill/115th-congress/house-bill/5515/text?r=2.

② California State Legislature, “SB-1001, Bots: disclosure,” https://leginfo.legislature.ca.gov/faces/billCompareClient.xhtml?bill_id=201720180SB1001.

③ EU General Data Protection Regulation (GDPR), https://eugdpr.org/.

④ Alex Hern, “Google plans to ‘de-rank’ Russia Today and Sputnik to combat misinformation,” The Guardian, November 21, 2017, https://www.theguardian.com/technology/2017/nov/21/google-de-rank-russia-today-sputnik-combat-misinformation-alphabet-chief-executive-eric-schmidt; Julia Carrie Wong, “Twitter announces global change to algorithm in effort to tackle harassment,” The Guardian, May 15, 2018, https://amp.theguardian.com/technology/2018/may/15/twitter-ranking-algorithm-change-trolling-harassment-abuse; and Adam Mosseri, “Showing More Informative Links in News Feed,” Facebook newsroom, June 30, 2017, https://newsroom.fb.com/news/2017/06/news-feed-fyi-showing-more-informative-links-in-news-feed/.

⑤ Brad Smith, ” Facial recognition technology: The need for public regulation and corporate responsibility,” Microsoft on the issues, July 13, 2018, https://blogs.microsoft.com/on-the-issues/2018/07/13/facial-recognition-technology-the-need-for-public-regulation-and-corporate-responsibility/.

正如俄罗斯总统弗拉基米尔·普京（Vladimir Putin）所言："谁能成为人工智能领域的领导者，谁就能主宰世界的未来。"[①] 目前，各国在人工智能领域的技术竞赛正如火如荼地进行。拥有人工智能技术研发优势的国家对于建立人工智能的使用规则必然产生巨大的影响力——将决定谁有权使用人工智能，如何管理数据，以及制定什么类型的法规，等等。毋庸置疑，未来几年关于人工智能使用规则的相关决策将对人类社会产生深远影响，正如我们所看到的，新的全球数字秩序正在浮现。

① " 'Whoever leads in AI will rule the world': Putin to Russian children on Knowledge Day," RT, September 1, 2017, https://www.rt.com/news/401731-ai-rule-world-putin/.

致 谢

写书是一件奇妙的事情。往往许多人对于书的出版作出了贡献，封面上却只能署上一个人的名字。撰写这本书的想法，起始于10年前与好友吉恩·田（Gene Tien）的一次聊天。自那以后，很多人对我形成书中的观点提供了帮助。可以说，没有他们，就不可能有这本书的问世。

感谢新美国安全中心的管理团队：米歇尔·弗卢努瓦（Michele Flournoy）、理查德·方丹（Richard Fontaine）、肖恩·布里姆利（Shawn Brimley）和戴维·罗姆利（David Romley），以及新美国安全中心前首席执行官鲍勃·沃克。他们对于本书的出版给予了莫大的支持。我在新美国安全中心的同事罗伯特·卡普兰（Robert Kaplan）可谓本书写作过程中令人称叹的导师，感谢他对我提出的宝贵建议和指导。

本书的内容主要基于我在新美国安全中心负责的“伦理自主项目”研究成果，该项目得益于约翰·D和凯瑟琳·T. 麦克阿瑟基金会（John D. and Catherine T. MacArthur）的资助。感谢基金会杰夫·乌博伊斯（Jeff Ubois）先生对我们研究工作抱有的兴趣与支持。我还要特别感谢迈克尔·霍洛维茨（Michael Horowitz），我和他共同主持“伦理自主项目”的研究，且合作完成了多部研究报告。凯利·塞勒（Kelly Sayler）、亚历克斯·维莱茨–格林（Alex Velez-Green）、亚当·萨克斯顿（Adam Saxton）和玛特·西利（Matt Seeley）在我们研究和出版过程中也提供了无私的帮助。梅洛迪·库克（Melody Cook）在我们项目研究中设计了很多插图，征得新美国安全中心的许可后，他重新设置了本书中的图表。

本书中许多观点来自于我多年前在五角大楼工作时的思考。在我的领导团队中，莱斯利·亨特（Leslie Hunter）、珍·扎克里斯基（Jen Zakriski）、托德·哈维（Todd Harvey）、戴维·奥赫曼尼克（David Ochmanek）、凯瑟琳·希克斯（Kathleen Hicks）和詹姆斯·N. 米勒（James N. Miller）表现出了极大的耐心和远见，给了我充分的自由启动本课题的前瞻性研究，这在行政官僚机构中是非常罕见的。两位顶尖的科学家，也是人类的杰出代表，约翰·霍利（John Hawley）和博比·容克（Bobby Junker）帮助我深化了对于自主系统和人类控制本质的理解。安德鲁·梅（Andrew May）、安德鲁·马歇尔（Andrew Marshall）和鲍勃·贝特曼（Bob Bateman）是最早认识到本书中相关问题重要性的人士，并对本领域的研究给予了热情支持。

我要对以下同意接受书中相关内容采访的个人表示感谢：肯·安德森（Ken Anderson）、彼得·阿萨罗（Peter Asaro）、罗恩·阿金（Ron Arkin）、斯图尔特·阿姆斯特朗（Stuart Amstrong）、保罗·贝洛（Paul Bello）、约翰·伯里（John Borrie）、塞尔默·布林斯优德（Selmer Bringsjord）、布莱恩·布莱格曼（Brian Bruggeman）、雷·布特纳（Ray Buettner）、约翰·坎宁（John Canning）、麦卡·克拉克（Micah Clark）、杰夫·科隆（Jeff Clune）、凯利·科恩（Kelley Kohen）、玛丽·密西·卡明斯（Marry “Missy” Cummings）、戴维·丹克斯（David Danks）、杜安·戴维斯（Duane Davis）、尼尔·戴维森（Neil Davison）、查尔斯·德拉·奎斯塔（Charles Dela Cuesta）、汤姆·迪特里奇（Tom Dietterich）、邦妮·多彻蒂（Bonnie Docherty）、查理·邓拉普（Charlie Dunlap）、彼得·加卢奇（Peter Gulluch）、史蒂夫·古斯（Steve Goose）、迈克尔·霍洛维茨、约翰·霍利（John Hawley）、克里斯托弗·海恩斯（Christof Heyns）、弗兰克·肯德尔（Frank Kendall）、威廉·肯尼迪（William Kennedy）、汤姆·马利诺夫斯基（Tom Malinowski）、布莱恩·麦克格雷斯（Bryan McGrath）、迈克·梅耶（Mike Meier）、希瑟·罗夫（Heather Roff）、斯图尔特·拉塞尔（Stuart Russel）、布拉德福德·托斯利

（Bradford Tousley）、拉里·舒特（Larry Schuette）、布兰登·曾（Brandon Tseng）、克斯汀·维格纳德（Kerstin Vignard）、迈克尔·沃尔克（Michael Walker）、玛丽·韦勒姆（Mary Wareham）、史蒂夫·韦尔比（Steve Welby）、鲍勃·沃克（Bob Work）和乔迪·威廉姆斯（Jody Williams）。遗憾的是，由于篇幅所限，书中不能收录他们全部的采访内容，但书中观点和结论或多或少都有他们的贡献。多年来，我关于自主武器的思考也得益于以下志同道合的朋友的启发：卡尔·张（Karl Chang）、丽贝卡·克鲁托弗（Rebecca Crootof）、戴维·科普洛（David Koplow）、海瑟琳·拉万（Hathleen Lawand）、帕特里克·林（Patrick Lin）、马特·麦考马克（Matt McCormack）、布莱恩·哈尔（Brian Hall）、蒂姆·黄（Tim Hwang）、戴维·西蒙（David Simon）、诺埃尔·夏基（Noel Sharkey）、瑞安·图韦尔（Ryan Tewell）、亚历克斯·瓦格纳（Alex Wagner）、马特·维克斯曼（Matt Waxman），等等。感谢埃尔布里奇·柯比（Elbridge Colby）和肖恩·斯蒂恩（Shawn Steene）对于书稿的修改意见。感谢毛拉·麦卡锡（Maura McCarthy）慧眼独具的编辑工作，使得本书顺利出版。我的同事尼尔·乌维茨（Neal Urwitz）、贾雷·克莱（JaRel Clay）和贾丝明·巴特勒（Jasmine Butler）对于本书的推广发行提供了帮助。还要感谢詹妮弗-利·奥普里霍利（Jennifer-Leigh Oprihory）对于本书书名的建议。

在本书撰写和出版过程中，美国国防部都持开放态度并大力支持。特别要感谢美国国防高级研究计划局的贾里德·亚当斯（Jared Admas）和“宙斯盾”系统训练与支援中心的金伯利·兰斯代尔（Kimberly Lansdale），他们对于我的参观与访谈提供了支持与帮助。

感谢出版代理经理、霍恩费舍尔文学管理公司吉姆·霍恩费舍尔（Jim Hornfischer）先生，以及本书的责任编辑诺顿出版集团汤姆·迈耶（Tom Mayer）先生，给了本书得以出版的机会。特别感谢诺顿出版集团埃玛·希契科克（Emma Hitchcock）、萨拉·博林（Sarah Bolling）、凯勒·拉德勒（Kyler Radler）及其他同事对于本书正式出版付出的辛劳。

我的哥哥史蒂夫（Steve）多年来一直非常耐心听我关于自主武器的絮叨，并对书稿最初的章节给出了有见地的反馈意见。感谢我的父母戴维（David）和贾妮斯（Janice），我的点滴进步都离不开他们的爱与支持。

最重要的，永远感谢我的妻子希瑟（Heather），她现在对自主武器的认识也远超以往。她的耐心，她的爱与支持，是本书出版的最大动力。

译后记

带着对人工智能与未来军事革命的浓厚兴趣，我和我的同事王姝、龙坤一起完成了对新美国安全中心高级研究员保罗·沙瑞尔的新著《无人军队：自主武器与未来战争》一书的翻译。翻译工作既是一种阅读的过程，也是与作者及书中被采访者的重新对话。我们深感人工智能尤其是自主武器的诞生与应用，正在深刻改变现代战争的样式，带来许多前所未有的新挑战。希望本书中文版的推出，能够促进中国学术界、产业界、军方等各领域关注人工智能的人们深化对人工智能军事化应用的认识，并激发读者更多的讨论与争鸣。

朱启超主译引言、第五部分、第六部分及结语，撰写译者序及译后记，并进行全书统稿和审校；王姝主译第一部分、第二部分，并协助翻译第六部分第21章；龙坤主译第三部分、第四部分，并协助翻译第二部分第8章和第五部分。国防科技大学本科学员战略研究俱乐部栾益峰、涂德洋等同学协助翻译了书中有关图表，郭力源、王思涵、丁凌、窦青煜、刘凡等同学辅助翻译了索引、注释及缩略语，成子青、刘世旋、马钺等同学协助审校了书中相关内容。

在翻译出版过程中，北京大学国际战略研究院副院长于铁军教授热心推荐，世界知识出版社编审袁路明老师给予了耐心、细致和专业的指导。国防科技大学前沿交叉学科学院、国防科技战略研究智库的领导和专家给予了大力支持。在此，一并向上述给予指导、帮助、支持和鼓励的领导和朋友致以诚挚的谢意。

文中错漏之处，概由译者负责，并希望读者不吝提出宝贵意见和建议，以便再版时改进。

译　者

2018年12月18日

图字：01-2018-8427
ARMY OF NONE : Autonomous Weapons and the Future of War

图书在版编目（CIP）数据
无人军队：自主武器与未来战争 /（美）保罗·沙瑞尔著；朱启超等译.
—北京：世界知识出版社，2018. 12
书名原文：ARMY OF NONE : Autonomous Weapons and the Future of War
ISBN 978-7-5012-5902-1
Ⅰ. ①无… Ⅱ. ①保… ②朱… Ⅲ. ①人工智能—军事应用 Ⅳ. ①E919
中国版本图书馆CIP数据核字（2018）第274523号

责任编辑 袁路明
责任出版 赵　玥
责任校对 陈可望
封面设计 小　月

书　　名 **无人军队：自主武器与未来战争**
Wuren Jundui: Zizhu Wuqi Yu Weilai Zhanzheng

作　　者 〔美〕保罗·沙瑞尔
译　　者 朱启超　王　姝　龙　坤

出版发行 世界知识出版社
地址邮编 北京市东城区干面胡同51号（100010）
网　　址 www.ishizhi.cn
电　　话 010-65233645（市场部）
经　　销 新华书店
印　　刷 河北新华第一印刷有限责任公司
开本印张 710×1000毫米　1/16　31印张
字　　数 496千字
版次印次 2019年6月第一版　2024年1月第八次印刷
标准书号 ISBN 978-7-5012-5902-1
定　　价 86.00元